页岩气开发工程中的理论与实践

The Theory and Practice in Shale Gas Development Engineering

曾义金　杨春和　张保平　著

科学出版社

北京

内 容 简 介

本书结合我国页岩气勘探开发实际，根据页岩气开发工程中的理论研究成果编著而成，主要介绍用岩心试验、测井资料与地球物理求取页岩储层甜点的方法，钻井过程中页岩井壁围岩失稳机理、破坏规律、计算模型和控制方法，大型压裂过程中页岩裂缝起裂机理和延伸规律，压裂后裂缝监测与评估方法，页岩气试井解析与产能评价方法。本书注重理论与实践相结合，通过具体事例介绍基础理论的应用方法。本书为了帮助读者理解和掌握理论与方法在页岩气勘探开发工程中的系统应用，提出地质工程一体化技术，以钻井、压裂为重点，示范了应用方法。

本书适合从事页岩气地质力学、钻井工程、压裂工程、测试工程及相关专业的科研人员阅读，也可作为现场专业技术人员、高等院校相关专业师生的参考书。

图书在版编目（CIP）数据

页岩气开发工程中的理论与实践 = The Theory and Practice in Shale Gas Development Engineering / 曾义金，杨春和，张保平著. —北京：科学出版社，2017. 3

ISBN 978-7-03-052220-7

Ⅰ.①页… Ⅱ.①曾… ②杨… ③张… Ⅲ.①油页岩—油田开发—研究 Ⅳ.① P618.130.8

中国版本图书馆 CIP 数据核字（2017）第 049248 号

责任编辑：吴凡洁 / 责任校对：郭瑞芝
责任印制：张　倩 / 封面设计：无极书装

科学出版社 出版
北京东黄城根北街 16 号
邮政编码：100717
http://www.sciencep.com

北京利丰雅高长城印刷有限公司印刷
科学出版社发行　各地新华书店经销
*

2017 年 3 月第 一 版　开本：787×1092 1/16
2017 年 3 月第一次印刷　印张：28 1/2
字数：672 000

定价：298.00 元
（如有印装质量问题，我社负责调换）

序

页岩气是一种赋存于泥页岩中的清洁非常规油气资源，以游离和吸附状态赋存于富有机质页岩纳米级孔隙中，具有自生自储的特点。国内外勘探开发实践证明，采用水平井钻完井技术及大型水力分段压裂技术是实现页岩气商业开发的关键。

我国页岩气资源具有类型多、分布广、潜力大的特点，2012年国土资源部公布我国页岩气可采资源量为 $25.08 \times 10^{12} m^3$，页岩气有利分布区主要集中在四川盆地及其周缘、鄂尔多斯盆地等地区。在北美，页岩气的开发主要在地面条件较好、埋深适中的海相沉积盆地。与之相比，我国海相页岩气目的层埋藏深、年代老、有机质演化成熟度偏高，经历多期构造改造，并且富集区多位于山地、丘陵地区。上述特点与差异决定了我国不能简单复制国外成熟的页岩气开发工程技术。近十年来，通过广大工程技术人员的不懈努力，基本形成了适合我国海相页岩气勘探开发的水平井钻完井及分段压裂等关键技术，为我国页岩气勘探开发做出突出贡献。我国在四川盆地焦石坝页岩气勘探开发的重大突破，揭开了我国页岩气商业性开发的序幕。

近十年来，本书作者及其团队结合页岩气勘探开发生产实践，针对工程技术基础理论问题开展一系列技术攻关，主要包括页岩储层地质力学与工程"甜点"分析方法、页岩地层井壁失稳机理与控制方法、压裂过程中裂缝起裂机理与延伸规律、页岩气产能评价方法等。通过攻关，提出岩石力学参数与工程甜点求取方法和计算模型，揭示页岩地层井壁围岩失稳机理；建立压裂过程中页岩多尺度大变形裂缝分析方法，阐释压裂过程中地面与井下岩体变形机理及裂缝监测方法，构建多因素影响下页岩气井产能预测技术等。这些卓有成效的研究成果，为解决页岩气勘探开发重大工程技术理论问题奠定了坚实的基础，促进了我国页岩气工程技术的发展。

本书注重理论与实践相结合，每个章节都对工程技术理论及其使用方法进行系统论述，第六章地质工程一体化应用技术作为本书理论体系的总结，结合涪陵、彭水等我国页岩气主要勘探开发主力区块的作业实践，从岩石力学求取、工程甜点的分析、水平井钻井技术、分段压裂技术和产能评价方法等方面，详细阐述工程技术理论和一体化技术应用方法，对页岩气勘探开发具有重要的指导作用和参考价值。

我国页岩气勘探开发工作还处于初期阶段，本书可为我国页岩气勘探开发工程技术提供理论指导和成功借鉴，不失为我国现阶段页岩气勘探开发工程技术领域的重要成果，它既可供从事页岩气勘探开发工程技术研究与应用的科研人员和技术人员参考，也适合从事岩石力学、石油钻井、完井工程、压裂及相关专业的技术人员阅读，还可作为高等院校相关专业的教学参考书。

中国工程院院士

2016 年 3 月

前言

　　页岩气是非常规天然气之一，成分以甲烷为主，是一种清洁、高效的能源资源。页岩气具有自生自储、分布广、生产周期长等特点，其一般以吸附态或游离态蕴藏于泥岩、页岩、泥页岩及粉砂岩夹层中。约有 25% 的页岩气以游离态赋存于页岩天然裂缝、孔隙等储集空间，约 75% 的页岩气以吸附态存在于干酪根、矿物颗粒表面及煤热裂解物，在一定地质条件下聚集成藏并达到经济开采价值。与常规储层气藏的最大区别在于，页岩不仅是烃源岩，还是页岩气藏的储集层和封盖层。

　　全球页岩气资源丰富，根据美国能源信息署（Energy Information Administration，EIA）发布的统计数据显示，2015 年，全球页岩气的技术可采资源量预测为 $2.15 \times 10^{14} m^3$，其中北美地区拥有 $4.9 \times 10^{13} m^3$，位居第一；亚洲拥有 $4.8 \times 10^{13} m^3$，位居第二；非洲拥有 $4.0 \times 10^{13} m^3$，位居第三；欧洲拥有 $2.5 \times 10^{13} m^3$，位居第四；全球其他地区拥有 $5.3 \times 10^{13} m^3$。美国是页岩气开发最早、最成功的国家。1863 年，在伊利诺斯盆地西肯塔基州的泥盆系和密西西比系黑色页岩中发现了页岩气。20 世纪 20 年代，页岩气钻井已经发展到西弗吉尼亚州、肯塔基州和印第安纳州，并开始页岩气现代化工业生产，70 年代中期步入规模化发展阶段。进入 2000 年后，开始大规模页岩气的技术攻关，目前形成了以岩心分析和水平井分段压裂为核心的增产技术，实现规模效益开发，已成为非常规天然气的主体，2015 年，美国页岩气年产量达 $4.250 \times 10^{11} m^3$。根据美国 EIA 预测，到 2035 年，美国页岩气产量预计将增至 $7.645 \times 10^{11} m^3$，占天然气总产量的 67.9%。页岩气产量的快速上涨，改变了美国的能源消费结构，降低了其对能源的对外依赖，实现了能源自给。页岩气勘探开发已在北美洲、亚洲、欧洲、南美洲、大洋洲等地区蓬勃兴起，爆发一场"页岩气革命"。

　　我国页岩气资源类型多、分布广、潜力大。我国海相沉积分布面积多达 $3.00 \times 10^6 km^2$，海陆交互相沉积面积为 200 多万平方千米，陆上海相沉积面积约为 $2.80 \times 10^6 km^2$，形成了海相、海陆交互相及陆相多种类型富有机质页岩层系。2012 年国土资源部评估页岩气可采资源量为 $2.508 \times 10^{13} m^3$（中国工程院公布的数据为 $1.0 \times 10^{13} \sim 1.2 \times 10^{13} m^3$），与美国评估的 $2.83 \times 10^{13} m^3$ 大致相当，经济价值巨大。我国页岩气的勘探开发时间虽不长，但发展迅速，2010 年在四川盆地寒武系九老洞组黑色页岩和志留系页岩中钻探的 W201 井试气后日产天然气为 $2.46 \times 10^4 \mathrm{m}^3$，实现了中国页岩气开发的首次突破。2012 年 11 月，在重庆涪陵 JY1HF 志留系龙马溪组压裂测试日产气为 $2.03 \times 10^5 \mathrm{m}^3$，获高产工业气流，实现国内页岩气勘探开发重大突破，揭开了涪陵页岩气勘探开发的序幕，实现了我国第一个页岩气田规模开发，2015 年已建成产能为 $5.0 \times 10^9 \mathrm{m}^3$，2020 年预计建成产能 $1.00 \times 10^{10} \mathrm{m}^3$。目前，我国页岩气勘探开发主要集中在四川盆地及其周缘、鄂尔多斯盆地、辽河东部凹陷等地。2013 年我国设立了长宁 - 威远、昭通、涪陵、延安四个页岩气开发示范区，截至 2015 年已建成页岩气产能超过 $7.5 \times 10^9 \mathrm{m}^3$，"十三五"规划到 2020 年将力争超过 $3.00 \times 10^{10} \mathrm{m}^3$，2025 年达到 $6.00 \times 10^{10} \sim 1.000 \times 10^{11} \mathrm{m}^3$。

页岩气藏具有资源丰度低、低孔隙度、低渗透率、低日产量、投产递减快等特征，北美的成功经验证明，需要大型水力分段压裂和水平井钻完井技术才能经济开采。与常规钻井相比，页岩气钻完井主要实现四个方面的要求：第一，直井快速钻井，为了节省时间降低钻井成本，往往采用特殊钻机实现连续批量钻井；第二，水平段快速侧钻，在钻井过程中，随钻掌握岩石储层物性，实现水平段准确着陆；第三，固井水泥石有足够的韧性和强度封闭环空，为分段压裂提供条件，实现采气最大化；第四，由于页岩气的赋存方式和成藏机理更加复杂，页岩气压裂产生体积压裂，并形成网络缝。

通过近几年的攻关与实践，我国已建立一套符合中国页岩气地层特点、适应性良好的水平井优快钻井、长水平段压裂试气、试采开发配套等具有自主知识产权的页岩气开发配套系列技术，积极推进"井工厂"作业、压裂运行新模式，施工效率持续提高。但是，我国的页岩气勘探开发时间不长，钻完井周期长、压裂改造效果不理想、开发成本高等问题普遍存在，还未完全达到经济有效开发的效果。其原因除了我国还需要完善经济、有效、实用的页岩气核心工程技术外，更重要的是还存在对地质的认识和评价不足、页岩气开发工程中的理论滞后、地质与工程一体化设计脱节等问题，而解决该问题的关键是掌握页岩气储层特性和地质力学规律，攻克开发工程中关键理论，并采取地质工程一体化技术，以实现页岩气经济有效开采，推动我国页岩气勘探开发进程及发展目标的实现。

本书的目的是解决页岩气开发工程中的有关理论问题，为页岩气开发工程奠定基础。全书分六章，第 1 章阐述页岩气甜点的内涵，从地球物理、测井和岩心测试三个方面论述地质与工程甜点求取方法和数学模型；第 2 章在分析页岩地质特性的基础上，提出页岩地层分类新方法，揭示页岩地层井壁围岩失稳机理与分析计算模型；第 3 章在大型物理模型的基础上，分析压裂过程中页岩多尺度大变形裂缝起裂与延伸规律，建立裂缝变形分析数学方法，提出大型压裂设计中的理论模型；第 4 章介绍裂缝监测方法，数值模拟压裂过程中地面与井下大地变形，建立准确获取裂缝方位、倾角、尺寸裂缝数学计算方法；第 5 章提出页岩气水平井流动模型，分析页岩气孔渗结构特征、渗流机理、吸附及滑脱效应对产能的影响规律，给出页岩气藏的试井数学分析模型，建立页岩气井的产能预测方法；第 6 章指出当前页岩气开发工程中存在的问题，提出一体化工程作业方法，形成地质工程一体化技术，以钻井、压裂为重点，示范使用方法。为了让读者更好地了解本书的理论方法，本书每个章节都通过一定量的现场具体事例加以说明。

为了更好地反映技术的先进性，作者在近几年研究成果的基础上，结合国内外最新的成果及中国页岩气地质条件和勘探开发现状编著成书。在编写时力求做到先进、简洁和实用。

本书受到页岩油气富集机理与有效开发国家重点实验室的资助，得到中国石油化工股份有限公司页岩气地质工程技术人员的大力支持，特别是陈军海、王怡、杨勤勇、郭印同、庞伟、廖东良、周健、张金成、臧艳彬、蒋廷学、李双明、刘双莲、王海涛给予大力帮助，得到"页岩油气富集机理与有效开发"国家重点实验室的大力支持，马永生院士为本书作序，在此一并表示衷心的感谢。

本书涵盖的专业范围较广，而国内页岩气勘探开发实践相对较少，因此编著难度较大，加之作者水平有限，编著时间紧迫，书中难免有不足之处，敬请读者提出宝贵意见和建议，以便修订时补充完善。

作　者
2016 年 2 月

目录

序
前言

第 1 章 页岩储层甜点评价方法 ·· 1

    1.1 页岩储层甜点试验分析评价方法 ······················· 1

    1.2 页岩储层甜点测井资料评价分析方法 ··············· 27

    1.3 页岩气地球物理甜点预测方法 ·························· 66

第 2 章 页岩井壁围岩失稳机理与控制方法 ················· 95

    2.1 页岩特性与分析方法 ·· 95

    2.2 水化性页岩地层井壁围岩失稳机理及模型 ······· 117

    2.3 硬脆性页岩地层井壁围岩失稳机理及模型 ······· 138

    2.4 页岩气井井壁稳定技术 ·································· 177

第 3 章 页岩裂缝起裂与延伸规律 ····························· 182

    3.1 不同弹塑性地层起裂与延伸规律 ····················· 182

    3.2 地应力对水力压裂破裂模式影响研究 ··············· 185

    3.3 不同页岩特征对页岩水力压裂破裂模式影响分析 ·· 188

    3.4 页岩水力压裂大型物理模拟分析 ····················· 200

    3.5 页岩水平井水力压裂诱导应力场分析 ··············· 214

第 4 章 压裂裂缝监测原理与方法 ····························· 244

    4.1 裂缝监测基本方法 ··· 244

    4.2 测斜仪裂缝监测方法 ····································· 245

    4.3 微地震裂缝监测方法 ····································· 284

第 5 章　页岩气井试井与产能评价方法 ································· 306
　5.1　页岩气水平井流动模型 ····································· 306
　5.2　页岩气井试井分析方法 ····································· 316
　5.3　页岩气井产能评价 ··· 325
　5.4　实例分析 ··· 354
第 6 章　地质工程一体化应用技术 ······························· 363
　6.1　一体化设计技术 ··· 363
　6.2　在水平井钻井中的应用 ····································· 366
　6.3　在水平井分段压裂中的应用 ································· 406
参考文献 ··· 434

Contents

Chapter 1   Sweet spot evaluation method of shale ··· 1

1.1   Experimental evaluation methods··· 1

1.2   Well logging evaluation methods··· 27

1.3   Sweet spots prediction methods from geophysics······························· 66

Chapter 2   Borehole failure mechanism and control measures ····················· 95

2.1   Shale characteristics and analysis method······························· 95

2.2   The mechanism and model of rock failure around borehole due to hydration ······ 117

2.3   The mechnism and model of brittle shale failure around borehole······················· 138

2.4   Wellbore strengthening techniques of shle ······························· 177

Chapter 3   The rules of fracture initiation and extension·························· 182

3.1   The rule of fracture initiation and extension in different elastic and plastic formations
·· 182

3.2   The effect of in-situ stresses on fracture initiation mode ······························· 185

3.3   The effect of shale properties on shale fracture mode····························· 188

3.4   Physical simulation analysis method of shale fracturing ····························· 200

3.5   Induced stress analysis of horizontal fracturing of shale ····························· 214

Chapter 4   The mechanism and methods of hydraulic fracturing ················· 244

4.1   Fracturing monitoring methods ··· 244

4.2   Fracturing monitoring with tiltmeter ······································· 245

4.3   Microseismic fracture monitoring method ··································· 284

Chapter 5   Well testing interpretation and productivity evaluation of shale reservoir
·· 306

    5.1   Flow model of horizontal wells of shale gas ······················· 306

    5.2   Well testing analysis of shale gas wells ···························· 316

    5.3   Productivity evaluation of shale gas wells ························ 325

    5.4   Examples ·· 354

Chapter 6   The application of combined geological and engineering techniques ········· 363

    6.1   Design techniques ·· 363

    6.2   The application in horizontal well drilling ························· 366

    6.3   The application in staged horizontal well fracturing ············· 406

Reference ··· 434

第1章 页岩储层甜点评价方法

页岩气储层甜点是指最佳的页岩气勘探与开发的区域或层位。周德华和焦方正（2012）指出，好的页岩气储层甜点的页岩厚度大（大于30m），其处于"生气窗"，有机含量高，岩石脆性好，地层压力高，是钻井和压裂等高效开发方案设计和实施的主要依据。页岩本身的复杂性与非均质性更强，一般从两个方面来评价页岩气储层，即地质甜点和工程甜点，其中，地质甜点的评价参数主要包括：总有机碳（TOC）含量、干酪根类型及成熟度、含气性等；工程甜点的评价参数主要包括：岩石力学参数、地应力、孔隙压力、天然裂缝系统特征、脆性指数、可压性指数等。必须从多种角度对储层进行综合评价分析，才能达到钻完井设计、储层改造设计与储层特性的最佳匹配，才能最大限度地发挥工程技术的作用，实现页岩气藏的成功开发。

当前，评价页岩气甜点因素的手段主要有试验分析、测井解释和地震预测。试验分析可以直接准确地测试得到页岩储层的地质力学参数、岩性及物性特征等，但试验分析的层段和样品数量一般较少。地震和测井资料反映了地层地质信息，且资料丰富，依据地震分析及测井解释理论方法，可以实现页岩储层甜点因素的预测、检测和区域性三维描述。为保证解释分析结果的准确性，地震分析和测井解释方法都需要对试验分析结果进行修正。因此，页岩储层甜点评价需要综合运用试验分析、测井解释和地震预测三种手段，从点、线、面立体描述区域页岩储层的甜点。

1.1 页岩储层甜点试验分析评价方法

页岩气地质力学分析包括岩石学分析（岩石结构、特征岩心描述等，重点观察分析黏土矿物的微孔隙和微裂缝）、地球化学分析[有机碳测定、岩石热解、有机成熟度（R_o）和干酪根显微组分等]、含气量分析（含气量由三部分组成，即含气量＝实测气量（解吸气量）＋残余气量＋逸散气量，页岩含气量测定和等温吸附是重点）以及岩石力学分析。本节将重点介绍页岩岩石力学试验分析方法，包括岩石力学、地应力、脆性特征等测试分析方法，对岩石的岩性物性、TOC等地球化学特性、含气性等不进行分析。

1.1.1 岩石力学试验分析方法

通过开展压缩试验、抗拉试验、硬度试验、连续刻划试验等可以测试页岩的抗压强度、弹性模量、泊松比、黏聚力、内摩擦角、抗拉强度、硬度等参数，并且根据应力-应变-时间关系评价页岩的力学属性（弹性、塑性、黏性），结合页岩的变形与破坏关系，还可以评价页岩的力学特性是脆性力学特性，还是延性力学特性。

1. 岩石压缩试验分析方法

岩石压缩试验是通过压缩标准试验岩样的形式测试岩石力学基本特性，是最常见的室内测试方式。该类试验一般是在液压伺服控制下的试验机上进行的。试验过程中通过实时采集岩样的轴向与径向变形、承受载荷等信息，采用有关方法针对这些信息进行处理即可得到岩石力学参数。根据试验条件，岩石压缩试验又分为单轴压缩试验和常规三轴压缩试验，单轴压缩试验是在无围压和无孔隙压力条件下直接加轴向载荷测试，常规三轴压缩试验则是在施加围压或施加围压和孔隙压力条件下进行的岩石压缩试验。页岩力学参数对岩样发育的裂缝、非均匀性、取心或岩心处理过程中所产生的裂缝极为敏感，从而产生很大的随意性，可以在较小的围压下做常规三轴抗压试验，这样可以消除岩石中非固有裂隙的影响。

根据国际岩石力学试验建议方法，岩石压缩试验用标准试验岩样为圆柱体，为了减少端部效应的影响，其高与直径之比为 2.0～3.0，目前，国际上通用的岩样的高与直径之比为 2.0，采用 1in（1in=25.4mm）、1.5in、2in 等几种直径。另外，为了保证试验结果的精确度，要求岩样两端面平整误差要小于 0.02mm，岩样轴的垂直度不应超过 0.001rad。因此，岩石压缩试验对岩样要求高，而通常页岩本身的页理、微裂隙发育，给岩样制备带来很大困难，要求页岩样品钻取设备旋转稳定性好，循环冷却介质可采用液氮和清水（含有易水化矿物的不可采用），岩样端面处理通常采用切、磨的方式，但岩样固定夹持要求具有缓冲作用，防止夹持器与岩样硬接触而破坏岩样。

1）岩石单轴压缩试验

通过开展单轴压缩试验可以获得应力 - 应变曲线，图 1-1 为岩石在正常加载速率单轴加压条件下的应力 - 应变全过程，大致可分为五个阶段：① O-a 段体积随压力增加而压缩；② a-b 段岩石的应力 - 轴向应变曲线近呈直线（线弹性变形阶段）；③ b-c 段岩石的体积由压缩转为膨胀；④ c-d 段岩石变形随应力迅速增长；⑤ d 点往后为残余应力阶段。以上五个阶段可对应四个特征应力值：弹性极限（b 点）、屈服极限（c 点）、峰值强度（或单轴抗压强度）（d 点）及残余强度。应指出的是，岩石由于成分、结构不同，其应力 - 应变关系不尽相同，并非所有岩石都可明显划分出五个变形阶段。页岩脆性特征显著，且岩石裂缝等发育，应力 - 应变曲线一般都难以划分出这五个变形阶段，通常

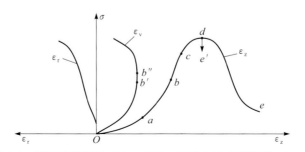

图 1-1　岩石单轴压缩应力 - 应变全过程曲线（陈勉等，2008）

具有明显线弹性变形阶段，可以分析得到页岩的弹性模量，结合变形量可以确定页岩的泊松比大小。

通过开展单轴压缩试验可以测定如下岩石力学参数。

（1）页岩单轴抗压强度 σ_c。单轴压缩试验时岩石破坏发生时所承受的最高应力，为最大轴向载荷与岩样横截面积之比。

$$\sigma_c = \frac{F}{A} \tag{1-1}$$

式中，σ_c 为抗压强度，MPa；F 为轴向载荷，N；A 为岩样横向截面积，mm^2。

（2）弹性模量。岩石弹性模量 E（也称为杨氏模量）是应力-应变曲线的斜率，即单轴压缩试验时，应力相对应变的变化率，即

$$E = \frac{\Delta \sigma_z}{\Delta \varepsilon_z} \tag{1-2}$$

式中，$\Delta \sigma_z$ 为轴向应力增量，MPa；$\Delta \varepsilon_z$ 为岩样轴向应变增量，mm/mm。

（3）剪切模量与体积模量。对于各向同性线弹性岩石，只有两个独立弹性常数 E 和 ν，利用 E 和 ν 还可以引申得到剪切模量 G 和体积模量 K。

剪切模量 G：

$$G = \frac{E}{2(1+\nu)} \tag{1-3}$$

体积模量 K：

$$K = \frac{E}{3(1-2\nu)} \tag{1-4}$$

（4）泊松比。压缩试验中，岩样在径向和轴向方向都会发生变形，试验前后岩样直径的相对变化称为径向应变，岩样长度的相对变化则为轴向应变。泊松比 ν 为径向应变 ε_r 与相应载荷下轴向应变 ε_z 之比，即

$$\nu = -\frac{\varepsilon_r}{\varepsilon_z} \tag{1-5}$$

$$\varepsilon_r = \frac{D_1 - D_0}{D_0} \tag{1-6}$$

$$\varepsilon_z = \frac{l_1 - l_0}{l_0} \tag{1-7}$$

式（1-6）和式（1-7）中，D_1 为岩样变形后直径，mm；D_0 为岩样初始直径，mm；l_1 为岩样变形后长度，mm；l_0 为岩样初始长度，mm。

泊松比是由弹性理论引入的，故只适用于岩石弹性变形阶段，也即只有在荷载不会使裂隙发生或发展的有限范围内，这种比例性才能保持。式（1-5）中引入负号，是考虑到当岩石轴向缩短时，侧边是伸长的，这样可定义泊松比为一个正值。

在单轴压缩破坏试验中，大多数岩石表现为脆性破坏，因此可以直接测得 σ_c。但是因为应力 - 应变曲线通常是非线性的，所以 E 和 ν 的值会随轴向应力值的不同而不同。在实际工作中，通常在 50% 的 σ_c 处取定 E 和 ν 值。从理论上讲，试件上的最大裂缝和裂纹决定了单轴抗压强度值。而且 σ_c 的试验结果值对试件的非均匀性、岩心加工处理过程中所产生的裂缝极为敏感，从而产生很大的随意性。为了减少这种不确定性，可以在较小的围压下做三轴抗压试验。

大多数岩石在单轴压缩破坏试验中通常为剪切破坏形式，外观观测为不规则的纵向裂缝（图 1-2）。页岩通常发育有裂缝、层理等结构，这些结构的存在对页岩强度有很大影响。针对钻取得到的岩心轴线和层理面法线之间不同角度的样品开展单轴压缩试验，研究表明，页岩强度各向异性强，垂直于层理面的抗压强度最大，平行于层理面的抗压强度较小，与层理面法线夹角为 45°～75° 时，抗压强度最低，仅为最大抗压强度的 1/6～1/5。可以利用垂直层理面抗压强度比上与层理面成不同角度方向抗压强度来评价页岩的强度各相异性，$R_c = \sigma_{ci}$（90°）$/\sigma_{ci}$（$i°$）（i 为与层理面的不同夹角）（Saroglou and Tsiambaos，2008）。

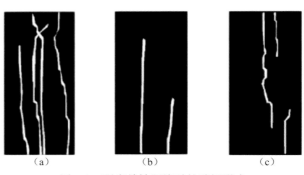

（a）   （b）   （c）

图 1-2　页岩单轴压缩时的破坏形式

2）岩石常规三轴压缩试验

深层的页岩处于各向异性应力场中，即受到三轴应力作用。在石油钻井或开采过程中，井眼或生产射孔附近的剪切应力值增加。单轴抗压强度是描述井壁稳定的重要强度参数。为了更好地评估井眼或孔隙结构的稳定性，必须了解岩石的力学性能和强度特性是如何随着外荷载的变化而变化的，这种情况就需要开展围压条件下的压缩试验。

通常采用的是三轴压缩试验，其必须在一定的围压下（必要时还要考虑温度的作用）进行试验测定，三轴压缩试验又可以分为常规三轴压缩试验和真三轴压缩试验，真三轴压缩试验是指在岩样上三个彼此相正交方向上施加不同的力，即 $\sigma_1 \neq \sigma_2 \neq \sigma_3$，而常规三轴压缩试验则是在水平方向两个正交的力相等（也即通常说的围压），即 $\sigma_1 \neq \sigma_2 = \sigma_3$。由于真三轴压缩试验十分复杂，通常用来模拟压裂过程中岩石大变形。而常规三轴压缩试验中，保持围压为一恒定值，逐步增加轴向压力，直至岩样发生破坏，该试验同样可以得到岩样的抗压强度、弹性模量和泊松比，具体计算方法同单轴压缩试验。

　　针对取自同一块岩心的一组平行岩样，开展不同围压下的常规三轴压缩试验，可以得到一组岩石差应力（$\sigma_1-\sigma_3$）与应变的关系曲线，图 1-3 为泥页岩在不同围压下的差应力 - 应变曲线，由图可以看出随着围压的增大，岩石的抗压强度逐步增大，并且，随着围压的增大，泥页岩由脆性特征逐步呈现延展性，也说明泥页岩在破坏前的变形能力逐步增大。施加围压后，页岩剪切破坏形式也发生了改变，由图 1-4 可以看出，破裂缝产生了一定角度，而且破裂缝数量也有所减少，这是因为围压作用抑制了纵向破裂缝的产生和发展。通过做不同围压下的压缩试验，还可以绘制如图 1-5 所示的应力圆包络线，即强度曲线。强度曲线上的每一个点的坐标值表示某一面破坏时的正应力 σ 和剪应力 τ。莫尔 - 库仑准则将图 1-5 所示的强度曲线简化为一条直线，其与纵轴的交点值称为岩石内聚力 C，与水平轴的夹角 φ 为内摩擦角，如图 1-6 所示。

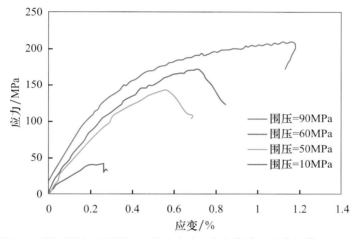

图 1-3　泥页岩在不同围压下的差应力 - 应变曲线（李庆辉等，2012）

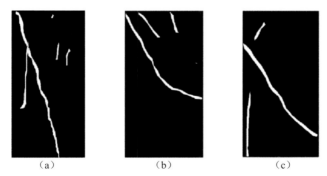

图 1-4　页岩常规三轴压缩试验的破坏形式

　　莫尔 - 库仑准则认为岩石发生破坏时剪切面上的剪应力 τ 必须克服岩石固有的黏聚力 C 和作用于剪切面上的摩擦力 $\sigma\tan\varphi$，用式（1-8）描述：

$$\tau = \sigma \tan \varphi + C \tag{1-8}$$

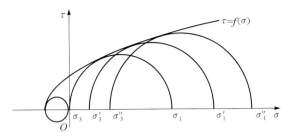

图 1-5　岩石破坏包络线

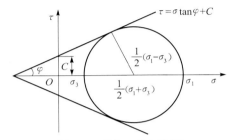

图 1-6　莫尔 - 库仑准则

　　针对南川地区某井龙马溪组页岩开展了 0、30MPa、60MPa 三个级别围压的压缩试验，图 1-7 为该组页岩压缩试验的应力 - 应变曲线，可以看出随着围压的增大页岩抗压强度显著增大，0、30MPa 围压条件下呈现出显著的脆性特征，60MPa 时页岩表现出了塑性特征，这就说明了页岩在较大围压条件下才表现出比较明显的塑性特征。页岩所受到的围压随着埋藏深度的增加而不断增大，因此，埋藏较浅的页岩脆性特征明显，随着埋藏深度的增加页岩的塑性特征逐步显著。表 1-1 是南川、丁山、金山、威远、焦石坝等地区的页岩压缩试验结果，可以看出，这些地区页岩单轴压缩条件下的垂直岩样的杨氏模量在 20000~40000MPa，泊松比处于 0.2 左右，具有明显的高杨氏模量、低泊松比的脆性特征。这些地区的页岩发育近似平行的层理、微裂缝等结构，不但试验岩样加工困难，而且压缩试验中容易造成裂缝开裂、断裂、掉块等问题，使垂直页岩岩样的单轴抗压强度高于水平岩样。对焦石坝、威远和金山地区而言，页岩水平方向的单

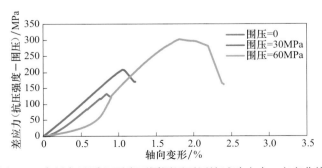

图 1-7　南川龙马溪组页岩不同围压下压缩试验应力 - 应变曲线

轴杨氏模量和单轴泊松比均高于垂直方向，说明页岩气水平井分段大型压裂过程中人造裂缝更容易向水平方向延伸，从而形成较大的缝网区域；而丁山和南川地区页岩水平方向的单轴杨氏模量低于垂直方向，水平方向的单轴泊松比高于垂直方向，该两地区的页岩气水平井分段压裂则易形成垂直方向的缝网。

表 1-1　重点地区页岩岩石压缩试验结果

序号	地区	层位	岩性	井深/m	试样编号	围压/MPa	抗压强度/MPa	杨氏模量/MPa	泊松比
1	焦石坝	龙马溪	黑色页岩	2556	垂直1	0	95.34	22814	0.184
					垂直2	30	174.88	25167	0.242
					垂直3	50	222.37	23306	0.395
					水平	0	77.22	46589	0.220
2	丁山	龙马溪	灰黑色页岩	2044	垂直1	0	76.53	31389	0.198
					垂直2	30	160.77	37713	0.25
					水平	0	73.33	19740	0.201
3	金山	筇竹寺	黑色页岩	3306	垂直1	0	119.38	32042	0.220
					垂直2	30	302.21	39510	0.255
					垂直3	60	395.69	37007	0.288
					水平	0	50.85	37190	0.223
4	威远	龙马溪	黑色页岩	3580	垂直1	0	75.79	24799	0.174
					垂直2	30	122.26	20078	0.201
					垂直3	60	290.47	26024	0.297
					水平	0	69.90	44327	0.233
5	南川	龙马溪	灰黑色页岩	4398	垂直1	0	132.4	32160	0.191
					垂直2	30	237.97	35037	0.278
					垂直3	60	362.83	39335	0.328
					水平	0	71.47	23399	0.202

2. 岩石连续刻划试验分析方法

岩石连续刻划试验是利用金刚石刀片沿岩石表面以一定的横切面积和速率切削（刻划）出一条沟槽并获得岩石抗压强度等岩石力学特性参数。该试验方法不需要对测试岩样进行钻取、切割等处理，尤其适合如裂缝较发育的页岩等难以加工处理的结构较复杂的岩石，由于不会对样品造成破坏，因此可有效保护宝贵的地层岩心，增加岩心的利用率。

刻划试验过程中，岩石破坏存在塑性破坏和脆性破坏两种形式，岩石破坏形式主要与刻划深度有关，而岩石存在门限刻划深度，当刻划深度小于门限深度时，岩石破坏形式表现为塑性破坏 [图1-8（a）]，反之则为脆性破坏 [图1-8（b）]。在塑性破坏模式下，刻划消耗的能量与切割岩屑体积成正比，岩石固有破碎比功与其单轴抗压强度数值具有很好的关联性；因此，利用刻划测试确定岩石抗压强度必须要采用塑性破坏模式进行刻划。

（a）塑性破坏　　　　　　　　　　　　　　　（b）脆性破坏

图1-8　岩石连续刻划塑性及脆性破坏模式

对于连续刻划试验，Detournay 和 Defourny（1992）建立了塑性破坏模式下刀片受力模型，在该模型下刀片底部摩擦忽略不计，在刻划过程中刀片受到力 **F** 的作用，（图1-9），可以分解为水平切向力 **F**$_s$ 和垂向力 **F**$_n$，两力的大小与刻划横截面积及岩石固有破碎比功 ε 有关系 [式（1-9）和式（1-10）]。岩石单轴抗压强度 σ_c 按式（1-11）或式（1-12）计算，可以得到测试岩样的单轴抗压强度随刻划长度方向的连续变化曲线（图1-10、图1-11）。岩石抗压强度沿着刻划面具有一定的跳跃变化，更加直观地体现出页岩的矿物组分、结构特征、胶结性能等多方面因素不均质性，可以更好地找到强度的薄弱点或区域，为井壁稳定性分析提供支撑，也可以针对测井解释结果直接对应标定。由图1-10和图1-11可以看出，焦石坝地区龙马溪组的页岩强度沿刻划方向均质性较好，南川地区龙马溪组的页岩强度沿刻划方向则具有显著的非均质性。

$$\boldsymbol{F}_s = \varepsilon w d \tag{1-9}$$

$$\boldsymbol{F}_n = \zeta \varepsilon w d \tag{1-10}$$

$$\sigma_c = \varepsilon = \frac{\boldsymbol{F}_s}{wd} \tag{1-11}$$

$$\sigma_c = \varepsilon = \frac{\boldsymbol{F}_n}{wd \tan(\theta + \psi)} \tag{1-12}$$

式中，ε 为岩石固有破碎比功，MPa；w 为刀片的宽度，mm；d 为刻划深度，mm；ζ 为

为水平切向力 F_n 与垂向力 F_s 的比值，$\zeta=\tan(\theta+\Psi)$；θ 为刀片后倾角，($\circ$)；Ψ 为界面摩擦角，($\circ$)。

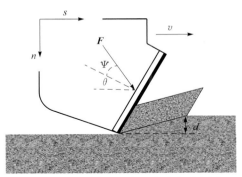

图 1-9 连续刻划试验刀片受力示意图

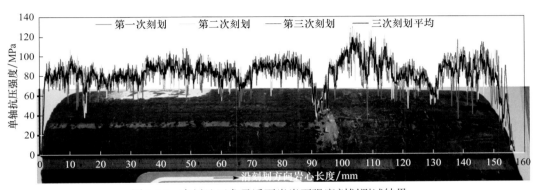

图 1-10 南川地区龙马溪页岩岩石强度刻划测试结果

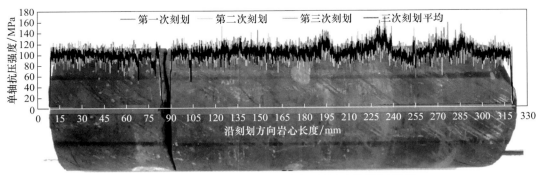

图 1-11 焦石坝地区龙马溪页岩岩石强度刻划测试结果

3. 岩石巴西劈裂试验分析方法

岩石抗拉试验可分为直接法和间接法两种。直接法抗拉试验是将圆柱形岩样试件的两端用黏合剂固定在压机压盘上的金属面板上，直接拉伸至岩样断裂，若设最大破坏拉

力值为 F_c，原试件截面积为 A，则试件的抗拉强度 $S_t=F_c/A$。由于对岩石进行直接单轴拉伸试验比较复杂，不易取得准确数据，一般采用间接试验方法确定拉伸强度。间接拉伸试验是在压机压盘之间对岩石圆柱体施加径向压力，使试件在加载平面内以拉伸破裂的方式发生破坏，通常采用巴西劈裂仪进行测试，该试验也被称为巴西劈裂试验。

巴西劈裂试验的岩石试样一般为圆柱体，加载方式如图 1-12（a）所示。实际试验时沿着圆盘的直径方向施加集中荷载，试件受力后可能沿着受力方向的直径裂开，如图 1-12（b）所示。试件内的应力分布情况如图 1-12（c）所示。由巴西劈裂试验求岩石抗拉强度为

$$\sigma_t = \frac{2P}{\pi DL} \qquad (1\text{-}13)$$

式中，σ_t 为岩石抗拉强度，MPa；P 为试件劈裂破坏发生时的最大压应力值，N；D 为岩石圆盘试件的直径，m；L 为岩石圆盘试件的厚度，m。

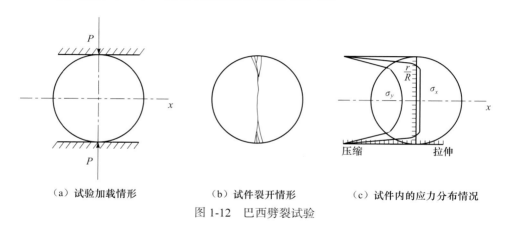

（a）试验加载情形　　　　（b）试件裂开情形　　　　（c）试件内的应力分布情况

图 1-12　巴西劈裂试验

表 1-2 为重点页岩气勘探开发地区龙马溪组页岩抗拉强度测试结果，从表 1-2 中可以看出南川及丁山地区龙马溪组页岩埋深差别很大，但抗拉强度比较相近，彭水地区页岩抗拉强度高于南川及丁山地区，整体而言，这三个地区的龙马溪页岩抗拉强度相对较高，体现了硬脆特性。针对彭水地区龙马溪页岩进行了不同方位抗拉强度测试，由表 1-2 可知，沿与主尺寸岩心轴线呈不同夹角钻取的试样的抗拉强度相差不大，均值在9.70～10.67MPa，各夹角试样破坏模式有所不同，垂直时存在沿试样中心线的拉裂缝及垂直于拉裂缝沿层理面的开裂面，夹角为 30°时存在沿试样中心线的拉裂缝及沿 30°方向沿层理面的开裂面，夹角为 60°、90°时主要为沿试样中心线的多条拉张裂缝。

4. 岩石硬度试验分析方法

岩石硬度反映岩石抵抗外界物体侵入破坏的能力，该参数可以评价压裂施工中支撑剂能否侵入页岩中，进而指导支撑剂的优选。该试验是通过施加外力，将固定形式的压头压入页岩中（即页岩发生破坏），利用页岩破坏时的外力 P 和压头面积 A 可以计算

表 1-2 重点页岩气勘探开发地区龙马溪组页岩抗拉强度测试结果

序号	地区	岩性	井深 /m	试样编号	抗拉强度 /MPa	
					测试结果	平均值
1	南川	灰黑色页岩	4398	垂直 1#	6.11	7.16
				垂直 2#	6.07	
				垂直 3#	9.31	
2	丁山	灰黑色页岩	2044	垂直 1#	6.17	6.45
				垂直 2#	5.83	
				垂直 3#	7.36	
3	彭水	灰黑色页岩	2106	0°夹角 1#	10.16	10.55
				30°夹角 1#	10.67	
				60°夹角 1#	9.70	
				90°夹角 1#	11.67	

得到对应的岩石硬度 S_y。表 1-5 为焦石坝、金山、威远等地区页岩硬度测试结果，由表 1-3 可以看出，焦石坝地区页岩岩石硬度高于金山及威远地区，而焦石坝龙马溪中部页岩的硬度低于下部页岩。页岩埋藏深度、组构特征等不同，不同区域及不同层的页岩岩石硬度也不同，变化范围也较大，因此在进行钻头及压裂用支撑剂优选时，要开展系统的页岩硬度测试及分析。

$$S_y = \frac{P}{A} \tag{1-14}$$

表 1-3 金山地区筇竹寺组页岩硬度度测试结果

序号	地区	地层	井深 /m	硬度 /MPa
1	焦石坝	龙马溪	2556	376
2			2608	665
3	金山	筇竹寺	3291	353
4	威远	龙马溪	3580	323

1.1.2 页岩脆性试验分析方法

脆性指数是评价页岩储层岩石力学性质的又一重要参数，也是页岩地层压裂开采的重要参数之一。关于岩石脆性的含义国内外学者有多种表示方法，但是，目前有关脆性的定义和度量没有统一的定论。脆性既是变形特性又是材料特性。从变形方面来看，脆性和韧性只反映量的差别，脆性表示没有明显变形就发生破裂，而韧性表示发生很大变形后才破裂；从材料特性方面来看，破坏可以分为两种，一种是构件发生很大变形，但其完整性和材料的连续性仍保持，另一种是构件破裂，材料失去连续性，即为脆性。

在岩石力学领域，有关脆性岩石的定义主要有以下几种：达到或稍微超过屈服应力后岩石就发生破裂；处于弹性变形阶段时岩石的黏聚力丧失，并且用破坏时的应力状态定义脆性破坏准则；没有或很小的塑性流动岩石就发生破裂。脆性破坏过程是在非均匀应力作用下，产生局部断裂，并形成多维破裂面的过程，破裂面丰富是高脆性的特征，也是宏观可见的表现形式。岩石的脆性与许多因素有关，应力状态、应力路径、加载速率、温度等环境因素对岩石是否表现为脆性有很大影响。脆性是岩石的综合力学特性，它不像抗压强度、弹性模量、泊松比等是单一的力学参数。想要表征岩石脆性，需要建立特定的脆性指数。

评价页岩脆性的模型有很多种，表1-4给出了基于试验结果建立的20种脆性指数模型，考虑了杨氏模量与泊松比、抗压强度与抗张强度、峰值应变、内摩擦角、可恢复形变/能大小等。每种模型评价的脆性指数数值不一致，基本都是基于试验方法建立的。

表 1-4　脆性指数及测试方法汇总

计算公式	公式含义及变量说明	测试方法	文献来源
$B_1=\sigma_c/\sigma_t$	抗压强度 σ_c 与抗拉强度 σ_t 之比	岩石压缩及抗拉测试	Hucka 和 Das（1974）
$B_2=(\sigma_c-\sigma_t)/(\sigma_c+\sigma_t)$	抗压强度 σ_c 与抗拉强度 σ_t 的函数	岩石压缩及抗拉测试	Hucka 和 Das（1974）
$B_3=\sigma_c\sigma_t/2$	抗压强度 σ_c 与抗拉强度 σ_t 的函数	岩石压缩及抗拉测试	Altindag（2003）
$B_4=\varepsilon_{irs}\times100\%$	ε_{irs} 为试样破坏时不可恢复轴向应变	压缩试验测试	Andreev（1995）
$B_5=\varepsilon_{rs}/\varepsilon_t$	可恢复应变 ε_{rs} 与总应变 ε_t 之比	压缩试验测试	Hucka 和 Das（1974）
$B_6=\sin\varphi$	φ 为内摩擦角	压缩试验测试	Hucka 和 Das（1974）
$B_7=45°+\varphi/2$	破裂角关于内摩擦角 φ 的函数	压缩试验测试	Hucka 和 Das（1974）
$B_8=W_{rs}/W$	可恢复应变能 W_{rs} 与总能量 W 之比	压缩试验测试	Hucka 和 Das（1974）
$B_9=(\zeta_p-\zeta_r)/\zeta_p$	关于峰值强度 ζ_p 与残余强度 ζ_r 的函数	压缩试验测试	Bishop（1967）
$B_{10}=(\varepsilon_p-\varepsilon_r)/\varepsilon_p$	峰值应变 ε_p 与残余应变 ε_r 的函数	压缩试验测试	Hajiabdolmajid 和 Kaiser（2003）
$B_{11}=P_{inc}/P_{dec}$	荷载增量与荷载减量的比值	贯入试验	Copur 等（2003）
$B_{12}=F_{max}/P$	荷载 F_{max} 与贯入深度 P 之比	贯入试验	Yagiz（2006）
$B_{13}=(H_m-H)/K$	宏观硬度 H 和微观硬度 H_m 差异	硬度测试	Honda 和 Sanada（1956）
$B_{14}=H/K_{IC}$	硬度 H 与断裂韧性 K_{IC} 之比	硬度测试与韧性测试	Lawn 和 Marshall（1979）
$B_{15}=HE/K_{IC}^2$	E 为弹性模量	陶制材料测试	Quinn 和 Quinn（1997）
$B_{16}=q\sigma_c$	q 为小于 0.60mm 碎屑百分比；σ_c 为抗压强度	普式冲击试验	Protodyakonov（1963）
$B_{17}=S_{20}$	S_{20} 为小于 11.2mm 碎屑百分比	冲击试验	Quinn 和 Quinn（1997）
$B_{18}=(W_{qtz}+W_{carb})/W_{total}$	脆性矿物含量 $W_{qtz}+W_{carb}$ 与总矿物含量 W_{total} 之比	矿物组分分析	Rickman 等（2008）
$B_{19}=(YM_{BRIT}+PR_{BRIT})/2$	YM_{BRIT}、PR_{BRIT} 分别为基于杨氏模量和泊松比的页岩脆性指数。	压缩试验测试	Rickman 等（2008）、Grieser 和 Bray（2007）
$B_{20}=(K_c+\omega_c)/2$	K_c、ω_c 分别为归一化抗弯模量和归一化中心挠度	抗弯模量测试	范明等（2014）

（1）采用应变表示：如图 1-13 所示的应力 - 应变曲线中的应变可分为可恢复应变（ε_{rs}）与不可恢复应变（ε_{irs}），定义脆性指数为可恢复应变与总应变的比值即表 1-4 中的 B_5，或定义脆性指数为不可恢复的轴向应变，即表 1-4 中 B_4，且有 $\varepsilon_{irs}<3\%$ 为脆性；$3\%<\varepsilon_{irs}<5\%$ 为脆性 - 延性；$\varepsilon_{irs}>5\%$ 为延性。还可以定义脆性指数为（ε_p-ε_r）与峰值应变 ε_p 的比值，即表 1-4 中的 B_{10}。

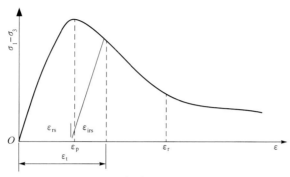

图 1-13　试件应力 - 应变关系图

（2）用能量表示：定义脆性指数为可恢复应变能 W_{rs} 与总能量 W 之比，即表 1-4 中的 B_8。

（3）用抗拉强度与抗压强度表示：因为随着脆性的增加岩石材料的抗拉强度与抗压强度的差别逐渐增加，所以可以用抗拉强度与抗压强度来定义材料的脆性指数，即表 1-4 中 B_1、B_3。

（4）用角度表示：定义脆性指数为破坏面与最大主应力作用面的夹角，即破裂角，为内摩擦角 φ 的函数

$$B_7=45^\circ+\varphi/2 \tag{1-15}$$

（5）用峰值强度与残余强度表示：Bishop（1967）定义的脆性指数为

$$B_9=（\zeta_p-\zeta_r）/\zeta_p \tag{1-16}$$

式中，ζ_p 和 ζ_r 分别为同一有效法向应力时的峰值和残余强度。

（6）采用基于页岩矿物组成的脆性评价方法，脆性指标计算方法中有一种为利用矿物成分进行计算，脆性指数 B= 石英 /（石英 + 碳酸盐 + 黏土），结合 X 衍射矿物组分分析所确定的各组分含量计算页岩的脆性指数，这类方法在实际应用中具有一定的优势，经过试验校正的测井矿物解释结果能够获得全井段脆性表征剖面，实用性强。但单纯考虑岩石矿物组成，容易忽略成岩作用的影响，而实际上成岩作用对岩石脆性影响较大，相同矿物组成的岩石经历不同的成岩过程，其脆性表现可能差异较大，而成岩作用对岩石脆性的影响很难量化表征，这也是该方法局限所在。

（7）采用岩石杨氏模量确定页岩脆性指数。将岩石压缩试验测试得到页岩的杨氏模量和泊松比参数代入 Rickman 等（2008）提出的页岩脆性指数计算方法，即式（1-17）～式（1-19），可进行对应点的页岩脆性指数求取，这是当前使用最广泛的方法。

$$YM_{BRIT} = \frac{E-1}{8-1} \times 100 \qquad (1-17)$$

$$PR_{BRIT} = \frac{\nu - 0.4}{0.15 - 0.4} \times 100 \qquad (1-18)$$

$$BRIT_{avg} = \frac{YM_{BRIT} + PR_{BRIT}}{2} \qquad (1-19)$$

式中，YM_{BRIT} 为利用杨氏模量计算的脆性指数；PR_{BRIT} 为利用泊松比计算的脆性指数；E 为静态杨氏模量，10^6psi（1psi=0.006895MPa）；ν 为静态泊松比；$BRIT_{avg}$ 为最后的脆性指数。

（8）抗弯模量法测定页岩的脆性指数。采用抗弯模量法测定页岩的脆性指数的方法根据弹性薄板挠度理论，岩石圆薄板中心受点载荷 P 作用发生弯曲（图1-14），逐渐增加该力样品发生弯曲凸出直至破坏，可以得到点载荷和中心挠度 ω 的关系曲线图（图1-15）。选取曲线上载荷40%至60%的区间，用最小二乘法进行线性回归得到直线段斜率 S，据此可以得到页岩的抗弯模量 K。

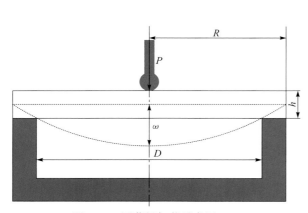

图1-14　圆薄板加载示意图

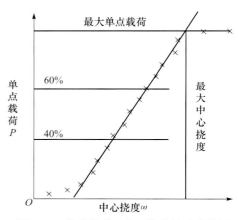

图1-15　单点载荷-中心挠度关系曲线图

中心挠度和中心点载荷关系曲线中的直线段斜率 S

$$S = \frac{P}{\omega} = \frac{Kh^3}{R^2} \qquad (1-20)$$

式中，P 为岩石薄板中心点载荷，N；K 为抗弯模量，MPa；h 为试样厚度，mm；R 为试样半径，mm；ω 为中心挠度，mm。

由式（1-20）可以得到岩石抗弯模量 K

$$K = \frac{SR^2}{h^3} \qquad (1-21)$$

泥页岩的最大中心挠度 ω_{max} 一般分布在 0.15~0.6mm，抗弯模量 K 一般分布在 200~4500MPa，将二者作为归一化区间，结合实测的抗弯模量 K 可以利用式（1-22a）和式（1-22b）计算归一化的抗弯模量 K_c 和归一化中心挠度 ω_c。

$$K_c = \frac{K-200}{4500-200} \times 100 \qquad (1\text{-}22a)$$

$$\omega_c = \frac{\omega_{max}-0.6}{0.15-0.6} \times 100 \qquad (1\text{-}22b)$$

利用归一化抗弯模量 K_c 和归一化中心挠度 ω_c 可以确定页岩的脆性指数：

$$BI = \frac{K_c + \omega_c}{2} \qquad (1\text{-}23)$$

表 1-5 是利用 Rickman 等（2008）提出的方法对焦石坝等地区页岩岩石脆性指数计算结果。可以看出，不同地区的页岩脆性指数不同，且垂直方向与水平方向的脆性指数也不同。关于页岩垂直方向的脆性指数，焦石坝地区的最小，南川地区的最大；关于页岩水平方向的脆性指数，焦石坝地区的最大，丁山地区的最小；关于页岩垂直方向与水平方向脆性指数的差值，焦石坝地区的最大，金山地区的最小。依据 Wang（2008）给出的脆性指数与压裂缝形态的关系（表 1-6）可知，这些地区的页岩都有利于形成缝网。

表 1-5　重点地区页岩脆性指数计算结果

序号	地区	层位	岩性	井深/m	岩样方向	杨氏模量/10^6psi	泊松比	脆性指数
1	焦石坝	龙马溪	黑色页岩	2556	垂直	3.309	0.184	59.692
					水平	6.757	0.220	77.123
2	丁山	龙马溪	灰黑色页	2044	垂直	4.564	0.195	66.458
					水平	2.863	0.201	53.108
3	金山	筇竹寺	黑色页岩	3306	垂直	4.647	0.220	62.052
					水平	5.394	0.223	66.786
4	威远	龙马溪	黑色页岩	3580	垂直	3.597	0.174	63.749
					水平	6.429	0.233	72.179
5	南川	龙马溪	灰黑色页岩	4398	垂直	4.664	0.191	67.974
					水平	3.394	0.202	56.698

表 1-6　岩石脆性指数与裂缝形态关系

脆性指数	裂缝形态
60～70	缝网
40～50	缝网与多缝过渡
30	多缝
10～20	两翼对称

1.1.3　页岩储层地应力测试方法

地壳中的应力是由岩体的自重、构造应力和孔隙压力以及热应力等引起的。一般情况下地应力可以用上覆岩层压力、水平最大主应力和水平最小主应力三个主地应力表示，其中两个水平主应力相互垂直，具有方向性。在页岩油气勘探开发中，地应力是水平井钻井设计和施工、分段压裂优化设计施工等关键工程技术的重要地质力学参数。目前，页岩储层地应力大小和方位测试的方法主要有岩心室内地应力测试、现场水力压裂测试、井壁剥落法等。

1. 页岩储层地应力大小测试分析方法

1）声发射凯泽（Kaiser）效应试验

岩石的声发射活动能够"记忆"岩石受过的最大应力，这种效应称为 Kaiser 效应，利用岩石的这种"记忆"特性可以测试地应力大小。Kaiser 效应表明，声发射活动的频度或振幅与应力有一定的关系。Kaiser 效应的物理机制可认为是岩石受力后发生微破裂。微破裂发生的频度随应力增加而增加。破裂过程是不可逆的，但是在已有破裂面上摩擦滑动也能产生声发射信号，这种摩擦滑动是可逆的。当应力超过原来加过的最大应力时，又会有新的破裂产生，以致声发射活动频度突然提高，出现 Kaiser 点。

声发射 Kaiser 效应试验一般要在压机上进行，测定单向应力，以一定的加载速率均匀地给岩样施加轴向载荷，同时利用声发射探头实时同步监测岩样的声发射信号，在轴向加载过程中声发射率突然增大点对应的轴向应力是沿该岩样钻取方向曾经受过的最大压应力，该点即为 Kaiser 点（图 1-16）。根据岩样的强度大小及自身的结构特征，可以采用单轴加载条件下的声发射试验和围压条件下的声发射试验。如果岩石强度较低，就需要采用围压条件下的声发射试验。对于发育有裂缝、层理等结构的页岩，为避免加载过程中裂缝闭合等行为带来的干扰声发射信号，在声发射信号监测前先采用某一定值围压对岩样作用一段时间，确保微裂缝闭合、层理面结合紧密，然后再施加轴压进行声发射信号监测。

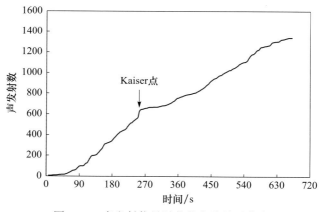

图 1-16 声发射信号随载荷变化关系曲线

目前的试验方法一般采用在与钻井岩心轴线垂直的水平面内，沿增量为 45° 的方向钻取三块岩样，测出三个方向的正应力，而后利用式（1-24）求出上覆岩层压力、水平最大主应力和水平最小主应力。

$$\sigma_{V} = \sigma_{\perp} + \alpha P_{p}$$

$$\sigma_{H} = \frac{\sigma_{0^\circ} + \sigma_{90^\circ}}{2} + \frac{\sigma_{0^\circ} - \sigma_{90^\circ}}{2}\left(1 + \tan^2 2\theta\right)^{\frac{1}{2}} + \alpha P_{p} \qquad (1\text{-}24)$$

$$\sigma_{h} = \frac{\sigma_{0^\circ} + \sigma_{90^\circ}}{2} - \frac{\sigma_{0^\circ} - \sigma_{90^\circ}}{2}\left(1 + \tan^2 2\theta\right)^{\frac{1}{2}} + \alpha P_{p}$$

$$\tan 2\theta = \frac{\sigma_{0^\circ} + \sigma_{90^\circ} - \sigma_{45^\circ}}{\sigma_{0^\circ} + \sigma_{90^\circ}} \qquad (1\text{-}25)$$

式中，σ_{V} 为上覆岩层应力，MPa；σ_{H} 为水平最大主应力，MPa；σ_{h} 为水平最小主应力，MPa；$\sigma_{\perp}$ 为垂直方向岩样 Kaiser 点应力，MPa；σ_{0° 为 0°方向岩样 Kaiser 点应力，MPa；σ_{45° 为 45°方向岩样 Kaiser 点应力，MPa；σ_{90° 为 90°方向岩样 Kaiser 点应力，MPa；P_{p} 为地层孔隙压力，MPa；α 为有效应力系数。

表 1-7 为焦石坝、南川、丁山、威远、金山地区页岩气地层的地应力大小。测试结果表明：焦石坝、丁山地区为走滑断层特征（上覆岩层压力与水平最大主应力相近，水平最小主应力最小）；南川、金山地区页岩气地层埋藏较深，为正断层（上覆岩层压力 > 水平最大主应力 > 水平最小主应力）；威远地区为逆断层（水平最大主应力 > 上覆岩层压力 > 水平最小主应力）。

表 1-7　主要页岩气勘探区域页岩气地层地应力室内试验结果

地区	地层	井深 /m	三主应力大小 /（MPa/100m）		
			上覆岩层压力	水平最大主应力	水平最小主应力
焦石坝	龙马溪	2381	2.38	2.40	1.99
丁山	龙马溪	2044	2.38	2.38	2.13
南川	龙马溪	4398	2.50	2.46	2.06
威远	龙马溪	3580	2.48	2.54	2.37
金山	筇竹寺	3306	2.46	2.43	2.11

2）水力压裂测试法

水力压裂测试法是根据井眼的受力状态及其破裂机理来推算地应力（陈勉等，2008）。在地层某深度处，当井内的钻井液柱所产生的压力升高足以压裂地层，使其原有的裂隙张开延伸或形成新的裂隙时的井内流体压力称为地层的破裂压力。地层的破裂压力的大小和地应力的大小密切相关。根据多孔介质弹性理论，井壁周围岩石所受的各应力分量为

$$\sigma_{r} = P_{w} - \alpha P_{p}$$

$$\sigma_{\theta} = \left(\sigma_{H} + \sigma_{h}\right) - 2\left(\sigma_{H} - \sigma_{h}\right)\cos 2\theta - P_{w} - \alpha P_{p} \qquad (1\text{-}26)$$

$$\tau_{r\theta} = 0$$

式中，σ_{r} 为井眼周围所受径向应力，MPa；σ_{θ} 为井眼周围所受周向应力，MPa；$\tau_{r\theta}$ 为井眼周围所受切应力，MPa；P_{w} 为井内钻井液柱压力，MPa；α 为有效应力系数；P_{p} 为地

层孔隙压力，MPa；σ_H 为水平最大主应力，MPa；σ_h 为水平最小主应力，MPa；θ 为井眼周围某点径向与最大水平主应力方向的夹角，（°）。

从力学上说，地层破裂是井内流体密度过大使岩石所受的周向应力达到岩石的抗拉强度而造成的。从式（1-26）中可以看出，当 P_w 增大时，σ_θ 变小，当 P_w 增大到一定程度时，σ_θ 将变成负值，即岩石所受周向应力由压缩变为拉伸，当这种拉伸力大到足以克服岩石的抗拉强度时，地层则产生破裂造成井漏。破裂发生在 σ_θ 最小处，即 $\theta=0°$ 或 $180°$ 处，此时 σ_θ 值为

$$\sigma_\theta = 3\sigma_H - \sigma_h - P_w - \alpha P_p \tag{1-27}$$

将式（1-27）代入岩石的拉伸破裂强度准则，可得岩石产生拉伸破坏时井内液柱压力（即地层破裂压力）为

$$P_f = 3\sigma_h - \sigma_H - \alpha P_p + S_t \tag{1-28}$$

若已知地层的破裂压力、地层孔隙压力及岩石抗拉强度，则可以利用式（1-28）求取地应力。但由于需要求取两个水平主应力，仅式（1-28）还不能满足求取条件。为了用水力压裂试验法测定地应力，进行地层破裂压力试验时应取全各项数据。

（1）地层破裂压力 P_f：压力最大点，反映了液压克服地层的抗拉强度使其破裂，形成井漏，造成压力突然下降。

（2）延伸压力 P_{Pro}：压力趋于平缓的点，为裂隙不断向远处扩展所需的压力。

（3）瞬时停泵压力 P_s：当裂缝延伸到离开井壁应力集中区，即 6 倍井眼半径以外时，进行瞬时停泵，记录下停泵时的压力。由于此时裂缝仍开启，P_s 应与垂直与裂缝的最小水平地应力 σ_h 相平衡，即有

$$P_s = \sigma_h \tag{1-29}$$

此后，随着停泵时间的延长，泥浆向裂缝两边渗滤，使液压进一步下降。此时由于地应力的作用，裂隙将闭合。

（4）裂缝重张压力 P_r：瞬时停泵后重新开泵向井内加压，使闭合的裂缝重新张开需要的压力。由于张开闭合裂缝所需的压力与破裂压力相比不需克服岩石的拉伸强度，因此可以认为破裂层的拉伸强度等于这两个压力的差值，即有

$$S_t = P_f - P_r \tag{1-30}$$

因此，只要通过破裂压力试验测得地层的破裂压力、瞬时停泵压力和裂缝重张压力，结合地层孔隙压力的测定，利用式（1-28）～式（1-30）即可以确定出地层某深处的最大、最小水平主地应力。

2. 页岩储层地应力方位测试分析方法

页岩储层地应力方位是页岩气水平井方位设计的重要参数，一般来说，水平井沿着水平最小主应力方向钻进有利于井壁稳定及人造裂缝起裂。可以采用差应变与古地磁联合试验法及基于井眼坍塌信息确定地应力方位。

1）差应变与古地磁联合试验法

差应变试验（differential strain analysis，DSA）是一种通过室内岩心试验确定地应力方向的方法。取自深钻孔中的均质、无天然裂隙的岩心，由于三向主应力的数值彼此不等，钻取岩心时，不同方向卸载程度不同。原地应力的释放产生了与卸载程度成比例的微裂隙性应变，重新用静水压加载时，不同方向的恢复应变也有区别，最大应变的方向是岩心原来受到最大主应力作用的方向。

从 DSA 方法中得到的最大主应力方向是相对于固结在岩样上的标志线（即坐标系）的，由于取心后，岩心在地下所处的原始空间方向已不清楚，因此利用古地磁方法确定岩样上的标志线相对于地理北极的方位，两者结合得到真正的地应力方向，见图 1-17（a）。

（1）古地磁试验。

地下岩石都携带一种或多种持久磁化向量，并且与岩心获取时所处地磁场方向一致，通过钻取这种岩石的小岩样，在实验室通过高精度的磁力仪系统，分离出稳定的磁化强度方向，可以确定岩心的地理北极方向。这种方法是用有稳定剩磁方向的岩心来确定该岩心磁化时的地磁场方向的。任何岩心所处的地层或岩石在其形成时或稍后，都会受到地球偶极子场引起的（它的磁轴线与地理轴呈 11.5°）磁场磁化，且与当时的古磁场方向一致，此即原生剩磁。随着地层的变迁和时间的推移，岩心所处的地层或岩石又受到新的地磁场磁化，这时岩心及所处的地层或岩石又具有了次生的剩磁或叫黏滞剩磁（VRM）。古地磁岩心定向方法就是利用古地磁仪来分离和测定岩心的磁化变迁过程，用 Fisher 统计法确定与岩心对应的不同地质年代的磁北极与地理北极的方向，以便恢复岩心在地下所处的原始方位。

在同一块岩心上加工古地磁试验岩样和 DSA 试验岩样。古地磁试验岩样通常为直径 25.4mm、长度 25.4mm 的圆柱体。在钻取岩样前，在岩心柱面绘一条平行于岩心轴线并标有方向的标志线，这条标志线是差应变分析法和古地磁法测量共同的参考线；钻取出古地磁岩样后，在岩样上标注与岩心一致的标志线，并在截面上绘出多条平行于标志线的线，如图 1-17（b）所示。由于需要采用统计法确定与岩心对应的不同地质年代的

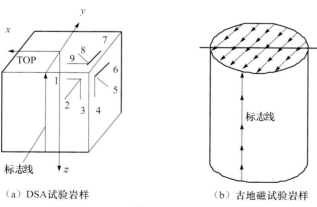

（a）DSA 试验岩样　　　　　　　（b）古地磁试验岩样

图 1-17　DSA 试验和古地磁试验岩样图

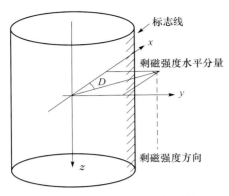

图 1-18 古地磁测试坐标系统

磁北极与地理北极的方向，因此，古地磁试验需要加工出一组试验岩样。

对加工好的一组岩样，首先在无磁环境下进行退磁（可以采用热退磁、交流退磁），其次利用古地磁仪在无磁环境下测量岩样的剩磁。对所有岩样的测试结果进行统计分析，利用古地磁平均剩磁水平分量确定磁北极方位。图 1-18 为古地磁测试坐标系统，其中 z 轴向下为正，磁偏角 D 体现出地理北极的方向角，因为 x 轴通过标志线，磁偏角 D 是水平向量 H 与 x 轴的夹角，所以磁偏角 D 可以决定标志线的地理方位。

假定一组岩样测得的特征剩磁方向的倾角和偏角分别为 I_i 和 D_i（$i=1,2,3,\cdots,N$），在直角坐标系中，单位矢量在 x、y、z 三个轴的方向余弦为

$$\left. \begin{array}{l} x = \cos D \cdot \cos I \\ y = \sin D \cdot \cos I \\ z = \sin I \end{array} \right\} \tag{1-31}$$

将 N 个岩样的特征剩余磁矢量的方向余弦相加，得到合成矢量的长度 R 和 x、y、z 三个轴方向的平均方向余弦 $\bar{l}$、$\bar{m}$、$\bar{n}$。

$$R^2 = \left(\sum_{i=1}^{N} x_i \right)^2 + \left(\sum_{i=1}^{N} y_i \right)^2 + \left(\sum_{i=1}^{N} z_i \right)^2 \tag{1-32}$$

$$\left. \begin{array}{l} l = \dfrac{\sum\limits_{i=1}^{N} x_i}{R} \\[2ex] m = \dfrac{\sum\limits_{i=1}^{N} y_i}{R} \\[2ex] n = \dfrac{\sum\limits_{i=1}^{N} z_i}{R} \end{array} \right\} \tag{1-33}$$

该平均方向的偏角 D 和倾角 I 就分别为

$$\left. \begin{array}{l} \bar{D} = \tan^{-1}\left(\dfrac{\bar{m}}{l} \right) \\[2ex] \bar{I} = \sin^{-1}\left(\bar{n} \right) \end{array} \right\} \tag{1-34}$$

对利用剩磁方向测定的磁偏角 D 可以直接转为地理北极方向，磁倾角 I 取决于当地的地理纬度 L，而磁倾角 I 与地理纬度 L 存在如下关系

$$\tan I = \tan L \qquad (1\text{-}35)$$

当知道取心当地的地理纬度，通过筛选向量矢量方法分离剩磁，其中总有一个倾角接近于地球中心偶极磁场值，校正向量偏角后就可以确定岩心的原始方位。

（2）DSA 试验。

DSA 试验岩样为立方体［图 1-17（a）］，有 20mm×20mm×20mm、30mm×30mm×30mm、40mm×40mm×40mm 等尺寸。DSA 试验岩样与古地磁试验岩样取自同一块岩心，需要标注与古地磁岩样一致的标志线，以此来明确岩样的 x、y、z 方向，其中 z 向与岩心的轴线方向一致。密封后的岩样放置于围压仓中施加静水压力，试验过程中测试岩样的应变。在给定的净水压力下可以测试得到 9 个应变值，由这 9 个应变值可以计算出描述该时刻的应变状态所必需的、可以不等的 6 个应变分量。

$$\left.\begin{aligned}
\varepsilon_x &= \frac{1}{2}\left(\varepsilon_1 + \varepsilon_9\right) \\
\varepsilon_y &= \frac{1}{2}\left(\varepsilon_6 + \varepsilon_7\right) \\
\varepsilon_z &= \frac{1}{2}\left(\varepsilon_3 + \varepsilon_4\right) \\
\varepsilon_{xy} &= 2\varepsilon_8 - \varepsilon_7 - \varepsilon_9 \\
\varepsilon_{yz} &= 2\varepsilon_5 - \varepsilon_4 - \varepsilon_6 \\
\varepsilon_{zx} &= 2\varepsilon_2 - \varepsilon_1 - \varepsilon_3
\end{aligned}\right\} \qquad (1\text{-}36)$$

式中，$\varepsilon_1 \sim \varepsilon_9$ 分别为测试得到的 9 个应变值；ε_x、ε_y、ε_z 分别为 x、y、z 方向的正应变；ε_{xy}、ε_{yz}、ε_{zx} 为平面上的剪应变。

由式（1-36）可以确定出 3 个主应力方向与标注在岩样上的 x 轴、y 轴、z 轴的夹角。结合古地磁试验得到的标志线相对于地理北极方位，便可以得到实际的地应力方向。

由这 6 个应变值分量可以计算出这一点该时刻的主应变值和主应变方向。

2）基于井眼坍塌信息确定地应力方位

影响井壁稳定的因素有很多，如生产压差、井壁表面的压力梯度分布、三个主地应力、加载历史、地层岩石的力学特性、井斜角、地层孔隙压力、地层渗流流体物性及化学作用引起的岩石强度弱化特性等。从力学角度分析，井眼的形成，打破了地层原来保持的应力平衡，使应力在井壁围岩地层发生重新分布，另外地层钻井液的渗流及温度交换引起的附加应力场等，这些因素都会可能使岩石所承受的外力超过本身的强度极限而发生破坏，致使井壁发生坍塌，且随着坍塌的进行，井壁逐渐趋于稳定，最终形成稳定的椭圆形。井壁周围应力场的分布与原场应力有着密切关系，即井壁坍塌的方位与地应

力方位之间存在一定的关系。

（1）井壁坍塌信息与地应力方位的关系。

地层总是处于三轴应力作用下的，可用三个方向的主应力来表示，即最大水平主应力 σ_H、最小水平地应力 σ_h 和垂向正应力 σ_v。对于垂直井眼，井周地层的应力分布为

$$
\begin{aligned}
\sigma_r &= \frac{R^2}{r^2}P_i + \frac{\sigma_H + \sigma_h}{2}\left(1 - \frac{R^2}{r^2}\right) + \frac{\sigma_H - \sigma_h}{2}\left(1 + \frac{3R^4}{r^4} - \frac{4R^2}{r^2}\right)\cos 2\theta \\
&\quad + \delta\left[\frac{\alpha(1-2\nu)}{2(1-\nu)}\left(1 - \frac{R^2}{r^2}\right) - \varphi\right](P_w - P_p) + \sigma_r^T \\
\sigma_\theta &= -\frac{R^2}{r^2}P_w + \frac{\sigma_H + \sigma_h}{2}\left(1 + \frac{R^2}{r^2}\right) - \frac{\sigma_H - \sigma_h}{2}\left(1 + \frac{3R^4}{r^4}\right)\cos 2\theta \\
&\quad + \delta\left[\frac{\alpha(1-2\nu)}{2(1-\nu)}\left(1 + \frac{R^2}{r^2}\right) - \varphi\right](P_w - P_p) + \sigma_\theta^T \\
\sigma_z &= \sigma_v - 2\nu(\sigma_H - \sigma_h)\left(\frac{R}{r}\right)^2\cos 2\theta + \delta\left[\frac{\alpha(1-2\nu)}{1-\nu} - \varphi\right](P_w - P_p) + \sigma_z^T
\end{aligned}
\tag{1-37}
$$

式中，R 为井眼半径 mm；r 为井周地层某点到井眼轴线的距离，mm；P_w 为井内压力，MPa；σ^T 为温度附加应力场，MPa；σ_r 为径向应力，MPa。

当 $r=R$ 时，且不考虑的渗透性，井壁表面上的径向、切向和垂向的应力分别为

$$
\begin{aligned}
\sigma_r &= P_w + \sigma_r^T \\
\sigma_\theta &= -P_w + (1 - 2\cos 2\theta)\sigma_H + (1 + 2\cos 2\theta)\sigma_h + \sigma_\theta^T \\
\sigma_z &= \sigma_v - 2\nu(\sigma_H - \sigma_h)\cos 2\theta + \sigma_z^T
\end{aligned}
\tag{1-38}
$$

径向、切向和垂向的有效应力决定井壁发生破坏与否，即

$$
\begin{aligned}
\sigma_r &= P_i + \sigma_r^T - \alpha P_p \\
\sigma_\theta &= -P_i + (1 - 2\cos 2\theta)\sigma_H + (1 + 2\cos 2\theta)\sigma_h + \sigma_\theta^T - \alpha P_p \\
\sigma_z &= \sigma_v - 2\nu(\sigma_H - \sigma_h)\cos 2\theta + \sigma_z^T - \alpha P_p
\end{aligned}
\tag{1-39}
$$

结合式（1-39），对于给定地应力、孔隙压力、温度附加应力、井内液柱压力等，图 1-18 给出了井壁周围切向、径向、垂向有效应力随井周角的变化情况。由图 1-19（a）可以看出，当 $\theta=\pi/2$ 或 $3\pi/2$ 时（即水平最小地应力方向），$\sigma_\theta - \sigma_r$ 值达到最大值，由图 1-19（b）可以看出，水平最小地应力方向上，切向应力由地层向井壁上迅速增大，当该区域的应力差（$\sigma_\theta - \sigma_r$）超过了地层的强度，地层就会发生破坏。水平最大主应力方向上，切向应力变成了拉应力，当超过地层的抗拉强度时，就会在该区域发生拉伸破坏，产生钻井次生裂缝。

在不同地质时期形成的各种岩石都具有其固有的抗拉、拉剪强度。由于井眼的形成打破了地层的原始应力分布状态，井眼周围地层形成新的应力分布状态。在地应力的

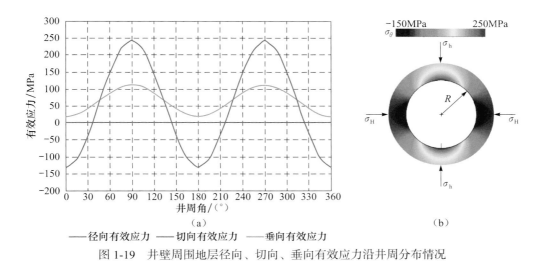

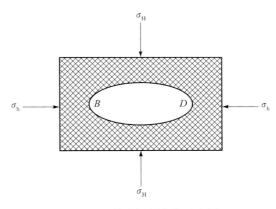

图 1-19　井壁周围地层径向、切向、垂向有效应力沿井周分布情况

作用下，井壁附近岩石发生变形，并在井壁附近引起应力集中，当作用在 B、D 两点的应力差 $\sigma_\theta - \sigma_r$ 达到或超过该处岩石的剪切强度时，就发生井壁坍塌现象，形成井壁坍塌椭圆，其长轴方向与最小水平主地应力方向一致，如图 1-20 所示。

　　井壁坍塌椭圆崩落的长轴方向总是与最小水平主地应力方向一致，即与最大水平地应力方向垂直，因此可借用井壁坍塌椭圆来确定地应力的方向，该方法资料来源丰富，但精度易受井壁不均匀和钻孔倾斜的影响。

图 1-20　井壁坍塌方位示意图

　　（2）基于井壁坍塌信息反演地应力方位。

　　常用的井壁椭圆测量仪器有超声波井下电视测定仪、四臂地层倾角测井仪、六臂地层倾角测斜仪等。由于地层倾角测斜仪的数据处理程序比较复杂，目前，国内外普遍采用四臂地层倾角测井仪来测定地应力的方向，原理图见图 1-21。四臂地层倾角测量仪可以测量四组（每组两条）微聚焦电阻率曲线、两条井径曲线、Ⅰ号极板方位。通过对比微聚焦电阻率曲线可确定岩层层面上的四个点 M_1、M_2、M_3、M_4 沿井轴方向的高度 Z_1、Z_2、Z_3、Z_4。四臂地层倾角测量仪有两套井径装置，分别由Ⅰ、Ⅲ号极板和Ⅱ、Ⅳ号极板组成，当井径发生变化时，四个极板产生横向位移，通过机械传动装置改变电位器的电阻值，进而反映Ⅰ、Ⅲ号极板方向和Ⅱ、Ⅳ号极板方向的井径 $C13$、$C24$ 的大小。针对不规则井眼，$C13$ 不等于 $C24$。四臂地层倾角测井仪的Ⅰ号极板方位角也是重要的参数之一。Ⅰ号极板方位角 μ 定义为Ⅰ号极板方向的水平投影与正北方向的夹角（顺时针），变化范围为0°～360°，其是利用电阻率的大小来确定Ⅰ号极板方位角的。当井斜角≤20°时，可以利用该方法进行测量，当井斜角较大时，必须采取一定的校正方法进行校正。

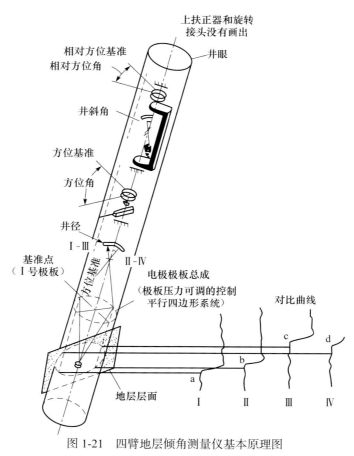

图 1-21　四臂地层倾角测量仪基本原理图

　　四臂地层倾角测量仪在测量时，处于不断旋转状态，也就是两组极板紧贴井壁滑动，当Ⅰ、Ⅲ号极板和Ⅱ、Ⅳ号极板在椭圆形井眼中处于受力最合适的位置时（也即Ⅰ、Ⅲ号极板处于椭圆的长轴方向上，Ⅱ、Ⅳ号极板处于椭圆短轴上；或者Ⅰ、Ⅲ号极板处于椭圆的短轴方向上，Ⅱ、Ⅳ号极板处于椭圆长轴上），就可记录下对应的井径值。井径扩大存在多种形式，图 1-22 给出了应力性井壁坍塌、冲刷扩径与钻井键槽三种扩径类型，分别存在如下特征：应力性井壁坍塌是由应力集中引起的，直井中的应力性井壁坍塌出现在水平最小主应力方向；冲刷扩径则是由钻井液浸泡与循环冲蚀井壁引起的，该种扩径表现出井壁四周均发生破损，四壁井径测量工具测量得到两组井径均大于钻头直径；钻井键槽是由钻具碰撞磨损井壁引起的井筒扩大，一般出现在钻具顶部和底部。只有合理选取应力性坍塌段，才能反演出地应力方位。

　　根据上述井壁坍塌椭圆的特征，利用四臂地层倾角测井资料识别应力性井壁坍塌段的标志主要有以下几种（图1-22）。

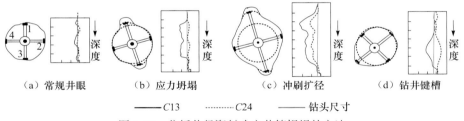

（a）常规井眼　　（b）应力坍塌　　（c）冲刷扩径　　（d）钻井键槽

——— C13　　········· C24　　——— 钻头尺寸

图1-22　分析井径资料确定井筒坍塌的方法

（1）井壁坍塌椭圆段必须具有明显的扩径现象，在四臂地层倾角测量仪井径记录图上表现为具有明显的井径差。表现出，垂直双井径（C13，C24）中最小的井径与钻头直径相近，二者之差的绝对值要小于给定的常量（区域经验值），当大于给定常量的时候不作为椭圆井眼处理；最大井径明显大于钻头直径，垂直双井径之间的差要大于给定的某一常量（一般可取1.5in左右），双井径中较大的井径地方位就是椭圆井眼的方位。此时，存在以下两种情况（图1-23）：　①当$C13>C24$时，椭圆井眼方位等于Ⅰ号极板方位角（PIAZ）；②当$C13>C24$时，椭圆井眼方位等于Ⅰ号极板方位角（PIAZ）加上90°。

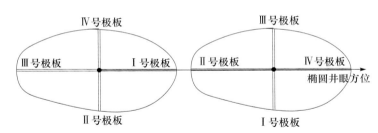

图1-23　两种情况下井眼椭圆方位与Ⅰ号极板方位间的关系示意图

对高角度地层倾角测井仪，不测量Ⅰ号极板方位角，测量井斜方位角，此时，可以利用井斜方位角和相对方位角、井斜角求取Ⅰ号极板的方位角：

$$\mu = \Omega + \arctan\left(\frac{\tan RB}{\cos\psi}\right) \tag{1-40}$$

式中，μ为Ⅰ号极板方位角；Ω为井斜方位角；RB为相对方位角；ψ为井斜角。

（2）井壁坍塌椭圆段具有一定的长度（该值大小由区域经验给出），在这段长度上长轴取向基本一致，排除钻具碰撞井壁等其他因素造成的井壁坍塌。

（3）椭圆孔段的顶、底面，曲线方位有所变化，变化范围为0°～360°，表现为顶、底面做旋转运动。

（4）选择Ⅰ号极板方位处于不旋转状态下的测井资料，因仪器一旦处于旋转状态，则极板就不能稳定处于井径的长、短轴方向，绝大部分时间处于过渡状态，此时的井径并非为长、短井径，即坍塌井段仪器停止转动，Ⅰ号极板方位不变，而在坍塌段上下仪器正常旋转，以此排除在解释坍塌段其他缘故引起的仪器不转动。极板在受力合理的状态下就停止旋转，此时对应的位置正好为椭圆井眼的长短轴方位，这样处理，才能保证所选数据的正确性。

而对冲刷扩径而言，通常是井壁完全坍塌，四臂地层倾角测井仪测得的两组井径都大于钻头尺寸；键槽是由钻具磨损、碰撞井壁引起的非对称的单侧井壁坍塌，一般发生在钻具的顶部或底部。另外，还要排除以下两种井壁坍塌形式：①高角度裂缝坍塌变形井眼，即一些与井壁相切割的高角度裂缝会造成井壁附近岩石强度的降低，在经过钻井液浸泡、冲刷及钻具来回碰撞后，可能造成沿裂缝走向坍塌，因此形成椭圆形井眼，且一条井径大于钻头直径，一条接近钻头直径；②假变形井眼，即井眼并未坍塌变形，只是由于井斜较大，在测量双井径时，仪器严重偏心，从而出现一条井径等于钻头直径，一条井径小于钻头直径的异常现象。

正是因为以上几种井壁垮塌的特征不同，我们可以通过处理与辨认，优选出应力引起的井壁垮塌，以此来确定地应力方位，图1-24为针对某井四臂井径曲线进行分析得到的应力方位信息。

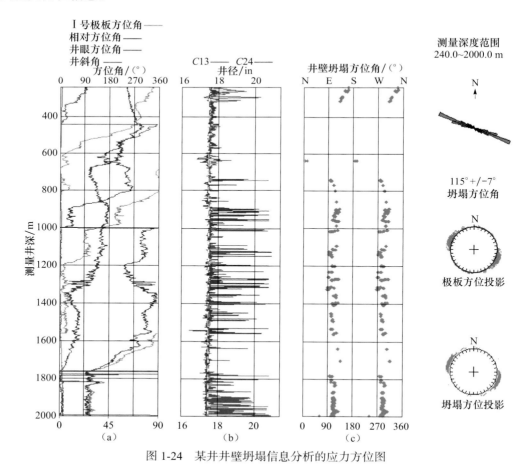

图1-24 某井井壁坍塌信息分析的应力方位图

1.2 页岩储层甜点测井资料评价分析方法

1.2.1 页岩储层地质甜点参数评价方法

页岩作为一种沉积岩，矿物成分复杂，具有薄层或薄片状的层理结构，主要是由黏土沉积经长时间的高温、高压作用形成的岩石，是黏土物质在长期压实、重结晶和脱水作用下形成的。页岩通常形成于静水环境中，其中夹杂有石英、长石碎屑岩及其他矿物质，根据掺杂的矿物类型可分为铁质、钙质、硅质和炭质页岩。同时，页岩地层含有大量的有机质，有机质在成熟过程中生成大量的硫（S）元素，硫元素与黏土中的铁（Fe）元素生成黄铁矿、赤铁矿等矿物。

页岩地层基质孔隙度小、孔喉半径小、渗透率很低（邹才能等，2011），通常情况下页岩总孔隙度最大值在 10%～12%，有效孔隙度一般只有 1%～5%，渗透率分布范围在 $0.0001 \times 10^{-3} \sim 2.000 \times 10^{-3} \mu m^2$，平均大小为 $0.0409 \times 10^{-3} \mu m^2$，属典型的致密储层。

1. 矿物组分评价

1）多矿物解释模型评价

多矿物解释兴起于 20 世纪 80 年代，在 90 年代发展成熟，近年来在评价复杂岩性和复杂矿物含量方面得到广泛应用（雍世和和孙建孟，1995）。多矿物解释模型所用的测井曲线是常规测井曲线，最多能评价六种矿物类型和含量，还能评价流体性质。相比用三孔隙度测井曲线评价泥质、砂质和灰质含量，多矿物解释模型能提供更多的矿物类型，对评价复杂岩性和页岩地层矿物具有积极作用。

第一，页岩地层多矿物解释模型。

页岩地层相对于常规砂泥岩和碳酸盐地层而言，地层矿物类型更多、更复杂，不仅存在多种黏土矿物、石英、长石、白云岩和方解石，还在页岩地层有机质中硫元素与泥质中铁元素相结合形成黄铁矿等矿物质。用常规测井资料评价地层时不仅评价出地层矿物含量，还评价出流体性质，但在页岩地层中流体不仅包含油/气和水，还包含束缚油/气和可动油/气，由于页岩地层中流体性质非常复杂，用多矿物解释模型评价时把流体部分统一为总孔隙大小。

页岩地层多矿物解释模型如图 1-25 所示，包含黏土、骨架和孔隙度。黏土部分包含伊利石、高岭石、绿泥石和蒙脱石；骨架包含长石、石英、方解石、白云石和黄铁矿。从图 1-25 中可以看出页岩地层多矿物解释模型的矿物类型多达 10 种，实际评价时要根据实际地层的情况选择矿物类型。

第二，页岩地层多矿物测井解释方法。

页岩地层多矿物模型构造地层不同矿物类型和含量下的测井响应方程，运用广义反演理论评价矿物类型和含量。反演过程是通过不断计算理论测井响应方程值，并与实际

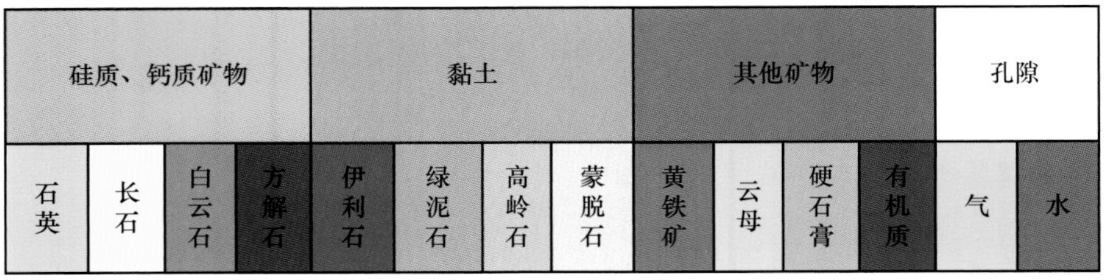

硅质、钙质矿物				黏土				其他矿物				孔隙	
石英	长石	白云石	方解石	伊利石	绿泥石	高岭石	蒙脱石	黄铁矿	云母	硬石膏	有机质	气	水

图 1-25　页岩地层多矿物解释模型示意图

测井值进行比较，一旦两者近似并满足误差条件，则此时计算理论测井值所采用的矿物体积含量就能充分反映实际地层模型中实际矿物体积含量大小。由加权最小二乘原理建立的最优化目标函数模型为

$$\min F(x,a) = \min \sum_{i=1}^{m} \frac{[a_i - f_i(x,z)]^2}{\sigma_i^2 + \tau_i^2} + \sum_{j=1}^{p} \frac{g_j^2(x)}{\tau_j} \qquad (1\text{-}41)$$

式中，$F(x,a)$ 为最优化测井解释的函数值；a_i 为页岩地层第 i 条测井曲线的实际测量值，%；x 为页岩地层反演矿物体积含量，%；z 为测井深度，m；$f_i(x,z)$ 为第 i 种测井曲线在 z 深度时不同测井方法上的响应方程；σ_i 为页岩地层第 i 条曲线的测量误差；τ_i 为第 i 种曲线测井响应方程误差；$g_j(x)$ 与 τ_j 为 x 的第 j 种不等式约束及其误差。

　　页岩地层多矿物解释模型是根据对实际地层作一系列数学物理简化后建立的测井解释模型得出的理论公式，而且响应方程中解释参数的选择也存在一定的误差，因此这些响应方程只是近似地反映理论测井值 a_i 与储集层参数向量 $\boldsymbol{x}$ 之间的关系，故必然存在一定的响应误差 τ_i。目标函数模型总误差（测量误差和响应方程误差）起两个方面的作用：一是对数据起规格化的作用，以消除各种方法测量大小单位量纲的影响；二是对不同的测井方法起加权作用。从目标函数模型中可以看出，测量误差小、质量好的测井曲线与响应误差小、参数选择好的测井响应方程对目标函数的贡献大；反之，贡献小，说明在寻优过程中降低质量较差测井曲线的作用，有利于更好地寻找出反映地层实际情况的最优解。

　　为了得到合理的解释结果，在用最优化方法求解时，必须对未知量进行一定的约束。运用多矿物模型评价地层矿物时，反演目标函数中所用到的约束条件如下：

$$\begin{aligned} 100 &\geqslant V_i \geqslant 0 \\ \sum V_i &= 100 \end{aligned} \qquad (1\text{-}42)$$

　　最优化测井解释方法一个独特而重要的优点，就是它能提供一套对优化计算结果进行质量控制与检验及对优化解释结果进行质量评价的方法。一般来说最优化反演质量评价有四种方法，分别是置信区间法、拟合系数法、目标函数最优值法和减小非相关函数 R_{inc} 法。

　　第三，页岩地层多矿物测井解释实例。

　　选择页岩地层常规测井曲线中的自然伽马、能谱伽马曲线中的铀、钍、钾和三孔隙度（AC、CNL 和 DEN）测井曲线，没有包含电阻率测井曲线，不包含电阻率测井曲线的主要原因是页岩地层电阻率数值受有机质和黄铁矿的影响比较大，影响机理和模型还没有明确。

反演结果包含伊利石、绿泥石、高岭石蒙脱石、方解石、白云石、石英、长石和黄铁矿等矿物及孔隙度，最多达到十个参数，反演计算过程中根据页岩地层的实际情况选择矿物类型。质量控制方法运用置信区间法和目标函数最优值法，对反演质量进行评价。

运用某页岩气井常规测井资料进行地层矿物含量反演，该区块页岩主要分布在下古生界志留系下统龙马溪组，岩性主要以黄灰色泥页岩、粉砂质泥岩为主，泥岩部分包含伊利石、绿泥石和蒙脱石，少部分还夹有薄层透镜状灰岩。

根据常规测井资料利用优化反演方法进行反演处理，常规曲线采用自然伽马（GR）、三条能谱曲线铀（U）、钍（Th）、钾（K）和三孔隙度曲线补偿声波（AC）、补偿中子（CNL）、补偿密度（DEN）反演出八种矿物和孔隙度（POR），矿物分别是石英、长石、方解石、白云岩、伊利石、绿泥石、蒙脱石和黄铁矿。根据该地区实际情况选择矿物类型，矿物类型选择石英（VSand）、长石（VFLD）、伊利石（VILL）、绿泥石（VCHL）、蒙脱石（VMON）。利用该区块的 A 井常规测井资料进行反演处理，反演结果如图 1-26 所示。图中前七道为自然伽马（GR）、铀（U）、钾（K）、钍（Th）、补偿声波（AC）、补偿中子（CNL）、补偿密度（DEN）的常规测井曲线的相对含量、重构元素响应值和反演结果的置信区间，第八道为地层深度，第九道为反演计算的目标函数值，第十道为反演的矿物质量含量组合：伊利石（浅灰色）、绿泥石（橘黄色）、蒙脱石（浅绿色）、石英（黄色）、长石（淡黄色）、和孔隙度（白色）。从反演结果质量看，利用多矿物反演重构常规测井响应曲线在置信区间内，与原始测井曲线基本重合，目标函数值也较小，说明 A 井的地层矿物反演结果可靠，反演质量较好。

2）元素测井资料评价矿物

第一，元素测井资料评价矿物解释模型。

页岩地层矿物含量求解通常利用地层元素测井（ECS）资料来进行评价，根据地层矿物与元素之间的比例关系，对元素测井资料进行优化求解。在利用元素测井资料反演地层矿物含量方面，最早有学者利用 X 荧光数据得到氧化物含量与矿物含量之间的转换关系，但元素测井测量的是元素含量大小，要得到氧化物含量需要用一定的模型进行转换，这一模型发展成为氧闭合模型，利用该模型将元素含量转换成氧化物含量；也有人利用矿物试验建立页岩元素与矿物之间的转换关系，这个转换关系是地层元素到矿物转化的基础；最近有学者用优化方法直接建立了页岩地层元素到矿物含量的计算模型。

ECS 资料最优化反演是元素测井利用广义反演理论评价出地层矿物含量，根据页岩地层矿物与元素含量之间的相关关系，通过构造页岩地层不同矿物模型下的元素含量理论测井响应方程，并与实际元素测井值比较。反演过程中不断计算构造响应方程的理论测井值，一旦理论测井值与实际测井值充分逼近且满足误差条件，则此时计算理论测井值所采用的矿物质量含量就能充分反映实际地层模型中实际矿物质量含量大小。

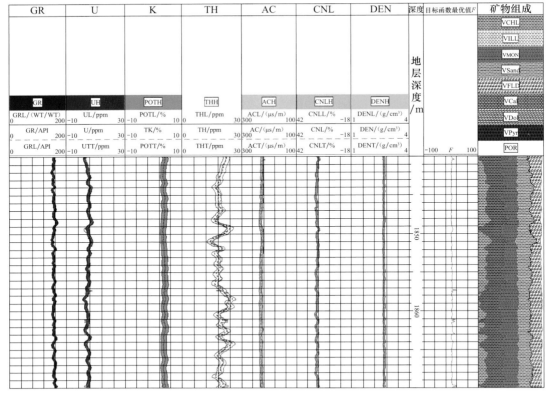

图 1-26　A 井常规测井资料反演地层矿物含量

元素测井在一定深度时的不同矿物模型响应方程为

$$f_i(x, z) = \sum_{j=1}^{n} x_j C_{ij} \qquad (1\text{-}43)$$

式中，x_j 为第 j 种矿物的比重；C_{ij} 为元素在矿物中的比例系数。

第二，元素测井资料评价矿物解释方法。

根据非线性加权方法同样地建立元素测井最优化解释目标函数数学模型，采用式（1-41）。

元素测井中的不确定性系数 σ_i 由元素测井原始谱曲线解谱误差决定，解谱过程是由元素测井仪器处理软件完成的，元素测井原始资料解谱得到地层元素含量和不确定系数，因此该系数对于元素测井资料评价来说是已知的。

第三，元素测井资料评价矿物解释实例。

元素测井仪器输出的是地层元素相对含量及解谱的不确定系数。通过对元素与地层矿物之间的关系分析，选择硅、铝、铁、钙、硫五种元素参与反演计算，反演出十种矿物，分别是石英、长石、灰岩、白云岩、伊利石、绿泥石、蒙脱石、黄铁矿、云母和硬石膏。结合解谱的不确定系数就可以对元素测井资料进行优化反演，反演时根据实际情况选择矿物类型，反演结果的质量的好坏通过置信区间法和目标函数最优值来判断。元素测井评价地层矿物过程中，由于元素含量是相对质量含量，所求得的矿物含量也是质量含量，与多矿物模型评价出的矿物体积含量有所不同。

对某区块页岩地层 A 井 ECS 资料进行矿物反演。反演结果如图 1-27 和图 1-28 所示，图中前五道为 ECS 元素的相对含量、重构元素响应值和反演结果的置信区间；第六道为地层深度；第七道为目标函数值 F；第八道～第十二道为反演的矿物含量及与岩心试验的对比结果；第十三道为反演的矿物质量含量组合：伊利石（浅灰色 WILL）、绿泥石（灰色 WCHL）、蒙脱石（深绿色 WMON）、石英（黄色 WQRZ）、长石（淡黄色 WFLD）、方解石（蓝色 WCLC）和白云岩（浅蓝色 WDOL）。从反演计算结果看出，反演结果与岩心矿物测试结果具有较好的一致性。

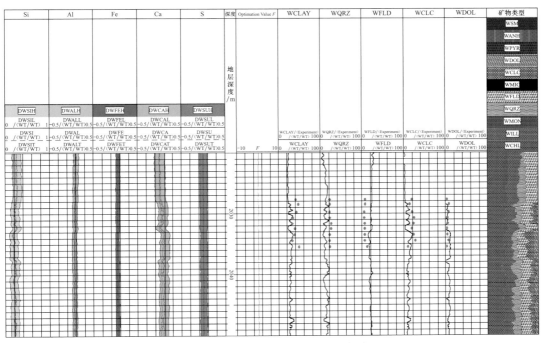

图 1-27　A 井 ECS 资料反演地层矿物含量

DW×× 为元素的相对含量；DW××T 为重构的元素响应值；DW××H 和 DW××L 为反演结果置信区间的最高值和最低值；W××（Experiment）表示为试验结果；W×× 表示不同矿物的计算结果；Optimation Value F 为模型（1-41）中的 F 值

2. 物性评价

地层孔隙度和渗透率是地层物性的重要参数。但由于页岩地层中矿物和流体成分复杂，不仅有气、水，还存在有机质，利用三孔隙度测井曲线评价孔隙度需要先评价出地层的矿物类型和含量，然后构建三孔隙度测井曲线评价孔隙度和流体的模型，如式（1-44）所示。

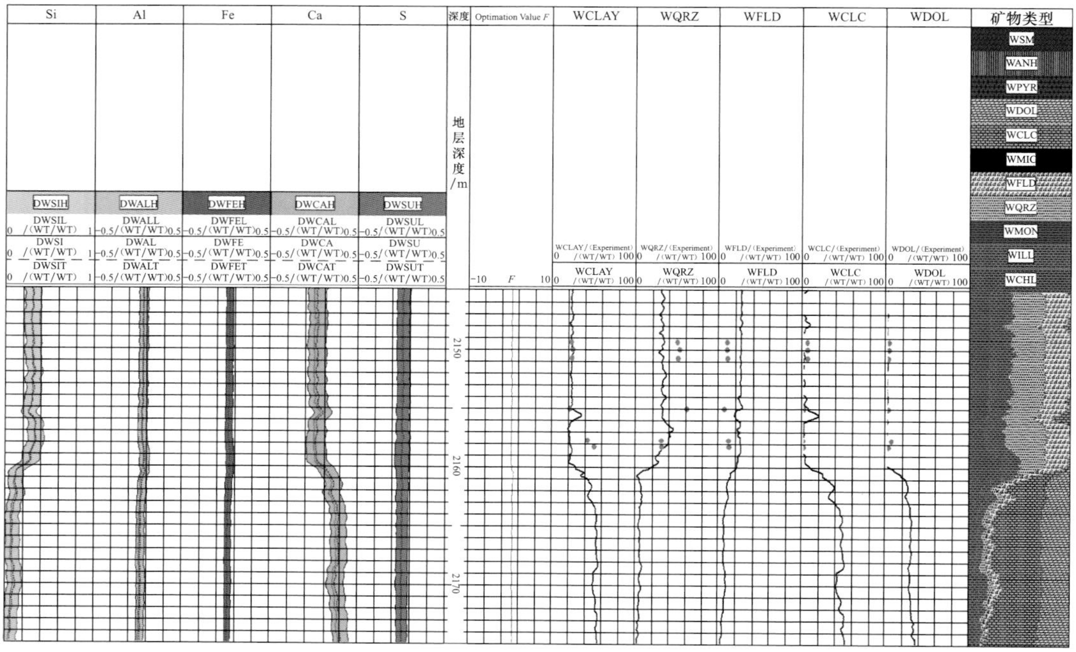

图 1-28 A 井 ECS 资料反演地层矿物含量

DW×× 为元素的相对含量；DW××T 为重构的元素响应值；DW××H 和 DW××L 为反演结果置信区间的最高值和最低值；W××（Experiment）表示为试验结果；W×× 表示不同矿物的计算结果

$$f_i = \sum_{j=1}^{N} V_j \mathrm{MA}_{ij} + V_k \mathrm{MA}_{ik} + \phi_g \mathrm{MA}_{ig} + \phi_w \mathrm{MA}_{iw} \tag{1-44}$$

式中，f_i 为第 i 种曲线的测井响应结果；V_j 为第 j 种页岩地层矿物体积含量；V_k 为干酪根体积含量；ϕ_g、ϕ_w 分别为气体和水的体积含量；MA_{ij} 为第 i 种曲线对应第 j 种矿物的骨架值；MA_{ik}、MA_{ig}、MA_{iw} 分别为干酪根、气体和水对应的第 i 种曲线骨架值。

页岩地层渗透率由孔隙大小和气体在孔隙中的输运机制决定，气体在多孔介质中的传输根据介孔大小有以下四种机制，即黏性流、Knudsen 扩散、分子扩散、表面扩散。分子扩散是指不同气体分子与分子之间碰撞产生的相对运动。同种气体分子与分子之间碰撞产生黏性流，分子与壁面碰撞产生 Knudsen 扩散，吸附在孔隙壁面的气体分子沿孔隙表面产生表面扩散（图 1-29）。多孔介质中运移机制取决于气体分子运动自由程和多孔介质孔隙半径的比值（Javadpour，2009）。比值小可能发生分子扩散而产生黏性流，否则可能发生 Knudsen 扩散。当页岩地层纳米级多孔介质的孔隙半径与气体分子运动的自由程在一个级别时，分子与壁面碰撞的几率远高于分子与分子碰撞的几率，此时气体与壁面碰撞产生的 Knudsen 扩散占主导。

气体分子运动自由程的特征长度与多孔介质孔隙半径的比值称为 Knudsen 数，用

Kn 表示，其表达式为

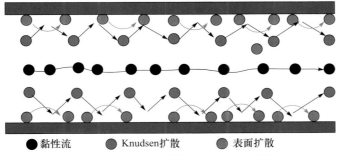

● 黏性流　● Knudsen扩散　● 表面扩散

图 1-29　气体分子在孔隙介质中的输运机制

$$Kn = \frac{\lambda}{d} \qquad (1\text{-}45)$$

$$\lambda = \frac{k_{\mathrm{B}}T}{\sqrt{2}\delta^2 P} \qquad (1\text{-}46)$$

式中，k_{B} 为 Boltzmann 常数，1.3805×10^{23} J/K；T 为温度，K，P 为压力，Pa；d 为气体分子的碰撞直径，nm。

黏性流的运动方程为

$$N_t = -\frac{\rho k_{\mathrm{a}}}{\mu}(\nabla P) \qquad (1\text{-}47)$$

式中，N_t 为黏性流引起的质量流量，kg/（m²·s）；ρ 为气体密度；k_{a} 为气体在多孔介质中的视渗透率，m²。

黏性流和 Knudsen 扩散共同作用下气体运输过程中其视渗透率与绝对渗透率之间满足：

$$k_{\mathrm{a}} = k_{\infty} f(Kn)$$

$$f(Kn) = \left[1 + \alpha(Kn)\right]\left(1 + \frac{4Kn}{1 - bKn}\right) \qquad (1\text{-}48)$$

式中，k_{∞} 为多孔介质的绝对渗透率，μm²；$f(Kn)$ 为运移模式有关的系数；b 为滑移系数，在滑移流动条件下，$b=1$，且与气体性质无关，为无量纲的稀薄系数。

$$\alpha(Kn) = \frac{128}{15\pi^2}\tan^{-1}(4.0Kn^{0.4}) \qquad (1\text{-}49)$$

$k_{\mathrm{a}}/k_{\infty}$ 可以用来表示气体在多孔介质中的运移模式，$k_{\mathrm{a}}/k_{\infty}=1$ 的时候说明气体在多孔介质中运移以分子与分子碰撞产生的黏性流为主，$k_{\mathrm{a}}/k_{\infty}$ 远大于 1 的时候表示分子以与壁面碰撞产生的 Knudsen 扩散为主。图 1-30 表示了 $k_{\mathrm{a}}/k_{\infty}$ 随 Kn 的变化，当 $Kn<0.001$ 时，$k_{\mathrm{a}}/k_{\infty}$ 近似等于 1，此时气体在多孔介质中运移以分子与分子碰撞产生的黏性流为主，Knudsen 扩散可忽略；当 $0.001<Kn<0.1$ 时，随 Kn 的增大，$k_{\mathrm{a}}/k_{\infty}$ 越来越大，此时 Knudsen 扩散不能忽略，达西定律也不再适用；当 $0.1<Kn<10$ 时，随 Kn 增大，$k_{\mathrm{a}}/k_{\infty}$ 增

大得很快，Kn 越大，Knudsen 扩散所占比重越大，但此时仍不能忽略黏性流的影响；$Kn>10$ 时，此时气体在多孔介质中以 Knudsen 扩散为主，黏性流可忽略。

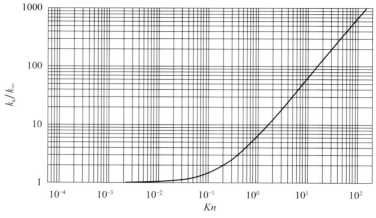

图 1-30 k_a/k_∞ 随 Kn 的变化关系图

页岩地层孔隙主要在纳米级，即 $1nm\sim1\mu m$，则 Kn 的分布范围在 $10^{-3}\sim1$，此时绝大部分 $Kn>0.001$，$k_a/k_\infty>1$，即气体不在连续流动区域，不能用渗流力学中经典的达西定律来描述，主要处于过渡流动和滑移流动阶段，此时气体在孔隙中的运移是黏性流和 Knudsen 扩散的共同作用，两者都不能忽略。在实际的渗透率计算过程中，随着 Knudsen 数的改变，地层视渗透率会发生变化，准确评价页岩地层的 Knudsen 数和 Knudsen 扩散将有利于准确计算地层渗透率大小。

3. 有机质评价

总有机碳含量（TOC）是评价烃源岩丰度的重要指标，是页岩地层地质甜点评价的重要参数之一。通过 TOC 值可判断地层是否含有丰富的有机物，以及是否具备形成碳氢化合物的能力。页岩地层中 TOC 含量通常与含气量有良好的线性关系，TOC 值越大，烃源岩生烃潜力越强，页岩含气量越高。评价页岩地层 TOC 含量的方法有很多，主要有 $\Delta\lg R$ 方法、测井资料神经网络预测法、测井资料回归法和直接测量法。$\Delta\lg R$ 方法是最常用的方法，该方法利用声波测井曲线和电阻率测井曲线来计算岩层的 TOC 含量，使用过程中使声波曲线和电阻率测井曲线叠合在一起，寻找地层中的非烃源岩段，在非烃源岩段假设无 TOC 含量，此时声波曲线和电阻率测井曲线相互重叠，相互重叠的曲线称为基线（Passey et al.，1990）。声波时差与电阻率测井曲线叠加计算公式为

$$\Delta\lg R = \lg(RT / RT_b) + 0.02(\Delta t - \Delta t_b) \tag{1-50}$$

式中，RT 为实测电阻率，$\Omega\cdot m$；Δt 为实测声波时差，$\mu s/ft$[①]；RT_b 为非烃源岩层段相对

———————————

① 1ft=0.3048m。

应 Δt 基线的电阻率值。

总有机质含量的计算模型为

$$TOC = 10^{(2.297-0.1688LOM)}\Delta \lg R \tag{1-51}$$

式中，TOC 为总有机碳含量，%；LOM 为热成熟度演化级别。

在页岩地层中测量到的电阻率不仅与气体含量有关，还与有机质含量有关。有机质是不导电的物质，页岩地层中有机质含量较高，使页岩地层电阻率在气体影响的基础上进一步增大，因此页岩地层电阻率受到气体和有机质的双重影响。另外有机质在向干酪根转化的过程中生成的硫离子与黏土中铁离子相结合形成黄铁矿 / 赤铁矿，许多页岩地层含有少量的黄铁矿 / 赤铁矿，它们是导电物质，当含量较高时使页岩地层的侧向电阻率降低，如果测量使用的是感应测井方法，少量的黄铁矿可能使页岩地层感应电阻率降低。

由于 $\Delta \lg R$ 方法中用电阻率测井资料能有效评价页岩地层的 TOC 含量，因此结合式（1-50）和式（1-51）进行页岩地层含水饱和度含量评价，首先考虑 TOC 含量对电阻率的影响，其次考虑气体对页岩地层电阻率的影响。

JSB 页岩地层 TOC 较高。对 JSB 龙马溪组地层 173 块 TOC 样品结果进行统计分析，试验结果发现龙马溪组地层自上而下有机碳含量呈逐渐增加趋势，TOC 结果区间在 0.55%～5.89%，平均 TOC 为 2.11%。特别是进入富含有机质页岩层段井段后 TOC 较上部地层明显增高，该段测井资料解释 TOC 水平段平均值为 2.54%。

JSB 页岩地层 TOC 与测井资料存在较好的相关性。通过对近 150 个数据点进行总有机质含量分析，发现 TOC 与密度测井曲线相关性最好（图 1-31），相关系数达到 0.8118，与其他曲线相关性较差。主要原因是 TOC 岩心数据点在同一层段、岩性和孔隙度大小变化不大，密度测井曲线的变化主要反映了总有机质含量的变化，TOC 含量越高，则密度测井曲线数值越低。

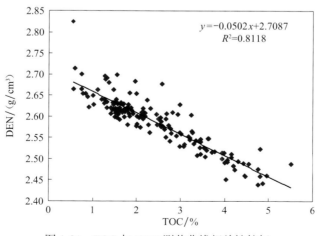

图 1-31　TOC 与 DEN 测井曲线相关性较好

干酪根类型决定了页岩地层中油气的类型，干酪根中的镜质体反射率广泛用于确定生油气母质的热成熟度。在 JSB 选取两块岩样进行干酪根显微组分分析，另外两块五峰—龙马溪组岩样进行碳同位素测定，五峰组—龙马溪组，测定结果均表明 JSB 五峰组—龙马溪组干酪根类型以 I 型干酪根为主。测定了五峰组—龙马溪组两个样品的镜质体反射率，其镜质体反射率分别为 2.42% 和 2.8%，表明五峰组—龙马溪组泥页岩进入过成熟演化阶段，地层中有机质以生成干气为主。

镜质体反射率一般通过实验获取，R_o 随热演化程度的加深而变化明显，并且埋藏越深，其值越大，因此测井上通常利用地球化学分析值与其对应的深度建立关系式来间接求取 R_o 值。

Zhao 等（2007）提出了成熟度指数确定烃源岩成熟度的方法，MI 值实际上是一个利用测井资料统计计算出来的成熟度指标，定义 MI 值公式为

$$MI = \sum \frac{N}{\phi_{n9i} \times (1 - S_{W75i})^{1/2}} \tag{1-52}$$

式中，N 为取样深度处密度孔隙度不小于 9%、含水饱和度不大于 75% 时的数据样本总数；ϕ_{n9i} 为每个取样深度的密度孔隙度都不小于 9% 时的中子孔隙度；S_{W75i} 为每个取样深度的密度孔隙度不小于 9%、含水饱和度不大于 75% 时的含水饱和度

$$S_{W75i} = \left(\frac{R_w}{\phi_{d9i} R_i}\right)^{1/2} \tag{1-53}$$

$$\phi_{d9i} = \phi_d - 0.09$$

式中，R_w 为地层水的电阻率；ϕ_d 为密度孔隙度；ϕ_{d9i} 为密度孔隙度中不低于 9% 的各点读数；R_i 为数据点的深电阻率读数。

有机质类型的划分除了用实验方法确定之外，还可以利用测井资料划分有机质类型的方法，及运用氢指数与热解峰峰顶温度 T_{max} 交会图划分烃源岩有机质类型。氢指数 HI 是指每克有机质中含有多少毫克烃，即

$$HI = S_2 / TOC \times 100 \tag{1-54}$$

式中，S_2 为热解烃量，mg/g，可以通过与 TOC 建模求取，其模型为

$$S_2 = a \times TOC^b + C \tag{1-55}$$

T_{max} 是指热解产烃量最大的温度，实验室地化分析，T_{max} 一般出现在 300～600℃。由于热稳定性小的物质在低温度下就已裂解，所以 T_{max} 较低；相反，热稳定性较高的物质 T_{max} 就较大，因此 T_{max} 通常情况下与深度有关，可以表示为

$$T_{max} = a \times H^2 + b \times H + C \tag{1-56}$$

式中，T_{max} 为热解最大峰温，℃；H 为测井深度，m；a、b、C 为拟合系数。

计算出氢指数后，与 T_{max} 作交会图即可划分出烃源岩的有机质类型。图 1-32 为利用该方法划分的有机质类型。

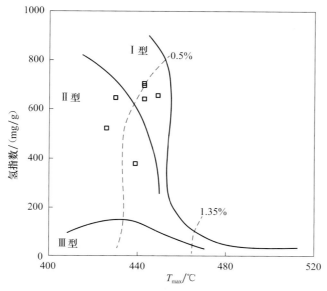

图 1-32 氢指数与 T_{max} 划分有机质类型示意图

4. 含气性评价

吸附气含量评价在实验室中通常采用等温吸附法，在实验过程中，压力大小对气体吸附能力有明显影响，随着压力增加气体吸附量逐渐增大，当压力下降时气体会逐渐脱离吸附状态，使气体的吸附气含量减小。随着压力的增加，天然气吸附能力以非线性的形式加强，当压力增大到接近无限大时，其吸附量趋于稳定不变，该吸附量称为朗缪尔体积，对应一半朗缪尔体积时的压力称为朗缪尔压力（Langmuir pressure）。等温吸附法也称为朗缪尔等温吸附（Civan et al., 2010），其原理如图 1-33 所示。

计算吸附气含量的朗缪尔等温吸附方程如下：

$$V_{吸附} = \frac{V_1 P}{P + P_1}$$

（1-57）

式中，$V_{吸附}$ 为吸附气含量，m³/t；P 为储层压力，MPa；V_1 为朗缪尔体积，m³/t；P_1 为朗缪尔压力，MPa。

虽然运用朗缪尔等温吸附试验能评价页岩地层的吸附能力，但不同页岩区块、不同页岩岩心所测量的等温吸附线都不完全相同，主要是因为每块岩心中所包含的干酪根含量及其孔隙结构不一样，因此使用该方法很难准确确定实际的吸附气含量。

页岩地层吸附气通常吸附在有机质/干酪根表面，有机质/干酪根内微孔隙较发育，微孔隙直径通常小于 100nm，有机质微孔隙通常是相互独立的，需要压裂才能使微孔隙连通，因此把有机质内气体分子看成是吸附气。页岩地层的吸附气与干酪根体积含量直接相关，根据干酪根体积含量运用经验关系就可以评价出页岩地层的吸附气含量大小，公式如下：

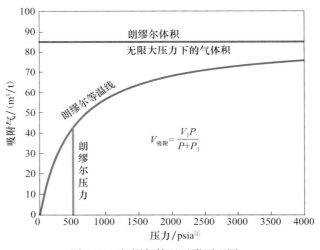

图 1-33　朗缪尔等温吸附原理图

$$V_a = aV_{kerogen} \tag{1-58}$$

式中，V_a 为吸附气含气量，m^3/t；a 为经验系数；$V_{kerogen}$ 为页岩地层干酪根体积含量，%。

　　干酪根的孔隙体积大小通过核磁共振和密度测井方法确定，通常认为密度测井计算的孔隙度能反映页岩地层中干酪根的体积含量，而核磁共振测井不反映干酪根体积含量，因此密度测井和核磁共振测井评价的孔隙度差值，反映了页岩地层中干酪根体积含量：

$$V_{kerogen} = \phi_D - \phi_{NMR} \tag{1-59}$$

式中，$V_{kerogen}$ 为页岩地层干酪根体积含量，%；ϕ_D、ϕ_{NMR} 分别为密度测井和核磁共振测井评价的地层孔隙度，%。

　　游离气含气量与有效孔隙度、含水饱和度有关，则按照式（1-60）计算：

$$V_f = \frac{32.0368\,\phi(1 - S_w)}{\rho_b B_g} \tag{1-60}$$

式中，V_f 为游离气含气量，m^3/t；B_g 为地层气体体积系数；ϕ 为地层有效孔隙度，%；S_w 为地层含水饱和度，%；ρ_b 为气体体积密度，g/cm^3。

　　含水饱和度是评价页岩地层地质甜点的重要参数之一，页岩地层内含水饱和度越高则地质甜点越差，越不利于页岩地层中气体的开发，在页岩气开发过程中要求含水饱和度越低越好，含水饱和度越低则意味着含气饱和度越高，地质甜点越好。核磁共振测井资料能直接评价出页岩地层的含水饱和度大小，没有核磁共振测井资料时，用常规测井资料利用优化方法也能计算出页岩地层的含水饱和度大小。图 1-34 为某井解释结果。

---

①　1 psia=6.8948kPa。

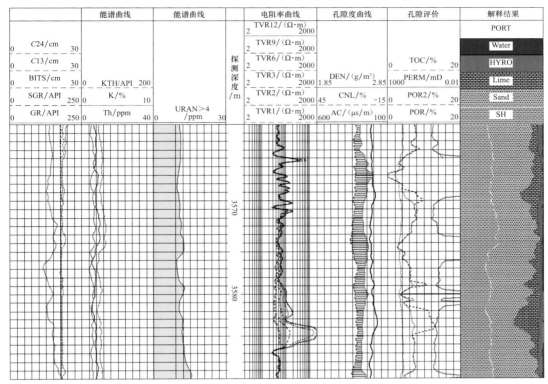

图 1-34 JSB 页岩地层测井曲线和综合解释成果图

$C13$、$C24$ 为双井径曲线；BITS 为钻头直径；GR 为自然伽马曲线；K、Th 和 KTh 为能谱曲线中的钾、钍与钾钍和曲线；TVR1、TVR2、TVR3、TVR6、TVR9 和 TVR12 表示为不同探测深度的阵列感应曲线；AC、CNL 和 DEN 分别表示声波、中子和密度测井曲线；POR2、POR 和 PERM 分别为总孔隙度、有效孔隙度和渗透率解释曲线；PORT 为总孔隙度；Water 和 HYRO 为地层中水和气体的体积含量；Line、Sand 和 SH 为地层中灰岩、砂岩和泥岩体积

5. 地质甜点参数评价实例

某区块页岩主要分布在下古生界志留系下统龙马溪组，岩性主要以黄灰色泥页岩、粉砂质泥岩为主，泥岩部分包含伊利石、绿泥石和蒙脱石，少部分还夹薄层透镜状灰岩。利用元素测井资料评价页岩地层矿物质量含量，用核磁共振测井资料评价出页岩地层的总孔隙度。核磁共振、元素测井结合常规测井资料评价页岩地层体积含量是利用元素测井资料计算结果和核磁共振测井计算结果作为约束条件，结合常规测井资料进行反演；如果有元素测井资料，常规测井曲线可以减少到三孔隙度测井曲线进行反演。反演 A 井结果如图 1-35 所示，图中第一道为元素测井资料计算的矿物质量含量组合，第二道为核磁共振测井资料评价的束缚水含量和有效孔隙度大小曲线，第三道至第五道为补偿声波、补偿中子、补偿密度的相对含量、重构响应值和反演结果的置信区间，第六道为深度道，第七道为目标函数值，第八道为反演的矿物体积含量、干酪根、游离气、束缚水和可动水含量。从图 1-35 中可以看出利用元素测井资料评价出 7 种矿物，分别是绿泥石、伊利石、石英、

长石、方解石、白云石和黄铁矿，反演的页岩地层体积成分有 12 种，除了 7 种矿物体积之外，还有束缚水含量、干酪根体积、气体体积含量、水体积含量和其他成分。第八道中792～802m 地层解释的干酪根含量较高，由于受高干酪根的影响，补偿声波、补偿中子数值较大，补偿密度测井数值较小。从第三道至第五道反演结果的置信区间和目标函数值看出，反演的结果可靠性较高。反演的三孔隙度曲线与原始的三孔隙度测量曲线较吻合，反演的三孔隙度曲线在置信区间内；目标函数较小，说明反演结果误差较小。置信区间法和目标函数法显示反演结果是可靠的，同时也说明反演的参数也是可靠的。

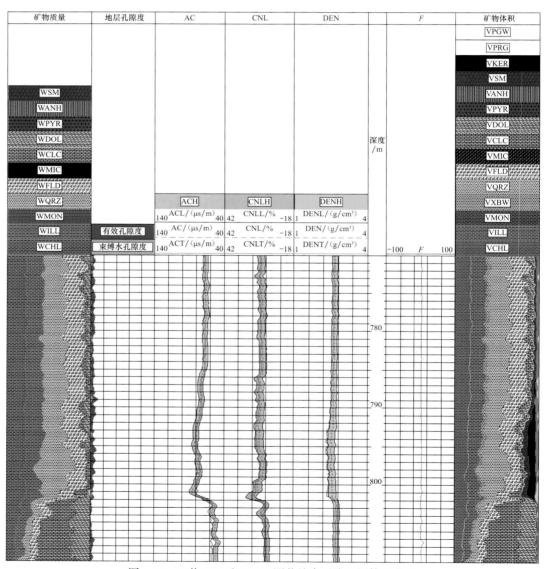

图 1-35　A 井 ECS 和 NMR 测井约束反演地层体积含量

ACT、CNLT 和 DENT 为重构的 AC、CNL 和 DEN 响应值；××H 和 ××L 为对应曲线的置信区间最高值和最低值运用有机质、游离气和自由气的评价模型，可以评价有机质含量、游离气和吸附气含量，评价结果如图 1-36 所示。图中第一道为测井深度道，第二道为自然电位、自然伽马和井径曲线，第三道为双侧向电阻率曲线，第四道为三孔隙度曲线，第五道为总有机质含量评价曲线和实验测量值，第六道和第七道分别为吸附气和游离气含量评价曲线。从游离气和吸附气含量评价结果可以看出，页岩地层中吸附气和游离气含量并没有某种气体类型占有主要优势，这两种气体类型在页岩地层中同样重要，每种气体含量多少是由孔隙结构决定的。

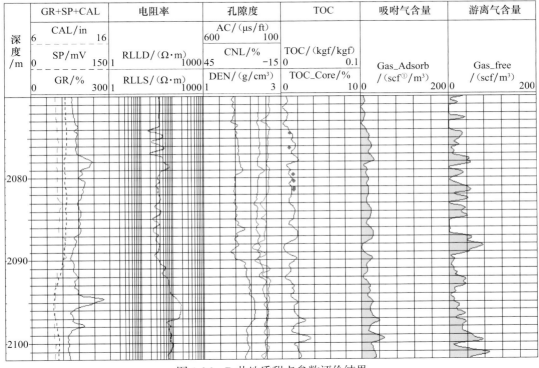

图 1-36　B 井地质甜点参数评价结果

CAL 为井径曲线；SP 为自然电位曲线；RLLS 和 RLLD 表示为浅探测和深探测电阻率曲线；TOC 和 TOC_Core 表示测井资料计算和岩心测试的结果；Gas_Adsorb 和 Gas_Free 分别为吸附气和游离气含量

当页岩地层并没有测量核磁共振测井时，可以通过元素测井解释结果约束常规测井资料进行页岩地层地质甜点参数评价，如图 1-37 所示的 C 井地质甜点参数评价结果，图中第一道为元素测井资料计算的矿物质量含量组合，第二道至第四道为补偿声波、补偿中子、补偿密度的相对含量、重构响应值和反演结果的置信区间，第五道为深度道，第六道为目标函数值，第七道为反演的矿物体积、干酪根、游离气、束缚水和可动水含

---

① 1scf=0.028317m³。

量，第八道和第九道分别为吸附气和游离气含量。

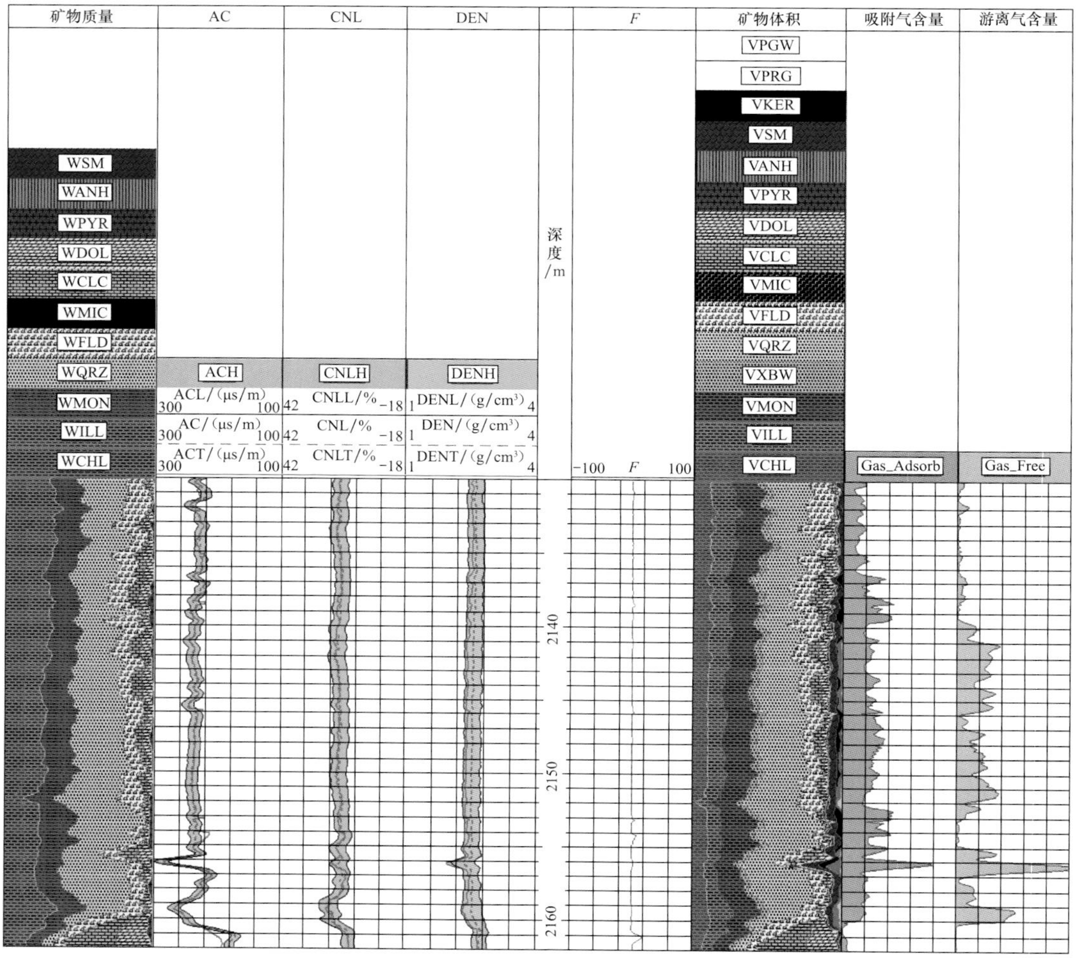

图 1-37　C 井 ECS 元素和常规测井资料反演地层参数

ACT、CNLT 和 DENT 为重构的 AC、CNL 和 DEN 响应值；××H 和 ××L 为对应曲线的置信区间最高值和最低值

1.2.2　页岩储层工程甜点参数评价

1. 岩石力学参数评价

利用测井资料中的纵波速度、横波速度和地层密度可以计算岩石的动态杨氏模量、动态泊松比、剪切模量、体积模量等参数。声波纵、横波速度通常从全波列声波测井中提取，利用时间 - 慢度相关法（STC）时域内多道信号相关分析技术，通过在一组全波波列中开设时窗，以固定的慢度（时差）移动时窗来寻找纵、横波，通过计算一系列对应的相关系数，由此来提取纵、横波时差，STC 提取的相关系数为

$$\rho^2(s,\tau) = \frac{\frac{1}{M}\int_0^{T_{\mathrm{w}}}\left\{\sum_{m=1}^{M}r_m\left[t+s(m-1)\Delta z+\tau\right]\right\}^2\mathrm{d}t}{\sum_{m=1}^{M}\int_0^{T_{\mathrm{w}}}\left\{r_m\left[t+s(m-1)\Delta z+\tau\right]\right\}^2\mathrm{d}t} \tag{1-61}$$

式中，M 为阵列声波测井仪器接收探头数量；Δz 为探头间距，m；T_{w} 为时窗长度，μs；s 为时窗移动的慢度（时差），μs/ft；τ 为时窗在第一道波形上的位置，μs；r_m 为首波的距离，m；t 为时间，ms；m 为第 m 个接收探头。

图 1-38 为 STC 相关系数法提取纵、横波时差示意图，一般情况下 $0 \leqslant \rho \leqslant 1$，表示波列之间的相关性大小，当 $\rho=0$，表示波形间无任何关系；$\rho=1$，表示波形形态完全相同。

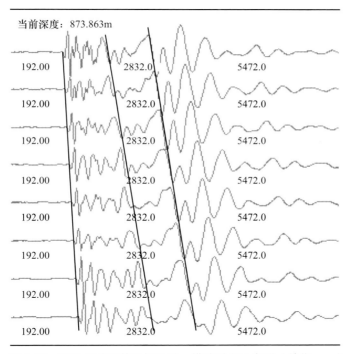

图 1-38　STC 相关系数法提取纵、横波时差示意图（单位：μs）

利用图 1-38 能提取页岩地层的纵、横波时差，结合地层密度值计算页岩地层的动态泊松比、动态杨氏模量、剪切模量和体积模量。

动态泊松比：

$$\nu_{\mathrm{d}} = \frac{1}{2}\left(\frac{\Delta t_{\mathrm{s}}^2 - 2\Delta t_{\mathrm{p}}^2}{\Delta t_{\mathrm{s}}^2 - \Delta t_{\mathrm{p}}^2}\right) \tag{1-62}$$

动态杨氏模量：

$$E_{\mathrm{d}} = \frac{\rho_{\mathrm{b}}}{\Delta t_{\mathrm{s}}^2} \frac{3\Delta t_{\mathrm{s}}^2 - 4\Delta t_{\mathrm{p}}^2}{\Delta t_{\mathrm{s}}^2 - \Delta t_{\mathrm{p}}^2} \tag{1-63}$$

剪切模量：

$$G = \frac{\rho_{\mathrm{b}}}{\Delta t_{\mathrm{s}}^2} \tag{1-64}$$

体积模量：

$$K = \rho_{\mathrm{b}} \frac{3\Delta t_{\mathrm{s}}^2 - 4\Delta t_{\mathrm{p}}^2}{3\Delta t_{\mathrm{s}}^2 \Delta t_{\mathrm{p}}^2} \tag{1-65}$$

式（1-62）～式（1-65）中，Δt_{p} 为纵波时差，μs/ft；Δt_{s} 为横波时差，μs/ft；E_{d} 为动态杨氏模量，MPa；v_{d} 为动态泊松比；ρ_{b} 为体积密度，g/cm^3；G 为剪切模量，MPa；K 为体积模量，MPa。

对没有声波全波列测井曲线时，可以用纵波时差测井曲线预测横波时差曲线。横波的预测方法较多，大部分是根据有限的岩心数据实例建立起来的，适合范围有限，对页岩地层来说，矿物类型复杂，需要建立适合多种矿物的横波预测模型。式（1-66）是利用 PY1 井纵波速度拟合关系式计算 PY 地层的横波时差的

$$\mathrm{DTS} = 1.531 \times \mathrm{DTC} + 18.863 \tag{1-66}$$

式中，DTS 为预测的横波时差，μs/ft；DTC 为测量的纵波时差，μs/ft。

钻井、压裂等工程设计和施工中采用岩石的静态力学参数，因此需要开展动、静态力学参数的转换。一般情况下，动态参数要大于静态参数。采用试验数据与测量数据进行回归转换，常用的经验公式为

$$E_{\mathrm{s}} = a\mathrm{e}^{bE_{\mathrm{d}}} \tag{1-67}$$

$$v_{\mathrm{s}} = c + dv_{\mathrm{d}} \tag{1-68}$$

式中，E_{d}、E_{s} 分别为动、静态杨氏模量；v_{d}、v_{s} 分别为动、静态泊松比；a、b、c、d 分别为转换系数。

2. 孔隙压力评价

页岩地层孔隙压力计算通常用等效深度法。正常情况下泥岩孔隙度随地层埋深增加而变小，此时泥岩声波时差减小、密度增大；在异常高压地层，颗粒间有效应力相应减小，与正常压力地层对比，异常高压地层孔隙度将增大，密度减小，而声波时差增大。对测井资料应用等效深度法评价层孔隙压力是一种较成熟的方法，被广泛使用。对沉积过程中压实作用形成的泥页岩，声波时差与孔隙度之间的关系满足 Wyllie 方程，即

$$\phi = \frac{\Delta t - \Delta t_{\mathrm{m}}}{\Delta t_{\mathrm{f}} - \Delta t_{\mathrm{m}}} \tag{1-69}$$

式中，ϕ 为岩石孔隙度，%；Δt 为地层声波时差，μs/ft；Δt_{m} 为骨架声波时差，μs/ft；Δt_{f} 为流体声波时差，μs/ft。

基岩和地层流体的声波时差可在实验室测取。当岩性和地层流体性质一定时，Δt_m 和 Δt_f 为常量。正常沉积条件下泥页岩孔隙度随深度变化方程为

$$\phi = \phi_0 e^{-CH} \qquad (1\text{-}70)$$

式中，ϕ_0 为泥页岩地面孔隙度；C 为地层压实系数；H 为井深。

地面孔隙度 ϕ_0 为

$$\phi_0 = \frac{\Delta t_0 - \Delta t_m}{\Delta t_f - \Delta t_m} \qquad (1\text{-}71)$$

式中，Δt_0 为起始声波时差，即深度为零时对应的地层声波时差，在一定深度区域 Δt_0 可近似为常数。

由式（1-69）～式（1-71），进一步得到

$$H = \frac{1}{C}(\ln \Delta t_0 - \ln \Delta t) \qquad (1\text{-}72)$$

利用式（1-72）可以做出地层埋藏深度与声波时差对数的线性关系图（H-$\ln\Delta t$），进而建立正常压实趋势线，确定异常压力地层段。

等效深度法假设不同深度具有相同岩石物理特性的同一类泥岩受到的有效应力相等，在不考虑温度影响的情况下，若深度 H_2 的异常压力点的声波时差与正常趋势线上 H_1 点的声波时差相等，则反映这两点的压实程度相同，两点具有等效性，称 H_1 为 H_2 的等效深度点（H_e），某一深度段的地层孔隙压力 P_p 可由式（1-73）计算：

$$P_p = G_0 H - (G_0 - G_n)H_e \qquad (1\text{-}73)$$

式中，G_0 为上覆岩层压力梯度，MPa/m；G_n 为静水压力梯度；H 为超压地层深度，m；H_e 为等效深度，m。

3. 地应力评价

页岩地层最小、最大水平应力大小及分布影响地层的压裂裂缝延伸方向和规模。页岩地层中最小水平主应力和最大水平主应力越接近，则压裂越容易形成网络缝。地层水平主应力与上覆岩层压力 P_s、孔隙压力 P_p、构造压力 T 和地层性质等有关，计算了地层的上覆岩层压力和孔隙压力后，结合 Thiercelin 模型就可以进行地应力评价（Thiercelin and Plumb，1994）。

通常假设构造应力与上覆地层有效应力成比例，水平方向两个构造应力与上覆岩层有效应力的比值称为构造系数。在地层某一深度受到上覆岩层压力的作用，上覆岩层在垂直方向的有效应力为 $P_s - \alpha P_p$，假设水平应力分布不均是构造应力造成的，因此水平主应力一部分与上覆岩层有效应力有关，等于 $\frac{\nu}{1-\nu}(P_s - \alpha P_p)$；另一部分与构造应力有关。若设两个水平主应力方向上构造应力为 T_{tx}、T_{ty}，并假定构造应力和上覆岩层有效应力的比值为常量，则有

$$\begin{cases} T_{tx} = \beta_1(P_s - \alpha P_p) \\ T_{ty} = \beta_2(P_s - \alpha P_p) \end{cases} \tag{1-74}$$

式中，β_1、β_2 为构造系数，反映了两个水平主应力方向上有效应力的大小；α 为 Biot 系数，是孔隙流体压力 P_p 对各应力贡献系数。通常地层的破裂压力随地层体积压缩系数 C_b 的增大而减小、随骨架的体积压缩系数 C_{ma} 的增大而增大、随 α 的增大而增大。

$$\alpha = 1 - \frac{C_{ma}}{C_b} = 1 - \frac{\rho\left(\dfrac{3}{\Delta t_p^2} - \dfrac{4}{\Delta t_s^2}\right)}{\rho_{ma}\left(\dfrac{3}{\Delta t_{mp}^2} - \dfrac{4}{\Delta t_{ms}^2}\right)} \tag{1-75}$$

式中，ρ_{ma} 为骨架的体积密度，g/cm^3；Δt_{mp}、Δt_{ms} 为骨架的纵波和横波时差，$\mu s/m$。

地层 x，y 方向的地应力分别是水平最大和水平最小地应力，则

$$\begin{cases} \sigma_H = T_{xe} + \alpha P_p = \left(\dfrac{\nu}{1-\nu} + \beta_1\right)(P_0 - \alpha P_p) + \alpha P_p \\ \sigma_h = T_{ye} + \alpha P_p = \left(\dfrac{\nu}{1-\nu} + \beta_2\right)(P_0 - \alpha P_p) + \alpha P_p \end{cases} \tag{1-76}$$

式中，T_{xe}、T_{ye} 分别为 x、y 方向上的有效地应力；α 为 Biot 系数，为孔隙流体压力 P_p 对各应力贡献系数；β_1、β_2 分别为水平 x、y 方向构造系数；ν 是地层泊松比。

有效应力为最小水平方向地应力与孔隙压力之间的差值，则 x，y 方向的有效应力为

$$\begin{cases} \sigma_{He} = \left(\dfrac{\nu}{1-\nu} + \beta_1\right)(P_s - \alpha P_p) \\ \sigma_{he} = \left(\dfrac{\nu}{1-\nu} + \beta_2\right)(P_s - \alpha P_p) \end{cases} \tag{1-77}$$

式中，σ_{He}、σ_{he} 分别为 x、y 方向上的有效地应力，MPa；ν 为泊松比；P_s 为上覆岩层压力，MPa；β_1、β_2 可用水力压裂或室内声波试验获得。

页岩地层水平方向有效应力根据式（1-77）来计算，准确评价页岩地层有效应力有利于压裂层位优选，降低页岩地层勘探、开发成本，预测压裂裂缝延伸方向，甚至为页岩气井钻井和工程施工提供方案支持。

4. 破裂压力评价

地层破裂压力是确定压裂施工和工程开发方案的重要依据。破裂压力的获取目前有两种途径，一是室内岩石力学试验或水力压裂现场施工，二是从测井资料中评价地层破裂压力。采用测井资料评价地层破裂压力的理论基础是测井资料能有效评价出地层水平地应力和垂直方向应力，根据试验获得地层构造应力和岩石的抗拉强度，依据弹性力学理论和岩石破裂机理来评价地层破裂压力。

石油大学黄荣樽教授（1984）提出水平主地应力包括两部分，一部分是由上覆层岩石的重力引起的，一部分是由构造应力引起的，并提出地层的破裂压力评价模型为

$$P_{\mathrm{f}} = P_{\mathrm{p}} + [2\nu/(1-\nu) - K_{\mathrm{j}}](P_{\mathrm{d}} - P_{\mathrm{p}}) + S_{\mathrm{t}} \qquad （1\text{-}78）$$

式中，P_{f} 为地层破裂压力，MPa；ν 为泊松比；S_{t} 为岩石的抗张强度，MPa；P_{d} 为上覆地层总压力，MPa；K_{j} 为构造应力系数。

5. 脆性指数评价

测井资料评价脆性指数方法是试验方法的有效补充，也是一种方便、经济、实用的方法。用测井资料评价脆性指数方法也是根据脆性指数的定义及其演化而来的，目前采用的方法包含岩石力学参数法、脆性矿物表达法和基于断裂韧度的脆性指数评价新方法。

1）岩石力学参数法

岩石一定条件下可视为弹性体，在长期的重力和应力作用下会发生变形，岩石在应力作用下的变形性质称为岩石的本构关系（图1-39），岩石的塑性性质有脆性、延性和脆性-延性过渡。Evans等（1990）把变形程度小于1%定义为脆性，大于5%定义为延性，其他为脆性-延性过渡，图1-40为岩石应力-应变关系表示的脆/延性图。岩石的应力

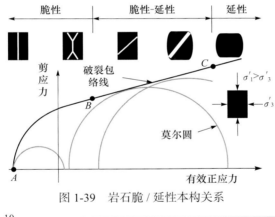

图 1-39　岩石脆 / 延性本构关系

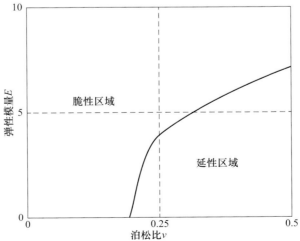

图 1-40　弹性模量及泊松比交会图表示脆 / 延性

和应变之比称为弹性模量 E，岩石在受力作用下，横向应变与纵向应变的比值称为泊松比 ν，因此有学者提出了用杨氏模量和泊松比来评价脆性指数。测井资料中的声波测井方法能很好地评价页岩地层的岩石力学参数，这为脆性指数的评价提供了方便和条件。

Rickman 等（2008）提出的利用杨氏模量和泊松比两参数计算页岩脆性指数的方法，将测井解释得到页岩的杨氏模量和泊松比参数代入式（1-79）～式（1-81）即可进行对应点的页岩脆性指数求取。Grieser 和 Bray（2007）提出利用在一定深度段内读取杨氏模量和泊松比的最大值和最小值，并用以下公式计算脆性指数：

$$YM_{BRIT} = \frac{E_s - E_{min}}{E_{max} - E_{min}} \times 100 \tag{1-79}$$

$$PR_{BRIT} = \frac{\nu_s - \nu_{min}}{\nu_{max} - \nu_{min}} \times 100 \tag{1-80}$$

$$BRIT_{avg} = \frac{YM_{BRIT} + PR_{BRIT}}{2} \tag{1-81}$$

式（1-79）～式（1-81）中，YM_{BRIT} 为利用杨氏模量计算的脆性指数；E_s 为测井曲线计算的静态杨氏模量，10^6psi[①]；E_{min} 为计算井段内杨氏模量最小值，10^6psi；E_{max} 为计算井段内杨氏模量最大值，10^6psi；PR_{BRIT} 为利用泊松比计算的脆性指数；ν_s 为测井曲线计算的静态泊松比；ν_{min} 为计算井段内泊松比最小值；ν_{max} 为计算井段内泊松比最大值；$BRIT_{avg}$ 为最后的脆性指数。

页岩岩石力学参数由纵、横波速度决定，受页岩地层中的含气量、TOC、矿物含量的影响。

2）脆性矿物表达法

页岩地层矿物成分非常复杂，同时每种之间的弹性模量和泊松比本身差异比较大，因此对矿物来说存在脆性矿物和塑性矿物，元素测井或常规测井方法能有效地评价出页岩地层的矿物含量，基于此，可以用矿物表达脆性指数模型。

用脆性矿物占总矿物的比重来表示脆性指数，该模型中把石英和碳酸盐岩看成是脆性矿物。当前使用比较普遍的是按照式（1-82）计算脆性指数：

$$BRI = \frac{C_{quartz}}{C_{quartz} + C_{carb} + C_{clay}} \times 100\% \tag{1-82}$$

式中，BRI 为脆性指数，%；C_{quartz}、C_{carb}、C_{clay} 分别为石英、碳酸盐岩、黏土矿物含量，%。

式（1-82）中并没有给出该系数的计算方法，需要进行深入分析和探讨；用脆性矿物来表示脆性指数时由于每种矿物的脆性程度是不一样的，尤其是碳酸盐岩脆性程度比石英脆性低许多，如果用该模型去评价碳酸盐岩含量较高的页岩地层，得出的结论会使

---

① 1psi=6.895kPa。

页岩地层的脆性指数偏高。

图1-41为S井用岩石力学参数和脆性矿物含量评价的某页岩地层的脆性指数，图1-41中第二道为页岩地层矿物含量，第八道为用脆性矿物评价的脆性指数；第五道和第六道为岩石力学参数，第七道为用岩石力学参数计算的脆性指数，在该井中2141～2145m，由于岩石力学参数出现异常，计算的脆性指数计算结果偏低。如果用岩石力学模型评价脆性指数结果来进行压裂选层的话，将会漏失该段地层，实际上该段地层有机质和含气量都比较高，需要压裂改造。

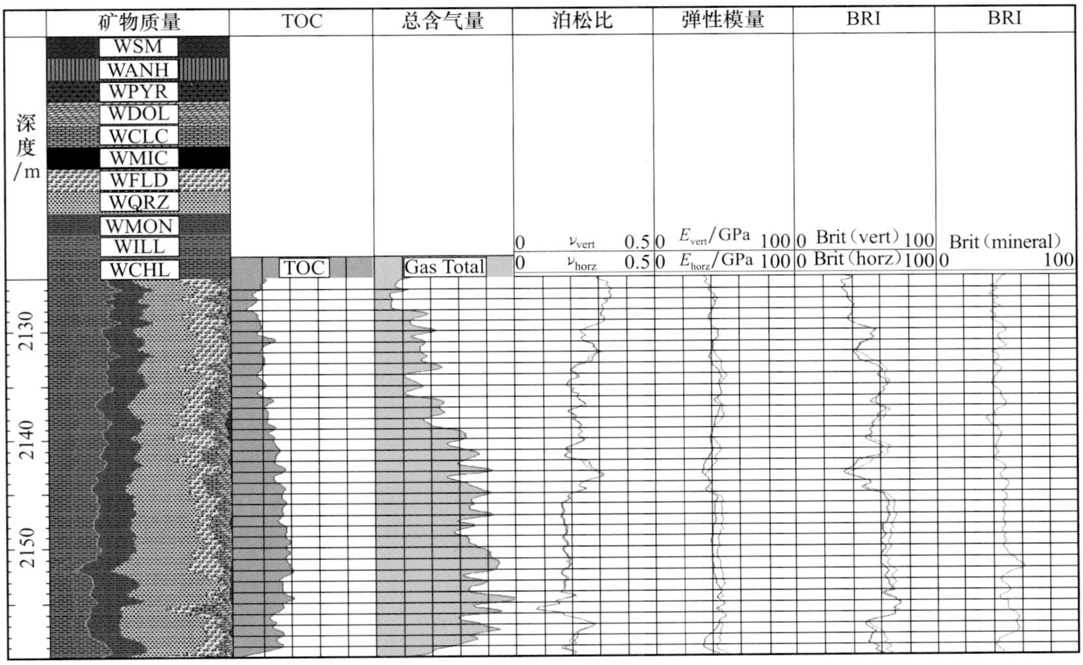

图1-41　S井2125～2160m计算的页岩地层脆性指数计算图

ν_{vert}和ν_{horz}为垂直和水平方向的泊松比；E_{vert}和E_{horz}为垂直和水平方向的杨氏模量；Brit（vert）和Brit（horz）表示垂直和水平方向用岩石力学参数计算的脆性指数；Brit（mineral）为用脆性矿物计算的脆性指数

3）脆性指数评价新方法

断裂韧度是在弹塑性条件下，当应力场强度因子增大到某一临界值，裂纹便失稳扩展而导致材料断裂，这个临界或失稳扩展的应力场强度因子即为断裂韧度（Hucka and Das，1974）。断裂韧度反映了材料抵抗裂纹失稳扩展即抵抗脆断的能力，通常通过试验来确定。通过分析岩石试验过程中的断裂韧度物理意义，引入地层断裂韧度作为式（1-82）中的系数，建立新的页岩地层脆性指数评价模型，与其他模型评价结果对比表明新模型不但能克服其他模型的缺点，而且能有效地评价页岩地层实际脆性指数。

试验过程中根据岩石的变形把全应力应变曲线分为六个阶段，各个阶段的特征和反映的物理意义如图1-42所示。第一，*OA*段，应力缓慢增加，曲线朝上凹伸，岩石内裂隙逐渐被压缩闭合而产生非线性变形，卸载后全部恢复，属于弹性变形。第二，AB 段，线弹性变形阶段，曲线接近直线，应力应变属线性关系，卸载后可完全恢复。第三，BC 段，曲线偏离线性，出现塑性变形。从 B 点开始，试件内部开始出现平行于最大主应力方向的微裂隙。随应力增大，微裂隙数量增多，表征着岩石的破坏已经开始。第四，CD 段，岩石内部裂纹形成速度增快，微裂隙密度加大，D 点应力到达峰值，为岩石的极限抗压强度，此时岩石到达最大承载能力。第五，DE 段，应力继续增大，岩石承载力降低，表现出应变软化特征。此阶段内岩石的微裂隙逐渐贯通，到 E 点微裂缝连通达到最大，然后裂缝开始发生滑动。第六，岩石被破坏，仅剩下残余强度。最后是残余强度保持不变，应力作用下变形继续增大。

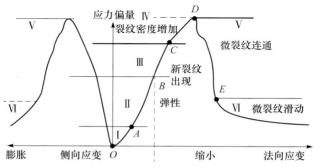

图 1-42　岩石全应力 - 应变曲线（Protodyakonov，1963）

图 1-42 中从 B 点到 D 点过程微裂缝数量不断增加，但微裂缝之间并没有连通，直到 D 点开始才实现了微裂缝之间的连通。D 点后到 E 点微裂缝不断连通，直到岩石失稳破坏，E 点达到裂缝的最大连通程度，称为岩石的断裂韧度点。对页岩地层来说，D 点位置虽然开始发生微裂缝连通，但并没有达到最大连通程度，只有达到最大连通程度 E 点才能最大限度地释放页岩地层中的油气，因此用断裂韧度来表征页岩地层脆性指数更合适。引入断裂韧度到式（1-82）中作为系数，既确定了系数大小，又明确了脆性指数的物理意义。

元素俘获谱测井或常规测井方法能有效地评价出页岩地层的矿物含量，为脆性指数的评价提供了方便和条件。页岩地层中不同矿物具有不同的断裂韧度，在压裂过程中所起的作用不同，结合测井资料评价出的矿物含量，就可以得出页岩地层的综合断裂韧度，其数值大小表达为

$$K_C = \sum_{i=1}^{N} K_{Ci} \times W_i \tag{1-83}$$

式中，K_C 为页岩地层的综合断裂韧度，$MPa \cdot m^{1/2}$；K_{Ci} 为第 i 种矿物的断裂韧度，$MPa \cdot m^{1/2}$；W_i 为第 i 种矿物的含量，%。

用页岩地层的综合断裂指数来表达页岩地层的脆性指数：

$$BRI = \frac{K_{C\,max}}{K_{C\,max}} \frac{K_C}{K_{C\,min}} \tag{1-84}$$

式中，K_{Cmax} 和 K_{Cmin} 为页岩地层中断裂韧度的最大值和最小值，MPa·$m^{1/2}$。

根据国际岩石力学学会（International Society for Rock Mechanics，ISRM）提供的不同矿物断裂韧性数据和试验结果（表 1-8）可以看出，页岩主要矿物的断裂韧度参数，不同矿物在不同应力数值下发生断裂，因此页岩地层压裂过程不仅跟矿物含量有关，还跟断裂韧度有关，用断裂韧度作为矿物含量的加权系数来评价页岩地层脆性指数避免了单一矿物带来的缺陷，该模型与页岩地层的含气量无关，不会出现用岩石力学参数评价带来的问题，能准确地评价高含气页岩地层的脆性指数。

表 1-8 页岩主要矿物断裂韧度参数

矿物类型	$K_{Ci}/($ MPa·$m^{1/2}$)
石英	0.24
正长石	0.85
方解石	0.79
伊利石、蒙脱石、绿泥石	2.19

根据页岩地层的岩石力学模型、脆性矿物模型和新建立的模型分别计算出其脆性指数，图 1-43 中第二道为元素俘获谱测井资料评价的页岩地层矿物含量，第七道为某井 2125～2160m 脆性指数曲线，其中两条曲线分别由水平方向和垂直方向杨氏模量及泊松比计算的脆性指数，在该井段水平方向的脆性指数大于垂直方向的脆性指数，第八道中红色为脆性矿物评价结果，蓝色为新模型计算的脆性指数，从图 1-43 中看出，在 2141～2145m 井段用岩石力学参数计算的脆性指数比用脆性矿物和新模型计算的脆性指数低许多，主要是由于页岩地层中受含气量和 TOC 等的影响，岩石力学性质出现一些不确定变化，但脆性矿物评价模型和新模型不会受这些因素影响。第八道中用脆性矿物模型和新模型评价的脆性指数对比发现，两者相差不大，从第二道矿物含量和断裂韧度参数可以看出，方解石含量较少，主要是泥质和石英，而泥质矿物断裂韧度大小是一样的，两个模型之间的差别较小；当页岩地层方解石含量较大时，脆性矿物模型计算的脆性指数会较大，与新模型的计算结果差异会加大；更主要的是新模型具有明确的物理意义。

对某井 2140～2160m 段对应的水平井段进行压裂，压裂段数为 12 段，总压裂长度约为 1000m，实际微地震压裂检测效果图如图 1-44 所示，压裂井段压裂形成的半缝长大约为 150m，每一个压裂段的微裂缝在检测图上都很清晰，说明压裂后裂缝沟通较好，能检测出来，而且从图中没有看出该地层存在脆性较差的井段。岩石力学参数评价的脆性指数较低的井段为 2141～2145m，该井段在水平井中对应的压裂段数为第 10 段和第 11 段，从图 1-44 中可以看出第 10 段和第 11 段地层压裂是成功的，裂缝形成并且检测出来了，说明该井段实际脆性指数较好；用岩石力学参数评价脆性指数结果为 40% 左右、脆性较差，与检测结果脆性较好存在不一致现象，而新模型计算的脆性指数大小为 50% 左右、脆性较好，与检测结果一致。用矿物含量和断裂韧性建立新的脆性指数模型对页岩地层来说避免了含气量和总有机质含量等因素的影响，仅与页岩地层矿物含量及其本身的断裂韧度有关，是一种高效的适用模型。

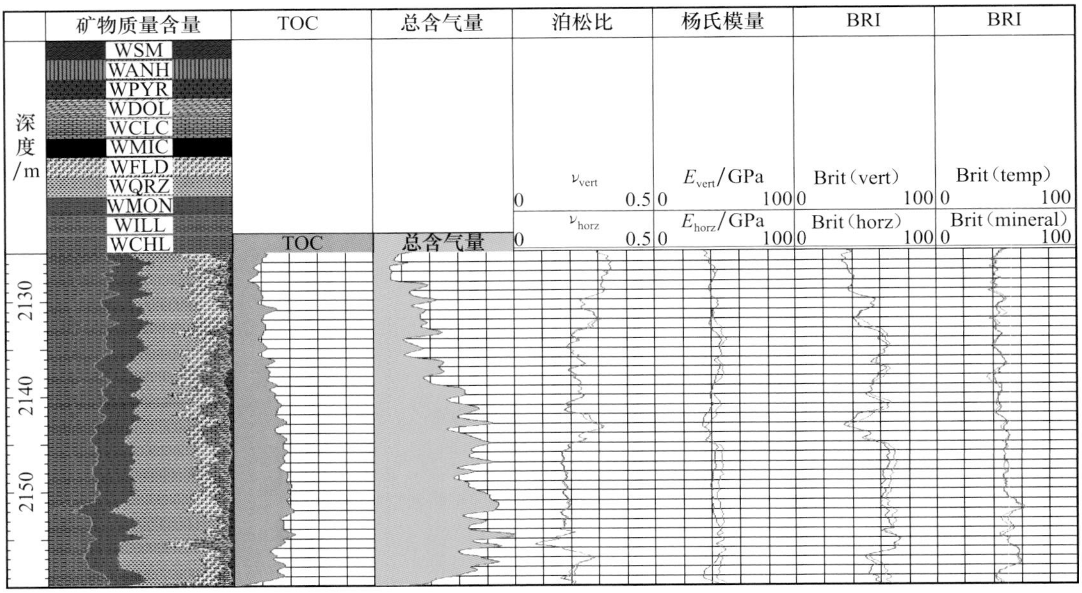

矿物质量含量	TOC	总含气量	泊松比	杨氏模量	BRI	BRI

图 1-43　某井 2125～2160m 计算的页岩地层脆性指数对比图

v_{vert} 和 v_{horz} 为垂直和水平方向的泊松比；E_{vert} 和 E_{horz} 为垂直和水平方向的杨氏模量；Brit（vert）和 Brit（horz）表示垂直和水平方向用岩石力学参数计算的脆性指数；Brit（mineral）为用脆性矿物计算的脆性指数；Brit（temp）为用模型（1-84）计算的脆性指数

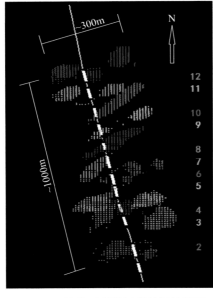

图 1-44　某井压裂段压裂效果检测图

6. 微裂缝系统评价

目前用于检测裂缝性储集层裂缝的方法有很多，主要有地质学定性分析法、岩心室内测定法、试井分析法、裂缝数理统计法和测井资料法。在测井资料法中，常规测井、电成像测井、正交偶极子声波测井、地层倾角测井等都可用于识别裂缝，其中电成像测井分辨率高，不仅能有效区分构造裂缝和诱导缝，还能对裂缝的产状特征，如裂缝倾角、高度、走向、倾向等进行详细刻画，并对裂缝孔隙度、渗透率等进行定量计算，裂缝识别技术取得了巨大进步。本节重点介绍利用岩心资料、常规测井资料、地层微电阻率扫描成像（FMI）测井资料、Sonicsanner 测井资料分析储层裂缝产状和分布规律的方法。

1）岩心和露头裂缝观察

通过岩心能够直观地观察裂缝发育的岩性、产状、充填物，尤其长井段连续取心，有助于判断裂缝纵向发育段和裂缝延伸情况，有助于刻度成像测井。图 1-45 为 HY1 井岩心观察到页岩段典型裂缝发育特征，该段页岩裂缝主要有构造成因缝和非构造成因缝两类。构造成因缝一般缝面比较整齐，具有定向性，且成组系发育［图 1-45（c）］，裂缝可能未充填［图 1-45（c）］，也可能充填或半充填黄铁矿、方解石等胶结物［图 1-45（b）、（e）］，裂缝表面可以看到擦痕［图 1-45（a）］，网状缝发育可能导致岩石破碎［图 1-45（f）］。缝合线是最常见的非构造成因缝［图 1-45（a）、（d）］，主要是由于压实压溶作用引起的。

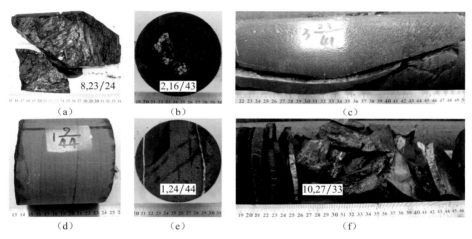

图 1-45　HY1 井岩心观察到页岩段典型裂缝发育特征

从野外露头观察可以看出（图 1-46）：龙马溪组页岩地层岩性为黑色页岩夹灰色灰岩和深灰色砂质泥岩，页岩地层非均质性较强，微裂缝较发育；五峰组下部黑色页岩压实程度较高［图 1-46（b）］，物性条件较差，虽然有机质含量较高，但不利于气体的保存和富集，游离气含量较高。

2）常规测井资料评价裂缝

目前，常规测井识别储层裂缝较为成熟的方法是深浅侧向测井，利用深浅侧向的幅度差进行裂缝识别。前人利用常规测井资料在多种岩性，如灰岩、白云岩、砂岩、火成岩等，开展了裂缝识别研究，取得了丰富的成果。本书也尝试利用常规测井资料在页岩层段进行识别研究。

（1）裂缝指示判识。

双侧向相对差值：

$$R_{DS} = \frac{|R_{LLD} - R_{LLS}|}{R_{LLS}} \tag{1-85}$$

（a）JSB龙马溪组页岩

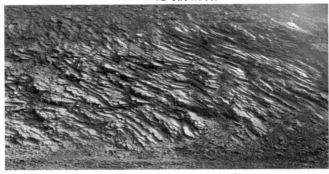

（b）JSB五峰组黑色页岩

图 1-46　页岩野外露头

$$RDS = R_{DS} - AMP_{DLL} \qquad (1-86)$$

式中，R_{LLD} 为深侧向电阻率；R_{LLS} 为浅侧向电阻率；AMP_{DLL} 为双侧向幅度差截止值；RDS 为双侧向相对差值；RDS 为裂缝指示判识。判断 RDS 时，如果 RDS<0，则重新赋值为 RDS = 0；否则，RDS 不变。

（2）裂缝孔隙度计算。

为了建立计算裂缝孔隙度模型，双侧向测井响应的电导率如下：

$$C_{lld} = d_1 X^{d_2} C_b + d_3 X^{d_4} \qquad (1-87)$$

$$C_{lls} = s_1 X^{s_2} C_b + s_3 X^{s_4} \qquad (1-88)$$

式中，C_{lld}、C_{lls}、C_b 分别为深侧向、浅侧向、基岩电导率；X 为孔隙度与裂缝内流体电导率的乘积 $\sigma_f \cdot \phi_f$；d_1、d_2、d_3、d_4、s_1、s_2、s_3、s_4 为分析所得系数。通过分析，得到高、中、低三个角度的双侧向测井响应的电导率的表达式如下：

准立缝

$$C_{lld} = 2.19813 X^{0.11553} C_b + 0.241353 X^{0.966162} \qquad (1-89)$$

$$C_{lls} = 1.91675 X^{0.08450} C_b + 0.354343 X^{0.983048} \qquad (1-90)$$

中间角度

$$C_{lld} = 1.45232 X^{0.0640265} C_b + 0.416279 X^{0.998381} \qquad (1-91)$$

$$C_{\mathrm{lls}} = 1.70807 X^{0.0711936} C_{\mathrm{b}} + 0.446206 X^{0.992311} \tag{1-92}$$

准水平缝

$$C_{\mathrm{lld}} = 1.16613 X^{0.0389691} C_{\mathrm{b}} + 0.769238 X^{1.00081} \tag{1-93}$$

$$C_{\mathrm{lls}} = 6.29014 X^{0.248365} C_{\mathrm{b}} + 0.42231 X^{0.935661} \tag{1-94}$$

由于式（1-92）～式（1-94）为近似等式，则可用 δ_{d}、δ_{s} 表示不同裂缝的误差平方。

$$\delta_{\mathrm{d}} = (C_{\mathrm{lld}} - d_1 X^{d_2} C_{\mathrm{b}} - d_3 X^{d_4})^2 \tag{1-95}$$

$$\delta_{\mathrm{s}} = (C_{\mathrm{lls}} - s_1 X^{s_2} C_{\mathrm{b}} - s_3 X^{s_4})^2 \tag{1-96}$$

令 $\delta = \delta_{\mathrm{d}} + \delta_{\mathrm{s}}$，则

$$\delta = (C_{\mathrm{lld}} - d_1 X^{d_2} C_{\mathrm{b}} - d_3 X^{d_4})^2 + (C_{\mathrm{lls}} - s_1 X^{s_2} C_{\mathrm{b}} - s_3 X^{s_4})^2 \tag{1-97}$$

显然式（1-97）有极小值点，式（1-97）对 X 求导得

$$\begin{aligned}\delta_x = &-2(C_{\mathrm{lld}} - d_1 X^{d_2} C_{\mathrm{b}} - d_3 X^{d_4}) \bullet (d_1 d_2 X^{d_2-1} C_{\mathrm{b}} + d_3 d_4 X^{d_4-1}) \\ &-2(C_{\mathrm{lls}} - s_1 X^{s_2} C_{\mathrm{b}} - s_3 X^{s_4}) \bullet (s_1 s_2 X^{s_2-1} C_{\mathrm{b}} + s_3 s_4 X^{s_4-1})\end{aligned} \tag{1-98}$$

求解式（1-98）的根 X，即为式（1-98）中 X 的最佳值。由于 X 取值范围较小，可用二分法或截距法，X_0 和 X_1 分别取 0.0001、0.5。

（3）裂缝渗透率

$$K_{\mathrm{f}} = 5.66 \times 10^{-4} \varepsilon^2 \phi_{\mathrm{f}}^{m_{\mathrm{f}}} \tag{1-99}$$

式中，m_{f} 为裂缝孔隙度指数，m_{f} 值一般取 1.3；ϕ_{f} 为裂缝孔隙度；ε 为裂缝宽度，$\mu\mathrm{m}$。

（4）裂缝张开度。

低角度（0°～50°）缝：

$$\varepsilon = (1/R_{\mathrm{d}} - 1/R_{\mathrm{b}}) \times 1000 \times R_{\mathrm{m}} / 1.2 \tag{1-100}$$

中高角度（50°～90°）缝：

$$\varepsilon = (1/R_{\mathrm{s}} - 1/R_{\mathrm{b}}) \times 2500 \times R_{\mathrm{m}} \tag{1-101}$$

式（1-100）和式（1-101）中，R_{b}、R_{d}、R_{s}、R_{m} 分别为地层基质、深侧向、浅侧向和泥浆的电阻率。

根据上述方法对 HY1 井常规资料进行处理，结果表明，裂缝发育段主要分布在 2287～2297m、2426～2460m（图 1-47），分别为页岩地层上部和下部的灰岩地层。在 2287～2297m 段，自然伽马小于 35API，密度较高在 2.74～2.75g/cm³，声波时差较低在 170μs/m 左右，深浅侧向电阻率在 700～9000Ω·m，差异明显，裂缝发育指示高，裂缝倾角计算结果显示以高角度缝为主。2426～2460m 裂缝发育段位于页岩地层下部，自然伽马小于 30API，密度较高在 2.80～2.88g/cm³，声波时差较低，在 165μs/m 左右，深浅侧向电阻率在 60～470Ω·m，差异明显，裂缝发育指示高，以高角度缝为主，裂缝孔隙度在 1.5%～2.1%。页岩地层段整体裂缝不发育，总伽马值均值在 600API 左右，密度值相对较低，在 2.47～2.6 g/cm³，声波时差较高在 250μs/m 左右，深浅侧向电阻率在 2000Ω·m 左右，仅在 2400～2415m 处，深浅电阻率存在较小差异，裂缝发育指示较

大，发育少量高角度缝，这与成像测井观察到的裂缝发育情况基本一致。

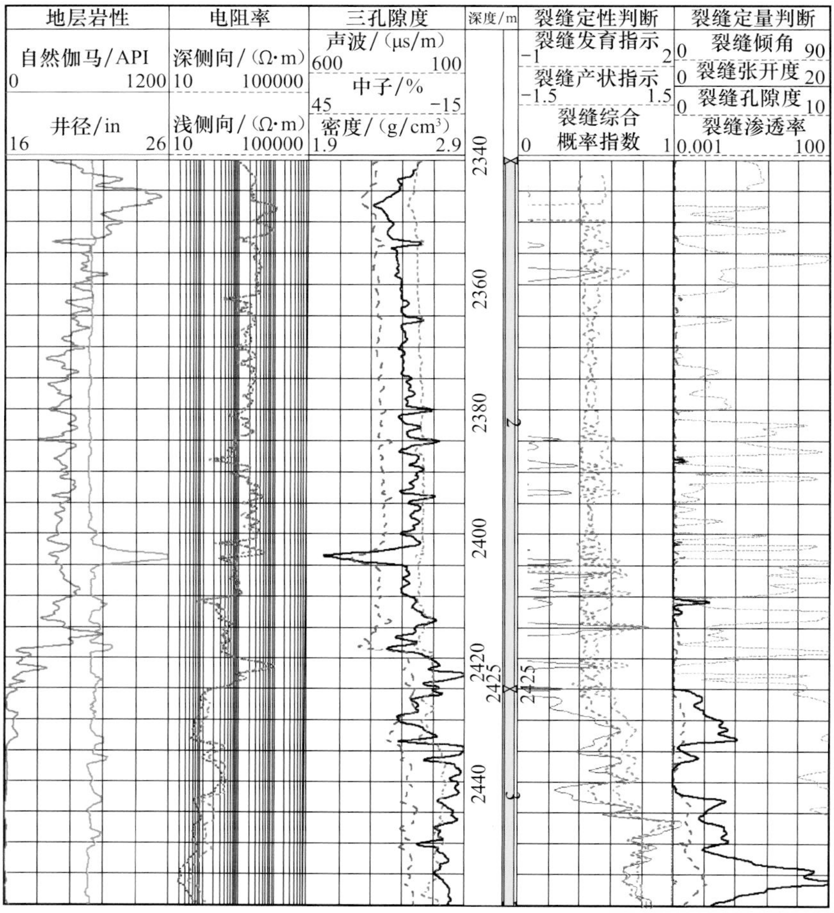
地层岩性
电阻率
三孔隙度
深度/m
裂缝定性判断
裂缝定量判断
自然伽马/API
0 1200
井径/in
16 26
深侧向/（Ω·m）
10 100000
浅侧向/（Ω·m）
10 100000
声波/（μs/m）
600 100
中子/%
45 −15
密度/（g/cm3）
1.9 2.9
裂缝发育指示
−1 2
裂缝产状指示
−1.5 1.5
裂缝综合概率指数
0 1
裂缝倾角
0 90
裂缝张开度
0 20
裂缝孔隙度
0 10
裂缝渗透率
0.001 100
2340
2360
2380
2400
2420
2425
2440

图 1-47　HY1 井常规资料定性和半定量识别裂缝成果图

3）电成像测井资料评价裂缝

由 Schlumberger 开发的地层微电阻率成像测井仪共有 8 个极板、192 个微电极，井眼覆盖率接近 80%，垂向和周向分辨率均为 0.2in（5mm），可以很准确地识别裂缝类型、产状特征，识别裂缝开度在几十微米到几百微米之间。

第一，裂缝类型。FMI 测井一般可以识别的裂缝包括高导缝、高阻缝和钻井诱导缝。

（1）高导缝。高导缝在动态图像上往往表现为褐黑色正弦曲线，有的连续性较高，有的呈半闭合状，图像上的褐黑色表明此类裂缝未被方解石等高阻矿物完全充填，属于有效缝，但部分高导缝也不排除被低阻泥质充填的可能性，多数高导缝趋向属于开启缝，如果沿高导缝发育有溶蚀孔洞，就可以构成良好的储层。如图 1-48（a）及图 1-48（b）所示，HY1 井 2405～2407m 地层及 PY1 井龙马溪组灰黑色页岩发育较多高导缝。

（2）高阻缝。高阻缝在动态图像上往往表现为黄色或亮黄色的正弦曲线，连续性较好，高阻缝的形成是早期的高导缝被方解石等高阻矿物充填，因此表现为高阻特征。由于裂缝被高阻矿物等充填，因此渗透能力差，一般不具有储集性能。图 1-48（c）为 PY1 井高阻缝的发育情况，图像上的特征一般表现为在裂缝一侧呈亮色边缘，岩心上也能观察到方解石充填的特征。

（3）诱导缝。钻井诱导缝是在钻井过程中由钻具震动、应力释放和钻井液压裂等因素诱导形成的，在 FMI 图像上为两组羽状排列的暗色线条［图 1-48（d）］沿井壁的对称方向出现。诱导缝走向可用于指示现今最大水平主应力方向。

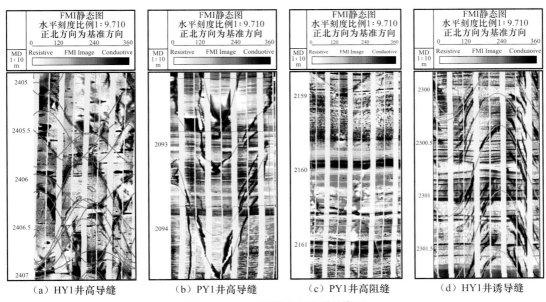

（a）HY1 井高导缝　　（b）PY1 井高导缝　　（c）PY1 井高阻缝　　（d）HY1 井诱导缝

图 1-48　FMI 识别的主要裂缝类型

第二，裂缝产状。通过对 FMI 测井资料统计分析，可以识别裂缝的基本产状特征。图 1-49 为 HY1 井裂缝产状分析结果，可以看出：①寒武系杷榔组—变马冲组的泥质粉砂岩、粉砂质泥岩地层中裂缝较为发育，裂缝倾向以北西、南东东向为主，走向以北东—南西向为主，倾角范围为 30°～80°，主频为 60°，以中高角度裂缝为主；②寒武系九门冲组顶部灰岩地层以层间的微细裂缝为主，中部碳质泥岩地层裂缝在 2383～2387m 较为发育，底部硅质泥岩、硅质岩中裂缝在 2406.5～2408.5m 和 2418.3～2423m 较为发育，与岩心观察统计的结果一致，九门冲组裂缝整体倾向以北北西—南南东向为主，倾角范围为 30°～80°，主频为 65°，以中高角度裂缝（图 1-50）和网状缝为主（图 1-51）；③震旦系灯影组白云岩地层中，裂缝非常发育，倾向以北北西、南南东向为主，走向以北东东—南西西向为主，倾角范围 10°～80°，主频为 50°，以中等角度裂缝为主。

图 1-52 为 PY1 井龙马溪组碳质泥岩中的 FMI 测量段裂缝产状统计情况，可以看出裂缝发育较为集中，主要在 1984～1988m、2057～2069m、2082～2125m 井段，走向为北东—南西向，倾向为北西向和南东向，倾角 28°～90°。

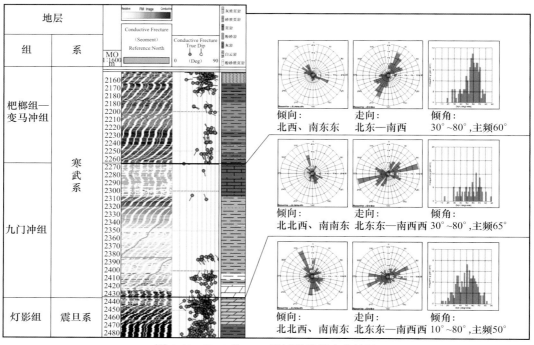

图 1-49　HY1 井 FMI 测量段裂缝产状统计

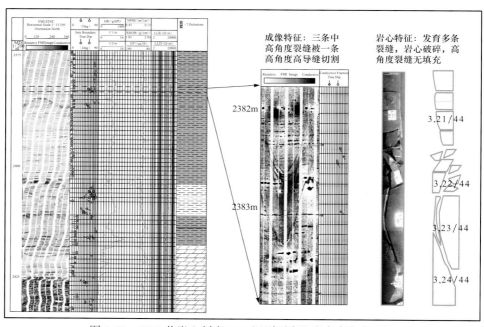

图 1-50　HY1 井岩心刻度 FMI 识别页岩段发育高角度裂缝

DT、NPHI 和 RHOB 表示声波、中子和密度测井曲线，$C1$，$C2$ 为双井径曲线，LLS 和 LLD 为浅探测和深探测电阻率曲线

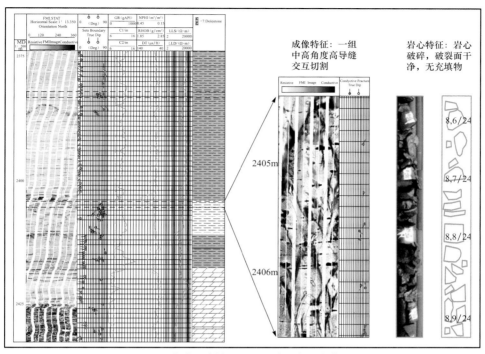

图 1-51　HY1 井岩心刻度 FMI 识别页岩段发育网状裂缝

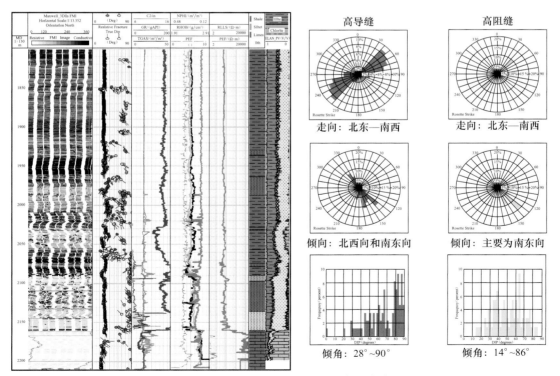

图 1-52　PY1 井 FMI 测量段裂缝产状统计

第三，裂缝定量计算。

FMI 仪器主要测量仪器的相对电流，当地层的电阻率变化时，相对电阻率也发生变化。如果地层中发育有高导的裂缝（其中为泥浆或泥质充填），则会产生高导异常。试验发现，不同的裂缝宽度将导致不同的电导率异常面积，这样，利用高导异常面积与地层电阻率和泥浆电阻率的关系，可以进行裂缝宽度的估计，得出校正后的视裂缝密度（FVDC）、视裂缝长度（FVTL）、裂缝平均宽度（FVA）、裂缝平均水动力宽度（FVAH）、裂缝视孔隙度（FVPA）等评价参数，从而判断裂缝的有效性。

从裂缝定量计算结果来看，图 1-53 中，JY45 井裂缝相对发育的井段为 2634.5～2636.5m，裂缝密度为 4.9～7.2m^{-1}，裂缝长度为 3.23～5.27m^{-1}，裂缝宽度为 1.63～10μm，裂缝水动力宽度为 6.83～34.43μm，裂缝孔隙度为 8×10^{-6}～$3.7 \times 10^{-5} m^3/m^3$。

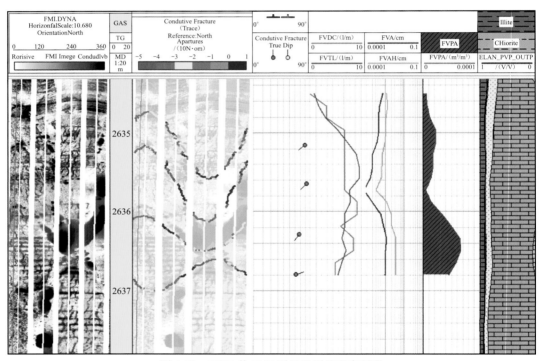

图 1-53　JY45 井 FMI 测量段裂缝发育层段

通过成像测井能确定页岩地层的裂缝数量和地应力方位。表 1-9 为 FMI 成像测井识别的裂缝属性的定量计算结果，FVDC 为校正后的视裂缝密度，即每米井段所见到的裂缝总条数；FVTL 为视裂缝长度，即每平方米井壁所见到的裂缝长度之和，1/m；FVA 为裂缝平均宽度，为单位井段（1m）中裂缝轨迹宽度的平均值，cm；DPAZ 为拾取裂缝倾向，DPTR 为拾取裂缝倾角。

4）声成像测井资料评价裂缝

Sonicscanner 是由 Schlumberger 公司开发的声波扫描仪，仪器有 13 个间隔 6ft 的接

表 1-9　PY1 井裂缝发育段定量计算成果表

井号	序号	顶深 /m	底深 /m	厚度 /m	FVA /cm	FVTL /m^{-1}	FVDC /m^{-1}	DPAZ /(°)	DPTR /(°)
PY1	1	1984	1988	4	0.00550	5.869	7.565	174.98	66.81
	2	2057	2069	12	0.00758	2.000	1.743	181.96	72.67
	3	2082	2102	20	0.01251	3.263	3.386	259.32	85.43
	4	2109	2125	16	0.01186	4.777	6.070	322.47	81.93

收器位置，每个接收器位置上有 8 个不同方位的检波器，共有 $13 \times 8 = 104$ 个接收器。两个单极子声源发射器分别位于 13 个接收器的上下端，距离顶底两个接收器 1ft；远单极子声源位于距离接收器组 11ft 之下，X 和 Y 两个相互垂直的交叉偶极子声源分别在接收器组下的 9ft 和 10ft 位置处。Sonicscanner 共有 6 种测量模式，分别是上单极子发射、下单极子发射、远单极子发射、斯通利波发射、X 偶极测量模式、Y 偶极测量模式。

图 1-54 是利用 Logvision 软件对 PY1 井 Sonicscanner 资料处理结果，包括纵、横波时差提取、地层各向异性分析、斯通利波渗透性分析、衰减分析，其中纵横波比值和横波各向异性对裂缝的识别评价意义很大。由图 1-54 可以看出，2020m 之上的泥岩段横波各向异性弱，地层为各向同性地层，横波方位角在这样的地层没有优势方向，方向不定。在 2020m 之下地层有很大的能量各向异性，平均各向异性 2.3%～6.5%，校正后各向异性为 5.2%～14%，2078～2160m 地层的快横波方位角为北东东—南西西向。

影响横波各向异性的因素很多，如地层裂缝、地层倾角、溶孔溶洞、构造应力都可能造成横波各向异性变化，快横波的方位角可用于指示最大主应力的方向或断层 / 裂缝走向。结合常规测井曲线特征，2078～2160m 密度呈针刺状降低，声波增加，中子增大，指示该段裂缝发育；对照 FMI 图像可知该段发育高导缝和少量钻井诱导缝，而且高导缝和诱导缝方向一致，均为北东东—南西西。由此可以判断 Sonicscanner 测量的横波各向异性主要由于该段地层裂缝发育所致，快横波方位角指示的方向为裂缝走向。

5）裂缝有效性评价

分析裂缝的有效性，主要是看裂缝系统的走向与现今最大水平主应力之间的关系。当裂缝系统的走向与现今最大水平主应力方向一致或角度相差最小时（小于 30°），裂缝能最大限度地发挥其渗滤通道作用，此时认为裂缝系统的区域有效性较强，反之当二者垂直或斜交角度较大时，裂缝的渗滤作用大大降低，从而消减了裂缝的有效性，且随相差角度的增大，裂缝系统有效性变差程度增强。

7. 孔隙结构评价

页岩地层工程改造后还要求地层具有较高的渗流性质，这是由页岩地层的孔隙结构决定的，孔隙结构越好，工程改造后渗流性质越好，同时微裂缝越发育，改造后越容易形成高产。页岩地层流动性质采用地层孔隙结构来评价，用流动单元能很好地表征页岩地层孔隙结构。

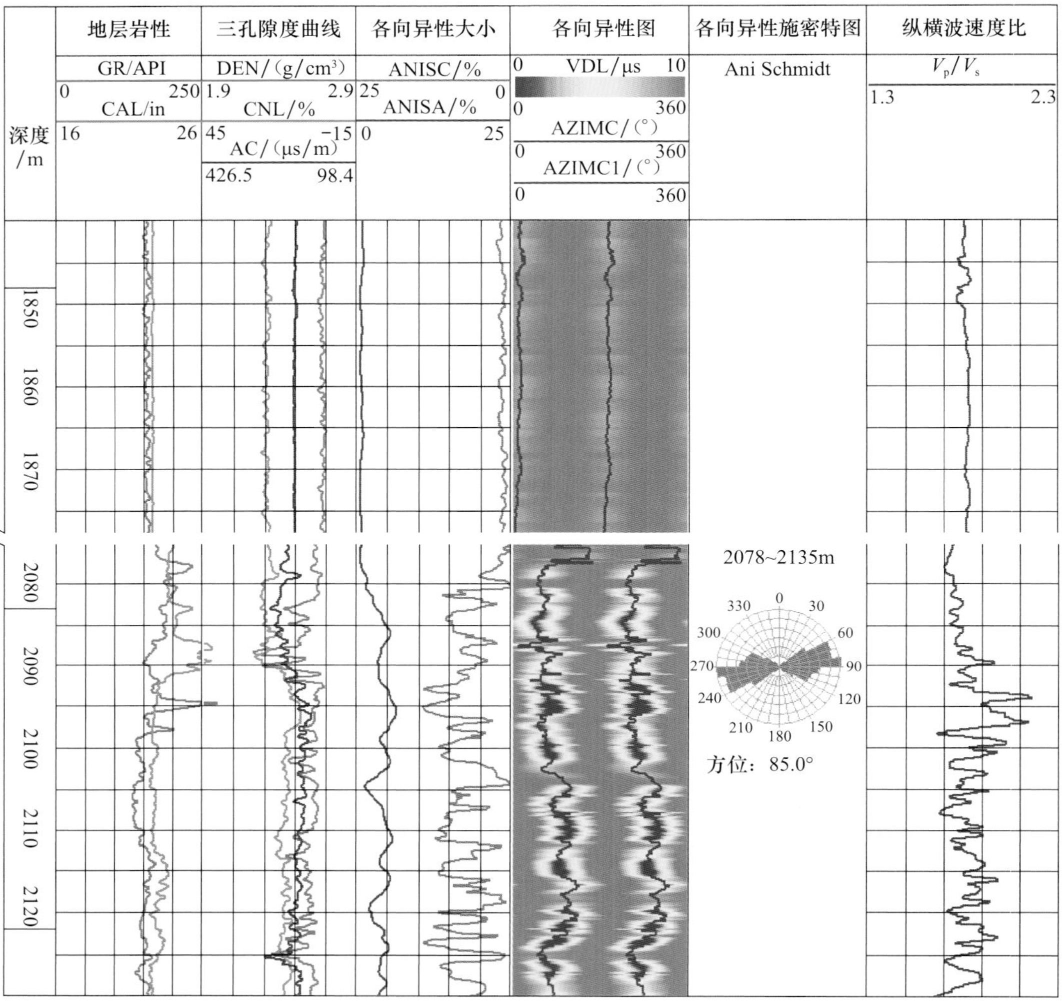

图 1-54　PY1 井页岩段各向异性处理结果

ANISC 和 ANISA 表示快、慢横波各向异性；AZIMC 和 AZIMIC1 为快、慢横波方位角

　　流动单元的发育特征和空间分布状况主要受原始沉积作用、成岩作用、构造作用的控制，因此流动单元是储层岩石物性特征的综合反映（Ebanks，1987；Amaefule and Altunbay，1993）。一个储层可以划分为多个岩石物理性质不同的流动单元，在同一个流动单元内影响流体流动的地质因素类似，具有相同的渗流特征和水动力学特征。根据流动单元理论，流动单元指数可以表示为

$$FZI = \frac{1}{\sqrt{f_g \tau} S_{Vgr}}$$

（1-102）

式中，FZI 为流动单元指数；f_g 为形状因子；τ 为曲折度；S_{Vgr} 为比表面。

渗透率可以表示为地层孔隙度与形状因子、曲折度和比表面的关系，因此渗透率与流动单元之间可表示为

$$K = \frac{1}{f_g \tau S_{Vgr}^2} \frac{\phi^3}{(1-\phi)^2} = \text{FZI}^2 \frac{\phi^3}{(1-\phi)^2} \tag{1-103}$$

渗透率与孔隙度和流动单元之间进一步表示为

$$K = a\phi^b \tag{1-104}$$

式中，a 为流动单元指数的平方，该指数越大，说明地层孔隙结构越好。

地层孔隙结构除了用流动单元指数能定量表征其孔隙结构好坏之外，还可以利用压汞试验或核磁共振测井方法来确定。用常规测井资料只能确定地层孔隙大小，无法确定地层孔隙结构或平均孔隙结构，而核磁共振测井由于测量费用昂贵，许多页岩气井并没有采用其来测量，用流动单元指数表征其孔隙结构和流动性质是一种经济适用的方法，适合在页岩地层广泛应用。通过对 JSB 页岩地层的流动单元的分析（图 1-55），确定了 JY3-2 井地层中存在三类流动单元，不同流动单元具有不同的流动单元指数。

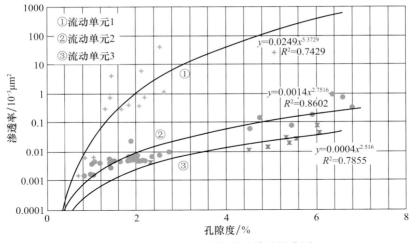

图 1-55　JY3-2 页岩地层流动单元划分图

图 1-55 中将 JY3-2 井划分为三个流动单元，流动单元 1，孔隙结构最好，流动单元指数为 0.16；流动单元 2，孔隙结构中等，流动单元指数为 0.04；流动单元 3，孔隙结构最差，流动单元指数为 0.02，回归公式中的指数可以用来表示其好坏，孔隙结构越好，则流动指数越好，压裂改造后越具有良好的渗流能力。

图 1-56 中将 JY1 井划分为四个流动单元：流动单元 1，孔隙结构最好，地层裂缝发育，流动单元指数为 4.34；流动单元 2，孔隙结构中等，地层微裂缝发育，流动单元指数为 0.31；流动单元 3，孔隙结构较差，没有微裂缝和裂缝，流动单元指数为 0.01；流动单元 4，孔隙结构最差，流动单元指数为 0.008。

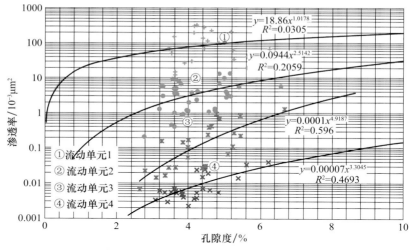

图 1-56　JY1 井页岩地层流动单元划分图

8. 可压裂性评价

1）基本模型

借助工程数学方法，将各影响因素进行归一化处理后结合各影响因素权重进行权重系数的加权，最后得到唯一一个无量纲值，即为可压性指数 FI。可压性指数计算模型如下：

$$FI=BRI/TIV \tag{1-105}$$

式中，BRI 为脆性指数；TIV= DTS_{slow}/DTS_{fast}，DTS_{slow} 和 DTS_{fast} 分别为偶极声波慢波和快波的时差。

2）评价新模型

第一，可压裂性评价模型。

根据测井资料确定用于表征页岩地层的储层质量和压裂工程质量的多项可压裂影响因素。根据不同地质区域的实际情况选择不同的可压裂影响因素，如脆性指数、裂缝数量、流动指数、地应力差异系数和破裂压力等。

页岩地层可压裂性用页岩地层的脆性指数、工程地质指数和流动指数来表征，不仅考虑了页岩地层的脆性，还考虑其地应力状态、应力大小和分布、地层的破裂能力大小，页岩地层的压裂不仅考虑是否含气、是否能产生压裂裂缝，还需考虑压裂效果、地层本身的岩石物理性质，使压裂改造后页岩地层中气体能否有效开采。这三个参数的权重系数利用层次分析法（analytic hierarchy process，AHP）构权法确定其权重（图 1-57）。

第二，权重的确定方法。

可压裂评价模型的权重确定方法采用层次分析法来确定。层次分析法是将复杂的评价对象排列为一个有序的递阶层次结构的整体，然后在各个评价项目之间进行两两的比较、判断，计算各个评价项目的相对重要性系数，即权重。

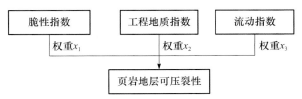

图 1-57　页岩地层可压裂性评价模型

层次分析法的核心问题是构造一个合理、统一的判断矩阵，判断矩阵的合理性受到标度合理性的影响。所谓标度是指评价者对各个评价指标重要性等级差异的量化概念。确定指标重要性量化标准常用的方法有比例标度法和指数标度法。指数标度法形式是 a^n（$a>1,n=0,1,2,\cdots,8$）。比例标度法以对目标评判的差别为基础。一般以五种判别等级表示对目标评价的差别，因素 i 对目标 j 的重要程度划分为 1、3、5、7、9 五种，分别表示因素对目标的重要程度为同等重要、较为重要、更为重要、强烈重要和极端重要。如果重要程度介于两者之间，可以进行细化。表 1-10 为比例标度值体系级别。$i=1$、2、3 分别代表的因素为脆性指数 X、工程地质指数 Y 和流动指数 Z。$j=1$ 表示只有一项评价目标，为可压裂性指数 P。

表 1-10　两因素之间的重要程度及标度

指标项	i 与 j 相比的重要程度及标度（1～9）				
重要程度	同等重要	较为重要	更为重要	强烈重要	极端重要
i/j	1	3	5	7	9
j/i	1	1/3	1/5	1/7	1/9

脆性指数是压裂工程中最重要的参数，脆性指数越高，页岩地层压裂时越易形成微裂缝，压裂工程改造成本越低；工程地质指数是地层中裂缝条数和最小地应力的比值，工程地质指数越高，对压裂工程改造越有利，其重要性仅次于脆性指数；流动指数决定了页岩地层压裂后的流体流动能力，反映了压裂后页岩地层中的油气是否能有效生产，也是压裂工程中的重要参数。通过分析脆性指数、工程地质指数和流动指数对压裂工程的重要性，确定了脆性指数、工程地质指数和流动指数对压裂工程的重要性系数分别为 6、4、2。脆性指数比工程地质指数和流动指数的比例标度值分别为 1.5 和 3，工程地质指数比流动指数的比例标度值为 2。

每个元素的确定方法，对各行元素的几何平均数 W_i 进行归一化处理为

$$W_i' = \frac{W_i}{\sum_{i=1}^{n} W_i} \tag{1-106}$$

式中，W_i' 为权重系数；W_i 为各行元素的几何平均数；i 和 n 为正整数，i 表示判断矩阵 A 的行数，n 表示可压裂影响因素的个数。

通过计算确定 x_1、x_2、x_3 这三个指标的权重分别为 0.5、0.33 和 0.17。全部指标的权重之和等于 1。

第三，可压裂性评价实例。

表 1-11 以中国西南部区块页岩地层 PY1 井测井资料为例进行评价。该区块优质页岩岩性主要以黄灰色页岩、粉砂质页岩夹薄层透镜状灰岩为主，评价某地层平均脆性指数 BI 为 53；平均裂缝数 Fra 为 6 条 /m，平均最小地应力 σ_n 为 25MPa，计算出工程地质指数为 0.24，该井最大工程地质指数为 0.4，因此该井段工程地质指数归一化结果为 60；该井页岩地层主要划分为三个流动单元，在该井段主要以流动单元 2 为主，平均流动指数 FUI 为 2.1，该井最大页岩地层流动指数为 2.65，归一化该流动指数为 79。页岩地层三个可压裂性评价参数的权重分别为 0.5、0.33 和 0.17，根据公式（1-106）可计算出该层段的可压性指数为 59.35。

表 1-11　西南 PY1 井页岩地层可压裂性参数统计表

可压裂性参数	BI/%	σ_n/MPa	Fra	工程地质指数	FUI
地区极值	100	30	12	0.4	2.65
测量值	53	25	6	0.24	2.1
归一化值	53	62.5	37.5	60	79

1.3　页岩气地球物理甜点预测方法

随着人们对页岩气藏地震识别研究的认可和重视，人们在页岩气藏地震岩石物理理论及地震响应机理、天然裂缝综合预测、脆性及可压性预测、储层物性参数反演含气性识别、储层压力及地应力预测等技术方面取得了较大进步，可以查明页岩层的应力及压力分布状态，寻找页岩层内有机质丰度高、裂缝发育、渗透性好、脆性大的部位，为钻井和压裂等提供依据。本节重点介绍地质甜点地震综合预测中的有机碳、页岩储层压力预测、含气性识别等地球物理预测技术和针对工程甜点地震综合预测中的裂缝检测、储层脆性以及地应力预测技术。

1.3.1　页岩储层地质甜点地震综合预测方法

页岩气地质甜点地震预测和评价思路是：从页岩气富集的地质要素出发，充分利用地质、地球物理、地球化学、地质力学、测井、岩心分析化验等资料，基于地震属性、叠前反演、叠后反演等技术手段，利用地质甜点评价核心参数，优选出最佳勘探开发区域和层位。

1. 页岩储层 TOC 地震预测方法

页岩气的富集需要丰富的烃源物质基础，要求生烃有机质含量达到一定标准，富含有机质的黑色泥页岩通常是页岩气成藏的最好储层。总有机碳含量（TOC）是国内外普遍采用的有机碳丰度指标，指烃源岩中油气逸出后，岩石中残留下来有机质中的碳含量。

用地震资料直接定量预测页岩 TOC，能够为页岩气勘探及资源量的计算提供有效且较精确的参数。其预测方法为：从实测有机碳含量出发，通过分析与 TOC 相关的地球物理参数，寻找 TOC 敏感参数，并建立敏感参数与 TOC 之间的最佳拟合方程，得到该区的经验公式；利用三维地震数据，采用叠前反演方法，进行精细地震反演求得敏感参数体；根据拟合经验关系，计算得到三维分布的 TOC 数据体，从而定量预测 TOC。因为有机质密度明显低于围岩密度，所以通常基于密度参数计算页岩储层 TOC 分布，而叠前地震反演是获得密度参数的重要途径（陈祖庆，2014）。

图 1-58 为四川盆地焦石坝地区 JY1 井海相页岩 TOC 综合评价图，可以看出，

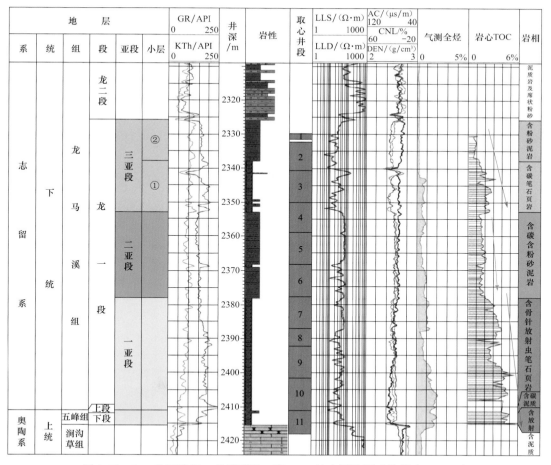

图 1-58 JY1 井五峰组—龙马溪组一段 TOC 综合评价图（陈祖庆，2014）

2378～2415m 井段（五峰组—龙马溪组一段底部）为黑色页岩，TOC ≥ 2.0%，最高可达 5.89%，平均为 3.56%，优质泥页岩层连续累计厚度达 37.5m。另外在纵向上，整个储层段 TOC 具有自上而下总体呈从小到大变化的特征，进一步可划分为三个小"旋回"，表现为与沉积亚相和岩相具有密切相关的特征。具体表现在五峰组—龙马溪组一段一亚段和三亚段为两个相对高值的小"旋回"（图中红色箭头），龙马溪组一段二亚段为一个相对低值的小"旋回"（图中蓝色箭头），但五峰组—龙马溪组一段一亚段的小"旋回"的 TOC 值明显最高。图 1-59 为焦石坝地区 TOC 敏感参数统计分析图，可以看出该地区页岩地层的密度参数与 TOC 具有很好的相关性，当 TOC > 1% 时，密度值小于 2.68g/cm³，TOC 值与密度呈负相关关系，相关系数达到了 0.87。分析认为高 TOC 的泥页岩有机质孔隙更为发育，更有利于页岩气的吸附和储集，从而导致密度降低。因此，可以通过 TOC 与密度之间的相关性来完成 TOC 全区的预测。

式（1-107）是建立的 TOC 与密度之间的数学关系式：

$$TOC = a\rho + b \qquad (1-107)$$

式中，TOC 为总有机碳含量；ρ 为岩性密度；a、b 为地区性经验常数，如基于 JY1 井、JY2 井、JY4 井、JY11-4 井和 JY41-5 井五口井交会分析得到 $a=-15.8$、$b=43.85$。

以 JY1、JY2、JY4、JY11-4、JY41-5 口井为基础，利用其经过岩心刻度后的 TOC 实测结果与密度进行交会分析（图 1-60），得到经验常数 $a=-15.8$、$b=43.85$，最终确定利用实测资料计算 TOC 的经验关系式：

$$TOC = -15.8\rho + 43.85 \qquad (1-108)$$

图 1-61 为 JY1、JY2、JY4 井联井 TOC 反演剖面图，黄红色为优质页岩对应的相对高 TOC 值，整个储层段（五峰组—龙马溪组一段）相对于上下地层来说，其分布特征明显，横向上展布稳定。同时也可以看到，在储层内部纵向上 TOC 高的优质页岩层有 2 套，中间夹 1 套 TOC 相对低的泥页岩，且 2 套优质页岩越接近底部，TOC 值更高，最大均高于 4%，与前面井上分析结果对应一致。结合五峰组—龙马溪组 TOC 平面预测图综合分析（图 1-62），6 口井控制的区域优质泥页岩整体发育，展布稳定，显示了该区良好的勘探前景。

2. 页岩储层含气性识别方法

1）页岩储层叠后地震多属性含气性预测技术

基于多属性进行的页岩储层含气性识别，需要进行多属性的组合优选，经过多次训练学习和概率估算，有效地降低地球物理反演的多解性，主要应用于储层和储层物性参数预测、岩性识别等。其中应用较为广泛的是概率神经网络（probabilistic neural network，PNN）技术。PNN 技术既可应用于离散型变量（如岩相），又可应用于连续型变量（如各种测井曲线和孔隙度、饱和度等）。定性的含气性评价可以看做离散型变量，而定量的含气饱和度预测则为连续性变量（郭振华等，2011）。

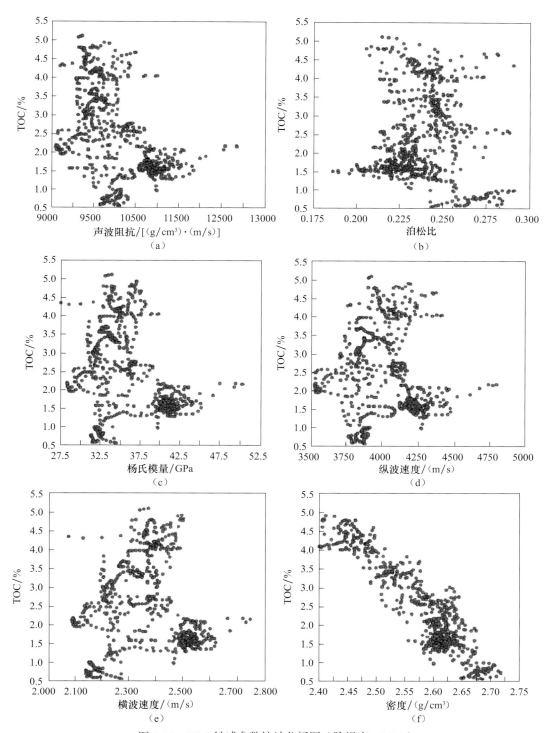

图 1-59　TOC 敏感参数统计分析图（陈祖庆，2014）

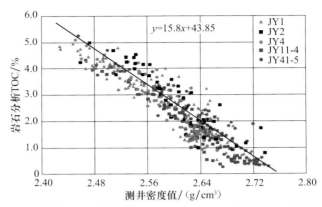

图 1-60　焦石坝地区龙马溪组—五峰组页岩岩心分析 TOC 与密度测井交会图（陈祖庆，2014）

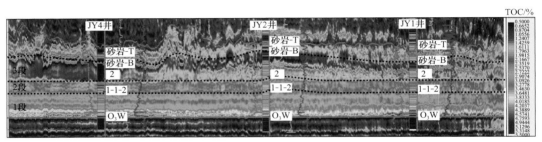

图 1-61　过 JY1 井、JY2 井、JY4 井联井 TOC 反演剖面图（陈祖庆，2014）

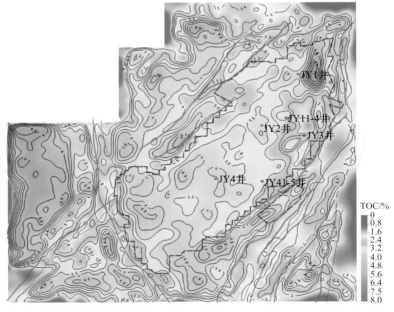

图 1-62　焦石坝地区龙马溪组—五峰组平均 TOC 预测平面图（陈祖庆，2014）

PNN 技术是一种数学内插方案，只不过在实现时利用了神经网络的架构，这是它潜在的优势，可以通过数学公式理解它的行为，其实现原理如下（王晶等，2011）。

对给定的训练样本，如 $\{A_{1i}, A_{2i}, A_{3i}, \cdots\}$，$i=1, 2, \cdots, n$。PNN 假设新的储层参数可以表示为训练集中储层参数的线性组合，也就是说对具有属性向量 $\boldsymbol{x}$ 的新样本，其储层参数表达为

$$L(\boldsymbol{x}) = \frac{\sum_{i=1}^{n} L_i \exp\left[-D(\boldsymbol{x}, \boldsymbol{x}_i)\right]}{\sum_{i=1}^{n} \exp\left[-D(\boldsymbol{x}, \boldsymbol{x}_i)\right]} \tag{1-109}$$

式中，$D(\boldsymbol{x}, \boldsymbol{x}_i) = \sum_{j=1}^{m}\left(\dfrac{x_j - x_{ij}}{\sigma_j}\right)^2$ 表示属性向量 $\boldsymbol{x}$ 到第 i 个训练样本 $\boldsymbol{x}_i$ 之间的 n 维空间距离；训练网络的目的是确定 σ_j，确定 σ_j 的准则是整个网络的检验误差最小。所谓的校验误差是针对训练集中的样本而言的，某个样本的校验误差是样本储层参数值与估计值之前的差值，该估计值可以表示为

$$L_m(\boldsymbol{x}_m) = \frac{\sum_{i \neq m} L_i \exp\left[-D(\boldsymbol{x}_m, \boldsymbol{x}_i)\right]}{\sum_{i \neq m} \exp\left[-D(\boldsymbol{x}_m, \boldsymbol{x}_i)\right]} \tag{1-110}$$

和 BP 神经网络相比，PNN 技术具有如下优点：① PNN 技术本身属于数学内插方法，权值可以控制；② 相同的数据的不同次训练结果完全相同，但由于 PNN 技术存储所有的训练数据，网络应用对计算机运算能力要求比较高。

针对焦石坝地区海相页岩气甜点的发育特征，通过多条特征测井曲线拟合了单井页岩油甜点指数，并与多种叠后地震属性融合，实现了叠后地震属性对页岩气甜点的有效预测，如图 1-63 所示。

2）页岩储层叠前地震反演含气性预测技术

地震波入射到地层界面，地层的纵波速度、横波速度和密度的变化会产生反射和透射，反射振幅和透射振幅的大小可由 Zoeppritz 方程来计算。由于 Zoeppritz 方程导出的反射系数形式复杂，不易进行数值计算。许多学者对 Zoeppritz 方程进行了近似简化，提出一些很有意义的近似式。其中最著名和常用的近似式之一是由 Shuey（1985）给出的突出泊松比的相对反射系数近似表达形式，提出了纵波、横波反射系数与振幅随偏移距的变化（amplitude versus offset，AVO）截距和梯度的函数关系。随后发展起来的叠前反演大多基于此，直接反演得到地层的纵波速度、横波速度和密度。

叠前 AVO 及弹性参数反演可以获得多种弹性参数，许多著名学者对地震纵波、横波和密度进行深入研究，提出了多种基于叠前反演的多参数流体识别方法，如流体异常 LMR 法、Russell 法（Russell et al.，2011）以及直接识别油气（DHI）法等，上述方法应用于流体识别不乏成功的实例，但是不同地区的弹性参数对岩性与流体的敏感度不尽

相同，识别岩性与检测流体的能力也有差异。因此，寻找对油气敏感的弹性参数及参数的组合形式是流体识别及储层预测的关键。

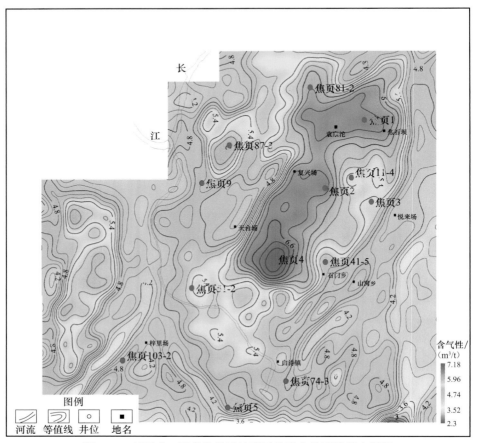

图 1-63　基于井 - 震多种叠后地震属性融合的页岩甜点预测

　　岩石物理分析是获得油气敏感弹性参数的重要手段。在岩石物理理论的基础上，利用常规测井资料和偶极横波测井资料，通过公式计算出各种岩石物理参数，然后对不同岩石物理参数进行交会分析和敏感参数分析，确定储层的弹性参数特征，建立弹性参数与储层特征及含油气性等的关系，并确定反映储层或含油气性的敏感参数，从而为叠前地震弹性参数反演及地震属性分析提供依据。马中高等（2012）对大牛地气田 77 块砂岩样品测试得到的多种岩石物理参数进行流体敏感性分析（图 1-64），体积模量和剪切模量的差（K-G）、拉梅系数 λ、λ_ρ、$I_P^2-2I_S^2$、泊松比 ν 对流体敏感，其中 K-G 是最敏感的参数。

　　在沉积、构造、层序地层学等多种方法分析的基础上，通过叠后属性、砂体平面展布图、构造图等的叠合图划分有利异常区，并利用 AVO 属性、弹性交会、叠前角度域吸收衰减预测有效储层的含气性，最终将多种信息融合起来找出含气富集区，如图 1-65

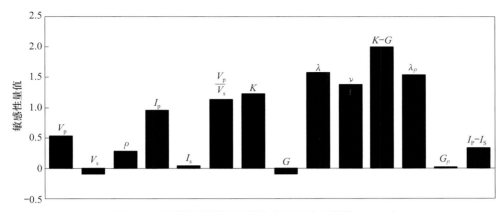

图 1-64 流体指示因子敏感性分析（马中高等，2012）

所示，黄色和红色为含气富集区，蓝色、绿色和土白色为不含气区。

3）频变 AVO 含气性识别方法

AVO 技术以弹性波动力学理论为基础，利用 Zoeppritz 方程等严密的数学物理理论描述地震波的反射振幅入射角（或炮检距）变化的规律，并以此判别地下岩石及孔隙填充流体的性质。然而，常规的 AVO 技术忽视了频率因素。事实上，地震波的反射系数与频率之间的关系十分密切，地震波经过油气储集层后表现出来的吸收衰减、速度发散等异常现象，主要反映在反射系数与频率的相关性上。频变 AVO 技术就是在这样的背景下被提出来的，是常规 AVO 技术的发展。

地震波在含油气储集层中传播时，在低频部分与高频部分具有不同的响应特征。目前，针对这些响应特征的研究，大多数集中在叠后地震数据。而利用叠前地震数据研究 AVO 属性的频率响应规律的文献报道却相对较少，且大多数属于分频 AVO 分析。所谓分频 AVO 分析技术，是采用分频技术，先对叠前地震进行分频处理，然后在分频数据的基础上实现 AVO 油气检测。分频 AVO 与频变 AVO 最根本的差别在于前者并未从频率与反射系数的数学关系入手，采用反演手段获取 AVO 属性。

在含烃岩石中，地震波传播速度与频率有关，这种速度频散可能作为流体识别的标志。根据 Chapman 等（2005）关于速度频散的观点，假定由于界面两侧频散性质的差异，反射系数会随着频率的变化而变化，即反射系数可以看成入射角和频率的函数，同时把纵横波速度变化率也看成频率的函数，即

$$R(\theta, f) \approx A(\theta)\frac{\Delta V_{\mathrm{p}}}{V_{\mathrm{p}}}(f) + B(\theta)\frac{\Delta V_{\mathrm{s}}}{V_{\mathrm{s}}}(f) \tag{1-111}$$

对式（1-111）在某一参考频率 f_0 处对纵横波速度变化率进行泰勒级数展开，并舍弃高阶项，只保留一阶导数得到

$$R(\theta, f) \approx A(\theta)\frac{\Delta V_{\mathrm{p}}}{V_{\mathrm{p}}}(f_0) + (f - f_0)A(\theta)I_a + B(\theta)\frac{\Delta V_{\mathrm{s}}}{V_{\mathrm{s}}}(f_0) + (f - f_0)B(\theta)I_b \tag{1-112}$$

式中，I_a 和 I_b 为纵横波速度变化率关于频率 f 的导数，即纵横波速度变化率随频率变化的快慢，将其定义为频散程度

$$I_a = \frac{\mathrm{d}}{\mathrm{d}f}\left[\frac{\Delta V_{\mathrm{p}}}{V_{\mathrm{p}}}\right], \quad I_b = \frac{\mathrm{d}}{\mathrm{d}f}\left[\frac{\Delta V_{\mathrm{s}}}{V_{\mathrm{s}}}\right] \tag{1-113}$$

对一个典型的有 n 个接收道的 AVO 道集，可以表示成矩阵的形式 $\boldsymbol{S}(t,n)$，假设已知速度模型，则可以计算出每一采样点所对应的系数 $A(t,n)$ 和 $B(t,n)$，根据 Castagna 等（2003）关于瞬时频谱分析的理论，可以对 $\boldsymbol{S}(t,n)$ 进行频谱分解得到的不同频率 f 下的振幅谱 $\boldsymbol{S}$：

$$\boldsymbol{S}(t,n) \leftrightarrow \boldsymbol{S}(t,n,f) \tag{1-114}$$

由于地震记录的振幅信息是地震子波与反射系数的褶积，振幅谱 $\boldsymbol{S}$ 会受到"子波叠印"的影响，即能量在各个频率分布不均衡，主要集中在主频带附近。因此，要对不同频率的振幅谱通过加权函数 ω 进行谱均衡：

$$\boldsymbol{S}_{\mathrm{b}}(t,n,f) = \boldsymbol{S}(t,n,f)\omega(f) \tag{1-115}$$

根据式（1-111）可以得到以下关系式：

$$\begin{bmatrix} S_{\mathrm{b}}(t,1,f_0) \\ \vdots \\ S_{\mathrm{b}}(t,n,f_0) \end{bmatrix} = \begin{bmatrix} A_1(t) & B_1(t) \\ \vdots & \vdots \\ A_n(t) & B_n(t) \end{bmatrix} \begin{bmatrix} \frac{\Delta V_{\mathrm{p}}}{V_{\mathrm{p}}}(t,f_0) \\ \frac{\Delta V_{\mathrm{s}}}{V_{\mathrm{s}}}(t,f_0) \end{bmatrix} \tag{1-116}$$

通过式（1-116），采用最小二乘反演，可以计算在频谱振幅意义下 f_0 频率的纵横波速度变化率。

为了求 I_a 和 I_b，将式（1-112）调整为

$$R(\theta,f) - A(\theta)\frac{\Delta V}{V}(f_0) - B(\theta)\frac{\Delta W}{W}(f_0) \approx \begin{bmatrix} (f-f_0)A(\theta) \\ (f-f_0)A(\theta) \end{bmatrix}\begin{bmatrix} I_a \\ I_b \end{bmatrix} \tag{1-117}$$

式（1-117）可简写成

$$a = \boldsymbol{e}\begin{bmatrix} I_a \\ I_b \end{bmatrix} \tag{1-118}$$

于是，每一个采样点 t 处的 I_a 和 I_b 可以通过最小二乘反演方法求得

$$\begin{bmatrix} I_a \\ I_b \end{bmatrix} = (\boldsymbol{e}^{\mathrm{T}}\boldsymbol{e})^{-1}\boldsymbol{e}^{\mathrm{T}}a \tag{1-119}$$

程冰洁等（2012）成功利用频变 AVO 分析方法对川西新场地区陆相深层须家河组致密砂岩储层流体特征进行有效识别和预测。川西新场地区陆相深层须家河组致密砂岩具有"四超二复杂"（超深、超致密、超晚期构造、超高压和复杂的气水关系、复杂的储集层非均质性）的特点。因此，优质储层是天然气高产、稳产的关键条件，准确地进行含气性识别是该区井位部署成功的关键，也是亟须解决的难题之一。但是，川西拗陷

新场地区广布现代河床沉积和第四系松软沉积物，地震纵波信号在传播过程中受低降速带的影响，有高频衰减快、有效频带窄、主频偏低、储层地震响应特征不明显的特点。常规含气性识别技术难以奏效，基于频变 AVO 含气性识别技术能为川西陆相深层气藏的勘探开发获得突破提供重要的技术支撑，如图 1-65 所示。

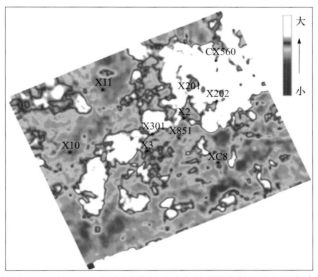

图 1-65　某区 10Hz 与 15Hz 频变拟泊松比含气性识别平面图（程冰洁等，2012）

1.3.2　页岩储层工程甜点地震综合预测方法

1. 页岩储层地应力预测方法

地震资料通常无法直接反映地应力场分布状态，但通过叠前反演的手段可以得到地下介质的弹性参数信息。因此如果能够建立地下应力场与岩石弹性参数的关系，即可进行地应力分布预测工作。在这个过程中，岩石力学是连接地下应力场和岩石弹性属性的桥梁。

1）地应力参数地球物理反演

Gray（2002）提出了一种通过地震数据估算垂直主应力 σ_v、最小水平主应力 σ_h 和最大水平主应力 σ_H 三种主应力的方法。当然，计算得到的结果还应与储层中实际的钻井数据、微地震数据、区域背景应力场进行标定。更进一步来说，利用该方法求得的最大水平主应力和最小水平主应力还可以转化成一个重要参数——水平应力差异系数（DHSR），服务于水力压裂。DHSR 的计算式为

$$\text{DHSR} = (\sigma_{Hmax} - \sigma_{hmin}) / \sigma_{Hmax} \tag{1-120}$$

采用应变校正法可以使闭合应力更接近实测结果，得到如下表达式：

$$\sigma_h = \sigma_v \frac{\nu(1+\nu)}{1 + EZ_N - \nu^2} \tag{1-121}$$

$$\sigma_{\mathrm{H}} = \sigma_{\mathrm{v}} \nu \frac{1 + EZ_N + \nu}{1 + EZ_N - \nu^2} \qquad (1\text{-}122)$$

式（1-121）和式（1-122）中，所有的参数都可以从地震数据中通过方位各向异性（AVAZ）反演得到，如泊松比 ν、杨氏模量 E。式（1-123）为 AVAZ 反演用到的近似方程：

$$
\begin{aligned}
R_{\mathrm{PP}}(\theta, \phi) &= \frac{1}{2}\left[\frac{\Delta \alpha}{\overline{\alpha}} + \frac{\Delta \rho}{\overline{\rho}}\right] + \left[\frac{\Delta \alpha}{2\overline{\alpha}} - 4\left(\frac{\overline{\beta}}{\overline{\alpha}}\right)^2 \frac{\Delta \beta}{\overline{\beta}} - 2\left(\frac{\overline{\beta}}{\overline{\alpha}}\right)^2 \frac{\Delta \rho}{\overline{\rho}}\right]\sin^2\theta \\
&\quad + \frac{1}{2}\frac{\Delta \alpha}{\overline{\alpha}}\sin^2\theta \tan^2\theta + \left(\cos^2\phi\sin^2\theta + \sin^2\phi\cos^2\phi\sin^2\theta\tan^2\theta\right)\left(\frac{1}{2}\Delta\delta^{(V)}\right) \\
&\quad + \cos^4\phi\sin^2\theta\tan^2\theta\left(\frac{1}{2}\Delta\varepsilon^{(V)}\right) + \left[2\left(\frac{2\overline{\beta}}{\overline{\alpha}}\right)^2\cos^2\phi\sin^2\theta\right]\left(\frac{1}{2}\Delta\gamma\right) \\
&= R_{\mathrm{PP}}^{\mathrm{iso}}(\theta) + \Delta R_{\mathrm{PP}}^{\mathrm{ani}}(\phi, \theta) \\
&= \sec^2\theta R_{\mathrm{P}} - 8g\sin^2\theta R_{\mathrm{S}} - \left(g\cos^2\phi\sin^2\theta\right)(1 - 2g)R_{\Delta_N} + \left(g\cos^2\phi\sin^2\theta\right)R_{\Delta_T} \quad (1\text{-}123)
\end{aligned}
$$

式中，α、β 和 ρ 分别为纵波速度、横波速度和密度；δ、ε、γ 为三个各向异性参数；Δ 代表上下两层介质弹性参数的差值；字母上的"–"代表上下两层介质弹性参数的平均值。

通过输入叠前偏移后的方位体数据，可以进行 AVAZ 反演得到弹性参数，接下来参考式（1-121）、式（1-122）即可计算 DHSR。

2）应用实例

该地区在压裂之前进行了 10km² 小范围的宽方位三维地震数据采集。图 1-66 展示了借助于叠前反演得到的三维杨氏模量体。除此之外，该图还展示了区域 DHSR 的分布（板状图形），板的方向指示了最大水平主应力的方向，大小表示最大水平主应力的量值。可以看出该区域最大水平主应力变化较大，地质解释人员认为造成这种巨大应力变化的可能原因有两个：一是不同岩性的地层受到礁体下方 Leduc 构造不同程度的挤压造成；二是该地区发育的天然裂缝引起。杨氏模量和泊松比的变化主要来自于岩性的变化、岩石中孔隙度和流体的变化。我们看到 DHSR 的范围在 0～50%。这两个参数对压裂过程会产生较大影响：较高的杨氏模量意味着该地区的岩石较脆，更易于破裂，较低的 DHSR 表明该地区在压裂过程中已形成网状的裂缝。因此我们通常希望能够找到具有这种特点的区域来进行水力压裂。结果表明，只有四分之一的页岩会破裂成网状，其余的大部分会发生线性破裂，还有部分不会发生破裂。

为了更好地分析该地区的可压性，解释人员把 DHSR 与杨氏模量进行了交汇分析。图 1-67 为利用交汇分析结果在页岩地层中的可压性预测结果。图中预测的低 DHSR、高杨氏模量区域（绿色）已经开始进行小范围的压裂作业，并且产生了大量的网状裂缝。同时我们也看到，该地区更多的区域会产生方向性的裂缝，这就意味着，在设计水平井轨迹的时候需要尽量垂直于最大水平主应力的方向。

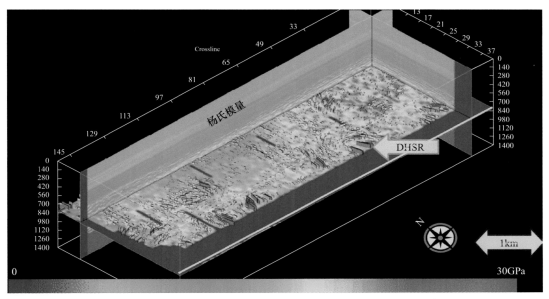

图 1-66　基于叠前地震数据反演得到的杨氏模量结果和 DHSR 结果

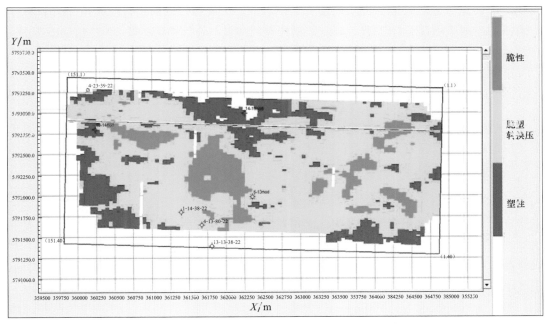

图 1-67　基于交汇分析结果得到的该工区可压性参数

2. 页岩储层压力预测方法

地球物理资料预测地层压力方法主要有两大类，即井参数预测压力和地震资料预测压力。井参数预测压力由于其事后性和局部性，在钻前应用受到了一定的限制。地震资料预测压力由于其前瞻性和全局性，已成钻前压力预测的主要手段之一。目前，地震资料预测页岩地层压力的方法主要有地震速度预测法和地震属性预测法。

1）基于地震层速度的压力预测方法

在正常的压实情况下，地层速度随埋深增加而增加。当出现欠压实时，地层速度比正常速度低。当地层有超压时，地层岩石的地震波传播速度往往显著降低，出现低速异常，因此，地层压力与地震速度之间存在一定的关系。预测压力方法的关键问题是地震层速度的求取问题，只有获得了高精度、高分辨的速度场，才能得到较准确的压力场。另外，不同地区的超压成因、超压地层的岩石结构、存在突变的地质边界以及断层等地质因素不同，合理选择压力预测模型和方法十分重要。

Terzaghi（1943）论述了地下应力的状态，认为垂直上覆岩层压力 S 是地层（孔隙）流体压力 P 和作用在岩石框架上的垂直有效应力 σ 的和［式（1-124）］。垂直有效应力是地层压实成岩的主要因素。上覆地层压力可以通过已钻井的视密度测井资料等多种途径求得，只要设法求出垂直有效应力就可以确定地层孔隙压力。

$$S = \sigma + P \qquad （1\text{-}124）$$

地震波在给定介质中的传播速度主要是有效应力和孔隙度的函数，同时地震波在地层中的传播速度可以较容易地从地震资料中求取，因此可以通过地震层速度来计算有效应力，进而求出地层孔隙压力。目前运用较多的速度与有效应力的物理模型有 Eaton 法、Fillippone 法和综合参数法（孙武亮和孙开峰，2007）。

第一，Eaton 法。Eaton（1972）给出地震波传播速度与垂直有效应力关系。

$$\sigma = \sigma_{\text{Normal}}(V / V_{\text{Normal}})^n \qquad （1\text{-}125）$$

式中，σ_{Normal} 和 V_{Normal} 为假设的在正常压实时的有效应力和地震层速度；参数 n 为用来描述层速度对有效应力灵敏程度的指数。

结合式（1-124）和式（1-125）可以得出地层孔隙压力 P 的表达式为

$$P = S - (S - P_{\text{Normal}})(V / V_{\text{Normal}})^n \qquad （1\text{-}126）$$

式中，正常压力时沉积物的速度 V_{Normal} 和 P_{Normal} 需要预先给出估计。通常通过建立正常地层压实条件下的速度变化趋势线来估计 V_{Normal}。然而在深水环境中常常在泥线以下就处于高压状态，这使正常压实趋势线难以建立。该方法适用于欠压实成因的砂泥岩中地层高压的预测。

第二，Fillippone 法。Fillippone（1982）通过对墨西哥湾等地区的测井、钻井、地震等多方面资料的综合研究，假设在地层孔隙压力和上覆盖岩层压力的关系与储层岩石的声波速度成比例的条件下，提出不依赖正常压实趋势线的简单实用的计算公式，在包括墨西哥湾、北海等地的实际应用中取得了良好的效果。

$$P_{\text{f}} = \frac{V_{\max} - V_{\text{int}}}{V_{\max} - V_{\min}} P_{\text{ov}} \qquad （1\text{-}127）$$

式中，$V_{\max}$、$V_{\min}$ 分别为孔隙度接近于零和刚性接近于零时的地震波速度，前者近似于基质速度，后者近似于孔隙流体速度；V_{int} 为预测层段的地震层速度；P_{ov} 是上覆盖地层的压力；P_{f} 是地层孔隙流体压力。

第三，综合参数法。Han 等（1986）对大量砂泥岩岩心（泥质含量不同）进行了力学特性与声学特性的实际测试，另外还对孔隙度、泥质含量对声波速度的影响规律进行了分析研究。Elbert-Phillips 等（1989）详细分析 Han 等的大量测试数据，指出影响砂泥岩中声波传播速度的因素主要有孔隙度、泥质含量、有效应力，并给出如下纵波速度的经验模型：

$$V_{\text{P}} = 5.77 - 6.94\phi - 1.73\sqrt{V_{\text{sh}}} + 0.446(P_{\text{e}} - e^{-16.7P_{\text{e}}}) \qquad (1\text{-}128)$$

式中，ϕ 为孔隙度；V_{sh} 为泥质含量；P_{e} 为有效应力。

式（1-128）描述了孔隙度、有效应力、泥质含量对岩石中声波传播速度的综合影响规律：声波速度随孔隙度、泥质含量的增加而减少，随垂直有效应力的增加而增加。这与地层岩石对声波速度测井的响应规律一致。将式（1-128）用于检测砂泥岩地层的孔隙压力是完全可行的，可以获得良好的检测结果。然而，直接利用式（1-128）可能会产生较大误差，因为回归模型系数的数据全部来源于室内岩心测试数据，而测试过程不能真实反映沉积物从沉积初期到成岩全过程中的力学和声学特性变化。因此需要利用研究区已钻井的测井、测试等资料，回归建立适合于该地区的声波速度经验模型。将式（1-128）改写为

$$V_{\text{p}} = A_0 + A_1\phi + A_2\sqrt{V_{\text{sh}}} + A_3(P_{\text{e}} - e^{-DP_{\text{e}}}) \qquad (1\text{-}129)$$

式中，A_0、A_1、A_2、A_3、D 为模型系数。

运用综合参数法求取有效应力时，首先利用研究区相关资料确定式（1-129）中的系数，其次利用孔隙度测井资料确定出孔隙度剖面、自然伽马或自然电位测井资料确定泥质含量剖面，即可用式（1-129）计算垂直有效应力，最后用式（1-124）计算地层孔隙压力。

该方法适用于砂泥岩剖面，不受欠压实机制的限制，但需要有孔隙度测井、自然伽马测井和实测地层压力等资料。

Rishi 等（2006）通过对 Oklahoma、California 和 Ecuador 采集的砂泥岩的试验研究，给出地震波速度与孔隙度、有效应力和泥岩含量的另一个较为简洁的公式

$$V = a_0 - a_1\phi - a_2C - a_3e^{-a_4P_{\text{e}}} \qquad (1\text{-}130)$$

式中，ϕ 为孔隙度；C 为泥岩含量；P_{e} 为有效应力。

式（1-130）可以对 Han 等（1986）得到的试验数据进行很好的拟合。与 Elbert-Phillips 等（1989）提出的速度和有效应力、孔隙度与泥岩含量的公式相比，Rishi 等（2006）给出的公式更简洁，便于实际的运用。

目前用于孔隙压力预测的地震波速度主要包括：①常规处理得到的叠加速度或者动校正（DMO）速度。该速度只有在地质和岩性变化都比较简单的情况下才能用于孔

隙压力预测。速度函数拾取的疏密程度会影响压力预测的横向细节（孙武亮和孙开峰，2007）。②符合地质特征拾取的速度。Crabtree 等（2000）提出根据地层的地质特性进行速度分析的方法，该方法根据测井获得的信息来指导速度拾取。国内张卫华等（2005）提出单井压力模型指导速度分析的方法，尽可能使拾取的地震波速度接近于地层岩石的速度。③偏移速度分析获得的速度。偏移速度分析是利用成像结果对速度的敏感性，把速度分析和偏移成像紧密结合在一起，当速度最佳时，成像聚焦达到最优。偏移速度分析方法在一定程度上能用于复杂模型的速度场分析。④连续速度分析得到的速度。连续速度分析方法可以生成很密集和详细的速度场，用该方法得到的速度场能很好地预测压力异常高压区（Patrizia et al.，2004）。⑤反射层析成像（网格层析成像）得到的速度。层析成像反演方法与常规叠加速度分析法相比可以提供与地质构造相关性更好的速度场。层析成像反演基本上是一种三维旅行时反演技术。对速度横向有变化和构造复杂的地区，层析成像反演方法能给出较精确的速度场。

基于目前已有的地层孔隙压力预测方法，在具体的运用中，应该根据实际情况，采用恰当的地震波速度分析方法，来获得高精度、能反映岩层速度的地震层速度，同时需要建立有针对性的地震波速度和有效应力间的物理模型，充分运用钻井、测井和地质等信息提高压力预测的可靠性和精度。地震波速度受到岩性、流体性质和孔隙压力变化的影响，可以通过纵横波速度提供的信息和井资料提供的信息来识别出由孔隙压力变化引起的地震波速度异常。

2）基于地震属性的压力预测方法

应用地震属性预测地层压力的方法主要有叠前 AVO 反演、叠后波阻抗反演和地震属性参数等方法。地震属性参数方法预测超压的基本机理同传统方法在本质上是一致的，即利用超压层所表现出的异常特点，超压层的特点有：①更高的孔隙度；②更低的体积密度；③更低的有效应力；④更高的地温；⑤更低的层速度；⑥更高的泊松比。这六个特点都会或多或少地影响地震属性参数，寻求地球物理参数与超压的相应关系是应用地震属性参数预测超压的基础。

基于叠后波阻抗反演的地层压力预测的基本思路是：首先建立地层中每个超压带内波阻抗与过剩压力的关系，这样一方面可以消除岩性对波阻抗的影响，另一方面可以实现对不同成因高压的预测；其次根据每个高压带过剩压力与波阻抗的统计关系，求取每个高压带内的过剩压力；最后将各高压带的计算结果绘制压力分布图。

从理论上说，地层高压的产生会引起体积密度和岩石速度的降低，运用叠后波阻抗反演应该能很好地发现地层高压区。实际运用中叠后波阻抗反演预测地层高压在纵向上有比较高的精度，在约束井资料较少时，反演结果在横向上受低频模型影响较大。在测井资料较少的情况下，需要有其他属性参数参与约束，才能利用波阻抗有效地预测地层高压。因此，石万忠等（2006）在预测过程中，利用瞬时频率属性对超压带横向分布特征进行约束，从而获得更好的超压分布预测结果。

3. 页岩储层脆性预测方法

地球物理学家应用较多的页岩脆性评价方法可分为两类：一是，在实验室对矿物组分进行实测；二是，用地球物理方法求取弹性参数，其中杨氏模量和泊松比是最常被用作评价岩石脆性的参数。本节的重点在于讨论如何利用地震资料的叠前反演方法来获取弹性参数，从而得到页岩脆性的空间展布。

1）基于弹性参数的页岩脆性评价方法

由于岩石的弹性性质是岩石微观构成的外在表现，能直接反映岩石受力形变以及维持裂缝的能力，因此，基于弹性参数的页岩脆性评价方法应用广泛。工程上通常用杨氏模量和泊松比表示岩石脆性特性，杨氏模量的大小标志着岩石的刚性，杨氏模量越大，说明岩石越不容易发生形变，泊松比的大小标志着岩石的横向变形系数，泊松比越大，说明岩石在压力下越容易变形。不同的杨氏模量和泊松比的组合表示岩石具有不同的脆性，杨氏模量越大，泊松比越低，页岩脆性越高。

图 1-68 为 W 井龙马溪组的杨氏模量与泊松比交会图，可以看出，龙马溪组二段与龙马溪组一段的杨氏模量相当，但泊松比更低，说明其脆性优于第一段。

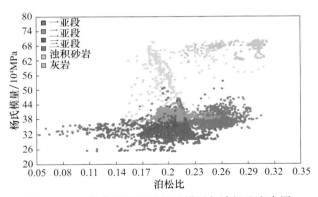

图 1-68　W 井龙马溪组的杨氏模量与泊松比交会图

Sharma 和 Satinder（2012）发现相对于杨氏模量（E）以及泊松比与密度乘积（$v\rho$）而言，杨氏模量与密度乘积（$E\rho$）在岩性改变区域变化上更为剧烈，能够更好地指示岩石脆性，可作为岩石脆性指示因子。Chen 等（2014）指出，目前国内外对页岩仅以脆性最强页岩地层作为页岩有利压裂区预测的主要指标，此时杨氏模量等参数可以很好地表征。然而储层受有机质、孔隙、流体等因素的影响，往往并不是脆性最强区域。而压裂区预测最终是为有利储层的勘探开发服务的，因此，脆性较强且储集空间大才是进行压裂的最有利指标，进而提出了新的脆性指数 E/λ。

通过岩石物理建模来考察孔隙度和孔隙流体对 E 和 E/λ 的影响（图 1-69）。可以看出，石英含量一定时，随着孔隙度的增大，E 减小，E/λ 变大，而有利储层孔隙度一般较围岩高，说明 E/λ 比 E 对孔隙度较高的脆性区更敏感；有机质含量一定时，孔隙度含

气时会导致 E 减小，E/λ 增大，而有工业价值的页岩气储层有机质及气体含量均较高，说明 E/λ 较 E 在页岩脆性含气区判别上优势明显。因此，E/λ 在反映石英含量影响的同时，对有机质、孔隙、流体的综合影响均有较好的敏感性，较 E 能更好地指示含气脆性页岩。

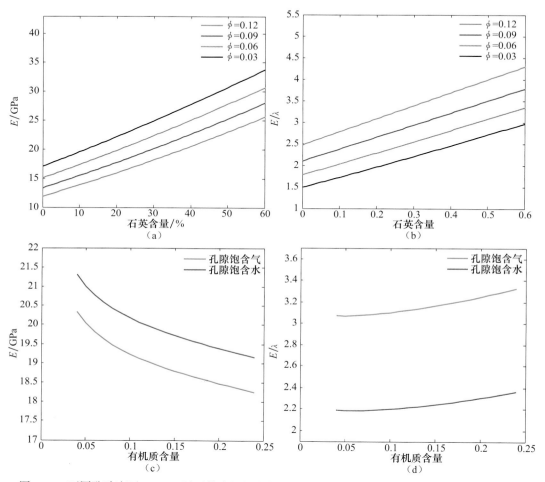

图 1-69　不同孔隙度下 E、E/λ 随石英含量的变化趋势及孔隙含水和含气时 E、E/λ 随有机质含量的变化趋势

虽然工程上习惯用杨氏模量（E）和泊松比（ν）评价页岩脆性，但地震 AVO 反演输出结果通常是拉梅参数，因此，可以通过下列关系式将杨氏模量和泊松比转化为与地震更为密切的弹性参数——拉梅常数 λ（抗压性）和 μ（硬度）：

$$\lambda = \frac{E\nu}{(1+\nu)(1-2\nu)} \tag{1-131}$$

$$\mu = \frac{E}{2(1+\nu)} \tag{1-132}$$

杨氏模量和泊松比共同表征的岩石脆性的变化趋势可由硬度 μ 来单独反映，因此 μ 可能是一个较好的脆性指示因子。一些研究人员通过测井资料的交会分析，通过反演 $\lambda\rho$ 和 $\mu\rho$ 参数来预测岩石脆性的方法（Goodway et al.，2010；Perez and Marfurt，2013）。

2）叠前地震反演技术在页岩脆性评价中的应用

叠前地震反演是从地震资料中获取岩石力学参数的有效途径。由于反演算法的不同，叠前地震反演可以分为 AVO 反演和全波形反演。地震全波形反演不仅能够利用地震波传播的走势和振幅特性，还能够自动考虑地震波传播过程中的反射、透射、散射、绕射、多次波、波型转换等问题，而不局限于只利用反射波信息，充分利用地震波场的全波形特征，实现介质弹性参数直接反演。但由于其计算效率和分辨能力有限，目前主要用于地震速度建模。相比全波形反演，AVO 反演能够综合测井等多尺度资料信息，其在储层预测和流体识别方面具有高效性及高分辨率特征，一直备受人们青睐。

Goodway 等（2010）对某井 $\lambda\rho$ 和 $\mu\rho$ 的测井交会图进行分析，发现致密含气砂岩、脆性页岩、塑性页岩以及碳酸盐岩分别集中于交会图的不同区间（图 1-70）。图中脆性和塑性页岩分别使用浅灰色和深灰色表示，含气砂岩和碳酸盐岩分别用黄色和蓝色表示。可以看出，脆性页岩较塑性页岩具有更低的 $\lambda\rho$ 值和更高的 $\mu\rho$ 值，而与含气砂岩的 $\lambda\rho$ 值相当，$\mu\rho$ 值明显偏低。

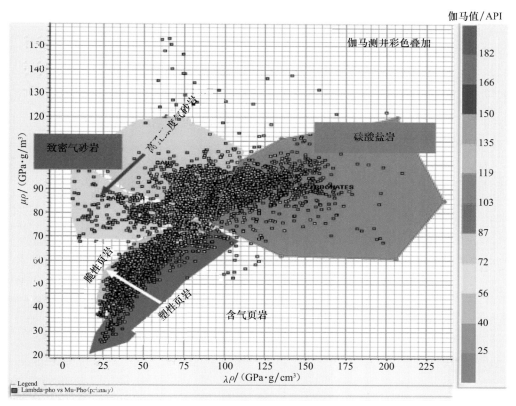

图 1-70 $\lambda\rho-\mu\rho$ 测井交会图

用 Fatti 公式可以直接求出垂直入射的纵横波反射系数，之后对多个角道集数据体实施联合井约束稀疏脉冲反演，便可同时得到纵波阻抗 I_p、横波阻抗 I_s 和密度 ρ 三个数据体，进而计算 $\lambda\rho$ 和 $\mu\rho$。

$$\lambda\rho = I_p^2 - I_s^2 \tag{1-133}$$

$$\mu\rho = I_s^2 \tag{1-134}$$

反演得到的 $\lambda\rho$ 和 $\mu\rho$ 数据体结合测井资料的岩性解释结果，展示出地下脆性、塑性页岩在横向上和纵向上均相互交错，充分说明了页岩的非均质性。

董宁等（2013）采用了以叠前弹性参数同时反演为核心的地震预测技术对四川盆地东部某陆相页岩进行了脆性研究。

反演基于贝叶斯原理，假设地震噪声和弹性模型的不确定性分布都是高斯概率分布、零均值，数据空间的协方差为 $\boldsymbol{C}_d$，模型空间的协方差为 $\boldsymbol{C}_m$。

基于以上假设，在最大相似性基础上的最佳弹性模型最小化目标函数为

$$J = J_s + J_g \tag{1-135}$$

式中，J_s 和 J_g 分别为与地震和地质有关的表达式。

假设地震噪声各道之间是互不相关的，入射角为 θ，数据的协方差 $\boldsymbol{C}_d$ 是对角线阵，角道集地震数据的噪声函数是 $\sigma_s(\theta)$，J_s 表示的则是模型的预测结果与实际角道集地震振幅的偏差，即分别是与地震和地质有关的表达式

$$J_s(m) = \sum_\theta \frac{1}{2\sigma_s^2(\theta)} \left\| R_\theta(m) \times W_\theta - d_\theta^{\mathrm{obs}} \right\|^2 \tag{1-136}$$

式中，$R_\theta(m)$ 为当角度为 θ 时的反射系数系列，与当前的弹性模型 m 有关，由 Zoeppritz 方程的 Aki-Richards 近似式得到；d_θ^{obs} 为实测角度为 θ 时的地震数据；W_θ 为与角度 θ 和 d_θ^{obs} 有关的最佳角道集子波。

与地质相关的参数 J_g 表示的是先验弹性模型参数与预测模型参数的偏差，由模型协方差函数 $\boldsymbol{C}_m$ 得到，即

$$J_g(m) = (m - m^{\mathrm{prior}})^{\mathrm{T}} \boldsymbol{C}_m^{-1} (m - m^{\mathrm{prior}}) \tag{1-137}$$

式中，$m - m^{\mathrm{prior}}$ 为模型偏差；m^{prior} 为初始密度、纵波阻抗和横波阻抗的多参数模型。

最终叠前叠后弹性参数同时反演的目标函数为

$$J(m) = \sum_\theta \frac{1}{2\sigma_s^2(\theta)} \left\| R_\theta(m) \times W_\theta - d_\theta^{\mathrm{obs}} \right\|^2 + J_g(m) = (m - m^{\mathrm{prior}})^{\mathrm{T}} \boldsymbol{C}_m^{-1} (m - m^{\mathrm{prior}}) \tag{1-138}$$

在道集质量控制、子波提取和井约束下，通过反演得到纵波阻抗、横波阻抗和密度数据体，进而转化为杨氏模量与泊松比数据体。

$$E = \frac{I_s^2(3I_p^2 - 4I_s^2)}{\rho(I_p^2 - I_s^2)} \tag{1-139}$$

$$v = \frac{I_\mathrm{p}^2 - 2I_\mathrm{s}^2}{2I_\mathrm{p}^2 - I_\mathrm{s}^2} \qquad (1\text{-}140)$$

利用式（1-81）可计算页岩脆性指数数据体。

对研究区多井的综合分析，表明脆性预测效果较好。例如，HF-1 井脆性指数剖面和脆性指数曲线吻合程度较高，脆性页岩主要分布在页岩层的中下部，同时结合有机碳含量曲线，可优选出页岩甜点分布位置（图 1-71）。

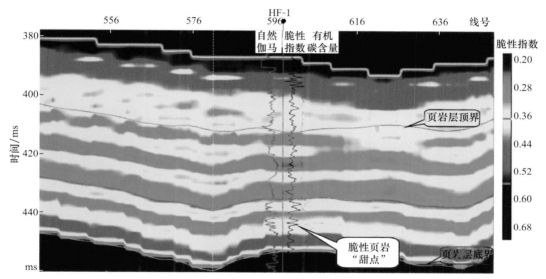

图 1-71　研究区脆性指数剖面

宗兆云等（2012）由 Aki-Richard 近似出发，推导得到基于杨氏模量、泊松比和密度的 Zoeppritz 近似公式（YPD 近似方程）：

$$R(\theta) = \left(\frac{1}{4}\sec^2\theta - 2k\sin^2\theta \right)\frac{\Delta E}{E} + \left[\frac{1}{4}\sec^2\theta \frac{(2k-3)(2k-1)^2}{k(4k-3)} + 2k\sin^2\theta \frac{1-2k}{3-4k} \right]\frac{\Delta\sigma}{\sigma}$$
$$+ \left(\frac{1}{2} - \frac{1}{4}\sec^2\theta \right)\frac{\Delta\rho}{\rho} \qquad (1\text{-}141)$$

式中，k 为上下介质横波速度与纵波速度比的平方，即 $\dfrac{V_\mathrm{s}^2}{V_\mathrm{p}^2}$。该方程建立了纵波反射系数与杨氏模量反射系数、泊松比反射系数及密度反射系数的线性关系。

利用式（1-141）进行模型试算（图 1-72），获取的杨氏模量、泊松比以及密度与合成的实际单井模型有较高的吻合度。另外，用式（1-141）对实际资料进行试处理（图 1-73），反演的杨氏模量在含气区域呈高值异常，而泊松比在含气区域呈低值异常，与实际钻遇结果吻合较好，说明基于新方程的反演方法能够稳定合理地直接从叠前地震

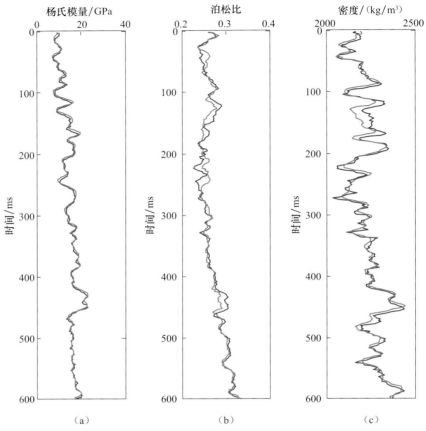

图 1-72　杨氏模量、泊松比和密度的反演结果

红色曲线为反演结果，蓝色曲线为实际单井模型

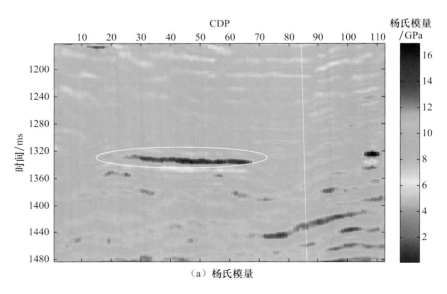

（a）杨氏模量

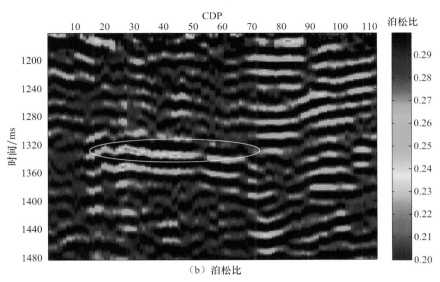

（b）泊松比

图 1-73　反演得到的杨氏模量与泊松比剖面

资料中获取杨氏模量和泊松比参数，同时也提供了一种可靠性高的基于叠前地震资料的页岩脆性评价方法。

4. 裂缝预测方法

裂缝分类方法种类繁多，主要从裂缝成因、产状、几何形态、破裂性质等方面进行分类，其中以成因为基础的分类方案最可行。对低孔、低渗的泥页岩储层裂缝的分类，依据其成因可划分为构造裂缝和非构造裂缝两种大的成因类型和 12 个亚类（表 1-12），不同类型裂缝的特征及形成机理均不相同（丁文龙等，2011）。页岩裂缝的识别方法与碳酸盐岩、砂岩和火山岩及变质岩裂缝的识别方法没有太多的差别，但富含有机质泥页岩裂缝的形成机制和发育的地质条件的特殊性，决定了其还存在有不同于其他岩石类型的裂缝识别方法，识别方法主要有地质法及岩石学法、测井方法、地震法。

表 1-12　泥页岩裂缝类型及成因

类型	亚类	主要成因
构造裂缝	剪切裂缝、张剪性裂缝	局部或区域构造应力作用下，泥页岩韧性剪切破裂形成的高角度剪切裂缝和张剪性裂缝，经常与断层或褶皱相伴生
	滑脱裂缝	在伸展或挤压构造作用下，沿着泥页岩层的层面顺层滑动的剪切应力产生的裂缝
	构造压溶缝合线	水平挤压作用压溶形成的裂缝
	垂向载荷裂缝	垂向载荷超出泥页岩抗压强度形成的裂缝
	垂向差异载荷裂缝	上覆地层不均匀载荷导致泥页岩破裂形成的裂缝

类型	亚类	主要成因
非构造裂缝	成岩收缩缝	成岩早期或成岩过程中泥页岩脱水收缩、暴露地表风化失水收缩干裂、黏土矿物的相变等作用形成的裂缝
	成岩压溶缝合线	沉积载荷作用使泥页岩层负载引起的成岩期压实和压溶作用，或由于卸载、岩层负载减小、应力释放、岩层内部产生膨胀、隆起和破裂形成的裂缝
	超压裂缝	泥页岩层内异常高的流体压力作用形成的微裂缝
	热收缩裂缝	泥页岩受侵入岩浆烘烤变质，温度梯度作用，受热岩石冷却收缩破裂产生裂缝
	溶蚀裂缝	泥页岩差异溶蚀作用形成的裂缝
	风化裂缝	泥页岩长期遭受风化剥蚀作用，岩石机械破裂而形成的裂缝

利用地震资料进行裂缝预测的方法研究，先后经历了横波勘探、多波多分量勘探和纵波裂缝检测等几个阶段。在此过程中提出了许多新颖实用的理论方法。近几年来，在用纵波地震资料进行裂缝勘探方面取得了长足的进步，并开始由以前的定性描述向利用纵波资料定量计算裂缝发育的方位和密度方向发展。在利用三维地震资料进行构造、断层（包括小断层）的精细解释的基础上，采用三维可视化技术、泥岩裂缝储层特征反演技术、地震资料相干分析和方差分析技术、全方位地震信息进行的振幅随方位角（AVA）和速度随方位角（VVA）反演技术、地震频率、振幅变化率、波形、地震层速度、垂直地震测井（VSP）、正极性剖面上的负反射系数的地震反射特征和低速特征等多种方法，可以综合识别和预测泥页岩裂缝发育区（段）。

1）叠后裂缝预测技术

（1）地震相干体不连续性预测技术。

三维地震数据体反映了地下一个规则网格的反射信息，当地下存在断层和裂缝等不连续变化因素时，在这些不连续点的两侧，不同的地震道会表现出不同的反射波特征，从而导致局部道与道之间的相干性突变。一般不连续变化所反映的是弱相干，反之为较大的相干值。经过三维地震资料处理后得到一个三维相干数据体，对其进行切片解释或拾取沿层相干数据，能有效地反映出地下断层和裂缝的发育区。

目前较流行的相干算法为基于互相关、基于相似和基于本征结构的算法。基于多道数据协方差矩阵本征值的相干算法，更加稳健且对数据噪声抑制更有效，而且不降低相干测量值。

可以利用正常时差扫描曲线集中最大相似性准则来实现速度谱的计算，亦可用本征结构所具有的相似性选取速度扫描中最佳速度谱。叠前速度谱扫描中的这种本征值所拥有的相似性计算引入三维叠后数据，可给出特定样点处地震道之间相似程度的一种测量——相关。因此用一个介于0到1之间的相干测量就可将地震连续性和断续性定量化，并将其转换成揭示地下细微地质特征的可视图像。

在地震三维偏移体中，取相邻 J 道 N 个样点组成一个 $N \times J$ 的地震子体构成矩阵：

$$\boldsymbol{D} = \left\lfloor d_{nj} \right\rfloor_{N \times J} \qquad (1\text{-}142)$$

式中，$\boldsymbol{D}$ 中每列代表一个有 N 个样点的地震道（第 j 道），每行为 j 道中同一个时间样点（第 n 个样点）；d_{nj} 为每 j 道的第 n 个样点。$\boldsymbol{D}$ 的协方差矩阵 $\boldsymbol{C}$ 可用下述方法来表示，记 $\boldsymbol{D}$ 的第 n 行为 $\boldsymbol{d}_n^{\mathrm{T}} = [d_{n1}, d_{n2}, \cdots, d_{nJ}]$ 在均值为零的条件下 n 样点的协方差为

$$\boldsymbol{d}_n \boldsymbol{d}_n^{\mathrm{T}} = \begin{bmatrix} d_{n1} \\ d_{n2} \\ \vdots \\ d_{nJ} \end{bmatrix} [d_{n1}, d_{n2}, \cdots, d_{nJ}] = \begin{bmatrix} d_{n1}^2 & d_{n1}d_{n2} & \cdots & d_{n1}d_{nJ} \\ d_{n2}d_{n1} & d_{n2}^2 & \cdots & d_{n2}d_{nJ} \\ \vdots & \vdots & & \vdots \\ d_{nJ}d_{n1} & d_{nJ}d_{n2} & & d_{nJ}^2 \end{bmatrix} \qquad (1\text{-}143)$$

如果 $\boldsymbol{d}_n$ 为非零向量，则式（1-143）是一个半正定对称一秩阵，$\boldsymbol{d}_n \boldsymbol{d}_n^{\mathrm{T}}$ 只有一个非零本征值。全部样点的协方差矩阵 $\boldsymbol{D}^{\mathrm{T}}\boldsymbol{D}$ 可看成 N 个一次阵之和，最多只有 N [或 $\min(N, J)$] 个秩：

$$\boldsymbol{C}_{J \times J} = \boldsymbol{D}_{J \times N}^{\mathrm{T}} \boldsymbol{D}_{N \times J} = \sum_{n=1}^{N} \boldsymbol{d}_n \boldsymbol{d}_n^{\mathrm{T}} = \begin{bmatrix} \displaystyle\sum_{n=1}^{N} d_{n1}^2 & \displaystyle\sum_{n=1}^{N} d_{n1}d_{n2} & \cdots & \displaystyle\sum_{n=1}^{N} d_{n1}d_{nJ} \\ \displaystyle\sum_{n=1}^{N} d_{n1}d_{n2} & \displaystyle\sum_{n=1}^{N} d_{n2}^2 & \cdots & \displaystyle\sum_{n=1}^{N} d_{n2}d_{nJ} \\ \vdots & \vdots & & \vdots \\ \displaystyle\sum_{n=1}^{N} d_{n1}d_{nJ} & \displaystyle\sum_{n=1}^{N} d_{n2}d_{nJ} & \cdots & \displaystyle\sum_{n=1}^{N} d_{nJ}^2 \end{bmatrix} \qquad (1\text{-}144)$$

对称矩阵 $\boldsymbol{C}$ 的秩由式（1-144）的正本征值的数目来确定，而协方差矩阵 $\boldsymbol{C}$ 的本征值的数目及相对大小决定了地震数据子体中有多少个自由度，及每个自由度在总体能量中的相对地位，因此最大本征值及最大本征值在整体中所占有的份额，就是该子体中变化量（相似性）的定量描述。据此可定义相干系数为

$$E_{\mathrm{c}} = \frac{\max(\lambda_i)}{\displaystyle\sum_i \lambda_i} = \frac{\max(\lambda_i)}{\mathrm{tr}(\boldsymbol{C})} = \frac{\max(\lambda_i)}{\displaystyle\sum_{i=1}^{N} c_{ii}} \qquad (1\text{-}145)$$

式中，$\mathrm{tr}(\boldsymbol{C})$ 为矩阵 $\boldsymbol{C}$ 的迹，由矩阵的特征分析可知：

$$\mathrm{tr}(\ ) = \sum_{j=1}^{J} {}_j = \sum_{j=1}^{J} c_{jj} = \sum_{j=1}^{J} \sum_{n=1}^{N} d_{nj} \qquad (1\text{-}146)$$

$\mathrm{tr}(\boldsymbol{C})$ 表示选定的整个数据子体的总能量；λ_i 为 $\boldsymbol{C}$ 的本征值，本征值个数表示子体中独立变量的个数，本征值大小表示占据子体的多少份额（地位），最大本征值为 $\max(\lambda_i)$ 表示该子体起主导作用的变量。由于 $\boldsymbol{C}$ 也是一个半正定对称矩阵，故所有本征值 $\lambda_i \leqslant 0$，$0 \leqslant \lambda_i \leqslant \sum \lambda_j$，因而满足 $0 \leqslant E_{\mathrm{c}} \leqslant 1$，表示主导变量占总变量的百分数，即相似（或非相似）部分占整个子体的比例或相关因子。图 1-74 为焦石坝沿层本征相干结果，

从图中可以看到，断裂构造清晰，沿主断裂伴生的次生断裂、裂缝都有较好的表现。

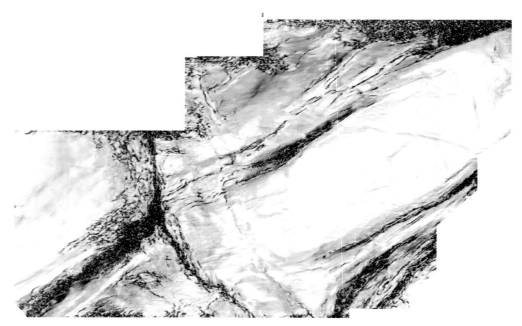

图 1-74　焦石坝沿层本征相干结果

（2）地震几何属性分析方法。

地震几何属性已成为检测振幅及动力学相关属性感知度甚小的微裂缝的最佳途径，通过不同方位上几何属性的计算，可以发现并检测与构造形变成因相关联的线状特征，预测微小的裂缝发育趋势带。

从几何地震学的角度看，三维地震反射体空间区域上的任一反射点 $R(x,y,t)$ 可以看成一时间标量场 $T(x,y)$，该标量场的梯度 $\mathrm{grad}(T)$ 反映的是该反射面的起伏变化率，即反射面沿不同方向的变化量 $\mathrm{d}T/\mathrm{d}l$（l 为方向矢量），它表示的是反射曲面沿方向矢量所在法截面截取曲线一阶导数——视倾角的大小；而该方向上的曲率定义为该曲线上密切圆半径的倒数，依据曲率的微分定义式，即为该方向上该曲线的二阶导数。

计算关系式：反射曲面 $T=T(x,y)$ 倾角数据体及沿某个方位 x 的曲率体为

$$\mathrm{grad}(T)=\frac{\partial T}{\partial x}\boldsymbol{i}+\frac{\partial T}{\partial y}\boldsymbol{j}+\frac{\partial T}{\partial t}\boldsymbol{k}=P_x\boldsymbol{i}+Q_y\boldsymbol{j}+R_t\boldsymbol{k} \tag{1-147}$$

$$K_x=\frac{\dfrac{\partial^2 T}{\partial x^2}}{\left[1+\left(\dfrac{\partial T}{\partial x}\right)^2\right]^{\frac{3}{2}}}=\frac{\dfrac{\partial P_x}{\partial x}}{(1+P_x^2)^{\frac{3}{2}}} \tag{1-148}$$

式中，P_x、Q_y、R_t 分别为沿 x、y、t 轴方向的视倾角，沿 x 方向的曲率 K_x 可由该方向的

倾角体进行计算；沿任意方向（单位矢量 $\boldsymbol{n}$）的倾角为该方向的方向导数 $P_n=\mathrm{d}T/\mathrm{d}\boldsymbol{n}$，对应方位的曲率强度为 K_n。

图 1-75 为涪陵东北部某页岩层段曲率图，红色区域表示曲率较大区域，相比于图 1-75，可以看到，曲率图能表现更微弱的裂缝发育特征。

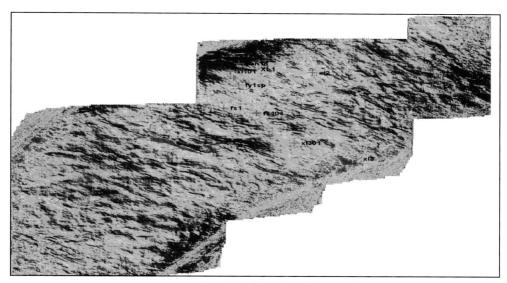

图 1-75 涪陵东北部某页岩层段曲率图

（3）构造应力场数值模拟方法。

构造裂缝与大地构造运动以及岩石变形过程密切相关，为了充分利用大量可靠有效的地质构造信息，人们利用应力应变理论，从分析简单褶皱的力学模型入手，通过对地层的构造发育历史进行反演和正演来计算每期构造运动对地层产生的应变量，从而计算可能的裂缝发育带。

假定区域应力作用产生的地层构造变形为一薄板，可以采用下列二元幂函数多项式近似拟合构造曲面的几何形态：

$$W = c_{00} + c_{10}x + c_{01}y + c_{20}x^2 + c_{11}xy + c_{02}y^2 + \cdots \tag{1-149}$$

根据古构造图上各点的纵、横坐标和埋深数据建立正规方程组如下：

$$\begin{bmatrix} N & \sum x & \sum y & \sum x^2 & \sum xy & \sum y^2 & \cdots \\ \sum x & \sum x^2 & \sum xy & \sum x^3 & \sum x^2 y & \sum xy^2 & \cdots \\ \sum y & \sum xy & \sum y^2 & \sum x^2 y & \sum xy^2 & \sum y^3 & \cdots \\ \vdots & \vdots & \vdots & \vdots & \vdots & \vdots & \end{bmatrix} \begin{bmatrix} c_{00} \\ c_{10} \\ c_{01} \\ \vdots \end{bmatrix} = \begin{bmatrix} \sum w \\ \sum xw \\ \sum yw \\ \vdots \end{bmatrix} \tag{1-150}$$

式中，x 和 y 分别为古构造图上某点的横坐标和纵坐标；W 为古构造曲面上对应坐标 (x, y) 的点的埋深；N 为节点的总和。

据式（1-150）解出 c_{00}、c_{10}、c_{01}、c_{20} 等系数，代入式（1-149），获得古构造曲面的近似表达式：

$$W = W(x, y) \tag{1-151}$$

式（1-151）称为古构造曲面的数学模型，它近似表示由某一区域应力场作用产生的构造曲面。

式（1-151）给出了古构造图的数学描述。从已知的变形反求应力分布，必须建立适当的力学模型。一般来说，发生褶曲的地层，其长度和宽度比厚度大得多，用薄板模型能够较好地模拟构造曲面附近的应力场状态（图1-76）。对具有小挠度的薄板，力学上可做出附加假定：①薄板变形前垂直于中性面的直线，变形后仍为直线，且长度不变，并仍然垂直于中性面；②平行于中性面的各层之间的正应力可以省略。

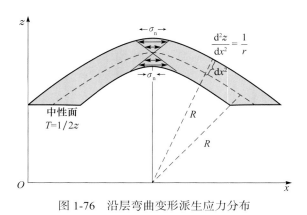

图 1-76　沿层弯曲变形派生应力分布

第一个假定等价于省略了剪应变 γ_{zx} 和 γ_{xz}，但对应的剪应力 τ_{zx} 和 τ_{xz} 却不能省略。在近似理论中，这种次要的应力和变形间的矛盾现象是允许存在的。另外，法线的长度不变，表示 $\varepsilon = \dfrac{\partial w}{\partial z}$，即挠度 w 与变量 z 无关。

Griffith 针对脆性材料的破坏提出了 Griffith 强度理论。Griffith 认为含有大量微细的、似椭圆状的裂隙的脆性材料在应力场作用下，椭圆裂隙周边将产生切向拉应力集中，一旦裂隙周边端部附近某处的切向拉应力高度集中达到材料的分子内聚强度值时，材料将在该处开始沿某一确定方向发生脆性破坏。

针对背斜等张裂缝的储层构造，从构造力学出发，利用地层的几何信息（构造面）、岩性信息（速度、密度），估算出地层的应力场，包括地层面的曲率张量、变形张量和应力场张量，从而得到主曲率、主应变和主应力，进而描述裂缝的密度、方位等特征。

2）叠前裂缝预测方法

地震波传播时，都会受到介质的影响。随着三维纵波方法的日益普及，宽方位大偏移距的各种采集方法越来越受到勘探物理学家的重视，叠前地震道集所蕴藏的丰富地震信息有望在不断地摸索中获得汲取及应用。叠前纵波方位各向异性研究正是在效益及有效性（与横 - 横波法、横 - 纵波法相比）折中的情况下孕育出的。依赖于方位的纵波各向异性研究是探测地下地质体中裂缝发育程度的一种很好的地球物理手段。

基于两类弱各向异性介质的与方位角 ϕ 有关的 AVO 反射系数公式，方位各向异性介质时，具有水平对称面条件下的方程为

$$R(\theta,\phi) = R(0) + \frac{1}{2}\left\{\frac{\Delta V_p}{V_p} - \left(\frac{2V_s}{V_p}\right)^2 \frac{\Delta G}{G}\left[\Delta\gamma + 2\left(\frac{2V_s}{V_p}\right)^2 \Delta\omega\right]\cos^2\phi\right\}\sin^2\theta \qquad （1-152）$$

式中，$G = \rho \cdot V_s^2$；ΔG 为上下介质平均垂直剪切模量差值；$\Delta\omega$、$\Delta\gamma$ 分别为横波分裂参数及 Thomsen 各向异性系数差值。

对不太接近临界角的入射，用简单的三角函数描述与方位有关的各向异性的贡献是有效的。当 $\phi=0$ 时得到弱各向异性介质中各向同性面上的反射系数，它和在各向同性介质中的 Shuey 近似式相同，AVO 及其派生的一系列属性参数反映的是各向同性面上基质介质的入射及反射关系。随着观测方位偏离各向同性面，与各向异性有关的影响将引起入射及反射的变化，在垂直裂缝 HTI 介质中，这种变化将呈 1800 周期的改变，AVO 及其属性参数的这种方位变化显然与各向异性有关。通过随方位变化的振幅或 AVO 属性参数的模拟，方位纵波就成为检测裂缝型油气藏中开启裂缝及裂缝发育方向的一种很有效的地球物理手段。图 1-77 为 Eagle Ford 页岩方位 AVO 反演结果，颜色深浅表示裂缝发育强度，黑色直线表示裂缝发育方位，从图中可以看出，叠前各向异性参数反演能够反映较微弱的裂缝特征。

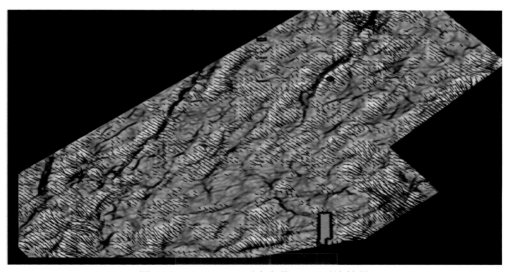

图 1-77　Eagle Ford 页岩方位 AVO 反演结果

从实际预测来讲，影响方位振幅及 AVO 响应变化的因素很多，研究表明除炮检距和方位分布外，较敏感的还有采集偏差、地下构造的变化、目的层基质纵横波速度比、

上覆层非均匀性等因素，在式（1-152）中虽然只需三个方位数据就可求解与裂缝发育方向及强度相关的调谐因子，但求一个满足全方位超定方程的 n 阶范数合解，能最大限度地抑制叠前道集上的噪声的分布，同时应结合储层特征的分析及正演模拟进行有效的应用。

第2章　页岩井壁围岩失稳机理与控制方法

2.1　页岩特性与分析方法

页岩是泥质岩类经各种作用（挤压作用、脱水作用、重结晶作用或胶结作用等），在不同程序上硬化以后产生的构造变种，依据其具有能沿层理分裂成薄片或页片的特有构造来确定。泥质岩类是介于碎屑岩和化学岩之间的过渡性岩石，在地质上按照颗粒粒径进行界定，认为泥质岩是粒径小于 0.0039mm 的细碎屑含量大于 50% 并含有大量黏土矿物的沉积岩。

国内外的页岩气商业开采表明：页岩矿物中硅质含量是影响页岩的脆性（石英、长石等矿物统称为脆性矿物）及裂缝发育的重要因素。目前，美国商业化开发的页岩气其页岩的硅质含量普遍在 20% 以上，高者可达 70%～80%，通常认为硅质含量超过 30% 的脆性页岩对开发更为有利。同时开发过程中页岩地层井壁围岩的稳定性也是工程面临的主要技术难题。钻井和完井过程中，因为页岩地层的吸水渗透性，会引起地层坍塌、掉块，造成钻井事故，甚至井眼报废，所以页岩气的开发一般用油基钻井液。工程上通常根据矿物含量、水化特性，把泥页岩分为两类，一类是水化性泥页岩，其黏土矿物含量高，水化特性好，另一类是硬脆性泥页岩，其非黏土矿物含量高，特别是石英等脆性矿物含量达到 30% 以上，岩石脆性好，页岩气开发主要针对此类页岩的储层，特别是海相页岩。为了便于理解，下面统一用页岩来描述。

2.1.1　页岩理化与结构特性

1. 页岩的矿物组成分析

页岩由非黏土矿物（如石英、长石、方解石、白云石等）、晶质的黏土矿物（如蒙脱石、伊利石、绿泥石、高岭石、伊/蒙混层、绿/蒙混层等）和非晶体黏土矿物（如蛋白石等）组成，影响页岩稳定性的主要组分是晶体和非晶体的黏土矿物。下面介绍组成页岩的四种黏土矿物及其结构特点。

黏土矿物组成的基本单元为硅氧四面体和铝氧八面体，其形成的晶片分别称为四面体片和八面体片（赵杏媛和张有瑜，1990）。由于单元晶格的大小相近似，四面体片与八面体片容易叠合在一起形成统一的结构层，即晶层。四面体晶片和八面体晶片由于叠合层数及排列次序不同，可形成下列几种岩石类型。

第一，蒙脱石。蒙脱石结构是由两个四面体片中间夹一个八面体片组成，属于 2∶1

型三层结构的黏土矿物（图 2-1）。蒙脱石的两个相邻晶层之间由氧原子层相互连接，无氢键，因而单位晶层之间结合力微弱，水和其他极性分子能进入单位晶层之间，引起晶层膨胀。当无层间水时，晶层厚度为 9.6×10^{-10}m，而当含有层间水时，晶层厚度最大可以增至 21.4×10^{-10}m。其晶格中的 Si^{4+} 被 Al^{3+} 或 Fe^{3+} 取代，八面体中的 Al^{3+} 或 Fe^{3+} 被 Mg^{2+} 所取代，从而形成晶格负电荷，负电荷被黏土表面上的 Na^+、Ca^{2+} 等交换性阳离子平衡，其晶格取代现象主要发生在中间八面体层。

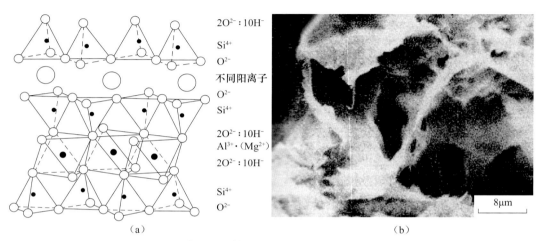

图 2-1 蒙脱石晶体结构示意图和蒙脱石显微照片

第二，伊利石。其晶体构造与蒙脱石相似（图 2-2），由两个四面体片中间夹一个八面体片组成，但是晶格取代主要发生在外面的四面体层，且取代程度高于蒙脱石，因而伊利石单位表面积上交换性阳离子是蒙脱石的 6 倍，这些交换性阳离子靠近表面，对负电荷中心具有较大的能量，因此，吸附的阳离子不易进行交换，致使水难以进入晶层间，引起晶层膨胀。所以伊利石是一种不易膨胀的黏土矿物。

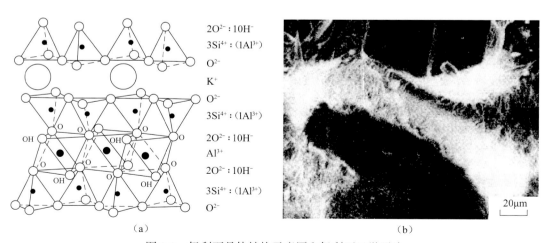

图 2-2 伊利石晶体结构示意图和伊利石显微照片

但在弱酸性水的淋滤作用下，会导致晶层的 K^+ 脱出被其他阳离子（Na^+、Ca^{2+} 或 H_2 等）替代，以致边缘键吸附的水也随之进入晶层，导致晶层膨胀，这种脱 K^+ 伊利石称为蚀变伊利石或降解伊利石。

第三，绿泥石。绿泥石由被八面体的氢氧化镁分隔的硅氧四面体和铝氧八面体组成（图 2-3）。硅氧四面体中，Al^{3+} 取代了 Si^{4+}，因此产生负电荷，又因 Al^{3+} 取代氢氧化镁中的 Mg^{2+} 而达到平衡，从而使整个体系保持电中性，其阳离子交换容量（cation exchange capacity, CEC）低，交换位置主要在断键边缘上，绿泥石颗粒较粗，比表面积小。绿泥石的晶层联系力包括范德华引力和水镁石八面体上根形成的氢键以及阳离子交换后形成的静电力。因此绿泥石晶层不易膨胀。特殊的有蚀变绿泥石，因其存在水镁石八面体晶片酸蚀失去了 Mg^{2+}、Fe^{3+}，导致水镁石解体。这将类似伊利石失去 K^+ 一样，出现晶层膨胀。

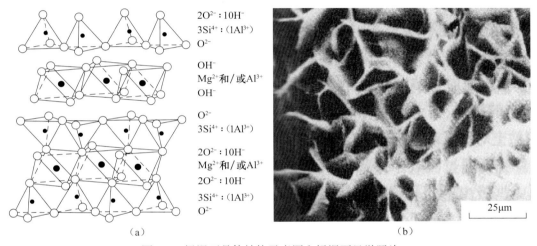

（a） （b）

图 2-3 绿泥石晶体结构示意图和绿泥石显微照片

第四，高岭石。高岭石晶体构造是由一层硅氧四面体晶片和一层铝氧八面体晶片组成的两层型黏土矿物，属于 1:1 型层状硅酸盐（图 2-4）。四面体尖顶上的氧都向八面体，八面体中只有 2/3 的位置被 Al^{3+} 占据。高岭石中极少有同晶置换，晶胞中电荷基本平衡，晶层间阳离子极少，相邻单位晶层之间是由羟基层和氧原子层相接，晶层之间被氢键紧紧地连接在一起，水和极性分子不易进入，所以高岭石显得比较结实，既无膨胀性，也无离子交换能力，一般不易水化分散。

上述四种典型黏土矿物的特性见表 2-1。

第五，混层矿物。页岩中的混层矿物是指每个晶体均由 2 种或 2 种以上的基本构造单元晶层重叠组成的黏土矿物。其各晶层的排列重叠顺序为有序或者无序。有序排列的黏土矿物具有显著的循环性。伊/蒙混层和绿/蒙混层是最常见的混层矿物。伊/蒙混层的膨胀性、CEC 介于蒙脱石和伊利石之间，其性质的大小取决于各组分所占的比例。无序间层的膨胀性大于相同组分的有序间层。

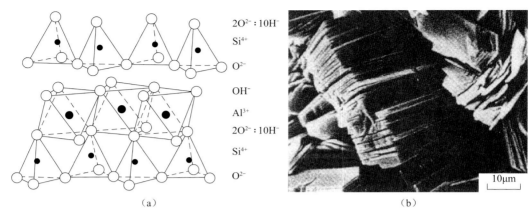

（a） （b）

图 2-4 高岭石晶体结构示意图和高岭石显微照片

表 2-1 四种典型黏土矿物的特性

黏土矿物	比表面积 /（m²/g）	CEC/（meq/100g）	D_{50}/μm	表面电荷密度 /（C/m²）
绿泥石	6.6	5	21.6	0.731
高岭石	48.6	9	2.7	0.122
伊利石	105	20	6.6	0.184
蒙脱石	633	80	6.7	0.179

混层矿物中混层的膨胀或收缩影响储层物性并损害地层，因此，在钻井过程中，技术人员评价地层潜在问题时常以混层矿物中膨胀层的比例作为重要标准。混层矿物按其交替相间的规则程度，又可分为规则混层、不规则混层两种主要类型。由于混层黏土矿物中的多层相间膨胀层会因盐度的改变而收缩、膨胀，此时对井壁稳定性的影响比单一矿物的影响还要大。主要的两种影响井壁稳定的方式是膨胀及分散剥落，因此，混层矿物的研究在页岩防塌中十分重要。

第六，石英等非晶体黏土矿物。页岩中非晶体黏土矿物具有一定的活性，其中包括陆源碎屑矿物及化学沉淀自生矿物。陆源碎屑矿物中有石英、长石、云母等各种矿物，其呈单晶出现，边缘比较模糊且圆度差。铁、锰、铝的氧化物和氢氧化物（如赤铁矿、褐铁矿、水针铁矿、水铝石）、含水氧化硅、碳酸盐、硫酸盐、磷酸盐、氯化物等为页岩中化学沉淀的自生矿物，其含量一般不超过 5%。

多种黏土矿物遇水时会引起水化膨胀。黏土矿物膨胀能力的排序为（从高到低）：蒙脱石、混层矿物、伊利石、高岭石、绿泥石。水化包括表面水化、离子水化和渗透水化三种主要形式。表面水化：主要是水分子与黏土颗粒晶片的氧原子之间形成氢键引起的，几乎所有黏土矿物都存在表面水化。离子水化：表现为黏土硅酸盐晶片上可交换阳离子周围形成水化膜，因此仅是具有明显晶格取代的黏土才具有离子水化作用。渗透水化：是指某些黏土在其完成了离子水化和表面水化过程之后开始的，通常只有蒙脱石才发生渗透水化。黏土矿物水化膨胀程度取决于黏土的种类、比表面积及 CEC，与表面电荷密度无关。

2. 页岩理化性能分析

页岩的理化特性是影响力学特性及井壁稳定的关键因素，其中矿物组分分析是确定页岩物理性质的基本方法之一，对页岩气地质沉积特征研究和储层评价具有重要的意义。页岩矿物组分可侧面反映其地质沉积环境、烃源岩发育演化状况等信息；石英、长石、方解石等脆性矿物的含量不仅关系到其脆性性质评价，亦关系到页岩水力压裂方案设计和压裂效果评价；黏土矿物的含量与成分、有机矿物的成熟度等关系到页岩气储层含气量评价，对页岩微观孔隙结构发育也有重要影响；黄铁矿、菱铁矿、钙质白云石等含量对研究页岩中矿物发育、缝隙充填等具有指示意义。为了更好地了解页岩特性，以四川盆地井下或露头页岩岩样为例对岩样开展理化性能分析。

1）岩心黏土矿物分析

黏土矿物主要指岩层的伊利石、蒙托石、高岭石、伊/蒙混层等矿物的含量，对四川地区侏罗系、三叠系、志留系9套易失稳页岩地层，近百样次的页岩采用X衍射仪分析了事故层段的黏土矿物含量，各套地层岩心黏土矿物含量见图2-5，海相龙马溪组页岩的具体测试数据见表2-2。

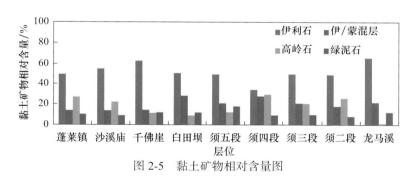

图 2-5　黏土矿物相对含量图

表 2-2　龙马溪组海相页岩岩样 XRD 黏土矿物分析试验结果

层位	来源	黏土矿物相对含量 /%				间层比 S%
		伊利石（I）	伊/蒙混层（I/S）	高岭石（K）	绿泥石（C）	
龙马溪	露头（3样）	97.7	0.9	0.4	1	3.3
	PY1（3样）	51.7	23	2	24.7	13.3
	NY1（1样）	43.0	40.0		17.0	15.0
	LS2（1样）	55.0	36.0	2.0	7.0	15.0
	JY1（1样）	42.0	50.0	3.0	5.0	15.0

分析结果发现，各套地层黏土矿物以伊利石为主，其次为伊/蒙混层、高岭石和绿泥石，均不含水敏性蒙脱石。这是由于地质沉积作用下，在一定的温度和压力条件下，蒙皂石脱水转化为伊利石所致。由于伊/蒙混层含量高，岩层离子间强键较蒙脱石减少，非膨胀性和膨胀性黏土相间，一部分比另一部分水化能力强，导致非均匀性膨胀，进一步

减弱了页岩的结构强度导致地层岩石容易脆裂，发生井下垮塌和掉块。实践证明，伊／蒙间层是难以对付的地层，造浆性能不强，但容易膨胀造成剥落掉块及缩径。海相龙马溪组页岩相对陆相各套地层，其高岭石的含量略低。

2）岩心全岩矿物分析

岩石的全岩矿物主要是指黏土矿物、石英、钾长石、菱铁矿、方解石等矿物的含量。主要通过 X 射线衍射技术进行分析，在地质学及含油气盆地分析中已广泛应用。利用该测试技术对四川地区侏罗系、三叠系、志留系组 8 套易失稳页岩地层的近百样次 X 射线衍射进行了全岩分析，结果如图 2-6 和图 2-7 所示，海相龙马溪组页岩的具体测试数据见表 2-3。

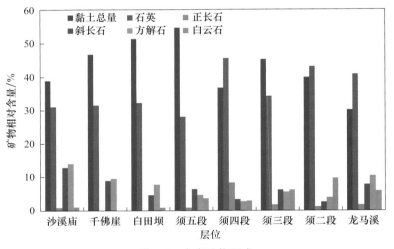

图 2-6 全岩矿物组成

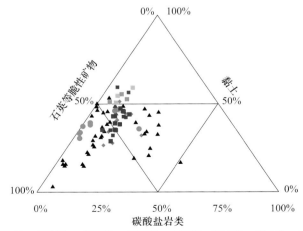

图 2-7 矿物组成三元图

表 2-3 全岩矿物分析

层位	来源	矿物百分含量 /%							
		黏土总量	石英	正长石	斜长石	方解石	白云石	黄铁矿	菱铁矿
龙马溪	露头（3样）	14.4	71.4	3.0	5.4	0.9	4.9	0.0	0.0
	PY1（17样）	33.5	29.1	2.0	8.6	17.7	5.1	1.4	2.3
	JY1（17样）	29.2	47.2	1.4	7.4	4.9	7.0	1.6	1.8

全岩分析结果发现，四川盆地不同层位的页岩岩心全岩矿物以黏土矿物（30.0%～54.6%）、石英（28.1%～45.5%）为主，而海相龙马溪组页岩的黏土含量相对较低，平均只有30%。除白田坝、须五组地层外，其他各套地层的石英、长石等矿物含量接近或超过50%，具有很好的脆性特征。

3）页岩理化性能评价

理化性能室内评价方法是研究页岩井壁稳定的重要评价方法，主要包括常规的膨胀、分散性试验、比表面积测试、CEC 测试，以及一些特殊的模拟工作液和页岩作用的试验，如页岩井筒模拟试验、页岩硬度试验、压力穿透试验等。

（1）水化膨胀试验。

通常采用测定人造页岩岩样的膨胀率或岩样吸水量来表示地层的膨胀能力。用仪器可在室内测出不同页岩的膨胀率，用来测量页岩膨胀的仪器，如页岩膨胀性测定仪，在室温条件下，测定样品在自来水和钻井液滤液中的浸泡不同时间后岩心的总高度及岩心的膨胀量。

在试验中，将岩样粉碎后过 100 目筛，在 105℃±3℃下烘干 4h。冷却至室温后，称取 10g 放入测量筒内，在压力机上加压 5min，压力保持为 4MPa，压制成岩心，然后测定岩心遇到液体后线性膨胀量与时间的变化关系，最后按照式（2-1）计算出线性膨胀率。

$$V_t = (L_t / H) \times 100\% \tag{2-1}$$

式中，V_t 为时间为 t 时岩样的线性膨胀率，%；L_t 为时间为 t 时的线性膨胀量，mm；H 为岩样的原始高度，mm。

开展了各套地层页岩水化膨胀试验，页岩线性膨胀率在 3.38%～11.2%（图 2-8），属于定向弱膨胀页岩，这主要是由于这些层位的页岩基本不含有吸水性强的蒙脱石黏土矿物。

（2）水化分散试验。

页岩与钻井液接触后发生水化，引起页岩分散，其强弱除与页岩本身有关外，还与钻井液的抑制性能强弱有关，目前评价页岩分散性能的方法主要有页岩滚动回收试验和页岩分散质量测定试验（CST 试验）。

滚动试验采用干燥的页岩样品（如没有岩心可用岩屑来代替），将其磨碎，使样品过（4～10 目）筛，往老化罐中加入 350mL 试验液体和 50g（4～10 目）岩样，然后把老化罐放入滚子加热炉中滚动 16h（试验温度根据实际情况预先设定）。倒出试验液体与岩

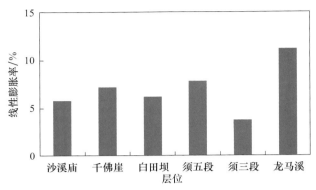

图 2-8　四川盆地典型地层与页岩线性膨胀的关系

样，过 30 目筛，干燥并称量筛上岩样，计算质量回收率（以百分数表示）。取上述过 30 目筛干燥的岩样，放入装有 350mL 水的加温罐中，继续滚动 2h，倒出试验液体与岩样，再过 30 目筛，干燥并称量筛上岩样，计算回收的岩样占原岩样的百分数。对四川盆地几套典型层位的页岩开展水化分散能力测试，从图 2-9 可知，易垮塌层位从沙溪庙组至须五段整体水化分散性呈中等，为 50% 左右；而须三段水化分散性较弱，为 80% 左右，海相龙马溪组页岩最弱，达到了 98.5%。

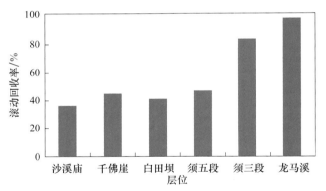

图 2-9　四川盆地典型地层与页岩水化分散的关系

CST 试验可以测出页岩在各种液体中的分散数量和分散速度。CST 试验是取一定量的页岩样品，研磨使之通过 200 目筛。然后加水或泥浆滤液，搅拌制备成悬浮体。测定滤液在一特种滤纸上从一电极渗滤到另一电极所需的时间称为 CST 值，时间越长说明页岩的分散性越强。根据试验结果可绘制 CST 值与剪切时间的关系曲线，二者为线性关系，可用式（2-2）表示页岩分散特性：

$$Y = mx + b \qquad\qquad （2-2）$$

式中，Y 为 CST 值，s；m 为页岩水化分散速度，cm/s；x 为剪切时间，s；b 为瞬时形成的胶体颗粒数目。

b 值的大小取决于页岩的胶结程度，它是页岩含水量、黏土含量及压实程度的函数。最大的 Y 值表示页岩的总胶体量，$Y-b$ 值是总胶体含量和瞬时可分散黏土含量之差，用来表示页岩潜在的水化分散能力。使用 CST 法所测得的 $1/(Y-b)$ 可用来预测井塌的可能性。此值越高，井塌可能性越大。

但这种方法有一定的局限性，它只能用来考察无机盐对页岩分散的抑制作用，任何影响黏度的添加剂，都会干扰滤液的渗滤速度，尤其是高聚物类添加剂，只要在滤液中有微量存在，就会使结果产生极大的误差。

（3）比表面测试分析。

比表面积是衡量页岩吸附特性的一个重要参数。通常认为大的比表面积常使页岩具有较高的化学活泼性，能优先与侵入地层的外来流体发生化学反应和物理化学作用，并具有较高的化学反应速度。页岩比表面受页岩组分、孔隙率、颗粒排列方式、粒径和颗粒形状影响。页岩所含的四种常见的黏土矿物中蒙脱石具有最大的比表面积，它与水介质接触时表现出最强的敏感性，遇水后体积膨胀增大。黏土矿物水化膨胀将削弱地层强度，进而导致地层的稳定性降低。基于国际上最常用的 BET 吸附理论可以得到样品的比表面积及平均孔径等。

试验结果中发现：①各套页岩地层的比表面积分布在 5～14m²/g，其中须三段、须四段的比表面积最大，在 10～14m²/g；②平均孔径为 4.616～9.116nm，总的来说，页岩的孔径很小，分布较为均匀（图 2-10）。

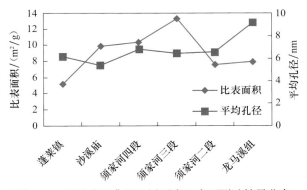

图 2-10 四川盆地典型地层页岩比表面测试结果分布

（4）CEC 测试。

CEC 用每 100g 黏土在 pH=7 的介质条件下所能吸附的交换性阳离子来表示。黏土矿物的 CEC 直接与它们吸附和保持水的能力有关。通常采用亚甲基蓝法进行试验。对取自蓬莱镇组、沙溪庙组、须家河组、龙马溪组的共 42 块岩样进行 CEC 测量，测试结果表明：上沙溪庙组的 CEC 最高，分布在 95～110mmol/kg，须家河组岩样的 CEC 随地质年代变老而有降低的趋势，蓬莱镇组与下沙溪庙组的 CEC 相对较小，分布在 55～65mmol/kg。而海相龙马溪组的 CEC 在各套地层中最低，分布在 30～35mmol/kg（图 2-11）。

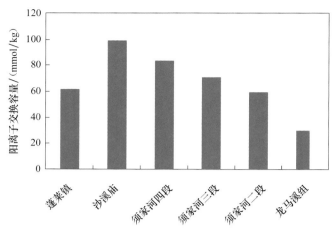

图 2-11 不同地层页岩阳离子测试结果分布

CEC 能反映地层的化学活动性，影响 CEC 的因素有黏土矿物的总量和黏土矿物的类型。结合全岩分析与黏土矿物分析可知，上沙溪庙组黏土矿物总量在所有地层中较高，分布在 32.1%～44.3%，且上沙溪庙组伊利石含量分布在 54.1%～60.9%，伊／蒙混层含量分布在 14%～20.9%，故上沙溪庙组的 CEC 较高。龙马溪地层由于黏土矿物总量含量较低，故龙马溪地层的 CEC 在所有地层中最低。

（5）屈曲硬度试验。

屈曲硬度试验的基本原理是利用屈曲硬度测试仪测量钻屑与钻井液接触后的硬度特性。其试验方法是将滚动回收后的岩屑盐水洗过后，放入测试杯中，杯体底部有孔板，随着活塞的挤压，使岩屑挤出，若岩屑强度高，扭矩则较大，若岩屑强度低，扭矩则较小，根据活塞旋转的圈数与扭矩绘成曲线，曲线斜率越高说明该体系抑制页岩的能力越强。由于各种抑制剂作用机理不同，滚动回收率较高时并不能完全说明体系的抑制性强，如包被剂将岩屑完全包裹后，将岩屑悬浮在液体中，不与老化罐摩擦，滚动回收率也很高，但是滤液或水的浸入会让岩屑强度下降，因此采用测试岩屑强度的方法更能反映抑制性。

试验时将一定粒度页岩钻屑在模拟井底温度下热滚 16h 后，用盐水筛洗后放入测试仪中。通过转动扭矩扳手施加挤压力，使钻屑通过一孔板挤出，施加的扭矩达到稳定值或在钻屑被挤出的过程中继续增加。钻屑硬度越大，扭矩的读数越大，表明钻井液的抑制性越强。

（6）压力穿透试验。

压力穿透试验，也叫页岩膜效率试验，主要用于钻井液与页岩相互作用条件下页岩极低渗透率的测定、页岩半透膜效率的测定、钻井液和页岩孔隙流体间的化学势差（活度差）对页岩孔隙压力的影响以及封堵剂封堵效果的评价等。如配以应力或应变传感器，还可用于页岩水化膨胀应力的测定，为进一步研究页岩水化效应，减少井壁失稳现象奠定了试验基础。

近年来，国内外研发出多种不同型号的压力穿透试验装置，但其基本原理都是相同的。图 2-12 为一种典型的压力穿透装置，该装置也可以用于研究页岩膜效率，还可用于研究纳米技术在致密页岩钻井中的应用情况。在试验中，将直径为 25mm、厚度为 6mm 的岩心放置于岩心加持器中，钻井液在页岩表面循环，维持压力为 2.1MPa。钻井液储液装置控制岩样表面的流动，在压差的作用下，流体在岩样内部流动，这样通过检测岩样底部的压力就可以确定流体在岩样内部的压力传递情况。压力传递越快，页岩渗透率也就越大。

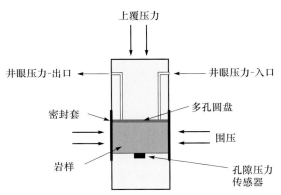

图 2-12　典型压力穿透试验示意图

下面为一个试验示例，该试验目的为评价新型水基钻井液体系的性能。该体系含有纳米二氧化硅材料，可用于封堵页岩孔喉以降低流体向层理性页岩结构中的侵入，试验采用 Eagle Ford 页岩。试验第一步，采用 4%NaCl 溶液，并对底部压力情况进行了记录，试验开始后，压力瞬间达到了 1.96MPa，说明岩样中存在天然或诱导裂缝，通过达西定律确定裂缝渗透率为 320mD。第二步采用加有纳米二氧化硅的水基钻井液体系，顶部压力为 1.61MPa（图 2-13），纳米钻井液有效地封堵了页岩孔喉，极大地降低了压力向岩样底部的穿透。

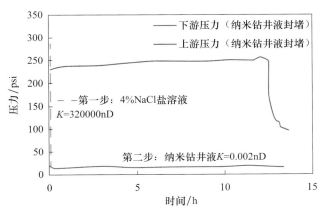

图 2-13　纳米二氧化硅对 Eagle Ford 页岩封堵能力评价

3. 理化特性对页岩力学参数的影响

通过对页岩矿物的硬度及基本物理力学性质进行统计发现，石英及长石硬度较高，分别为 7 和 6，是影响页岩强度的重要矿物，碳酸盐岩类矿物及其他黏土矿物的硬度相对较小，通常小于 4。随着埋深的增加、温度的升高、压力的加大，蒙脱石将有一部分层间水脱出，首先形成蒙/伊混层矿物，进而转变为伊利石。一般转化温度在 100～130℃，深度范围应在 1200～3500m。这也表明，页岩伊利石含量的变化，大多与沉积的温度和压力相关，即代表了与一定的沉积压实的环境作用相关。

因此对于页岩强度影响而言，除了与硬度较高的石英和长石这些脆性矿物有关，还和页岩本身的固结程度密切相关，而伊利石作为能反映地质沉积固结作用的矿物，可能和深井页岩的强度有着一定关系。通过对四川盆地的陆相及海相页岩的矿物分析及抗压强度的相关性分析（图 2-14），也证实了这一认识，相关性在各类矿物组合对抗压强度的关系中最佳，见表 2-4。

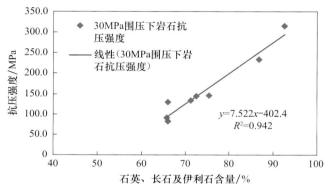

图 2-14　页岩中石英、长石及伊利石矿物含量与强度的关系

表 2-4　页岩常见矿物的硬度等特征

矿物		硬度	密度
非黏土矿物	石英	7	2.65
	长石	6	2.57
	方解石	3	2.6～2.9
	白云石	3.5～4	2.85
黏土矿物	蒙脱石	2～2.5	2～2.7
	伊利石	2～3	2.5～2.8
	高岭石	2.0～3.5	2.6～2.63
	绿泥石	2～3	2.2～2.8

页岩理化特性中，比表面积是衡量黏土矿物吸附特性的一个重要参数，随着粒径的减小，比表面积增加，这里采用黏土粒级的测试值来表示。CEC 用每 100g 黏土在 pH=7 的介质条件下所能吸附的交换性阳离子来表示，与它们吸附和保持水的能力有关。不同

类型黏土矿物的基本理化特性见表 2-5。

表 2-5　页岩常见黏土矿物理化特征

常见黏土矿物	CEC/（mmol/100g 土）	比表面积（黏土粒级）/（m²/g）
蒙脱石	70～130	80～90
蒙/伊混层	60～70	80～90
伊/蒙混层	25～50	20～44
伊利石	20～40	12～20
高岭石	2～15	12～17
绿泥石	10～40	20

常见黏土矿物水化特性：蒙脱石＞蒙/伊混层＞伊/蒙混层＞伊利石＞高岭石＞绿泥石，且蒙脱石及蒙/伊混层（其中蒙脱石矿物含量高）的水化能力，远大于其他矿物，可认为蒙脱石是页岩水化特性的重要影响因素（图 2-15 和图 2-16）。

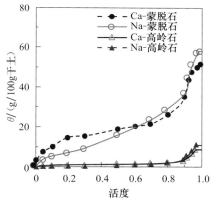

图 2-15　黏土吸水与活度的关系

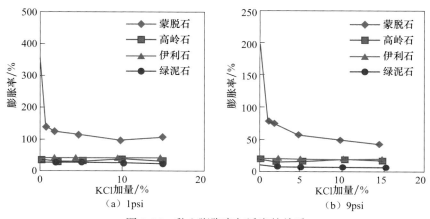

（a）1psi　　　（b）9psi

图 2-16　黏土膨胀率与活度的关系

从不同活度下黏土矿物的吸水及膨胀特性发现，蒙脱石的吸水能力远大于其他黏土矿物，钻井液活度增加，矿物吸水能力随之增加，强抑制性钻井液能有效地抑制以蒙脱石矿物为主的页岩的水化及膨胀。

页岩岩样中的蒙脱石含量高，其吸水特性必然显著，伊/蒙混层中的蒙脱石含量也是对页岩影响最为显著的一类矿物。可以认为蒙脱石在页岩中的绝对含量直接影响其吸水特性，导致页岩强度不同程度降低，与强度成反比，见图 2-17 和图 2-18。

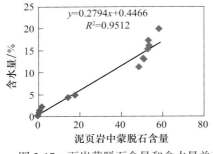

图 2-17　页岩蒙脱石含量和含水量关系

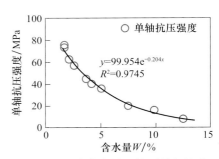

图 2-18　页岩含水量和抗压强度关系

2.1.2 页岩地层结构特性

1. 裂缝性页岩地层

深部页岩普遍含有裂缝结构面，在正压差钻井的情况下，钻井液压力侵入会引起页岩孔隙压力的增加、页岩强度降低，开展孔隙压力传递试验可进一步认识压力传递对硬脆性页岩失稳的影响，从而为硬脆性页岩地层的力学分析及井壁稳定提供依据。

试验中围压 8MPa，孔隙压力 3MPa，分别在岩心两端面及岩心长度方向中部布置三个孔隙压力测试点。在孔隙压力传递过程中原生裂缝发生了开启扩展，离工作液作用端面最近的测点压力曲线 1 几乎不存在启动压力，压力曲线 2 和压力曲线 3 的启动压力为 0.27MPa、0.2MPa，很快发生了压力穿透（图 2-19）。孔隙压力传递快，经过 60 多个小时传递到测点 2，110h 传递到测点 3。在卸压后，岩心发生破裂，压力传递过程水力劈裂作用显著，即在压差作用下，页岩地层原生裂缝的存在，使岩样裂缝在水力传导作用下迅速扩展、贯通，最终破坏（图 2-20），同时孔隙压力传递过程将大大降低岩石的强度（图 2-21）。

通过孔压三轴岩石力学测试结果发现，不同孔压条件下的有效抗压强度与常规抗压强度不具一致性，离散性强。这是由于含裂缝页岩受复杂裂缝系统的影响，水力劈裂作用显著，不完全遵循有效应力规律，裂缝发育地层强度变化离散性较强，裂缝介质的渗透率要显著高于基质，是岩石在外界流体压力作用下优先破坏的通道，对地层强度的影响显著。

2. 层理性页岩地层

第一，结构弱面微观形态表征。

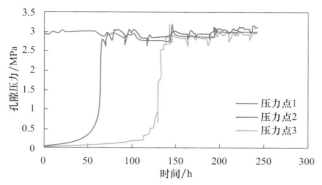

图 2-19　须家河组含裂缝页岩孔隙压力传递试验曲线

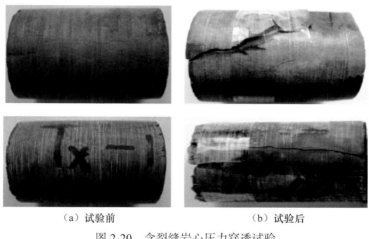

（a）试验前　　　　　　　　　（b）试验后

图 2-20　含裂缝岩心压力穿透试验

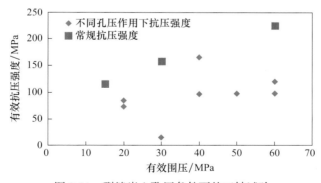

图 2-21　裂缝岩心孔压条件下的三轴试验

　　页岩的微观结构主要揭示黏土矿物晶体的定向排列、胶结结构及微裂隙的分布，通过扫描电子显微镜分别测试垂直与平行于层理面方向上页岩内部的微观结构，见图 2-22 和图 2-23。垂直和平行层理方向的结果具有一定的差异，分别从矿物组分的粒径、空间分布及内部孔隙特征方面对测试结果进行分析。

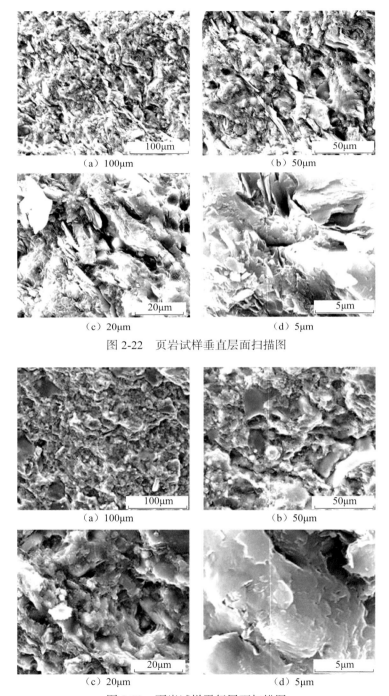

（a）100μm

（b）50μm

（c）20μm

（d）5μm

图 2-22　页岩试样垂直层面扫描图

（a）100μm

（b）50μm

（c）20μm

（d）5μm

图 2-23　页岩试样平行层面扫描图

　　首先，页岩内部矿物颗粒粒径。从电镜扫描结果上可以识别出石英、长石、方解石及泥质矿物，黄铁矿由于其含量很低，识别不出来，矿物颗粒之间，为泥质胶结。在 500 倍与 1000 倍的垂直于层理面的显微照片上，部分粒径较大、完整的黏土矿物呈现为片理状，在平行于层理面方向，黏土矿物形态不规则，其粒径为 15～100μm；石英在平行层理面与垂直层理面方向，均呈现为近似圆形的颗粒，其粒径为 20～40μm；长石与方解石呈棱角状，形状不规则，可见少量结晶形态完整的颗粒，断面光滑，其粒径 50～150μm。

其次，颗粒分布形态。从扫描照片上可以看出，黏土矿物在沉积压实作用下定向排列，形成明显的层理面，石英、长石与方解石等矿物形成夹层支撑。在垂直于层理面方向上，层理面最为发育，黏土矿物层可以明显看出有 5～6 层，在平行于层理面方向上，各种矿物颗粒杂乱排列，相互之间充填完整，没有明显的分隔间隙。层理面的发育程度与取样角度有很大的关系。

最后，页岩内部孔隙结构特征：由扫描电镜结果可以看出，页岩内部矿物颗粒小，相互之间胶结良好，没有观测到大孔隙存在。平行于层理面扫描电镜显示，矿物之间相互充填，胶结很好，没有孔隙存在。在垂直于层理面的方向上，有两种孔隙类型：一类是黏土矿物层与石英、长石等之间有少量的狭长缝隙，其延伸长度与层理面的发育程度有较大的关系，微观照片上其长度不超过 1mm；大块试样上，此种类型缝隙长度会超过 3～4cm；另一类是球形颗粒之间的微孔隙结构，此类孔隙是长石或方解石的结晶不完整或者溶解作用形成的，因此孔隙一般呈近似球形，最大孔隙不超过 100μm。总体来看，页岩内部的孔隙度小于 2%。

此外，对部分岩样浸水前后开展层析［电子计算机断层（computed tomography，CT）］扫描分析，该技术是研究岩石微观结构破坏行为的一种方便而有效的方法（石秉忠等，2012）。通过 CT 成像，可非常直观地观察与外来流体接触后，试样中裂纹、裂缝、孔隙和骨架基质的变化情况，条状或线状深色区域是连续的低密度区，即裂纹或裂缝；孤立的黑色斑点低密度物质区是较大孔隙或气孔；浅色或白色区域高密度物质区是岩石骨架颗粒。数据获取后，利用成像处理软件进行数字图像处理，自下而上截取不同位置横向截图。

从图 2-24 中可以发现，钻井液未浸泡时，岩心内部无微缝，局部微缝为取心过程中造成的损伤。岩心内部颜色较暗的条纹呈一定角度定向排列，根据 CT 扫描原理可以确定，定向排列的暗色条纹为层理面。

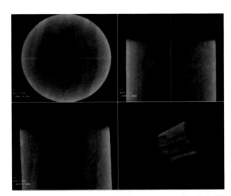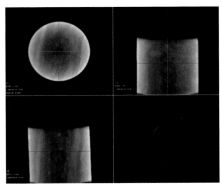

图 2-24　X 井岩心钻井液未浸泡 CT 扫描图

从图 2-25 中可以发现，钻井液浸泡后，岩心内部出现不同程度的裂缝，岩心的不同截面都经历了微裂缝的扩展阶段，微裂缝扩展与主裂缝贯通在宏观上表现为岩石强度的降低。对比浸泡前后岩心的 CT 扫描图发现，浸泡后岩心内部的裂缝由岩心内部的层理面受钻井液的侵蚀形成，是钻井液滤液与层理面的黏土矿物填充物发生物理化学反应所致。

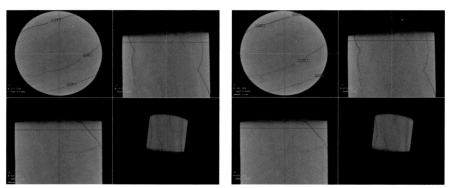

图 2-25　X 井岩心钻井液浸泡后 CT 扫描图

第二，层理结构性页岩抗压强度分析。

为便于研究层理（弱面）对岩石强度的影响，取心过程中岩心轴线和层理面法线之间按给定的角度钻取。层理结构性页岩抗压强度试验表明，层理结构性页岩各向异性强，特别是强度各向异性；垂直于层理面的抗压强度最大，平行于层理面的抗压强度较小，与层理面法线夹角为 45°～75° 时，抗压强度最低，仅为最大抗压强度的 1/6～1/5 。以上试验测试结果同理论预测结果较为一致（图 2-26）。

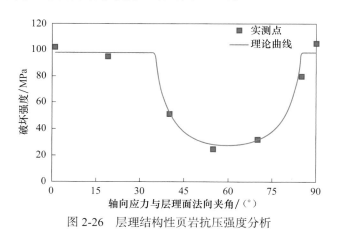

图 2-26　层理结构性页岩抗压强度分析

第三，结构面渗流对岩石强度的影响。试验装置原理图见图 2-27。

通过给定泥浆体系、渗透压力的岩石力学试验，可以掌握泥浆沿层理面渗流对层理面力学性质的影响规律。

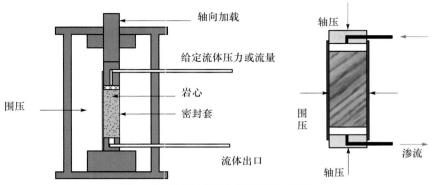

图 2-27 渗透率测量试验装置原理图

试验结果表明（图 2-28～图 2-30），泥浆滤液沿层理面的渗流，降低了层理面黏聚力、内摩擦角和抗剪强度，使层理面在小的剪切应力作用下就产生剪切位移。层理面黏聚力和内摩擦角随渗流时间的变化规律大致相似，可以分为缓慢降低、快速降低和平缓降低阶段。

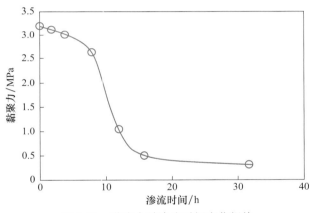

图 2-28 黏聚力随渗流时间变化规律

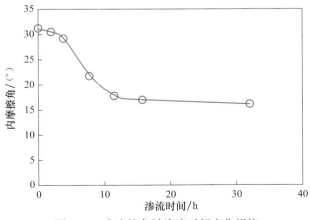

图 2-29 内摩擦角随渗流时间变化规律

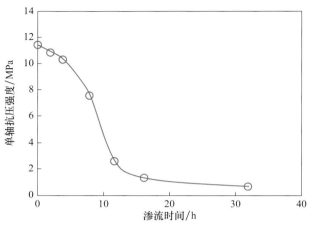

图 2-30　单轴抗压强度随渗流时间变化规律

2.1.3　页岩分类方法

1. 传统的页岩分类方法

美国最通用的方法是依据页岩中黏土矿物种类、含量、含水量、强度、分散性、剥落坍塌趋势等因素，将井壁不稳定页岩分为五类，见表 2-6，该表虽然简便，但过于笼统，且受沉积构造的影响不完全适用于中国的页岩地层。

表 2-6　美国内洛德公司坍塌页岩分类

分类	结构	CEC/(mmol/100g 土)	含水情况		黏土矿物		密度/(g/cm³)	特点
			类型	含量/%	类型	含量/%		
1	软	20～40	自由水和束缚水	25～27	蒙脱石及伊利石	20～30	1.2～1.5	高度分散
2	稳固	10～20	束缚水	15～25	蒙脱石少，伊利石多	20～30	1.5～2.2	相当高度分散
3	硬	3～10	束缚水	5～15	伊利石及混层矿物	20～30	2.2～2.5	中等分散
4	稳固 - 硬	10～20	束缚水	2～10	伊利石、高岭石及绿泥石	20～30	2.2～2.7	明显分散坍塌
5	脆	0～3	束缚水	2～5	伊利石及混层矿物	5～30	2.5～2.7	低分散

从表 2-6 中可以看出，第一类主要是蒙脱石和一些伊利石的软页岩，活性很强，极易水化，有较强的水化和分散作用。第二类包括蒙脱石和伊利石含量都很高的其他软页岩。在这类页岩中，黏土的总含量特别高，膨胀程度很大，分散低于第一类。第三类至第五类一般为硬页岩。第三类包括以其坍塌趋势著称的中硬页岩，它们表现出大量的膨胀，而仅为中等程度的分散。第四类是易坍塌的硬页岩，其中伊利石和绿泥石组成全部黏土成分，约占页岩总量的 20%。第三类和第四类包括了容易造成井下复杂问题的大多数页岩。第五类为极硬的页岩，其中一些是具有微裂缝的基岩，与水接触时很少分散或

呈不分散性，伊利石含量很高，并有一些绿泥石。这种页岩水分沿微裂缝侵入，会引起微裂缝中伊利石的水化，从而加速页岩的剥落和呈现不稳定性。

在国内，徐同台（1996）提出了泥页岩地层井壁不稳定分类、组构特征、潜在的井下复杂情况、井壁不稳定发生原因及泥浆技术对策，这一分类方法具有很强的代表性，只是分类依据中地层组构特征不是很明确，实际应用还相对复杂。沈守文等（1998）提出了页岩 X 射线衍射定向指数的测定方法，并在定向指数的基础上，提出综合指数的概念，然后以定向指数和综合指数为主要依据，对坍塌地层页岩进行了分类（表 2-7）。

表 2-7　基于定向指数的页岩分类

类别	综合指数			定向指数	黏土矿物类型	固结程度	CEC/（meq/100g 土）	特征
	I	II	III					
I	>0.9	>1.0	>1.4	<0.5	蒙脱石、伊/蒙混层	软	20~40	高度分散
II	0.7~0.9	0.8~1.0	1.2~1.4	0.5~0.7	伊/蒙混层为主	较硬	10~20	较易分散
III	0.5~0.7	0.6~0.8	1.0~1.2	0.7~0.8	伊利石、伊/蒙混层	硬	2~10	中等分散可剥落
IV	<0.5	<0.6	<1.0	>0.8	伊利石、高岭石、绿泥石	脆	0~3	有剥落趋势

雷又层和向兴金（2007）依据页岩的组成含量、结构特点、主要理化性能指标（即膨胀率、回收率、CEC）进行分类，较全面地反映出页岩的性质特点，而且各项指标都有明确的量度，是一种较简单科学的分类方案（表 2-8）。

表 2-8　雷又层推荐的页岩分类方法

类别	小类	分类依据		主要理化特性		
		定向度/%	主要黏土矿物情况	膨胀率/%	CEC/（mmol/100g 土）	回收率/%
水化泥页岩	随机定向高膨胀强分散页岩	<10	蒙脱石为主，含伊利石	>30	>22	<20
	弱定向易膨胀易分散页岩	10~30	伊利石为主，含蒙脱石、部分绿泥石	5~30	10~22	20~30
硬脆性页岩	中等定向中膨胀中分散页岩	30~60	蒙/伊混层、伊利石为主，含绿泥石	14~20	2~18	30~60
	良好定向不易膨胀分散页岩	60~90	伊/蒙混层为主，一定量伊利石、含绿泥石	7~14	2~12	60~90
	高度定向低膨胀弱分散页岩	90~100	伊利石为主，含高岭石、绿泥石	5	1~8	>90

2. 综合页岩分类方法

传统的分类还停留在理化层面上，没有考虑力学特性，采用传统的井壁稳定性分析无法适应各类页岩地层的分析预测的需要，会出现低估、高估地层坍塌破裂压力的问题，无法确定合理的钻井液密度等。

依托现有页岩分类，结合页岩的基本力学特性及页岩组构及力学参数，以黏土矿物组合特征这一影响页岩本质工程特征的因素为分类依据，对页岩进行了分类，新的分类方法按照黏土矿物组合分成了两大类四小类页岩，全面系统地掌握各类页岩的理化及力学特性，具有很强的页岩物理力学特征的针对性，为不同类型的页岩地层钻井及井壁稳定提供了参考依据（表 2-9）。

表 2-9　页岩综合分类方法

页岩类别	分类依据		主要理化特性			主要力学特性				井壁稳定分析关键	地层类型	技术对策
	主要黏土矿物情况	小类	CEC/（mmol/100g 土）	膨胀率/%	回收率/%	单轴抗压强度/MPa	泊松比	弹性模量/GPa	失稳模式			
水化性页岩	蒙脱石为主，含伊利石、绿泥石（或绿/蒙混层）部分高岭石、蒙/伊混层、坡缕石，（蒙脱石>50%）	易膨胀易分散页岩	>20	>20	<30	<30	>0.35	1.2~6	塑性破坏	考虑水化膨胀	完整性地层	提高抑制性润湿反转
	蒙/伊混层、伊利石为主，含绿泥石（或绿/蒙混层）、高岭石，（蒙/伊混层+伊利石>70%）	中膨胀中分散页岩	12~22	12~22	30~60	20~60	0.2~0.35	6~20	塑性破坏、剪切破坏	考虑溶质扩散、水化膨胀、渗透压	完整性地层	润湿反转提高抑制性
硬脆性页岩	伊/蒙混层、伊利石为主，含绿泥石（绿/蒙混层），部分高岭石，（蒙/伊混层>70%）	不易膨胀分散页岩	2~14	7~14	60~90	50~120	0.15~0.35	20~33	剪切破坏、复合破坏	考虑质扩散、渗透压、裂缝结构面	裂缝性地层、层理裂缝组合地层	封堵为主抑制性为辅
	伊利石为主、含高岭石、绿泥石（伊利石>70%）	不膨胀弱分散页岩	0~3	<7	>90	100~160	<0.15	>33	劈裂破坏		裂缝性地层、层理裂缝组合地层	封堵为主抑制性为辅

第一类页岩含有蒙脱石及蒙/伊混层这类易水化膨胀的黏土矿物，由于钻井液渗透作用的进行，页岩发生水化膨胀，增加了井眼周围的圈闭应力。若圈闭应力超过了页岩的屈服强度，井眼稳定性也因此下降。膨胀又使页岩体积增大，向压力小的方向扩展，使井眼缩径或被循环钻井液冲刷而垮塌入井。

第二类页岩水化膨胀性差，但含有丰富的层面和纹理，在构造力的作用下又形成了许多微细裂纹，这些连接薄弱的地方容易吸水，是良好的毛细管通道。由于毛细管作用，毛细管水的大量浸入发生物理崩解，削弱岩石颗粒之间和页岩层面之间的联结力，导致岩石在侧压力作用下向井内运移，造成井壁失稳。

2.2　水化性页岩地层井壁围岩失稳机理及模型

2.2.1　常用的页岩水化力化模型

页岩井壁稳定研究可以归结三大类，即井壁力学稳定、页岩化学稳定和页岩稳定的力学与化学耦合研究。力学稳定研究是单纯从岩石力学角度出发，研究井眼围岩的应力分布、岩石的强度准则和本构关系等问题。化学稳定研究是从化学的角度出发，研究页岩的水化及控制水化的各种方法，主要是研究各种化学处理剂。页岩稳定的力学与化学耦合研究是最近二十年来逐渐发展起来的，综合考虑化学与力学两方面的作用，研究页岩水化对力学因素的影响，并尽量在力学分析中将化学因素的影响定量化，最后得出稳定性结论。井壁稳定不单纯是一个力学平衡问题，而是一个力学与化学紧密结合的过程。力学状态变化为物理化学变化提供了发展的初始条件和最初动力，而物理化学变化又引起了力学状态的进一步改变，最终井壁失稳由突变性状态变化的力学方式表现出来。

1. 水在页岩中的传输机理

1）半透膜渗透压理论

Hale 和 Mody（1993）利用半透膜渗透压的概念建立了化学势产生的等效孔隙压力模型。这种理论假设油基钻井液中水分进出页岩过程具有半透膜性质。假设认为，钻井液与页岩中的水分子自由能之差为页岩水化和脱水提供了驱动力，通过改变井周围页岩含水量使近井地带孔隙压力和页岩强度产生变化，从而影响井壁稳定性。

页岩与钻井液的化学势（水的偏摩尔自由能）差造成的应力可表达为

$$RT / V_{Mw} \times \ln(a_{wdf} / a_{wsh}) = \pm \Delta P = P_{nw} - P_{pf} \qquad (2\text{-}3)$$

式中，a_{wdf} 为钻井液的水活度；a_{wsh} 为页岩的水活度；P_{nw} 为近井地带的压力；P_{pf} 为远场孔隙压力；R 为气体常数；T 为开氏温度；V_{Mw} 为水的偏摩尔体积。

对理想半透膜而言，利用式（2-3）预测的渗透压力与所观察到的渗透引起的静水压力应该相等。而页岩膜系统的典型特征是非理想半透膜，渗透引起的静水压力与式（2-3）预测值不同。把实际观察到的渗透引起的静水压力 ΔP_{ob} 与理论上的渗透压力 ΔP_{theo} 的比值定义为反射系数 σ

$$\sigma = (\Delta P_{ob} / \Delta P_{theo})_{u_v=0} \qquad (2\text{-}4)$$

σ 衡量了渗透系统的有效性，即 σ 衡量了页岩的理想半透膜能力。对理想半透膜（如油基钻井液体系）：$\sigma \to 1$；对没有膜性能的孔隙介质：$\sigma \to 0$。对于非理想膜系统（如页岩 / 水基钻井液体系）：$0 < \sigma < 1$，σ 的值取决于多种因素（如页岩类型、黏土含量、深度、原始地应力、孔隙大小和分布、活度及离子强度等）。

因此，对一个非理想膜渗透系统，有

$$\sigma RT / V_{\text{Mw}} \times \ln(a_{\text{wdf}} / a_{\text{wsh}}) = \pm P_{\text{theo}} \sigma = (P_{\text{nw}} - P_{\text{pf}})_{\text{obs}} \qquad (2\text{-}5)$$

由式（2-3）和式（2-5）计算出的理想系统与非理想系统中由于化学势差导致的近井地带孔隙压力的改变可以应用于井周应力分析的计算中。

2）"总压力"理论

从非平衡态热动力学角度研究，页岩中水的传输实质为物质传输与能量传输的有机统一，导致页岩与钻井液之间发生耦合流动的驱动因素包括压力梯度、化学势、电势和温度差。式（2-6a）～式（2-6d）通过唯象方式表达了页岩中水的传输机理。

$$J_{\text{V}} = -L_{11}\Delta P - L_{12}\Delta\mu_{\text{c}} - L_{13}\Delta E - L_{14}\Delta T \qquad (2\text{-}6a)$$

$$J_{\text{D}} = -L_{21}\Delta P - L_{22}\Delta\mu_{\text{c}} - L_{23}\Delta E - L_{24}\Delta T \qquad (2\text{-}6b)$$

$$I = -L_{31}\Delta P - L_{32}\Delta\mu_{\text{c}} - L_{33}\Delta E - L_{34}\Delta T \qquad (2\text{-}6c)$$

$$Q = -L_{41}\Delta P - L_{42}\Delta\mu_{\text{c}} - L_{43}\Delta E - L_{44}\Delta T \qquad (2\text{-}6d)$$

式中，J_{V}、J_{D}、I 和 Q 分别为全部液体的流动、溶质离子的扩散流动、电流和热量；ΔP、$\Delta\mu_{\text{c}}$、ΔE、ΔT 分别代表钻井液与页岩之间的压力梯度、化学势、电势和温度差；常数 L_{ij} 代表某种梯度对一种具体流动的贡献，可以通过试验得到。

Bol 等（1994）研制了一套页岩微渗透测试装置（图 2-31），试验证明了在压差作用下低渗透页岩也有具有渗透能力和压力传递，通过试验测定得到了等效孔隙压力。

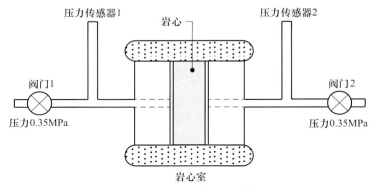

图 2-31　页岩微渗透测试装置

van Oort 等（1996）重点考虑了压力梯度和化学势的影响，页岩与钻井液之间的流动局限在 J_{V} 和 J_{D}，驱动力则为静水压力和化学势。

$$J_{\text{V}} = L_{\text{P}}\Delta P_{\text{H}} / \Delta x + L_{\text{PD}}\Delta P_{\text{OS}} / \Delta x \qquad (2\text{-}7a)$$

$$J_{\text{D}} = L_{\text{DP}}\Delta P_{\text{H}} / \Delta x + L_{\text{D}}\Delta P_{\text{OS}} / \Delta x \qquad (2\text{-}7b)$$

式中，ΔP_{H} 和 ΔP_{OS} 分别为静水压力和渗透压。式（2-7）中主对角线上的系数是非耦合流动的传递系数。例如，L_{P} 是达西定律中的水力传导率，L_{D} 是菲克第一定律中的扩散系数，而系数 L_{DP} 和 L_{PD} 则与对流和化学渗透的耦合过程有关。耦合过程常用"膜反射"或"膜效率"系数 k 来表达

$$\left(\frac{\Delta P_{\mathrm{H}}}{\Delta P_{\mathrm{OS}}}\right)_{J_{\mathrm{V}}=0}=\frac{-L_{\mathrm{PD}}}{L_{\mathrm{P}}}=\frac{-(V_{\mathrm{s}}-V_{\mathrm{w}})}{V_{\mathrm{w}}}=k \quad \text{或} \quad k=1-\frac{V_{\mathrm{s}}}{V_{\mathrm{w}}} \tag{2-8}$$

式中，V_{s} 和 V_{w} 分别为离子和水的运动速度。当 $k=1$ 时，说明所有的溶质被膜"反射"，只有水分子能通过；一般非理想的膜，$0<k<1$；当 $k=0$ 时，说明系统没有反射性和选择性，因此不会发生渗透，这通常发生在水力渗透率很高的系统中（即 $L_{\mathrm{P}}\gg L_{\mathrm{PD}}$），此时对流运动占据着主导作用。

引入溶质渗透系数 ω，则有

$$\frac{\omega}{\overline{C}_{\mathrm{s}}}=\frac{L_{\mathrm{P}}L_{\mathrm{D}}-L_{\mathrm{PD}}^{2}}{L_{\mathrm{P}}} \tag{2-9}$$

式中，$\overline{C}_{\mathrm{s}}$ 表示膜系统中平均溶质浓度。溶质渗透系数 ω 控制了溶质穿过半透膜的比率。对理想半透膜，$\omega=0$。但是对完全无选择性的膜，$\omega=\overline{C}_{\mathrm{s}}L_{\mathrm{D}}$，反映了溶质自由扩散。方程式（2-7）可以写成

$$J_{\mathrm{V}}=L_{\mathrm{P}}(\Delta P_{\mathrm{H}}-k\Delta P_{\mathrm{OS}})/\Delta x \tag{2-10a}$$

$$J_{\mathrm{D}}=-kJ_{\mathrm{V}}+\frac{\omega}{C_{\mathrm{s}}}\Delta P_{\mathrm{OS}}/\Delta x \tag{2-10b}$$

式（2-10a）说明压力差 ΔP_{H} 驱动的容积流量 J_{V} 可能与化学势差产生的有效渗透压 $k\Delta P_{\mathrm{OS}}$ 平衡。

Osisanya 和 Chenevert（1996）根据线性单相渗流方程和半透膜理论，引入总压力的概念，解释总压力。

总压力随时间空间的分布表达式中

$$P(x,t)=P_{\mathrm{w}}+(P_{\mathrm{O}}-P_{\mathrm{w}})\operatorname{erf}\left(\frac{x}{\sqrt{4at}}\right) \tag{2-11}$$

式中，$a=\dfrac{\phi\mu_{\mathrm{f}}C_{\mathrm{t}}}{K_{\mathrm{f}}}$ 为导压系数；ϕ 为孔隙度；μ_{f} 为黏度；C_{t} 总压缩系数；K_{f} 为渗透率；P_{w} 为井内液柱压力；P_{O} 为地层原始孔隙压力；$\operatorname{erf}(\ )$ 为误差函数；t 为时间。

Tan 和 Rahman（1996）提出总水势的增量弹性理论，认为孔隙压力与渗透压之和的总水势差是导致自由水流动的根本原因。Chenevert 和 Pernot（1998）认为井壁失稳源于钻井泥浆导致的孔隙压力的改变，这种改变的深层原因是原始地层孔隙压力及渗透压力的量值变化。

2. 页岩水化膨胀的强度特性

对于一般页岩的水化，其含水量的大小取决于两个因素：井内液柱压力与地层孔隙压力的压差 ΔP_{m}，井内钻井液化学势和页岩化学势之差（或活度差）ΔU_{m}。压差 ΔP_{m} 引起的含水量为 q_{P}，化学势差 ΔU_{m} 引起的含水量为 q_{U}，总的含水量 q 为

$$q=q_{\mathrm{P}}+q_{\mathrm{U}} \tag{2-12}$$

国内外学者研究发现页岩含水量与强度有直接关系。Chenevert 于 1970 年开始研

究页岩吸水以后力学性质的变化，试验结果表明页岩吸水使其强度降低（Chenevert，1970）。Yew 和 Chenevert（1990）用水分扩散方程简单地描述了页岩吸水的过程；一般来说，含水量增大，页岩强度降低。在国内，黄荣樽等（1995）通过模拟井下页岩及钻井液相互作用的试验，总结得到了地层水化效应模型，井壁周围泥页岩吸水量与距离和时间的关系式，以及泥页岩水化膨胀应变与吸水量的关系等，提出了水化作用下井眼周围泥页岩应力的计算方法；邓金根等（2002）对不同含水量页岩的黏聚力进行了测量，发现含水量的增大会急剧降低页岩的黏聚强度，但影响程度与页岩的埋藏深度有关，即与其密度有关。但在实际的试验中，没有考虑压差的影响，因此存在着不足。

因此需要通过不同活度差和压差条件下的试验，建立页岩强度、弹性参数与活度差和压差的关系，为井壁稳定研究打下基础。

1）页岩中水活度的测定

根据 Lewis 的定义，盐溶液与纯水的逸度比为水的活度。在一定温度下，只有当钻井液和页岩地层中水的活度相等时，它们的化学位才平衡，这是钻井液与地层之间不发生水运移的一个必要条件。

Chenevert 和 Amanullah（1997）提出了两种测量页岩中水活度的方法。

第 1 种方法：将取自地层的岩屑进行冲洗、烘干，然后置于已控制好活度环境的干燥器中。通过定时称量样品，测出岩样对水的吸附和脱附曲线。最后，根据岩样的实际含水量，结合做出的曲线，确定活度。

第 2 种方法：直接使用电湿度计测量。该仪器既可测量页岩试样中水的活度，也可直接测量钻井液中水的活度。

2）不同压差、活度差条件下页岩强度的测定

第 1 步：取心。对取自现场的蜡封岩心，配置地层水作为取心冷却液，钻取试验试样，室内加工岩心的过程：先用金刚石取心钻头在现场岩心上套取一个直径 ϕ 为 25mm 的圆柱形试样，然后将圆柱形试样的两端车平、磨光，使岩样的长径比不小于 1.5（图 2-32）。

第 2 步：测量页岩中水的活度。

第 3 步：配置不同水活度的钻井液（以现场钻井液配方为基浆）。

第 4 步：水化试验。模拟地层温度，给定压差和活度差，浸泡多块岩心试样，在 1h、6h、12h、24h、48h、96h 分别取出一块试样，准备岩石力学参数测试。

第 5 步：岩石力学试验。在岩石力学试验机（MTS）上，测试试样的全应力应变曲线，计算弹性模量、泊松比、黏聚力、内摩擦角（图 2-33～图 2-36），分析非线性特征。

3）地层强度动态变化模型

利用电液伺服岩石力学试验机对页岩岩心，进行岩石力学试验，获得地层强度、弹性参数［式（2-13）～式（2-16）］，经过数学处理，地层强度动态变化模型为

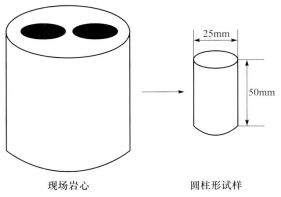

图 2-32　取样示意图

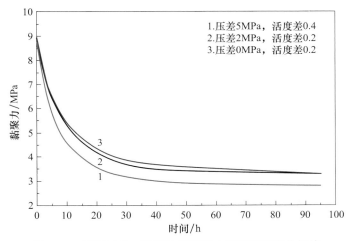

图 2-33　不同压差、活度差下黏聚力随时间的变化规律

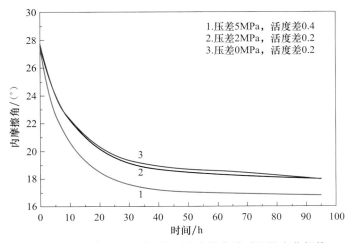

图 2-34　不同压差、活度差下内摩擦角随时间的变化规律

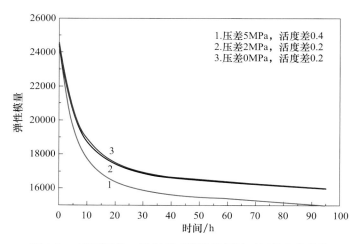

图 2-35　不同压差、活度差下弹性模量随时间的变化规律

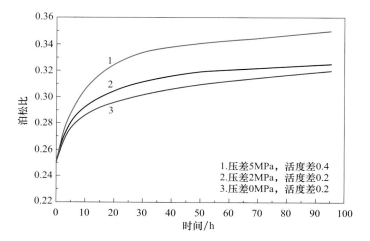

图 2-36　不同压差、活度差下泊松比随时间的变化规律

首先，黏聚力变化率

$$\Delta C = \left(-4.3929\mathrm{e}^{0.0732\Delta p} - 5.9786\Delta\alpha - 18.0601\right)t^{0.2378} \qquad (2\text{-}13)$$

其次，内摩擦角变化率

$$\Delta\varphi = \left(-1.5560\mathrm{e}^{0.09712\Delta p} - 7.5960\Delta\alpha - 9.2935\right)t^{-0.2573} \qquad (2\text{-}14)$$

再次，弹性模量变化率

$$\Delta E = \left(-1.7873\mathrm{e}^{0.1654\Delta p} - 3.5336\Delta\alpha - 13.0895\right)t^{0.1885} \qquad (2\text{-}15)$$

最后，泊松比变化率

$$\Delta\nu = \left(0.8229\mathrm{e}^{-0.4211\Delta p} - 4.4256\Delta\alpha - 8.8415\right)t^{0.2503} \qquad (2\text{-}16)$$

2.2.2　页岩水化非线性力学模型

国内外学者多数是研究钻井液对页岩水化所产生的不稳定影响，即利用试验来研究水化对岩石力学参数的一些影响，考虑外部因素，如时间、温度、压力等，研究水化对井壁稳定的影响。目前学者利用 FLAC 模拟井壁围岩弹塑性变形，未看到相关本构模型的建立，对石油工程中页岩水化后具体的变形过程研究得很少。

1. 弹塑性增量方程

当一个物体受外界作用时，如力、热、电磁等，必然会有相应的反映。质量守恒定律、能量守恒定律、熵定理、动量定理、动量矩定理等对任何连续体材料适用，但不足以确定连续体外界作用下的反映，原因是这种反映是与材料本身性质及所处约束条件、环境有关的。反映物体对外界作用的反映关系称为物性方程。

假设地层为各向同性材料，岩石屈服进入塑性后，其本构方程可表达为

$$\mathrm{d}\gamma_{ij} = \frac{1}{2G}\mathrm{d}s_{ij} + H(\beta)\mathrm{d}s_{ij} \tag{2-17}$$

式中，γ_{ij} 为应变偏量；s_{ij} 为应力偏量

$$\gamma_{ij} = \varepsilon_{ij} - \frac{1}{3}\varepsilon_{kk}\delta_{ij}$$
$$s_{ij} = \sigma_{ij} - \frac{1}{3}\sigma_{kk}\delta_{ij} \tag{2-18}$$

$H(\beta)$ 为物质状态特征参量 β 的函数。$H(\beta)$ 函数可由试验曲线确定，可假设一个简单有效的函数

$$H(\beta) = \frac{1}{2G}\frac{\beta}{1-\beta} \tag{2-19}$$

这样塑性本构模型可表达为

$$\mathrm{d}\gamma_{ij} = \frac{1}{2G(1-\beta)}\mathrm{d}s_{ij} \tag{2-20}$$

对非线性弹塑性物性描述，β 参数决定于材料内部的损伤和温度等内变量，而内部损伤状态和裂隙的产生与有关形成裂隙消耗的功是不可逆转的。因此 β 参数一般可表达为不可逆功 W、温度 T 以及某种内变量 α，这些内变量反映了物体内部结构组织在应力作用下的变化，这种变化反过来又影响了内变量，因此 α 本身就是非线因子。在受外在作用力情况下，这种因子又可以由平均应力强度 σ_e 和平均应变强度 s_e 所代替，因此特征量可表达为 $\beta=\beta(W, T, \sigma_\mathrm{e}, s_\mathrm{e})$。

定义应力（偏量）强度增量 $\mathrm{d}q$ 及应变（偏量）强度增量 $\mathrm{d}e$ 为

$$(\mathrm{d}q)^2 = \mathrm{d}s_{ij}\mathrm{d}s_{ij} \tag{2-21}$$

$$(\mathrm{d}e)^2 = \mathrm{d}\gamma_{ij}\mathrm{d}\gamma_{ij} \tag{2-22}$$

则有

$$\frac{\mathrm{d}q}{\mathrm{d}e} = 2G(1-\beta) \tag{2-23}$$

Chen（1997）认为复合应力状态的塑性参数可以利用简单拉压或扭转，对岩石可用单轴压缩试验来确定，只考虑单轴情况：

$$\frac{\mathrm{d}\sigma_1}{\mathrm{d}\varepsilon_1} = 2G(1-\beta) \tag{2-24}$$

若取屈服函数为 Drucker-Prager 准则

$$Y = \alpha I_1 + \sqrt{J_2} - H - K = 0 \tag{2-25}$$

式中，I_1 为应力球张量；J_2 为应力偏量第二不变量；Y 为屈服函数。

若用黏聚力 c 和内摩擦角 φ 表示

$$\frac{\tan\varphi}{\sqrt{9+12\tan^2\varphi}}I_1 + \sqrt{J_2} - \frac{3c}{\sqrt{9+12\tan^2\varphi}} - K = 0 \tag{2-26}$$

黏聚力 c 和内摩擦角 φ 可由试验测试，为理想塑性条件的黏聚力 c 和内摩擦角 φ。对单轴压缩而言，式（2-26）可简化为

$$\left(\frac{\tan\varphi}{\sqrt{9+12\tan^2\varphi}} - \frac{1}{\sqrt{3}}\right)\sigma_1 - \frac{3c}{\sqrt{9+12\tan^2\varphi}} - K = 0 \tag{2-27}$$

由式（2-27）求出 K 值，得出 β 与 K 的经验关系

$$\beta = f(K) \tag{2-28}$$

K 是关于强度参数及主应力的函数，此时 β 值也可表达成强度参数及主应力的函数，强度参数可通过岩石力学试验测定，每个主应力对应一个 β 值，具有非线性性质。此时的 β 可用于解弹塑性方程。

2. 页岩膨胀大变形单参数本构方程

设体积应力为

$$\sigma_\mathrm{m} = \frac{1}{3}\sigma_{kk} \tag{2-29}$$

体积应变为

$$\varepsilon_\mathrm{m} = \frac{1}{3}\varepsilon_{kk} \tag{2-30}$$

由式（2-20）不考虑时间速率可得

$$\gamma_{ij} = \frac{1}{2G(1-\beta)}s_{ij} \tag{2-31}$$

将式（2-18）、式（2-19）代入式（2-31）整理可以得到

$$\varepsilon_{ij} - \frac{1}{3}\varepsilon_{kk}\delta_{ij} = \frac{1}{2G(1-\beta)}\left(\sigma_{ij} - \frac{1}{3}\sigma_{kk}\delta_{ij}\right) \tag{2-32}$$

由广义胡克定律可知

$$\frac{1}{3}\sigma_{kk} = K\varepsilon_{kk} \tag{2-33}$$

将式（2-33）代入式（2-32）整理可得

$$\sigma_{ij} = 2G(1-\beta)\varepsilon_{ij} + \left[K - \frac{2}{3}G(1-\beta)\right]\varepsilon_{kk}\delta_{ij} \tag{2-34}$$

式中，$\delta_{ij} = \begin{cases}1(i=j)\\0(i\neq j)\end{cases}$；$K = \frac{E}{3(1-2\nu)}$；$G = \frac{E}{2(1+\nu)}$；$E$ 为弹性模量；ν 为泊松比。式（2-32）又可表示为

$$\sigma = \boldsymbol{D}_{ijkl}\varepsilon \tag{2-35}$$

式中，$\boldsymbol{D}_{ijkl}$ 为弹塑性系数张量，其矩阵形式为

$$[D_{ep}] = \begin{bmatrix} K+\frac{4}{3}G(1-\beta) & K-\frac{2}{3}G(1-\beta) & K-\frac{2}{3}G(1-\beta) & 0 & 0 & 0 \\ K-\frac{2}{3}G(1-\beta) & K+\frac{4}{3}G(1-\beta) & K-\frac{2}{3}G(1-\beta) & 0 & 0 & 0 \\ K-\frac{2}{3}G(1-\beta) & K-\frac{2}{3}G(1-\beta) & K+\frac{4}{3}G(1-\beta) & 0 & 0 & 0 \\ 0 & 0 & 0 & 2G(1-\beta) & 0 & 0 \\ 0 & 0 & 0 & 0 & 2G(1-\beta) & 0 \\ 0 & 0 & 0 & 0 & 0 & 2G(1-\beta) \end{bmatrix} \tag{2-36}$$

对平面应变可看做

$$[D_{ep}] = \begin{bmatrix} K+\frac{4}{3}G(1-\beta) & K-\frac{2}{3}G(1-\beta) & 0 \\ K-\frac{2}{3}G(1-\beta) & K+\frac{4}{3}G(1-\beta) & 0 \\ 0 & 0 & 2G(1-\beta) \end{bmatrix} \tag{2-37}$$

对井周极坐标情况，本构关系可表达为

$$\begin{cases} \sigma_r = \left[K + \dfrac{4}{3}G(1-\beta) \right]\varepsilon_r + \left[K - \dfrac{2}{3}G(1-\beta) \right]\varepsilon_\theta \\ \sigma_\theta = \left[K - \dfrac{2}{3}G(1-\beta) \right]\varepsilon_r + \left[K + \dfrac{4}{3}G(1-\beta) \right]\varepsilon_\theta \\ \tau_{r\theta} = 2G(1-\beta)\varepsilon_{r\theta} \end{cases} \quad (2\text{-}38)$$

式中，σ_r为径向应力；σ_θ为周向应力；$\tau_{r\theta}$为剪应力；ε_r为径向应变；ε_θ为周向应变；$\varepsilon_{r\theta}$为剪应变。

3. 井周围岩应力解析解

井周围岩平衡方程

$$\frac{\mathrm{d}\sigma_r}{\mathrm{d}r} + \frac{\sigma_r - \sigma_\theta}{r} = 0 \quad (2\text{-}39)$$

几何方程

$$\begin{cases} \varepsilon_r = \dfrac{\mathrm{d}u}{\mathrm{d}r} \\ \varepsilon_\theta = \dfrac{u}{r} \\ \varepsilon_{r\theta} = 0 \end{cases} \quad (2\text{-}40)$$

式（2-38）结合平衡方程式（2-39）以及几何方程式（2-40）可解出井周径向应力分布为

$$\begin{cases} \sigma_r = \left[K + \dfrac{4}{3}G(1-\beta) \right]\dfrac{\mathrm{d}u}{\mathrm{d}r} + \left[K - \dfrac{2}{3}G(1-\beta) \right]\dfrac{u}{r} \\ \sigma_\theta = \left[K - \dfrac{2}{3}G(1-\beta) \right]\dfrac{\mathrm{d}u}{\mathrm{d}r} + \left[K + \dfrac{4}{3}G(1-\beta) \right]\dfrac{u}{r} \end{cases} \quad (2\text{-}41)$$

再代入平衡方程式（2-39）：

$$\left[K + \frac{4}{3}G(1-\beta) \right]\frac{\mathrm{d}^2u}{\mathrm{d}r^2} - \left[K - \frac{2}{3}G(1-\beta) \right]\frac{u}{r^2} + 2G(1-\beta)\frac{1}{r}\frac{\mathrm{d}u}{\mathrm{d}r} - 2G(1-\beta)\frac{u}{r^2} = 0 \quad (2\text{-}42)$$

即

$$\left[K + \frac{4}{3}G(1-\beta) \right]\frac{\mathrm{d}^2u}{\mathrm{d}r^2} + 2G(1-\beta)\frac{1}{r}\frac{\mathrm{d}u}{\mathrm{d}r} - \left[K + \frac{4}{3}G(1-\beta) \right]\frac{u}{r^2} = 0 \quad (2\text{-}43)$$

$$\frac{\mathrm{d}^2u}{\mathrm{d}r^2} + \frac{2G(1-\beta)}{\left[K + \dfrac{4}{3}G(1-\beta) \right]}\frac{1}{r}\frac{\mathrm{d}u}{\mathrm{d}r} - \frac{u}{r^2} = 0 \quad (2\text{-}44)$$

$$r^2\frac{\mathrm{d}^2u}{\mathrm{d}r^2}+\frac{2G(1-\beta)}{\left[K+\frac{4}{3}G(1-\beta)\right]}r\frac{\mathrm{d}u}{\mathrm{d}r}-u=0 \tag{2-45}$$

令 $m=\dfrac{2G(1-\beta)}{\left[K+\frac{4}{3}G(1-\beta)\right]}$ ，则有

$$r^2\frac{\mathrm{d}^2u}{\mathrm{d}r^2}+mr\frac{\mathrm{d}u}{\mathrm{d}r}-u=0 \tag{2-46}$$

若将 K、G 视为常数，根据胡劲松和郑克龙（2005）简化常数变易法求解二阶欧拉方程：

特解幂函数 $u=r^n$，对其求一、二阶导数，并代入式（2-46）得

$$(n^2-n)r^n+mnr^n-r^n=0 \tag{2-47}$$

即

$$\left[n^2+(m-1)n-1\right]r^n=0 \tag{2-48}$$

消去 r^n，有

$$n^2+(m-1)n-1=0 \tag{2-49}$$

式（2-49）为式（2-46）的特征方程，其根为式（2-46）的特征根。

式（2-49）的根 n_1、n_2 为

$$n_1=\frac{-(m-1)+\sqrt{(m+1)^2+4}}{2}$$
$$n_2=\frac{-(m-1)-\sqrt{(m+1)^2+4}}{2} \tag{2-50}$$

相应特解 u_1、u_2 为

$$u_1=r^{\frac{-(m-1)+\sqrt{(m+1)^2+4}}{2}}$$
$$u_2=r^{\frac{-(m-1)-\sqrt{(m+1)^2+4}}{2}} \tag{2-51}$$

通解为两个特解的线性组合，即

$$u=C_1r^{n_1}+C_2r^{n_2}=C_1r^{\frac{-(m-1)+\sqrt{(m+1)^2+4}}{2}}+C_2r^{\frac{-(m-1)-\sqrt{(m+1)^2+4}}{2}} \tag{2-52}$$

因此

$$\frac{\mathrm{d}u}{\mathrm{d}r}=C_1n_1r^{n_1-1}+C_2n_2r^{n_2-1} \tag{2-53}$$

$$\frac{u}{r}=\frac{C_1 r^{n_1}+C_2 r^{n_2}}{r}=C_1 r^{n_1-1}+C_2 r^{n_2-1} \tag{2-54}$$

式中，C_1、C_2 为常数。

将式（2-53）与式（2-54）代入应力分量方程

$$\sigma_r=\left[K+\frac{4}{3}G(1-\beta)\right]\frac{\mathrm{d}u}{\mathrm{d}r}+\left[K-\frac{2}{3}G(1-\beta)\right]\frac{u}{r} \tag{2-55}$$

即

$$\sigma_r=\left[K+\frac{4}{3}G(1-\beta)\right]\left(C_1 n_1 r^{n_1-1}+C_2 n_2 r^{n_2-1}\right)+\left[K-\frac{2}{3}G(1-\beta)\right]\left(C_1 r^{n_1-1}+C_2 r^{n_2-1}\right) \tag{2-56}$$

可由边界条件（$r=a,\sigma_r=P_1;r=b,\sigma_r=P_2$，$P_1$ 为钻井液柱压力，P_2 为距离井眼中心 b 处平均水平地应力）求得

$$\begin{cases} P_1=\left[K+\frac{4}{3}G(1-\beta)\right]\left(C_1 n_1 a^{n_1-1}+C_2 n_2 a^{n_2-1}\right)+\left[K-\frac{2}{3}G(1-\beta)\right]\left(C_1 a^{n_1-1}+C_2 a^{n_2-1}\right) \\ P_2=\left[K+\frac{4}{3}G(1-\beta)\right]\left(C_1 n_1 b^{n_1-1}+C_2 n_2 b^{n_2-1}\right)+\left[K-\frac{2}{3}G(1-\beta)\right]\left(C_1 b^{n_1-1}+C_2 b^{n_2-1}\right) \end{cases} \tag{2-57}$$

解得常数

$$\begin{cases} C_2=\dfrac{P_2 a^{n_1-1}-P_1 b^{n_1-1}}{\left\{\left[K+\frac{4}{3}G(1-\beta)\right]n_2+\left[K-\frac{2}{3}G(1-\beta)\right]\right\}\left(a^{n_1-1}b^{n_2-1}-a^{n_2-1}b^{n_1-1}\right)} \\ C_1=\dfrac{P_1\left(a^{n_1-1}b^{n_2-1}-b^{n_1+n_2-2}\right)-P_2\left(a^{n_1+n_2-2}-a^{n_2-1}b^{n_1-1}\right)}{\left\{\left[K+\frac{4}{3}G(1-\beta)\right]n_1+\left[K-\frac{2}{3}G(1-\beta)\right]\right\}\left(a^{n_1-1}-b^{n_1-1}\right)\left(a^{n_1-1}b^{n_2-1}-a^{n_2-1}b^{n_1-1}\right)} \end{cases} \tag{2-58}$$

进一步解出

$$\begin{cases} u=C_1 r^{n_1}+C_2 r^{n_2} \\ \dfrac{\mathrm{d}u}{\mathrm{d}r}=C_1 n_1 r^{n_1-1}+C_2 n_2 r^{n_2-1} \\ \dfrac{u}{r}=C_1 r^{n_1-1}+C_2 r^{n_2-1} \end{cases} \tag{2-59}$$

由此可求解井周围岩应力分布

$$\begin{cases} \sigma_r=\left[K+\frac{4}{3}G(1-\beta)\right]\frac{\mathrm{d}u}{\mathrm{d}r}+\left[K-\frac{2}{3}G(1-\beta)\right]\frac{u}{r} \\ \sigma_\theta=\left[K-\frac{2}{3}G(1-\beta)\right]\frac{\mathrm{d}u}{\mathrm{d}r}+\left[K+\frac{4}{3}G(1-\beta)\right]\frac{u}{r} \\ \varepsilon_r=\frac{\mathrm{d}u}{\mathrm{d}r} \end{cases} \tag{2-60}$$

由式（2-24）可知，单参数 β 可由应力应变曲线确定，如图 2-37 所示。

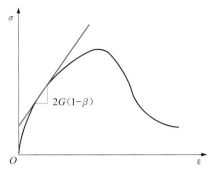

图 2-37　水化页岩单轴应力应变曲线图

在弹性阶段，$\beta=0$

$$\frac{\mathrm{d}\sigma}{\mathrm{d}\varepsilon}=2G \qquad (2\text{-}61)$$

当岩石进入塑性阶段，页岩质地较为均匀，可将 β 表达为关于应变的通式

$$\beta=1-\mathrm{e}^{-a\left(\frac{\varepsilon}{\varepsilon_{\mathrm{c}}}-1\right)} \qquad (2\text{-}62)$$

$$\frac{\mathrm{d}\sigma}{\mathrm{d}\varepsilon}=2G\mathrm{e}^{-a\left(\frac{\varepsilon}{\varepsilon_{\mathrm{c}}}-1\right)} \qquad (2\text{-}63)$$

式中，ε_{c} 为屈服点应变值。

　　计算值与试验值进行对比如图 2-38 和图 2-39 所示，可看出，峰值前和峰值后订算值与试验值较为接边，可以利用此种求解 β 值，代入本构方程进行计算。β 曲线的波动变化可反映出应力应变变化的波动关系。并且 β 与应力存在着相反的关系，即应力增大，β 值减小；应力减小，β 值增大。

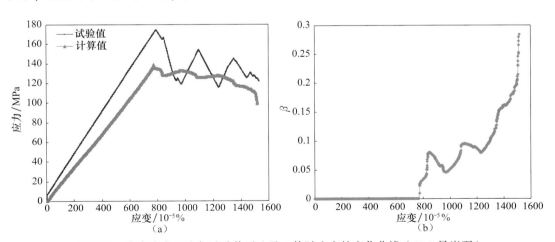

图 2-38　应力应变理论与试验值对比及 β 值随应变的变化曲线（60-2 号岩石）

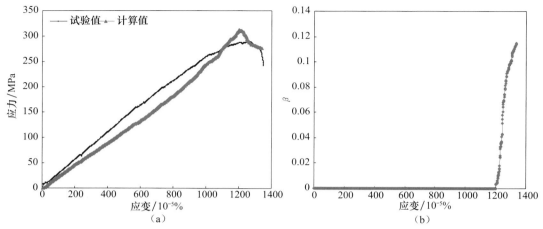

图 2-39　应力应变理论值与试验值对比及 β 值随应变的变化曲线（0-4 号岩石）

4. 井周围岩井壁稳定分析

将井周围岩应力状态看做均匀对称体，其井周应力模型简化如图 2-40 所示。

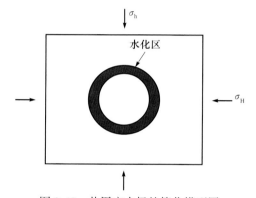

图 2-40　井周应力场的简化模型图

在泥岩水化应力场的数值分析中，合理选择泥岩地层的力学参数尤为重要，主要包括泥岩的弹性模量 E 和泊松比 ν。本章的例子所用涉及的参数与水化时间的关系见图 2-41～图 2-44。

1）均匀地应力

在均匀地应力状态下，即 $\sigma_H=\sigma_h=P_2$，即可将远场地应力看做 P_2，此时应力的分布对称于中心轴，如图 2-45 所示，每一点的位移和应力只与 r 方向有关，而与井周角 θ 无关。

计算示例：假设均匀地应力，将井周围岩看做水化做用后产生大变形情况，其岩石力学参数暂且看做均值，其非线性变化量为内变量 β，可由试验获得。井内压力 P_1=52MPa，井眼半径 a=0.108m，远场地应力 P_2=100MPa，距离 b=10a，弹性模量 E=17GPa，泊松比 ν=0.33，其他设为理想情况。根据解析解计算数值结果见图 2-46。

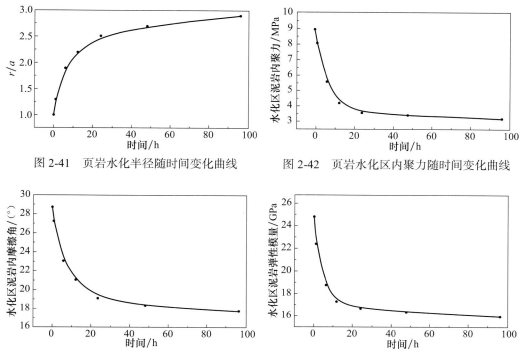

图 2-41　页岩水化半径随时间变化曲线　　图 2-42　页岩水化区内聚力随时间变化曲线

图 2-43　页岩水化区内摩擦角随时间变化曲线　图 2-44　页岩水化区内弹性模量随时间变化曲线

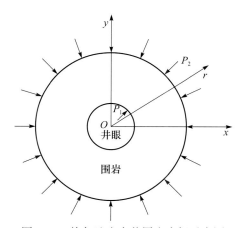

图 2-45　均匀地应力井周应力场示意图

　　因为只讨论大变形模型与理想模型（无水化）的差别，所以只计算这两种模型相同条件的数值解。

　　由图 2-46～图 2-49 可以看到，非线性大变形模型与理想模型所计算的井周围岩应力分布有很大差别。

　　（1）由图 2-46 可看出，非线性大变形模型与理想未水化模型计算结果相比，径向应力 σ_r 与周向应力 σ_θ 变化趋势都表现为先减小后增大，这与黄荣樽等（1995）提出的井壁稳定力化耦合研究结果一致。说明非线性大变形模型符合水化泥页井壁稳定的力学机理解释。

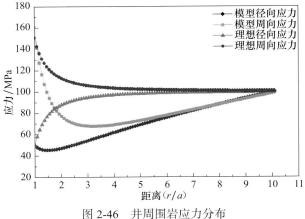

图 2-46 井周围岩应力分布

（2）由图 2-47 可以看出，差应力 $\sigma_\theta - \sigma_r$ 在井壁上达到最大值，为最容易失稳点。可解释为，井壁水化后，井壁处含水量最大，导致强度降低最多，故为最易失稳处。并且，非线性大变形模型 $\sigma_\theta - \sigma_r$ 差应力比理想未水化模型更大，由此所判断的井壁更容易失稳，在工程中则说明运用非线性大变形模型更为安全。

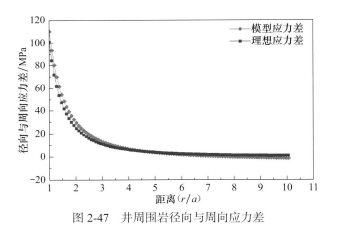

图 2-47 井周围岩径向与周向应力差

（3）从非线性大变形模型的解可以看出径向应力在 $r=1.5a$ 处减小到最小值，而后逐渐增大，水化作用主要集中在井壁 $r=2a$ 距离内。

（4）由图 2-48 可以看出，内变量 β 在井壁处较小，在距离井壁 $r=2a$ 处达到最大值，而后随着井距的增大而逐渐减小，而此时应力的变化为先减小后增大，存在相反变化趋势关系。内变量反映了物体内部结构组织在应力作用下的变化，即岩石受外界应力影响的变化。通过图 2-48 可知，井壁处仍为最危险点，而内变量较小，因此井壁处液柱压力对井壁稳定造成的影响占一部分，另一部分是由于井壁处水化作用的影响导致井壁处强度降低。这两种作用共同作用导致井壁处仍为最危险点。因此水化作用也主要集中在距离井壁 $r=2a$ 范围内。

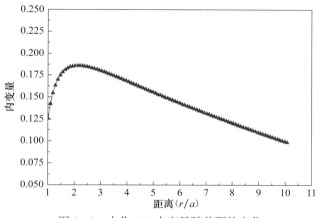

图 2-48 水化 10h 内变量随井距的变化

（5）由图 2-49 可以看出，随着水化时间的延长，内变量变化逐渐增大，且最初时间内变化较快，表明随着时间的延长，力学与化学共同作用在不断增强，且随着时间的增强率在降低，水化作用范围也在不断扩大，且扩大率在降低。随着时间增长，距离井眼越远，内变量变化越小，且远足够长时间内，远场内变量趋于定值。

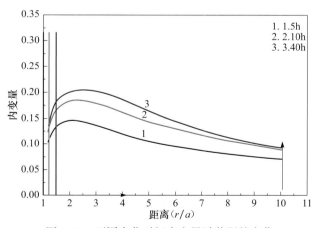

图 2-49 不同水化时间内变量随井距的变化

2）非均匀地应力

非均匀地应力情况下，即 $\sigma_H > \sigma_h$，此时应力的分布与 x、y 轴对称，故取 1/4 井周应力分布图，如图 2-50 所示，每一点的位移和应力只与距离 r 和井周角 θ 方向有关，此时 $P_2 = \sigma_H \sin\theta + \sigma_h \cos\theta$。

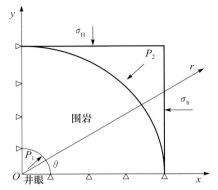

图 2-50　非均匀地应力井周应力场示意图

可由边界条件（$r=a$，$\sigma_r=P_1$；$r=b$；$\sigma_r=P_2=\sigma_H\sin\theta+\sigma_h\cos\theta$）求得常数，联立式（2-59）和式（2-60），求解井周应力状态。

$$\begin{cases} C_2 = \dfrac{\left(\sigma_H\sin\theta+\sigma_h\cos\theta\right)a^{n_1-1}-P_1b^{n_1-1}}{\left\{\left[K+\dfrac{4}{3}G\left(1-\beta\right)\right]n_2+\left[K-\dfrac{2}{3}G\left(1-\beta\right)\right]\right\}\left(a^{n_1-1}b^{n_2-1}-a^{n_2-1}b^{n_1-1}\right)} \\[3em] C_1 = \dfrac{P_1\left(a^{n_1-1}b^{n_2-1}-b^{n_1+n_2-2}\right)-\left(\sigma_H\sin\theta+\sigma_h\cos\theta\right)\left(a^{n_1+n_2-2}-a^{n_2-1}b^{n_1-1}\right)}{\left\{\left[K+\dfrac{4}{3}G\left(1-\beta\right)\right]n_1+\left[K-\dfrac{2}{3}G\left(1-\beta\right)\right]\right\}\left(a^{n_1-1}-b^{n_1-1}\right)\left(a^{n_1-1}b^{n_2-1}-a^{n_2-1}b^{n_1-1}\right)} \end{cases}\quad(2\text{-}64)$$

计算示例：其非线性变化量为内变量 β，可由试验获得。井内压力 P_1=15MPa，井眼半径 a=0.108m，远场地应力 σ_H=45MPa，σ_h=30MPa，距离 b=10a，弹性模量 E=33GPa，泊松比 ν=0.33，其他设为理想情况。计算数值结果见图 2-51 和图 2-52。

图 2-51、图 2-52 分别为井周围岩径向应力和周向应力分布，在井壁处径向应力一定，当随着距离增大，在 0°和 180°径向应力减小。2a 距离内，周向应力在 0°和 180°处出现最大值，此处为最易失稳点。在 60°、120°、240°、300°左右最为安全。

由图 2-53 和图 2-54 可以看出，应力波动主要发生在 r=2a 范围内，周向应力与径向应力在井壁 0°和 180°处均由较大值逐渐减小而后增大，周向应力在 0°和 180°处有较大值，应力差较大，此处受剪切作用最易失稳。在 r=2a 之后，径向应力与周向应力趋于一致。在井壁 60°、120°、240°、300°左右应力差较小，最为安全。

在 0°、180°处受到剪切作用，应力较大，容易产生剪切破坏导致井壁坍塌。而在 90°、270°处受到拉伸应力作用，此处容易产生破裂裂缝。

在井周 r=2a 范围内，相较于理想弹性模型，由大变形模型可以看出井周围岩应力具有波动性，并且随着井周角的变化而变化。井壁围岩径向应力与周向应力均呈现"蝴蝶"形图案，并且表现出，在此范围内，泥岩水化产生塑性变形所受应力状态的波动性，径向应力不是在井壁处有最小值，而是约距离井壁 r=1.5a 处有最小值。整体表现了泥岩水化之后的小区域内塑性变形应力状态，以及水化之后的应力波动性。这种模型可描述水化页岩井壁围岩的应力状态。

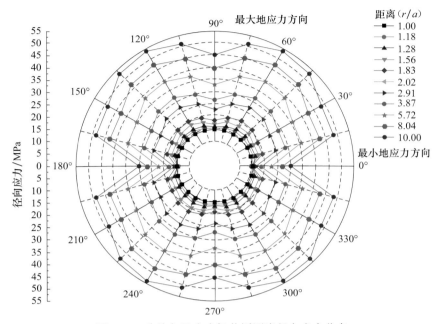

图 2-51 非均匀地应力场井周围岩径向应力分布

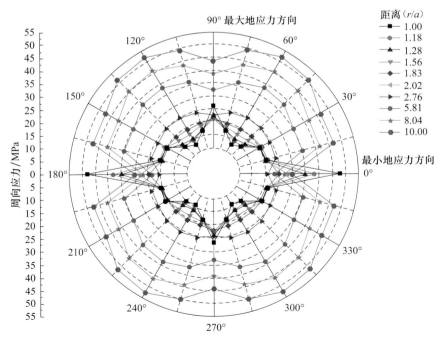

图 2-52 非均匀地应力场井周围岩周向应力分布

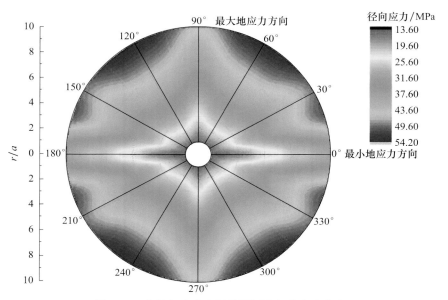

图 2-53　非均匀地应力场井周围岩径向应力分布

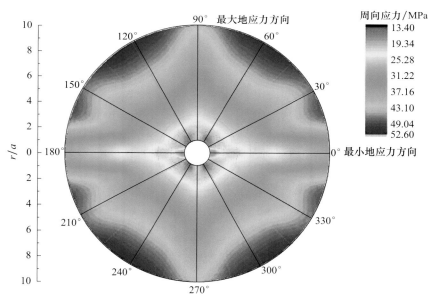

图 2-54　非均匀地应力场井周围岩周向应力分布

由图 2-55～图 2-58 可以看出，非均匀地应力理论井周应力分布沿着径向无波动，径向应力是沿径向依次增大，周向应力沿着径向减小。而非线性模型所计算的结果在 0°、180°处径向应力有波动，先减小后增大。

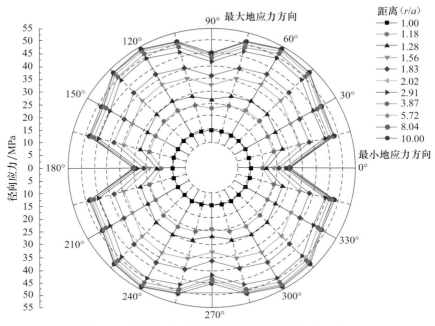

图 2-55 非均匀地应力场理论井周围岩径向应力分布

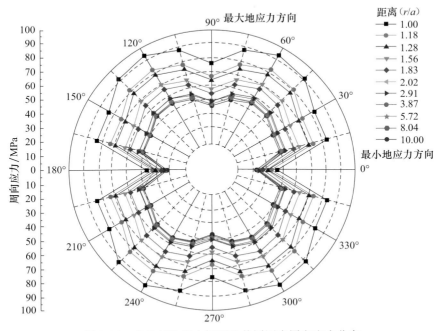

图 2-56 非均匀地应力场理论井周围岩周向应力分布

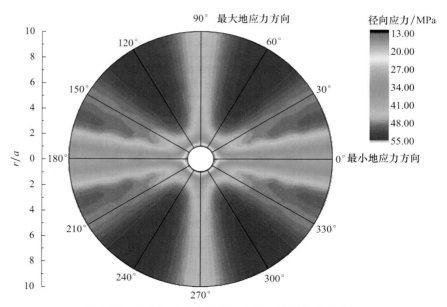

图 2-57　非均匀地应力场理论井周围岩径向应力分布

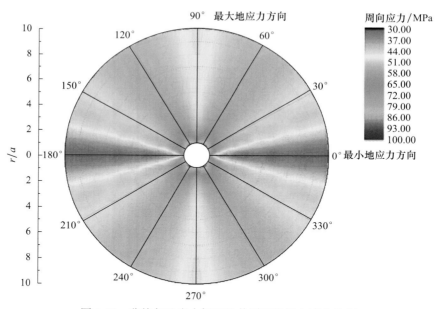

图 2-58　非均匀地应力场理论井周围岩周向应力分布

2.3　硬脆性页岩地层井壁围岩失稳机理及模型

硬脆性页岩地层发育着纵横交错的层理面或节理面,在井眼未打开之前,地层岩石所有的应力处于平衡的状态,井眼打开后,被钻掉的那部分岩石应力转移至井壁围岩,造成井眼周围的应力集中，诱使井眼周围微裂缝形成，井壁围岩劣化但未丧失稳定性。页岩受裂缝层理面的影响，页岩地层力学性质一般呈现出较强的各向异性。而层理面的胶结程度较弱，因此其往往会先于岩石本体发生剪切滑移破坏，这也是硬脆性页岩地层发生井壁失稳的主要机理。页岩中微裂缝的存在使之与钻井液接触后，滤液极易进入裂缝或微裂缝，水化作用使页岩孔隙压力发生变化、强度降低，并最终影响页岩的稳定性。归纳起来，页岩井壁失稳的主要原因有以下几点：

（1）微裂缝、微裂隙是钻井液滤液进入地层内部的主要通道。硬脆性页岩十分致密，表面除了发育微裂缝、微裂隙，还存在微孔隙、晶间孔隙，这类孔隙孔喉半径远远小于微米级的微裂缝宽度，同时这类微孔隙间相互连通性较差，对钻井液滤液有阻碍作用，因为这类孔隙在毛细管力的作用下容易吸水形成"水相圈闭"，阻止后续钻井液滤液进入页岩内部。因此，当与钻井液接触后，钻井液滤液在毛细管力以及正压差的作用下会优先从渗透性较好的微裂缝进入地层内部，增大地层孔隙压力、引发后续钻井液滤液与页岩的一系列物理化学反应，从而对井壁稳定产生影响。

（2）微裂缝、微裂隙的延伸、扩展是页岩地层井壁坍塌的重要原因。当钻井液滤液通过微裂缝、微裂隙进入地层内部以后，地层颗粒间结合力降低，微裂缝摩擦强度下降，当地层受到较大应力时，微裂缝尖端会出现较大的应力集中，当超过水化后岩石强度时，微裂缝就会出现延伸、扩展，并相互连通，最后地层沿主裂缝破坏，出现井壁掉块等情况。

（3）孔隙压力变化造成井壁失稳。页岩与孔隙液体的相互作用，改变了黏土层之间水化应力或膨胀应力的大小。滤液进入层理间隙，页岩内黏土矿物遇水膨胀，膨胀压力使张力增大，导致页岩地层（局部）拉伸破裂；相反，如果减小水化应力，则使张力降低，发挥页岩收缩和（局部）稳定作用。对于低渗透性页岩地层，由于滤液缓慢地侵入，逐渐平衡钻井液压力和近井壁的孔隙压力（一般为几天时间），因此失去了有效钻井液柱压力的支撑作用。由于水化应力的排斥作用使孔隙压力升高，页岩会受到剪切或张力方式的压力，减少使页岩粒间联结在一起的近井壁有效应力，诱发井壁失稳。当循环介质滤液在过平衡压力和微裂缝毛细管力的作用下沿微裂缝、层理面渗入地层，促使裂缝萌生、扩展和贯穿，造成井壁围岩缝网体的形成，导致井壁发生垮塌。

2.3.1　井壁围岩缝网体的形成机理及力学模型

我国南方海相页岩，处于裂谷盆地、克拉通盆地、被动大陆边缘盆地和前陆盆地等叠加复合而成的多旋回叠合盆地，应力多次交替，形式基本上为拉张—挤压—扭动走滑。后期的构造运动中的逆冲推覆，使页岩破坏较为严重，但在盆地深部，由于地层上覆压力作用，此处页岩经历的是沉积压实成岩过程，特别是志留系区域性滑脱层之下的古生界页岩遭受的破坏较小，页岩气能够较好地保存下来，这种成岩环境导致页岩的诸多性质复杂化，内部缝网的形成是表现之一（张金川等，2004；聂海宽等，2011）。

1. 井壁围岩缝网体分析方法

利用 CT 层析技术对页岩受力变形过程中缝网体形成进行描述，分析在不同循环介质条件下井壁围岩缝网体的形成与发育特征，揭示介质变化作用下井壁围岩内部细观损伤的力学效应。具体方案如下：

（1）取标准试样，获取单轴和三轴情况下的应力应变曲线，为后续取不同应力状态下的试样做准备。

（2）对上述试件施加上述应力应变曲线上相应点的应力，并将受力后的试件进行不同位置的 CT 扫描，通过 CT 层析技术观察空间缝网分布情况。

（3）记录不同应力状态下不同扫描层面的 CT 数，分析不同应力状态试样缝网形成与 CT 数的关系，并利用 CT 重构技术形成三维立体图，显示缝网空间展布。

（4）将不同应力状态下的岩样井筒中放入清水、钻井液条件下，重复步骤（2）和（3），揭示介质变化过程中缝网体的形成、发育和破坏特征。

图 2-59 和图 2-60 分别是干岩心扫描没有裂纹的岩心经含有 $CaCl_2$、KCl 饱和溶液的钻井液浸泡后的 CT 扫描图，不同性能钻井液的浸泡都使岩心截面发生了变化。钻井液浸泡后，岩心内部出现不同程度的裂缝，岩心的不同截面都经历了微裂缝的形成与扩展，形成并扩展后的微裂缝与主裂缝的贯通在宏观上都表现为岩石强度的降低。

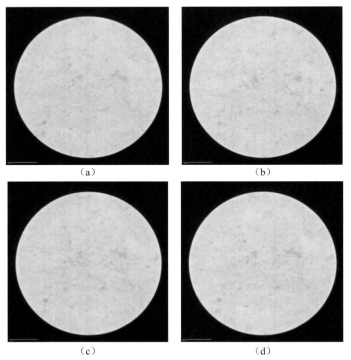

（a）　　　　　　　　　　　（b）

（c）　　　　　　　　　　　（d）

图 2-59　岩心经钻井液浸泡后的 CT 扫描图（钻井液类型 $CaCl_2$）

（a）～（d）分别为岩心不同截面的 CT 扫描结果

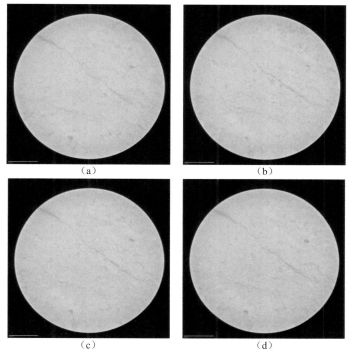

图 2-60　岩心经钻井液浸泡后的 CT 扫描图（钻井液类型 $CaCl_2$、KCl）

（a）～（d）分别为岩心不同截面的 CT 扫描结果

2. 页岩脱水引起的裂缝产生机制

试验页岩试样黏土矿物含量较高（多为 40%～50%），黏土矿物中伊/蒙混层占主要地位，且伊利石是一种三层型黏土矿物，晶格不易膨胀，水不宜进入晶层之间，其水化膨胀仅限于外表面，体积增加程度小，对内部结构影响较小；而蒙皂石类中以蒙脱石为主，蒙脱石晶体构造和伊利石类似，但其上下面皆为氧原子，各晶层间以分子间力连接，晶间连接力弱，在压力和化学势差作用下水分子易进入晶层之间引起晶格膨胀。由于晶格取代作用，蒙脱石带有较多的负电荷，被吸附来的等量阳离子在水化后进入晶层之间，导致晶格间层间距增加，即蒙脱石为典型膨胀型黏土矿物。

页岩中含大量伊/蒙混层这种黏土矿物，常温条件下页岩浸泡于活度不同的盐溶液中，在化学势差的作用下页岩中游离水和钻井液滤液将发生渗透作用。当钻井液滤液矿化度较高（即活度越低）且大于页岩中游离水的矿化度时，页岩在逆向化学势差作用下发生脱水，其主导机制为化学势差产生的渗透作用，即页岩中游离水在渗透压作用下从页岩内部沿孔隙或裂隙向井筒渗流，上述作用将在宏观和微观上对井壁围岩强度特性产生影响。宏观方面，页岩脱水地层体积收缩，地层中含水量减小，近井筒附近地层孔隙压力降低，井壁围岩有效应力增加，井壁围岩强度增加；微观方面，页岩脱水体积收缩，黏土矿物晶层间产生拉应力，致使层间分离，破坏晶格结构，页岩内部的自由水将更多地进入层间，使其水化作用不仅产生在外表面，也部分产生于内表面（尤其对伊利石来说，这一点体现得更为明显），进一步破坏晶格结构，导致裂缝大量产生。

3. 页岩吸水引起的裂缝产生机制

裂缝性页岩具有较强的亲水性，当水基钻井液钻开页岩地层后，就会产生方向指向地层的毛细管力，因此除了水力压差和化学势差之外，毛细管力也是钻井液滤液侵入页岩地层不可忽视的驱动力。

将四川元坝须家河组须三段页岩岩样浸泡在清水之后，可以观察到从岩样中冒出大量气泡（图2-61），清水沿着层理或微裂缝迅速进入岩样内部，在层理横截面上可以观察到，发育的微裂缝发生开裂、拓展、分叉、再拓展、贯通，最终导致岩样崩散，发生宏观破坏。但将浸泡后的岩样粉碎后发现，其内部仍然是干燥的，并没有发生清水侵入。

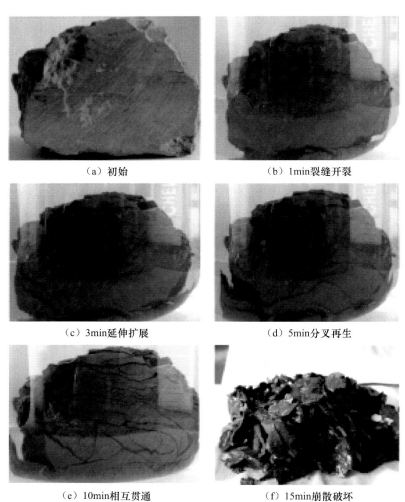

（a）初始　　　　　　　　　　　（b）1min裂缝开裂

（c）3min延伸扩展　　　　　　　（d）5min分叉再生

（e）10min相互贯通　　　　　　（f）15min崩散破坏

图2-61　四川元坝须家河组须三段页岩浸泡试验照片

由于页岩的超低渗特性，一旦外来流体侵入储层，水相在极高的毛细管力作用下，通过微孔缝沿着矿物颗粒界面上移渗流推进，由此引起井壁坍塌失稳。由试验结果可知，2% KCl 溶液自吸曲线在短时间内高起，自吸量大。当向试验液中加入微乳液（ME）形成纳米乳液后，试验液的表面张力可以降低到 22.5mN/m，接触角最大可接近 90°，大幅降低毛细管力，阻缓钻井液滤液侵入地层，有效抑制页岩水化作用，以保持井壁稳定。此外，纳米乳胶团结构可以有效暂堵微孔缝，减少水分子渗吸（图 2-62）。

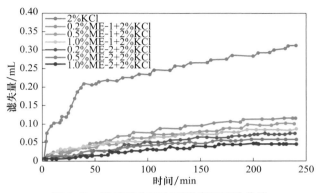

图 2-62　微乳液作用下页岩自吸试验曲线

岩样浸泡于 KCl 饱和溶液后，就不可避免地要发生表面水化，同时会发生以下几种作用：第一，钻井液滤液与黏土表面发生离子交换作用，使黏土表面带负电荷而产生排斥力，加速页岩内部水化；第二，页岩内部游离水活度低于 KCl 饱和溶液活度，钻井液滤液向地层发生渗透运移；第三，页岩中存在大量的微裂隙，钻井液滤液进入微裂缝产生毛细管力，加快钻井液滤液向地层的运移；第四，钻井液液柱压力与地层孔隙压力之间存在正压差，在正压差作用下钻井液滤液向地层发生渗流。由于钻井液滤液大量进入页岩内部，填补页岩内部微裂隙和孔隙，并与黏土矿物充分接触产生水化膨胀应力，内部液体表面张力下降，孔隙压力变大，水化作用相互加强，体现为页岩体积增大。这种水化现象及作用范围具有时间效应，直接影响为页岩发生分散或者其内部裂纹增多，岩石强度下降，最后丧失稳定。

页岩吸水时发生的四种作用中，有些作用的发生与否及发生机理有待进一步研究。首先是孔隙毛细管力作用，因为作为试验对象的页岩属于储层页岩，从取出岩样到进行试验的过程中，并不能确保保存条件的完好，发生的孔隙毛细管力作用也许是因为暴露于空气中的时间过长，页岩与饱和溶液接触时形成了空气 - 水界面而产生的。作为深埋地下的储层页岩，是否在接触溶液时发生了孔隙毛细管力作用，或者发生了明显的孔隙毛细管力作用，不得而知。其次是孔隙压差作用下，饱和溶液中的水分沿页岩的孔隙和微裂隙进入。关于这一点，在其他孔隙度和渗透率较大、分子作用不大的岩石中，一般发生的会是自由水在压差作用下的达西流动，但试验对象是页岩，其分子作用大，内部流体与岩石骨架之间滑脱严重，可能不太符合达西定律，在页岩孔隙和微裂缝中水的渗流运动的机理发生变化，可能需要致力于非达西流的研究。

4. 井壁围岩裂缝扩展的细观力学模型

当井筒替换为钻井液以后，钻井液滤液沿着微裂缝进入地层，产生两个方面的作用：① 增加了裂缝面的孔隙压力；② 润滑壁面，导致压力传至缝尖。这两个方面的影响加速了裂缝的扩展。裂缝的扩展是地层条件和作业条件共同耦合的结果。影响裂缝垂向扩展的主要因素有层间地应力差、弹性模量差、断裂韧性差、界面特性和液体分布特征。当裂缝强度因子大于岩石断裂韧性时，裂缝将发生扩展。研究钻井液对井壁围岩缝网体的影响，其核心问题在于计算转换介质界面张力、地应力和缝面压力条件下裂缝强度因子。模型具有如下假设：存在一条裂缝或一条主导性裂缝；对裂缝张开起主导作用的力为流体的压力及张开地层的应力。

对于线弹性材料，可以用叠加原理来求解应力强度因子。在断裂力学中，如图2-63所示无限大体具有长度为 $2H$ 的裂纹，裂纹面受到分布力 $f(x)$ 的作用，其裂纹应力强度因子为

$$K_{\mathrm{I}} = \frac{1}{\sqrt{\pi H}} \int_{-H}^{H} f(x) \sqrt{\frac{H+x}{H-x}} \mathrm{d}x \qquad (2\text{-}65)$$

式中，$f(x)$ 为裂纹面上的应力分布。

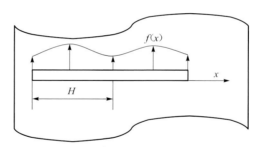

图 2-63　无限大体中的裂纹面受分布力作用

假设缝面所受应力为均匀地应力，即 $f(x)=A$ 时，裂缝应力强度因子的一般表达形式为

$$K_{\mathrm{I}} = \frac{A}{\sqrt{\pi H}} \int_{l_1}^{l_2} \sqrt{\frac{H+x}{H-x}} \mathrm{d}x = \frac{A}{\sqrt{\pi H}} \left[H \arcsin \frac{x}{H} - \sqrt{H^2 - x^2} \right]_{l_1}^{l_2} \qquad (2\text{-}66)$$

又根据断裂力学，裂纹面上受到一对集中切向力 Q_{T} 作用时，应力强度因子为

$$K_{\mathrm{II}} = \frac{Q_{\mathrm{T}}}{\sqrt{\pi a}} \sqrt{\frac{a+b}{a-b}} \qquad (2\text{-}67)$$

式中，a 为裂缝半长；b 为集中切向力作用位置；Q_{T} 为线载荷，N/m。

模型主要考虑裂缝尖端，为了研究方便，假设裂缝受均匀地应力、缝面压力，不考虑缝高剖面上的压降。具体裂纹面应力分布如图2-64所示。

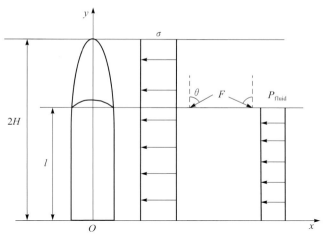

图 2-64 裂纹面受力图

$2H$ 为微裂缝缝高；l 为微裂缝中部到液体介质边界处的高度；σ 为原岩地应力；P_{fluid} 为裂缝壁面流体压力；F 为毛细管力，方向为指向凹液面内侧；θ 为液体与岩石壁面接触角

将图 2-64 中受到的应力分别代入式（2-66），可以得到相应应力作用下的裂缝应力强度因子。

裂缝壁面正应力 σ 所产生的应力强度因子为

$$K_{11} = \frac{\sigma}{\sqrt{\pi H}} \int_0^{2H} \sqrt{\frac{y}{2H-y}} \mathrm{d}y = \frac{\sigma}{\sqrt{\pi H}} \int_{-H}^{H} \sqrt{\frac{H+y'}{H-y'}} \mathrm{d}y' = \sigma\sqrt{\pi H} \qquad (2\text{-}68)$$

裂缝面流体压力 P_{fluid} 所产生的应力强度因子为

$$K_{12} = \frac{P_{fluid}}{\sqrt{\pi H}} \int_0^{l} \sqrt{\frac{y}{2H-y}} \mathrm{d}y = \frac{P_{fluid}}{\sqrt{\pi H}} \int_{-H}^{l-H} \sqrt{\frac{H+y'}{H-y'}} \mathrm{d}y' = \frac{P_{fluid}}{\sqrt{\pi H}} \left[\frac{\pi H}{2} + H \arcsin\frac{l-H}{H} - \sqrt{l(2H-l)} \right]$$

$$(2\text{-}69)$$

对于界面张力，Yang-Laplace 方程为

$$F = \gamma\left(\frac{1}{R_1} + \frac{1}{R_2} \right) \qquad (2\text{-}70)$$

式中，F 为界面上的附加吸力，在毛细管中，该附加吸力也称为毛细管力，$\mathrm{N/m^2}$；γ 为液体界面张力，$\mathrm{N/m}$；R_1、R_2 分别为任意简单曲面的两个主曲率半径，m。

对于井眼周围的微裂缝裂尖，润湿性钻井液在缝尖产生的毛细管力如图 2-65 所示。

由几何关系知，当液体为润湿性介质时，毛细管力 F 为

$$F = \frac{2\gamma\cos(\theta_{WA} - \beta)}{w} \qquad (2\text{-}71)$$

当液体为非润湿性介质时，毛细管力为

$$F = \frac{2\gamma\cos(\theta_{WA} + \beta)}{w} \qquad (2\text{-}72)$$

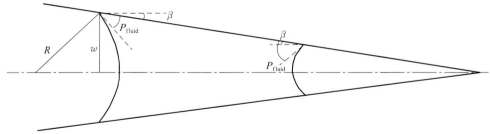

图 2-65　锥形管中的毛细管力

式中，γ 为液体界面张力，N/m；w 为裂缝宽度，即毛细管半径，m；β 为裂缝壁与毛细管力中心线的夹角，为锥角的一半；θ_{WA} 为润湿角，（°）。

毛细管力 F 中，沿着壁面的切向力 $F\cos\theta_{WA}$ 为促使液体在管内流动的力，而两侧壁上的正应力 $F\cos\theta_{WA}$ 相互抵消。

又根据断裂力学裂纹面上受到一对集中切向力 Q_T 作用时的应力强度因子，即式（2-67），于是液体界面张力 γ 产生的应力强度因子为

$$K_{II} = \frac{\gamma\cos\theta_{WA}}{\sqrt{\delta H}}\sqrt{\frac{H+l-H}{H-(l-H)}} = \frac{\gamma\cos\theta_{WA}}{\sqrt{H}}\sqrt{\frac{l}{2H-l}} \qquad (2\text{-}73)$$

当液体为非润湿介质时，切向力使液面后退；当液体为润湿介质时，切向力使液面进一步前行。

注意到流体压力和地应力的方向和裂纹面张开的方向的关系，裂纹面的应力强度因子为

$$K_I = -K_{I1} + K_{I2} = \frac{P_{fluid}}{\sqrt{\pi H}}\left[\frac{\pi H}{2} + H\arcsin\frac{l-H}{H} - \sqrt{l(2H-l)}\right] - \sigma\sqrt{\pi H} \qquad (2\text{-}74)$$

$$K_{II} = \frac{\gamma\cos\theta_{WA}}{\sqrt{\pi H}}\sqrt{\frac{l}{2H-l}} \qquad (2\text{-}75)$$

当应力强度因子式（2-74）超出岩石 I 型断裂韧性 K_{IC}，或当应力强度因子式（2-75）超出岩石 II 型断裂韧性 K_{IIC} 时，裂纹面将张开或剪切开，导致地层被破开。式（2-74）或式（2-75）是超越方程，可以用二分法搜索求根。在算例中，长度单位采用 cm，强度单位采用 Pa，因此图 2-68～图 2-71 中 K_I、K_{II} 的单位为 0.1 Pa·m$^{1/2}$。

图 2-66 中显示的是裂缝中液柱长度与应力强度因子之间的变化关系，图中蓝色实线、红色虚线分别对应着 I 型与 II 型应力强度因子。随着液柱长度的增加，I 型应力强度因子增加的速度略有增加；随着液柱长度的增加，II 型应力强度因子呈线性增加。在该情况下，II 型应力强度因子较 I 型应力强度因子大，因而更有发生 II 型断裂的可能。

图 2-67 中显示的是裂缝半长与应力强度因子之间的变化关系，图中蓝色实线、红色虚线分别对应着 I 型与 II 型应力强度因子。随着裂缝半长增加，I、II 型应力强度因子均减小。在该情况下，II 型应力强度因子较 I 型应力强度因子大，裂缝扩展方向易发生改变，导致围岩缝网形成。

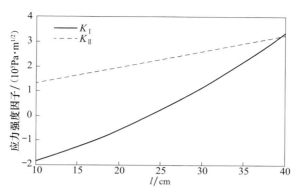

图 2-66　裂缝液柱长度与应力强度因子之间的关系

$H=50\text{cm}$；$\sigma=2\times10^6\,\text{Pa}$；$P_{\text{fluid}}=3\times10^6\,\text{Pa}$；$\gamma=0.5\times10^9\,\text{N/m}$；$\theta_{\text{WA}}=\dfrac{\pi}{180}\text{rad}$

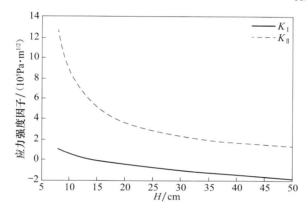

图 2-67　裂缝半长与应力强度因子之间的关系

$l=10\text{cm}$；$\sigma=2\times10^6\,\text{Pa}$；$P_{\text{fluid}}=3\times10^6\,\text{Pa}$；$\gamma=0.5\times10^9\,\text{N/m}$；$\theta_{\text{WA}}=\dfrac{\pi}{180}\text{rad}$

图 2-68 中显示的是界面张力与Ⅱ型应力强度因子之间的变化关系。随着界面张力的增加，Ⅱ型应力强度因子呈线性增大，增大到超出地层断裂韧性时，地层即被压开。

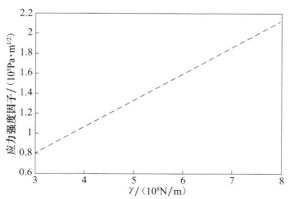

图 2-68　界面张力与应力强度因子之间的关系

$H=50\text{cm}$；$l=10\text{cm}$；$\theta_{\text{WA}}=\dfrac{\pi}{180}\text{rad}$

图 2-69 中显示的是流体压力与Ⅰ型应力强度因子之间的变化关系。随着流体压力的增加，Ⅰ型应力强度因子呈线性增大，增大到超出地层断裂韧性时，地层即被压开。

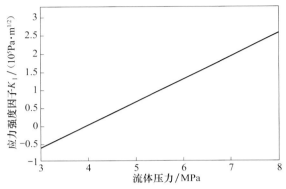

图 2-69 流体压力与应力强度因子之间的关系

$H=50cm$；$l=20cm$；$\sigma=2\times10^6rad$

硬脆性页岩井壁失稳在很大程度是由于围岩中裂缝扩展、贯穿而产生的。钻井液性质的变化，会改变裂缝尖端的应力强度因子，并使裂缝的扩展偏离其原始方向，从而使裂缝之间产生了不同的扩展、交叉，导致井壁围岩缝网体的形成。钻井液滤液和井壁围岩缝网体作用时间的增加，导致井壁失稳。

2.3.2 硬脆性页岩的力学行为及失稳模式

当地层含有层理性裂缝时，其强度变化大，而且破坏多与结构面有关；地层含有层理性裂缝的同时，还含有天然裂缝，地层岩石的强度极大地减弱，而且破坏多为复合破坏。可见硬脆性页岩的力学行为与其结构有着密切的关系。

对四川盆地龙马溪组的硬脆性露头页岩岩样（不含显著裂缝）及井下岩样开展岩石力学试验，来观察硬脆性页岩的力学行为及破坏模式。

（1）变围压条件下龙马溪露头页岩试验参数设置见表 2-10，岩样的应力应变曲线，见图 2-70。

表 2-10 龙马溪露头页岩不同围压试验参数

参数	编号					
	1	2	3	4	5	6
围压/MPa	0	10	20	30	40	50

与其他岩石类似，页岩随着围压的增加，强度逐渐增大，脆性降低，表现出一定的塑性特性。

（2）变温度条件下龙马溪露头页岩试验参数设置（表 2-11）。

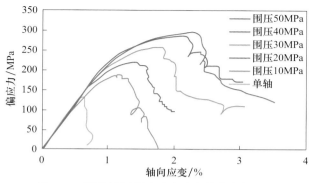

图 2-70 随着围压增大应力应变曲线变化趋势

表 2-11 龙马溪露头页岩试验参数设置

编号	围压/MPa	温度/℃
1	40	常温
2	40	常温
3	40	140
4	40	140

各岩样的应力应变试验曲线见图 2-71。在 40MPa 的高围压下，页岩随着温度增加，岩石强度略有降低，塑性略增加，失稳模式基本为剪切破坏。常温时，到达峰值压力时，页岩瞬间破坏，显现劈裂多缝特征，残余应力高；高温时，达到峰值压力前的塑性变形持续显现，剪切缝破坏显著，残余应力低。

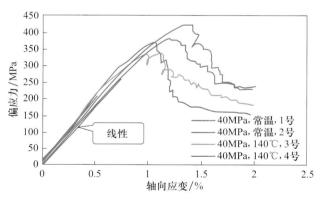

图 2-71 各岩样的应力应变试验曲线

（3）井下岩心不同围压下的应力应变曲线。

图 2-72 是 X 井井下页岩岩心的应力应变试验曲线。井底岩心取出后多存在缺陷，应力应变曲线的脆性较明显，如单轴条件下的岩心呈现劈裂破坏状态，高围压情况下，页岩的非线性变形规律较低围压下显著，这也符合传统的岩石力学认识。

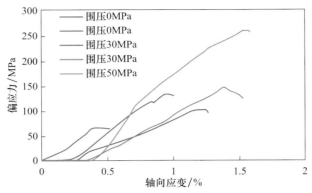

图 2-72　X 井井下页岩岩心的应力应变试验曲线

岩石的最终破坏以三种模式为主，即劈裂破坏、剪切破坏和延性破坏。从研究的几套页岩地层的岩石力学试验来看，破坏多呈现劈裂破坏和剪切破坏。根据岩样的应力应变及时间之间关系，可将其力学属性分为弹性、塑性、脆性。材料的塑性与脆性是根据其受力破坏前的总应变及全应力应变曲线上负坡的坡降大小来划分的，脆性往往表现为没有或有很小的塑性流动就发生破裂。破坏前总应变小，负坡较陡者为脆性，反之为塑性。赫德以 3% 和 5% 为界限，将岩石划分为三类：总应变小于 3% 者为脆性岩石；总应变在 3%～5% 者为半脆性或脆 - 塑性岩石；总应变大于 5% 者为塑性岩石。

2.3.3　裂缝性页岩的井壁稳定性分析模型

1. 层理弱面页岩地层的失稳模型

层理性地层的裂缝主要包括层间页理缝和层面滑移缝（断层），是方向大体一致的一组结构面，结构面的尺寸大于井筒尺寸。层理结构面较为规则，裂缝张开度一般较小，多数被泥质或砂质完全充填，力学特性与岩石本体的力学特性有差异，表现为各向异性，岩石的破坏需要考虑结构面的控制效应（沈明荣，1999）。目前，多采用耶格库克强度准则进行分析（Jaeger et al.，2009）。

1）本构模型

对层理弱面页岩在井壁稳定性分析时，应考虑地应力、地层走向、倾角、层理面渗流、泥浆与页岩之间物理化学作用等因素影响的井壁稳定性预测方法。考虑结构弱面对岩体稳定的影响，建立了考虑渗流作用的页岩结构弱面失稳模型（图 2-73）。

局部坐标系下的应力应变关系可表述为

$$\{\sigma'\} = [D']\{\varepsilon'\} \tag{2-76}$$

局部坐标 $x'\,y'\,z'$ 的弹性矩阵为

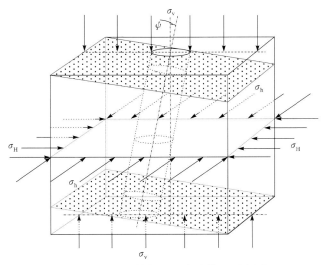

图 2-73　页岩结构弱面失稳模型示意图

$$[D'] = M \begin{bmatrix} 1 - nv_2^2 & & & & & \\ v_1 + nv_2^2 & 1 - nv_2^2 & & & & \\ v_2(1+v_1) & v_2(1+v_1) & \dfrac{1-v_2^2}{n} & & & \\ & & & \dfrac{G_1}{M} & & \\ & & & & \dfrac{G_2}{M} & \\ & & & & & \dfrac{G_2}{M} \end{bmatrix} \qquad (2\text{-}77)$$

式中，$M = E_1 \big/ \big[(1+v_1)(1-v_1-2nv_2^2)\big]$；$n = E_2/E_1$；$G_1 = E_1 \big/ \big[2(1+v_1)\big]$；$E_1$、$E_2$、$v_1$、$v_2$、$G_1$、$G_2$ 为横观各向同性体的六个独立的弹性参数。

在横观各向同性地层井周应力分布公式为

$$\left.\begin{aligned} \sigma_x &= \sigma_{x,0} + 2\,\mathrm{Re}\big[\mu_1^2 \phi_1'(z_1) + \mu_2^2 \phi_2'(z_2)\big] \\ \sigma_y &= \sigma_{y,0} + 2\,\mathrm{Re}\big[\phi_1'(z_1) + \phi_2'(z_2)\big] \\ \tau_{xy} &= \tau_{xy,0} - 2\,\mathrm{Re}\big[\mu_1 \phi_1'(z_1) + \mu_2 \phi_2'(z_2)\big] \\ \tau_{xz} &= \tau_{xz,0} + 2\,\mathrm{Re}\big[\mu_3 \phi_3'(z_3)\big] \\ \tau_{yz} &= \tau_{yz,0} - 2\,\mathrm{Re}\big[\phi_3'(z_3)\big] \\ \sigma_z &= \sigma_{z,0} - \frac{1}{a_{33}}(a_{31}\sigma_{x,\mathrm{h}} + a_{32}\sigma_{y,\mathrm{h}}) \end{aligned}\right\} \qquad (2\text{-}78)$$

式中，μ_k $(k=1,2,3)$ 为应变协调方程的特征根。设 D'、E'、F' 为应力表达式（Amadei，

1996），则

$$
\left.
\begin{aligned}
\phi_1'(z_1) &= \frac{1}{2\Delta(\mu_1\cos\theta - \sin\theta)}(E'\mu_2 - D') \\
\phi_2'(z_2) &= \frac{1}{2\Delta(\mu_2\cos\theta - \sin\theta)}(D' - E'\mu_1) \\
\phi_3'(z_3) &= \frac{1}{2\Delta(\mu_3\cos\theta - \sin\theta)}(F'\mu_2 - \mu_1) \\
\Delta &= \mu_2 - \mu_1
\end{aligned}
\right\}
\tag{2-79}
$$

利用坐标转换关系，将直角坐标系下的应力矢量转换成圆柱形坐标系下直井的井壁应力分布表达式为

$$
\left.
\begin{aligned}
\sigma_r &= \cos^2\theta\sigma_x + \sin^2\theta\sigma_y + \sin 2\theta\tau_{xy} \\
\sigma_\theta &= \sin^2\theta\sigma_x + \cos^2\theta\sigma_y - \sin 2\theta\tau_{xy} \\
\sigma_z &= \sigma_z \\
\tau_{\theta z} &= \cos\theta\tau_{yz} - \sin\theta\tau_{xz} \\
\tau_{rz} &= \sin\theta\tau_{yz} + \cos\theta\tau_{xz} \\
\tau_{r\theta} &= -0.5\sin 2\theta\sigma_x + 0.5\sin 2\theta\sigma_y + (\cos^2\theta - \sin^2\theta)\tau_{xy}
\end{aligned}
\right\}
\tag{2-80}
$$

式中，θ 为井周角。

2）地层横观各向同性对井壁应力的影响规律

应用横观各向同性模型，对各类参数对井壁应力的影响进行了分析。在实际各向异性地层钻井过程中，需要考虑岩石的各向异性、层理面倾斜角度、井孔倾斜度以及原始地应力斜度等共同对井壁稳定性的影响。利用适应于任意井孔取向、原地应力和岩层斜度的计算机算法，研究各种参数对井眼周围的应力分布状态的影响规律，进而分析井壁失稳破坏的可能原因及影响因素。表 2-12 给出了用于进行应力分析的参数数据。

表 2-12　计算参数

E=32GPa	E'=变量	ν=0.14
ν'=0.21	$\beta_r = \beta_s = 0$	$\alpha_r = \alpha_s = 0$
$\alpha_b = 45°$	β_b=变量	P_w=54MPa
$\sigma_{hmax} = 75MPa$	$\sigma_{hmin} = 60MPa$	$\sigma_v = 80MPa$
$\sigma_t = -7MPa$		

一旦井壁周围的应力分布确定之后，我们就需要将其与岩石的强度进行比较。井壁破坏准则其实是应力之间的一种关系，它是一个极限值，当超过这个临界的极限值时，井壁就会发生破坏。目前在进行压裂破裂模式分析时，主要考虑岩石本体的拉张破裂，沿弱面的剪切破裂以及垂直天然裂缝面的张性破裂。依据井壁受力状态的不同，井壁主

应力将表述成不同形式，在进行分析之前需要计算得到井壁的主应力 σ_1、σ_2　σ_3

$$
\left.
\begin{aligned}
\sigma_1 &= \frac{\sigma_\theta + \sigma_z}{2} + \frac{1}{2}\sqrt{\left(\sigma_\theta - \sigma_z\right)^2 + 4\tau_{\theta z}{}^2} \\
\sigma_2 &= \sigma_r \\
\sigma_3 &= \frac{\sigma_\theta + \sigma_z}{2} - \frac{1}{2}\sqrt{\left(\sigma_\theta - \sigma_z\right)^2 + 4\tau_{\theta z}{}^2}
\end{aligned}
\right\}
\tag{2-81}
$$

式中，σ_1、σ_2　σ_3 分别为最大、中间和最小主应力。

第一，杨氏模量比值的影响。各向异性度 n 为垂直于各向同性面内的弹性模量与各向同性面内的弹性模量的比值，各向异性程度 n 是表征材料性质的量，n 值越小表征其各向异性程度值越高

$$
n = \frac{E_z}{E_{x,y}} = \frac{E'}{E}
\tag{2-82}
$$

图 2-74 和图 2-75 给出了在　$\alpha_r = \beta_r = 0°$、$\alpha_s = \beta_s = 0°$、$\alpha_b = \beta_b = 45°$（其中，α_r、β_r 为地层方位及倾角；α_s、β_s 为原始地应力取向；α_b、β_b 为井筒方位角和井斜角）（斜井）的情况下，即仅仅考虑井眼形状时的井壁周围应力分布情况。从图 2-74 可以看出在斜井状态下，不同各向异性度切向应力的最大值和最小值所对应的井周角不同，且在不同角度下其切应力的变化趋势也是不一样的。$\theta = 0°\sim80°$ 时，切应力的值随着各向异性度的减少（n 值变大）而增大；而在 $\theta = 80°\sim180°$ 时，切应力的值随着各向异性度的减少（n 值变大）而减小。图 2-75 给出了其垂向应力的变化情况，可以看出在 $\theta = 90°\sim120°$ 和 $\theta = 0°\sim30°$ 两个区间，垂向应力分别达到了最小值和最大值；且在 $\theta = 0°\sim60°$ 和

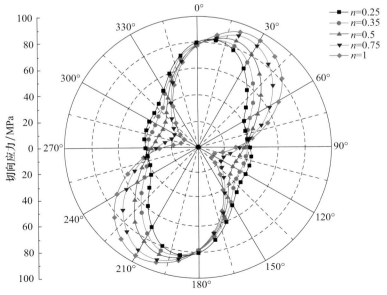

图 2-74　井壁周围切向应力分布情况
$\alpha_{r,s} = \beta_{r,s} = 45°$

$\theta=140°\sim180°$，其垂向应力的值随着各向异性度的减少（n值变大）而减小；但是在$\theta=70°\sim130°$之间时，从图 2-75 中可以看出尤其是在 $n>0.4$ 时，其应力基本上保持不变。此外通过图 2-76 可知，对径向应力而言，无论各向异性度如何改变，其均保持不变。

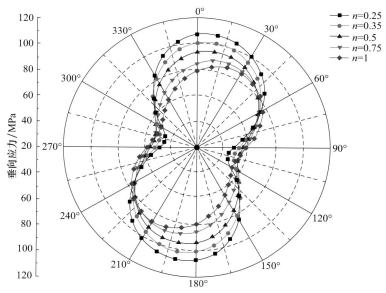

图 2-75　井壁周围垂向应力分布情况

$$\alpha_{\tau,s}=\beta_{\tau,s}=45°$$

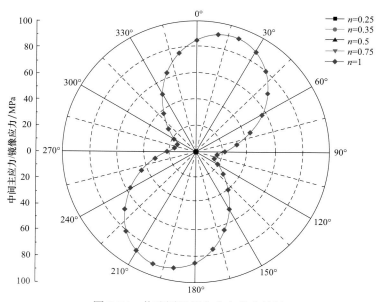

图 2-76　井壁周围径向应力分布情况

　　将以上所得的井周应力代入式（2-81）即可得到其主应力的分布规律。图 2-77 和图 2-78 给出了斜井状态下井壁周围最大主应力和最小主应力随各向异性度变化的情况。从图 2-77 可以看出，在 $\theta=0°\sim60°$ 时，最大主应力的值随着各向异性度的减少（n

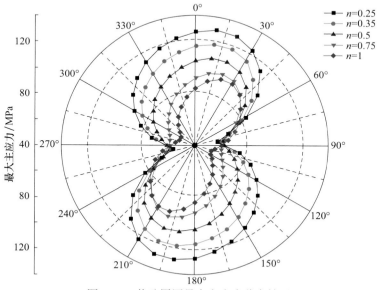

图 2-77　井壁周围最大主应力分布情况

$$\alpha_{\mathrm{r,s}} = \beta_{\mathrm{r,s}} = 45°$$

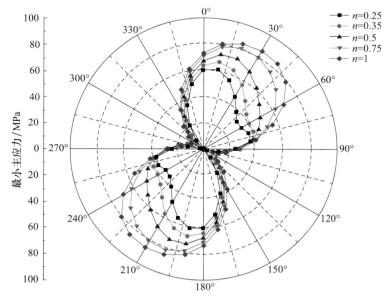

图 2-78　井壁周围最小主应力分布情况

$$\alpha_{\mathrm{r,s}} = \beta_{\mathrm{r,s}} = 45°$$

值变大）而减小；在 $\theta=60°\sim90°$ 时，最大主应力的值变化趋势不太明显，可忽略不计；而在 $\theta=90°\sim180°$ 时，最大主应力的值随着各向异性度的减少（n 值变大）而减小。同理从图 2-78 中可以看出，在 $\theta=0°\sim90°$ 时，最小主应力的值随着各向异性度的减少（n 值变大）而增大；而在 $\theta=90°\sim150°$ 时，最小主应力值变化不大，尤其是在 $n>0.5$ 时，其应力基本上保持不变；而在 $\theta=150°\sim180°$ 时最小主应力的值随着各向异性度的减少（n 值变大）而增大。

从以上分析可知，斜井状态下的井周应力分布随着各向异性度在不同的井周角下的变化趋势是不一样的，因此在进行破裂压力分析时，要考虑具体的情况，从而找出斜井井壁上开始起裂的正确位置。

第二，地应力的影响。为了分析原地应力的大小和方向对其井周应力的影响，我们分别从以下两个方面来进行分析。

首先，水平地应力比值的影响。此时需要满足以下条件：$\alpha_s=\beta_s=0°$、$\alpha_r=\beta_r=0°$、$\alpha_b=\beta_b=45°$，各向异性度为 $n=0.75$；在此我们定义水平应力比值（m）为水平最小地应力与水平最大地应力的比值：

$$m=\sigma_{h\min}/\sigma_{H\max} \tag{2-83}$$

在此 m 分别取 $m=0.6$、$m=0.8$、$m=1$ 三种情况，然后再分别与各向同性（$n=1$）条件下的应力分布进行对比，其结果如图 2-79～图 2-82 所示。

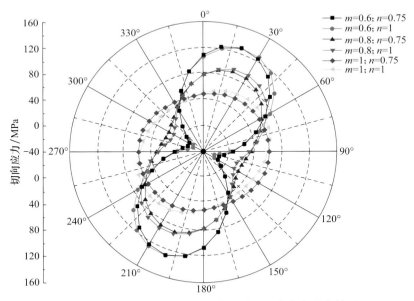

图 2-79　不同水平应力比时，井壁周围切向应力分布情况

从图 2-82 可以看出在各向异性的条件下，不同井周角下其切向应力随着水平应力比值的增大而变化的趋势是不同的，对相同的应力比值而言，各向异性条件下的井周应力值与各向同性相比时，其差别也随着井周角的不同而变化。然而对径向应力而言，图

2-80 表明对相同的水平地应力比值而言，各向异性和各向同性之间的中间主应力值没有差别，也就是说各向异性程度对其径向应力没有影响。图 2-81 和图 2-82 给出了最大最小主应力随着水平应力比值变化分布图，同样可以看出在不用井周角下，其变化趋势是不一样的。因此在进行失稳破坏研究的时候，我们需要根据具体情况来分析。

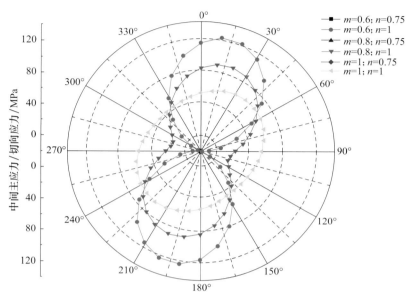

图 2-80　不同水平应力比时，井壁周围中间主应力（径向应力）分布情况

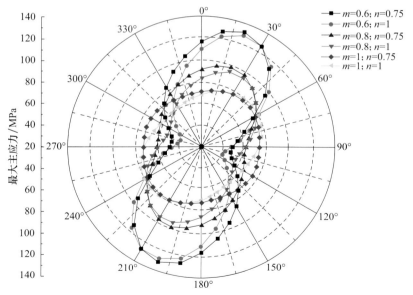

图 2-81　不同水平应力比时，井壁周围最大主应力分布情况

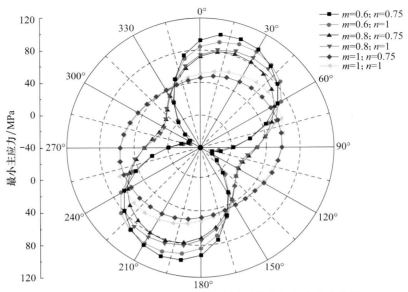

图 2-82　不同水平应力比时，井壁周围最小主应力分布情况

　　其次，原始地应力取向的影响。在研究原地应力取向对井周应力分布的影响时，设定基本地层条件 $\alpha_s=45°$，$\alpha_r=\beta_r=0°$，$\alpha_b=\beta_b=45°$，各向异性度为 $n=0.75$；其中 β_s 分别取 0°、30°、60°、90°四种情况，然后再与各向同性（$n=1$）情况条件下的应力分布进行对比分析，其结果如图 2-83 和图 2-84 所示。

　　图 2-83 和图 2-84 中可以说明在不同井周角下其井周应力随着 β_s 的增大而变化的趋势是不同的。从图 2-83 中可以看出，在各向异性和各向同性条件下，切向应力随着地应

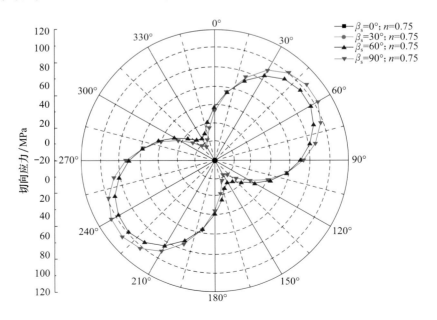

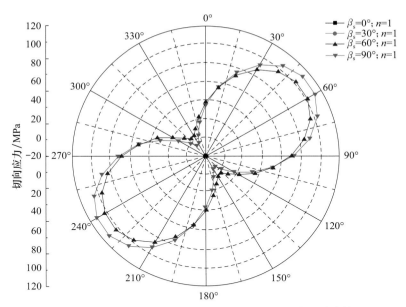

图 2-83 不同原始地应力取向时，井壁周围切向应力分布情况

力取向 β_s 值的变化，其趋势基本一样，但是应力值的大小存着微小差别，在实际工程中可忽略其影响，特别需要指出的是，在各向同性条件下，其应力值随着 β_s 的变化成对称变化。从图 2-84 中可以看出，对径向应力而言，各向异性与各向同性条件下的值均相等，其值也随着 β_s 的变化呈现对称变化。

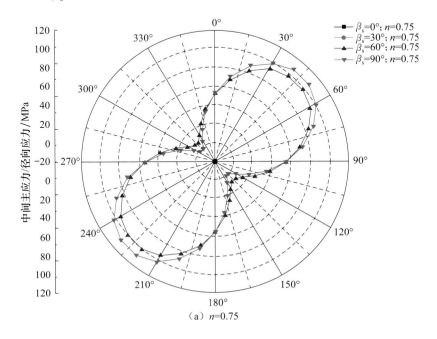

（a）$n=0.75$

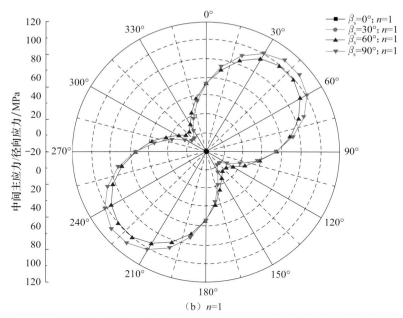

（b）n=1

图 2-84 不同原始地应力取向时，井壁周围中间主应力（径向应力）分布情况

图 2-85 和图 2-86 则给出了最大、最小主应力随着 β_s 变化的分布图，可以看出地层的各向异性程度对其应力分布有着较大的影响，此时在各向同性条件下，其应力值随着 β_s 的变化同样呈现对称变化。

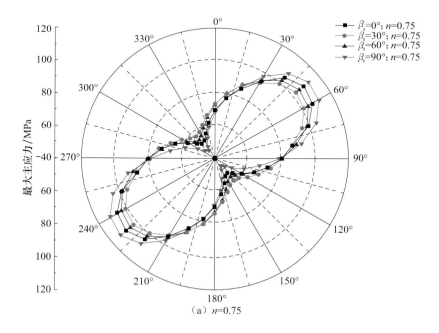

（a）n=0.75

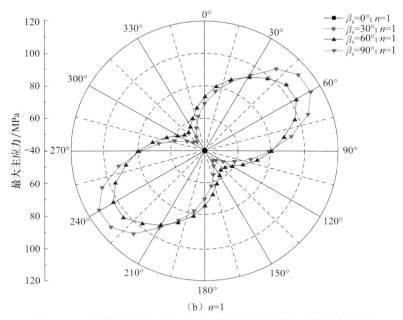

（b）n=1

图 2-85 不同原始地应力取向时，井壁周围最大主应力分布情况

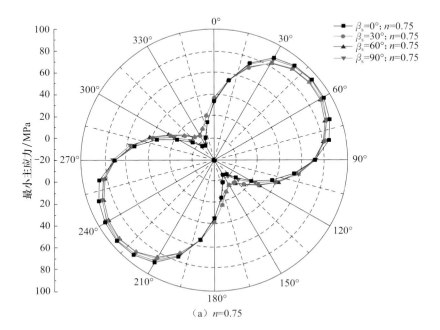

（a）n=0.75

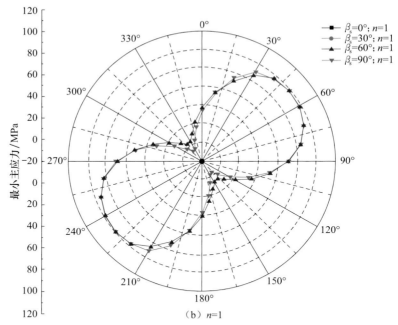

图 2-86　不同原始地应力取向时，井壁周围最小主应力分布情况

第三，地层倾斜度的影响。分析地层倾斜度对井周应力的影响时，设定的地层和地应力条件为 α_r=45°、α_s=β_s=0°、α_b=β_b=45°，令各向异性度为 n=0.75；其中 β_r 分别取 30°、45°、60°、75°四种情况，再与各向同性（n=1）条件下的应力分布分别进行对比，其结果如图 2-87 和图 2-88 所示。

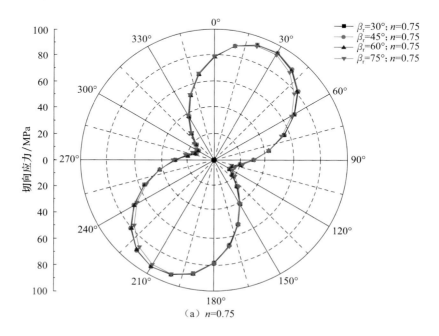

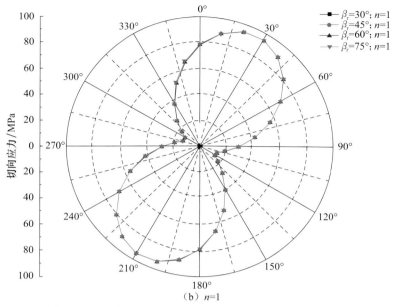

（b）n=1

图 2-87　不同地层倾斜度时，井壁周围切向应力分布情况

从图 2-87 中可以看出在各向异性条件下，地层倾斜度的变化会导致其切向应力产生微小变化，而各向同性条件下其基本没有差别，特别需要指出的是，在各向同性条件下，其应力值随着 β_r 的角度呈现对称变化。此外在当地层倾斜度 $\beta_r \leqslant 45°$ 时，其切向应力以及各向同性条件下的最大和最小主应力差别不大。对径向应力而言，地层的倾斜度以及各向异性程度对井壁周围的径向应力分布没有影响，如图 2-88 所示。

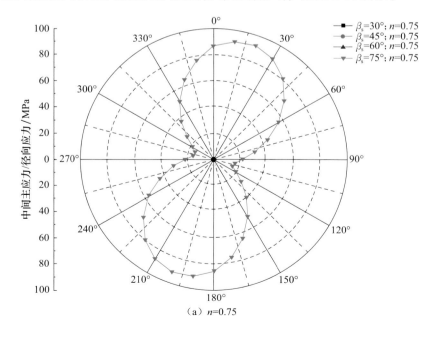

（a）n=0.75

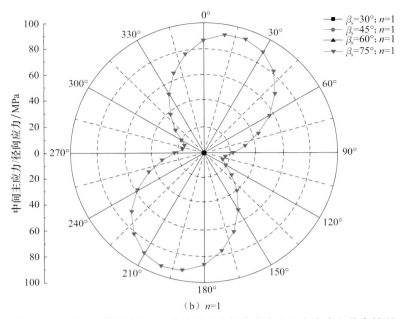

（b）*n*=1

图 2-88　不同地层倾斜度时，井壁周围中间主应力（径向应力）分布情况

从图 2-89 和图 2-90 则给出了最大、最小主应力随着 β_r 变化的分布图，可以看出地层的各向异性程度对其应力分布有着较大的影响；在各向同性条件下，情况则不一样，从图中可以看出在井周角 $\theta=0°\sim90°$ 时，当 $\beta_r<45°$ 时，其应力值变化不大，而当 $\beta_r>45°$ 时，最大主应力则随着地层倾斜度的增加而增大，而最小主应力则随着地层倾斜度的增加而减小。

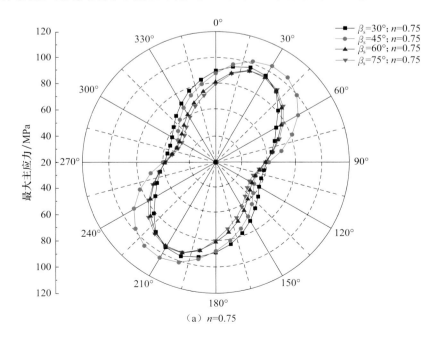

（a）*n*=0.75

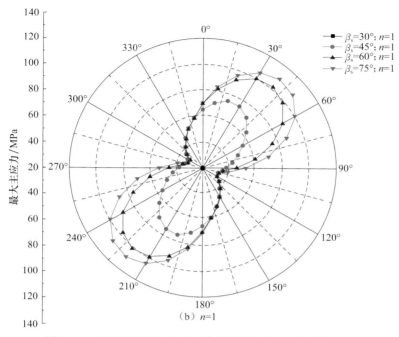

图2-89　不同地层倾斜度时，井壁周围最大主应力分布情况

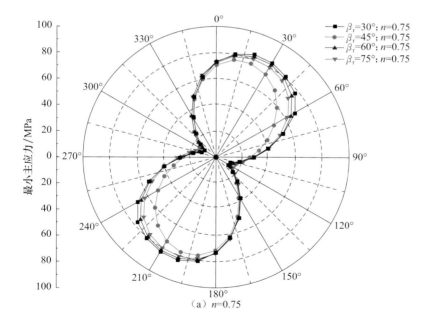

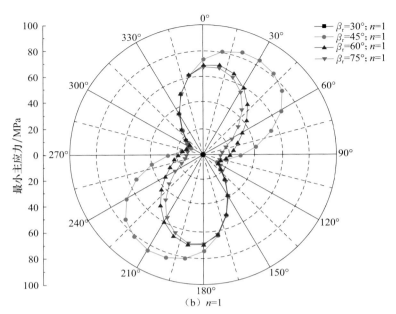

（b）$n=1$

图 2-90 不同地层倾斜度时，井壁周围最小主应力分布情况

3）破坏准则

三维结构弱面稳定性判断准则

$$\tau_{N,w} = \left[\sigma_{N,w} - P_f(r,t)\right] \tan\left[\phi_{wp}(r,t)\right] + C_{wp}(r,t) \tag{2-84}$$

式中，$\sigma_{N,w}$ 为法向点应力；$P_f(r,t)$ 为层理结构裂隙内的流体压力，随时间和空间变化；C_{wp} 为结构弱面的黏聚力，ϕ_{wp} 为内摩擦角都是时间和空间的函数。

结构弱面的稳定性准则可进一步表达为

$$X_N^2 + Y_N^2 + Z_N^2 - (lX_N + mY_N + nZ_N)^2 = \left\{(lX_N + mY_N + nZ_N - P_p)\tan\phi_{wp}(t) + C_{wp}(t)\right\}^2 \tag{2-85}$$

式中，l、m、n 为大地坐标系向井轴直角坐标系的转换方程；X_N、Y_N、Z_N 即为弱面上的应力分解。

对于直井，则有

$$
\begin{aligned}
X_N &= P_i A + B \\
Y_N &= P_i C + D \\
Z_N &= E
\end{aligned}
\tag{2-86}
$$

式中，$A = \cos2\theta\sin(\text{Dip})\cos(\text{Azim}) + \sin2\theta\sin(\text{Dip})\sin(\text{Azim})$；$B = [\sin2\theta\sin(\text{Dip})\cos(\text{Azim}) - \frac{1}{2}\sin2\theta\sin(\text{Dip})\sin(\text{Azim})][\sigma_H + \sigma_h - 2(\sigma_H - \sigma_h)\cos2\theta]$；$C = \sin2\theta\sin(\text{Dip})\cos(\text{Azim}) - \cos2\theta\sin(\text{Dip})\sin(\text{Azim})$；$D = [\cos^2\theta\sin(\text{Dip})\sin(\text{Azim}) - \frac{1}{2}\sin2\theta\sin(\text{Dip})\cos(\text{Azim})][\sigma_H + \sigma_h - 2(\sigma_H - \sigma_h)\cos2\theta]$；$E = [\sigma_V - 2\nu(\sigma_H - \sigma_h)\cos2\theta]\cos(\text{Dip})$。其中，Azim 为弱面方位角；Dip 为倾

角；P_i 为井底液柱压力。

经过系列推导，可得临界井筒压力为

$$P_{cr}(\theta) = \frac{-b \pm \sqrt{b^2 - 4ac}}{2a} \qquad (2\text{-}87)$$

式中，$a = A^2 + C^2 - (1+T^2)(lA+mC)$；$b = 2T^2 P_p(mC+lA) - 2T^2(m^2 CD+lmAD+l^2 AB+mnCE+nlAE+lmBC) - 2TC_{wp}(mC+lA) + 2AB - 2ABl^2 + 2CD$；$c = T^2(-n^2 E - m^2 D^2 - l^2 B^2 - 2lmBD - 2nlBE - 2mnDE - P_p^2 + 2lBP_p + 2mDP_p + 2nEP_p) + 2TC_{wp}(P_p - lB - mD - nE) + (-C_{wp}^2 + B^2 + D^2 - m^2 D^2 - 2lmBD - l^2 B^2 - 2nlBE - 2mnDE + E^2 - n^2 E^2)$。其中，$T = \tan\phi_{wp}$ 据此，即可进行弱面地层的井壁稳定性判断。

第一，页岩结构弱面稳定性分析。应用层理弱面分析模型对某井进行了井壁稳定性分析预测，结果表明：弱面先于本体发生失稳，含弱面的地层坍塌压力相对较高（图 2-91），故考虑弱面失稳因素，钻井时需适当提高钻井液的当量密度。

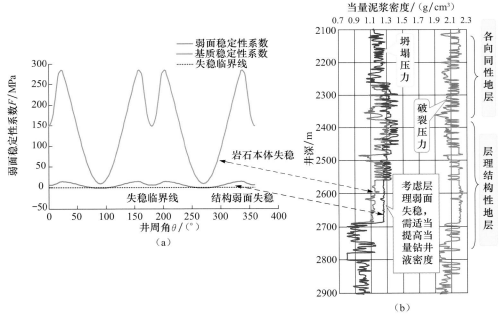

图 2-91　岩石本体破坏和结构弱面破坏的关系

$0^\circ \leqslant \theta \leqslant 360^\circ$；$F < 0$ 为不稳定

第二，井斜角对井壁稳定性的影响。假设地层倾角为 20°，本书研究了井斜角对井壁稳定性的影响。分析结果表明，井斜角对含结构弱面地层的井壁稳定性有很大影响，井眼垂直于弱面时，井壁稳定性最好，井眼与结构弱面法线夹角大于 50° 时，井壁稳定性急剧下降（图 2-92）。

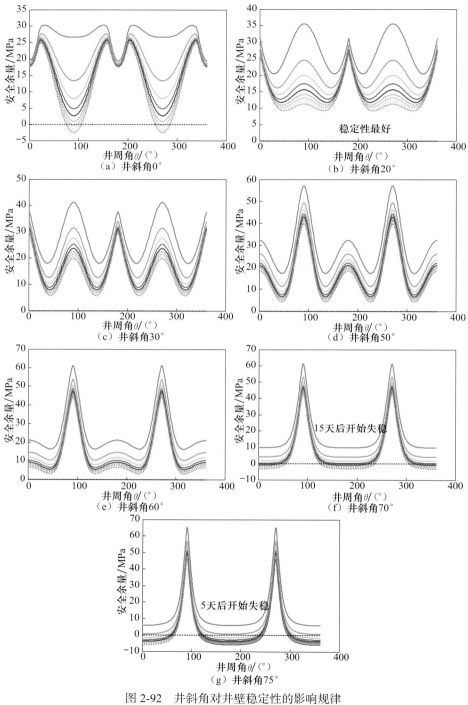

图 2-92　井斜角对井壁稳定性的影响规律

$0° \leqslant \theta \leqslant 360°$

——1天　——5天　——10天　——15天　——20天
⋯⋯25天　⋯⋯30天　⋯⋯35天　⋯⋯40天

2. 裂缝性页岩地层的失稳模型

裂缝性地层的裂缝主要包括成岩收缩微裂缝和有机质演化异常压力缝。裂缝的尺度间距和尺度至少比井筒尺寸小一个数量级。地层岩石天然微裂缝发育，缝面一般不规则，不成组系，微裂缝可以是张开缝，也可以是由泥质充填的闭合缝。含裂缝页岩地层的井壁稳定问题一直是钻井工程中面临的难题，裂缝系统本身的水力学特性的复杂性，加之裂缝填充物性质的差异较大，都是影响裂缝地层力学特性的敏感因素。目前对于裂缝性地层，微裂缝的存在只是影响了岩石的强度，并不控制岩石破坏方向，可视为一种均质、各向同性的地层。对裂缝性较为发育或破碎性的页岩地层，可以采用 Hoek-Brown 屈服准则。

1）应力状态

对于可视为一种均质、各向同性的裂缝性页岩地层，在地层中任意井斜和方位的井眼的位置与外部受力情况、地应力坐标转换的示意图见图 2-93。经过应力转换可以得到随井斜方位及井斜角变化条件下的井壁周围井壁状态（陈勉等，2008）。

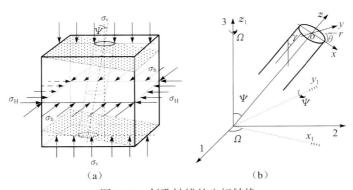

图 2-93　斜孔轴线的坐标转换

$$\sigma_r = P_i - \delta\phi(P_i - P_p)$$

$$\sigma_\theta = -P_i + (A\sigma_H + B\sigma_h + H\sigma_v) - 2(C\sigma_H + B\sigma_h + H\sigma_v)\cos 2\theta - 4D(\sigma_h - \sigma_H)\sin 2\theta$$

$$+ \delta\left[\frac{\alpha(1-2\nu)}{1-\nu} - \phi\right](P_i - P_p)$$

$$\sigma_z = \sigma_H\left[1 + A(\nu-1) - 2C\nu\cos 2\theta - 4D\nu\sin\theta\right] + \left[1 + B(\nu-1) - 2B\nu\cos 2\theta\right]\sigma_h + 4D\nu\sigma_h\sin\theta$$

$$+ \sigma_v\left[1 + H(\nu-1) - 2\nu H\cos 2\theta\right] + \delta\left[\frac{\alpha(1-2\nu)}{1-\nu} - \phi\right](P_i - P_p)$$

$$（2-88）$$

式中，$A = \cos^2\Psi\cos^2\Omega + \sin^2\Omega$；$B = \cos^2\Psi\sin^2\Omega + \cos^2\Omega$；$C = \cos^2\Psi\cos^2\Omega - \sin^2\Omega$；$D = \cos\Psi\cos\Omega\sin\Omega$；$H = \sin^2\Psi$；$\sigma_v$ 为上覆岩层地应力；σ_H 为水平最大主地应力；σ_h 为水平最小地应力；Ω 为井斜方位角；Ψ 为井斜角。

2）破坏准则

Hoek-Brown 强度准则综合考虑了岩体结构、岩块强度、应力状态等多种因素的影响，不仅能更好地反映岩体的非线性破坏特征，还能解释低应力区和拉应力区对结构面发育岩体强度的影响，符合岩体的变形特征和破坏特征（Hoek, 1990; Hoek and Brown, 1997; Hoek et al., 2002）。Hoek-Brown 准则是一个经验的准则，使用单轴抗压强度作为标度参数，还引进了无量纲的强度因子 m 和 s。在研究了大量的试验数据后，Hoek 和 Brown（1997）提出最大主应力和最小主应力的关系式：

$$\sigma_1 = \sigma_3 + C_0 \sqrt{m\frac{\sigma_3}{C_0} + s} \tag{2-89}$$

式中，m 和 s 为常数，受岩石物性和岩石破坏程度的影响；m 反映了莫尔破坏包络线的曲率，而且对基岩颗粒咬合程度的影响颇为敏感；s 反映了基岩的抗拉强度，当基岩出现裂缝而破碎时，s 值就减小为 0。

Hoek-Brown 强度准则，从 1980 年提出以来，经过多次改进，已由根据 Bieniawski 提出的能量代谢率（relative metabolic rate，RMR）估计材料常数 m 和 s 值，发展到根据 Hoek 提出的地质强度指标（geological strength index，GSI）估计 m 和 s 值。GSI 根据岩体结构、岩体中岩块的嵌锁状态和岩体中不连续面质量，综合各种地质信息进行估值，用以评价不同地质条件下的岩体强度，突破了 RMR 法中 RMR 值在质量极差的破碎岩体结构中无法提供准确值的局限性，使该准则从适用于坚硬岩体强度估计扩展到适用于极差质量岩体强度估计。建立在 GSI 基础上的广义 Hoek-Brown 强度准则关系表达式为

$$\sigma_1' = \sigma_3' + \sigma_{ci}\left(\frac{m_b\sigma_3'}{\sigma_{ci}} + s\right)^a \tag{2-90}$$

式中，σ_1'、σ_3' 分别为破坏时的最大和最小有效主应力，以压为正；σ_{ci} 为岩块单轴抗压强度；m_b 为岩体常数，与完整岩石的 m_i 相关；s、a 为取决于岩体特性的系数。

当 $\sigma_3'=0$ 时，即为岩体的单轴抗压强度 $\sigma_1'=\sigma_{ci}'s^a$

对完整或极度破碎的各向异性岩体，可等效为 Mohr-Coulomb 强度准则

$$\phi = \sin^{-1}\left[\frac{6am_b(s + m_b\sigma_{3n}')^{a-1}}{2(1+a)(2+a) + 6am_b(s + m_b\sigma_{3n}')^{a-1}}\right] \tag{2-91}$$

$$c = \frac{\sigma_{ci}[(1+2a)s + (1-a)m_b\sigma_{3n}'](s + m_b\sigma_{3n}')^{a-1}}{(1+a)(2+a)\sqrt{1 + 6am_b(s + m_b\sigma_{3n}')^{a-1}/[(1+a)(2+a)]}} \tag{2-92}$$

式中，$\sigma_{3n}' = \sigma_{3\max}'/\sigma_{ci}$。

Hoek-Brown 准则原先是为了解决开挖工程中计算岩石强度的需要提出的。根据 Hoek 和 Brown 的总结，m、s 的取值参考如下：$5<m<8$，晶面解理充分发育的碳酸岩（白云岩、石灰岩、大理岩）；$4<m<10$，泥质岩类（泥岩、粉砂岩、页岩、板岩）；$15<$

$m<24$，沙质岩类，强结晶，低解理度的岩石（砂岩、石英岩）；$16<m<19$，细粒的火成岩类岩石（安山岩、粗粒玄武岩、辉绿岩、流纹岩）；$22<m<33$，粗粒的火成岩类岩石（角闪岩、辉长岩、片麻岩、花岗岩、苏长岩、石英 - 闪长岩）。对于完整的岩样，$s=1$；对于完全分离为碎粒的岩石，$s=0$。而目前在石油工程中的应用还不广泛，主要原因是 m、s 系数的合理确定比较困难。

（1）基于试验的 Hoek-Brown 强度准则参数确定方法。考虑到井周地层三个主应力通常为压应力，依据 Hoek 等的研究成果，可以将式（2-90）中的 a 取为 0.5，则式（2-90）转化为

$$\sigma_1' = \sigma_3' + \sigma_{ci}\sqrt{\frac{m\sigma_3'}{\sigma_{ci}} + s} \qquad (2\text{-}93)$$

式中，对于完整岩石，$s=1$，$m=m_i$（m_i 为完整岩石的 m 值）；对于节理岩体，$0 \leq s \leq 1$，$m<m_i$。根据试验资料，岩块单轴抗压强度 σ_{ci}、岩体常数 m 以及 s 可根据试验资料，通过数理统计的回归分析方法得到。

第一，基于室内三轴试验的强度准则参数确定。对完整岩块，一般先假定 $s=1$，利用室内三轴试验数据，回归计算得到。令 $x=\sigma_3$，$y=\sigma_1-\sigma_3$，对 x，y 进行回归可得

$$\sigma_{ci}^2 = \frac{\sum y_i}{n} - \left[\frac{\sum x_i y_i - \dfrac{\sum x_i \sum y_i}{n}}{\sum x_i^2 - \dfrac{\left(\sum x_i\right)^2}{n}} \right] \frac{\sum x_i}{n} \qquad (2\text{-}94)$$

$$m_i = \frac{1}{\sigma_{ci}} \left[\frac{\sum x_i \sum y_i - \dfrac{\sum x_i \sum y_i}{n}}{\sum x_i^2 - \dfrac{\left(\sum x_i\right)^2}{n}} \right] \qquad (2\text{-}95)$$

式中，x_i 和 y_i 为对应的一对数据；n 为成对的数据总数。

$$s = \frac{\dfrac{1}{n}\sum y_i - \dfrac{1}{n}m_i \sigma_{ci} \sum x_i}{\sigma_{ci}^2} \qquad (2\text{-}96)$$

若计算得到的 s 值小于零，则令 $s=0$，表示其为破碎岩体。线性分析中 x_i 和 y_i 的相关系数 r 为

$$r^2 = \frac{\left[\sum x_i y_i - \dfrac{\sum x_i \sum y_i}{n}\right]^2}{\left[\sum x_i^2 - \dfrac{\left(\sum x_i\right)^2}{n}\right]\left[\sum y_i^2 - \dfrac{\left(\sum y_i\right)^2}{n}\right]} \qquad (2\text{-}97)$$

第二，基于直剪或大剪试验的强度准则参数确定。在一组多个直剪试验的 σ-τ 散点图中，按照应力大小排列，找出满足如下关系的三个点：① $\sigma_1<\sigma_2<\sigma_3$；②每两点形成一条莫尔包络线，与剪应力坐标轴的截距 $0<c_{12}<c_{13}<c_{23}$；③ 1 点和 2 点，2 点和 3 点各自连成一条莫尔包络线，其与应力轴的夹角 $90°>\phi_{12}>\phi_{23}>0°$。

根据这三个点 σ_i、τ_i、ϕ_i，i=1, 2, 3。由正应力和主应力之间的转化关系：

$$\sigma_1 = \sigma + \tau \frac{1-\cos(90+\phi_i)}{\sin(90+\phi_i)}, \qquad i\text{=}1,\ 2,\ 3 \qquad (2\text{-}98)$$

$$\sigma_3 = \sigma \cdot \tau \frac{1+\cos(90+\phi_i)}{\sin(90+\phi_i)}, \qquad i\text{=}1,\ 2,\ 3 \qquad (2\text{-}99)$$

组成（σ_{1i}，σ_{2i}），i=1,2,3 的三对数据，代入 Hoek-Brown 准则，组成三个方程，含有三个未知数 m、s、σ_c。考察准则可以看出，$s\sigma_c$ 作为一个独立的系数，不随 σ_{1i}、σ_c 的变化而变化。同理，$m\sigma_c$ 也是如此。也就是说，不能同时求出 m、s、σ_c 三个参数。此处利用试验最可能的 σ_c 值（即密度函数极值点）作为常数来确定 m、s 样本。根据 Hoek-Brown 准则的变化形式：

$$\left(\frac{\sigma_1-\sigma_3}{\sigma_c}\right)^2 = m\frac{\sigma_3}{\sigma_c} + s \qquad (2\text{-}100)$$

在坐标系 $\left(\dfrac{\sigma_1-\sigma_3}{\sigma_c}\right)^2$、$\dfrac{\sigma_3}{\sigma_c}$ 中形成三个点 $\left[\left(\dfrac{\sigma_1-\sigma_3}{\sigma_c}\right)^2 用 T_1 表示，\dfrac{\sigma_3}{\sigma_c} 用 T_2 表示\right]$，对某一点，必有一对 m、s 对应，只要定出各点的 m、s，由许多点就可分析 m、s 的统计特性。由于上述是不定方程，无法唯一确定 m_i、s_i，可以根据三个点中每两个点连线的斜率和截距求得。这样在一组大剪或直剪试验中可形成一组岩体 m、s 样本，并直接进行统计分析。相关系数为

$$r = \frac{\sum\limits_{i=1}^{n}(m_i-\overline{m})(s_i-\overline{m})}{\sqrt{\sum\limits_{i=1}^{n}(m_i-\overline{s})}\sqrt{\sum\limits_{i=1}^{n}(s_i-\overline{m})}} \qquad (2\text{-}101)$$

（2）基于压入硬度的裂缝发育页岩的力学强度评价。硬脆性页岩由于裂缝发育，岩心试样通常较为破碎，岩石的压入硬度测试对试样的要求较低，可广泛应用于不同类型、不同尺度的岩样测试。因此，研究获取岩石力学强度参数与岩石硬度的关系，即可通过压入硬度测试获取抗压强度、内聚力等岩石力学参数。

综合前述试验得到的结果，分析不同页岩的岩石抗压强度、岩石内聚力以及内摩擦角与压入硬度的关系，结果如图 2-94～图 2-96 所示。从图 2-97～图 2-99 中可以看出，岩石抗压强度、岩石内聚力与岩石压入硬度呈现出较好的线性关系。该结果为评价裂缝发育硬脆性页岩的力学特性提供了有效途径。

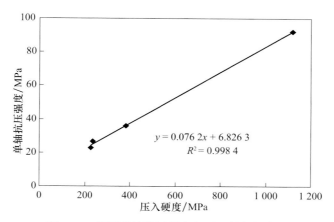

图 2-94　岩石单轴抗压强度与压入硬度的关系

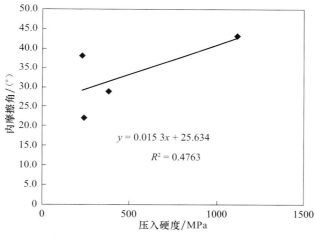

图 2-95　岩石内摩擦角与压入硬度的关系

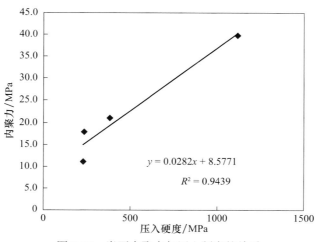

图 2-96　岩石内聚力与压入硬度的关系

（3）基于数值及室内试验的准则系数的确定。受井眼与边坡、隧洞等地表岩土工程尺度的差异的限制，考虑到岩体结构的尺度效应影响，目前已有的基于 GSI 的 m、s、a 无法直接用于井周岩体稳定性分析中。由于井周岩体实际地层的三个主应力通常为压应力，依据 Hoek 等的研究成果，即可应用式（2-93）进行井周岩体的稳定性判定，此时仅需确定 m、s 的取值。

页岩裂缝有三种成因，即成岩作用、构造运动和人工诱导。除了按地质成因分类外，按其力学性质可以分为张性缝、剪性缝和张剪性缝；按裂缝面的形态可以分为开启裂缝、变形裂缝、充填裂缝和闭合裂缝；按裂缝尺寸可分为大中裂缝、小裂缝、微裂缝和隐缝等。

研究裂缝对页岩井壁稳定性时，最关心的问题是裂缝的几何尺寸。大中缝是平均开度大于百微米的裂缝，在页岩地层中量很少，有少数页岩地层发生井漏基本上是因为钻遇此类裂缝。平均开度属于 $10\mu m$ 级的裂缝是小缝。而平均开度等于或小于微米级的裂缝属于微裂缝，页岩中这类缝最为普遍，在页岩油气藏中是油气运移通道。而隐缝是指在原地应力状态下这些微裂缝往往闭合，而在二次应力分布过程中井壁表面的微裂缝便呈张开状态的裂缝。总的来说，页岩中大中缝最少，其次是小缝，最多、最普遍的是微裂缝和隐缝。

页岩裂缝的研究中最直接、可靠的方法是岩心观察。通过岩心观察，可以得到以下裂缝参数，即裂缝类型、裂缝纵向切深、裂缝面的性质和粗糙程度、裂缝走向、倾角、裂缝间距等参数。岩心观察的主要内容有裂缝的倾角、裂缝的纵向切深、裂缝面的形态、裂缝密度、宏观裂缝开度、宏观裂隙度和渗透率。岩心观察只能研究较大的裂缝，而对微裂缝的研究一般运用薄片观测技术和电镜扫描观察技术等，其主要特点是对岩石中存在的微裂缝进行统计和描述；缺点是随机性大，必须通过大量薄片的观察和统计，才能得到可用于确定裂缝参数的资料。镜下主要观察以下内容：裂缝的形态、宽度、长度；裂缝条数、面密度；缝面情况、溶蚀及充填情况；裂缝与岩石组构关系及与孔隙关系等。

从测定岩心孔径分布的压汞试验资料中也可以得到有关裂缝的信息，一般来说页岩孔径分布图中，那些远离主峰、直径在 $10\mu m$ 左右的小峰就表示了页岩微裂缝的存在。通过对野外硬脆性泥岩出露及岩心试样进行观察，选取裂隙密度及裂隙组数作为评价 m、s 取值大小的评价指标，并定义裂隙发育指数如下：

$$J_v = \sum_{i=1}^{s} 2J_d J_s \tag{2-102}$$

式中，J_d、J_s 分别为裂隙的线密度及发育组数。

在已有三轴试验测试，构建裂缝发育不同程度的岩心数值模型，对其进行三轴压缩数值仿真模拟，部分模型及数值模拟结果如图 2-97～图 2-99 所示。综合岩石三轴压缩试验结果并结合数值模拟分析结果与相关理论，分析得到参数 m、s 的取值与裂隙发育指数间存在较好的相关关系，如图 2-100、图 2-101 所示。m、s 可由 J_v 通过式（2-103）和式（2-104）确定

$$s = 0.134 \ln J_{\text{v}} + 0.9338, \qquad R^2 = 0.9723 \qquad (\text{2-103})$$

$$m = -0.9462 \ln J_{\text{v}} + 10.156, \qquad R^2 = 0.9923 \qquad (\text{2-104})$$

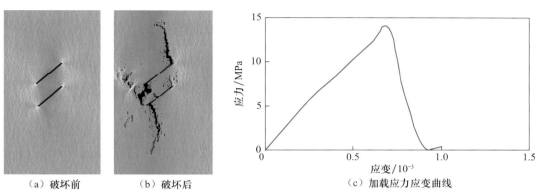

（a）破坏前　　　（b）破坏后　　　（c）加载应力应变曲线

图2-97　双缝发育页岩压缩测试数值仿真模拟及应力应变曲线

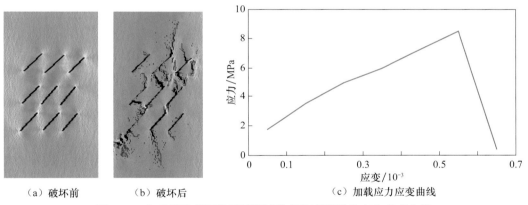

（a）破坏前　　　（b）破坏后　　　（c）加载应力应变曲线

图2-98　九条缝发育页岩压缩测试数值仿真模拟及应力应变曲线

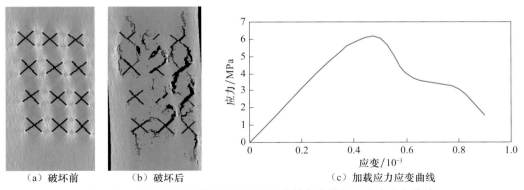

（a）破坏前　　　（b）破坏后　　　（c）加载应力应变曲线

图2-99　两组多缝发育页岩压缩测试数值仿真模拟及应力应变曲线

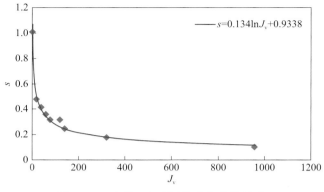

图 2-100　参数 s 与裂隙发育指数的关系

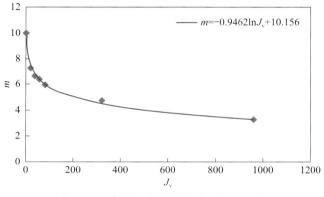

图 2-101　参数 m 与裂隙发育指数的关系

利用该关系，对须家河组三段进行计算，并与该岩样原岩的三轴压缩试验结果进行对比，如图 2-102 所示。两者对比显示，基于该准则的计算误差分别为 4.42%、8.06%，显示出较高的可靠度，可满足工程分析需求。

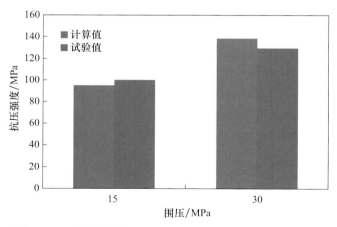

图 2-102　含裂缝岩样的试验强度与预测的计算强度的比较

2.4　页岩气井井壁稳定技术

2.4.1　典型的页岩气水平井钻井液体系

1. 油基钻井液体系

当前，页岩气开发一般采用水平井，页岩气井水平段一般采用油基钻井液。与水基钻井液采用水为连续相不同，油基钻井液是指以油作为连续相的钻井液体系。油基钻井液分为两大类：一类是全油基钻井液，体系中不含水，或者含水量不超过 5%，水在体系中是无用组分；另一类是油包水乳化（或逆乳化）钻井液，含水量为 10%～40%。相比全油基钻井液，油包水乳化钻井液在成本、钻井安全、性能调控方面均具有明显的技术优势，因此目前全球范围内油包水乳化钻井液的研究深度和应用范围远超过全油基钻井液。

1）油基钻井液体系井壁稳定作用机理

油基钻井液是一种含有油相、盐水相和固相的稳定的乳状液分散体系，其稳定井壁的机理主要包括以下几个方面：

（1）油相与地层的弱相互作用机理。油基钻井液由于使用非极性或弱极性的油品作为其连续相，其在抑制性方面具有水基钻井液无法比拟的先天优势。使用油基钻井液钻开新地层时，侵入地层的钻井流体几乎不与地层矿物发生相互的化学作用。因此，与水基钻井液相比，油基钻井液在井眼稳定方面具有突出的优势。另外，油基钻井液中的高浓度盐水相以微米级的乳状液滴的状态分散在油相中，这大幅降低了水相与地层矿物直接作用的几率。同时乳状液滴中的盐水相具有与地层相近的水活度，因此即使盐水相与地层矿物发生作用，钻井液与地层矿物之间几乎鲜有水的运移，因此也有效保证了泥岩、页岩等复杂地层的井壁稳定。

（2）渗透压作用机理。对理想溶液而言，每一组分的逃逸（即离开液相）趋势与溶液中该组分的摩尔分数成正比，因此在相同温度条件下盐水溶液的化学势 μ_w 低于纯水的化学势 μ_w^0，即为 $\mu_w<\mu_w^0$，当有半透膜将纯水和盐水隔开时，一部分纯水会自发地透过膜移向盐水，使盐溶液稀释，直至膜两边溶液的化学势达到相等。这种化学势的变化趋势也可以推广到油基钻井液体系中。油基钻井液中乳状液滴与油相之间的界面膜起着半透膜的作用。当油基钻井液水相中的盐度高于地层水的盐度时，页岩中的水自发地移向钻井液，使页岩去水化；反之，如果地层水比钻井液水相具有更高的盐度，钻井液中的水将移向地层，这种作用通常称为钻井液对页岩地层的渗透水化，可用渗透压 $\varPi$ 表示。

根据渗透压作用机理，当页岩与淡水接触时，页岩即吸水膨胀；当页岩与高浓度盐水接触时，页岩即析水收缩。由渗透压的定量计算结果可知，当油基钻井液水相中 $CaCl_2$ 浓度高达 400000mg/L 时，大约可产生 111MPa（16110psi）的渗透压，这将足以使富含蒙脱石的水敏性地层发生去水化。因此在大多数情况下，将 $CaCl_2$ 浓度控制在 220000～310000mg/L，产生 34.5～69.0MPa（5000～10000psi）的渗透压已完全足够平衡页岩地层所含水相的化学势。由于 NaCl 饱和溶液只能产生 40MPa（5800psi）的渗透压，因此多数油基钻井液的水相中都使用 $CaCl_2$，而较少使用 NaCl。

（3）水相活度平衡机理。所谓活度平衡，是指通过适当增加水相中无机盐（通常为 $CaCl_2$ 和 NaCl）的浓度，使钻井液和地层中水的活度保持相等，从而达到制止油基钻井液中的水向泥岩地层运移的目的。采用这项技术可有效地避免在页岩地层钻进时出现的各种复杂问题，使井壁保持稳定。实际上，目前使用的绝大多数油基钻井液水相中无机盐的含量都很高，即普遍考虑了平衡活度的问题。

首先，钻井液水相活度。溶液或页岩中水的化学位与纯水化学位之间的关系可表示为

$$\mu_w = \mu_w^0 + RT \ln\left(\frac{f_w}{f_w^0}\right) = \mu_w^0 + RT \ln \alpha_w \qquad (2\text{-}105)$$

式中，μ_w 为水溶液的化学势；μ_w^0 为标准水溶液的化学势；f_w 为水溶液的实际逸度；f_w^0 为标准水溶液的逸度；α_w 为水溶液的活度；R 为气体常数；T 为开氏温度。

在一定温度下，只有当钻井液和页岩地层中水的活度相等时它们的化学位才相等。因此，水的活度相等是油基钻井液和地层之间不发生水运移的必要条件。通常用于活度控制的无机盐为 $CaCl_2$ 和 NaCl。只要确定出所钻页岩地层中水的活度，便可由图查出钻井液水相应保持的盐浓度。

其次，页岩水相活度。如何确定页岩中水的活度 α_w，是钻井液活度控制的关键。目前业内多采用 Chenevert 提出的特制电湿度计直接测定，根据所测得的水的蒸汽压 P_w，直接换算成与之对应的 α_w 值。

根据大量的实践经验，对于所钻遇的大多数水敏性页岩地层，可将钻井液的 α_w 控制在 0.52～0.53，即 $CaCl_2$ 浓度在 300000～350000mg/L 是适宜的。一些钻井液工程师有意识地使钻井液的 α_w 比预定值稍低些，以使页岩地层适度去水化。还有的工程师在遇到一口井同时存在几个具有不同活度页岩层的情况时，采取加入足量无机盐以平衡活度最低的页岩层的办法，造成一部分水从页岩转移到钻井液中来。实践证明，以上做法都是可取的。但是，也要防止进入钻井液的水量过多。这一方面是因为进水过多会影响钻井液的油水比和性能，另一方面是因为页岩的过快收缩容易引起井壁剥落掉块，反而不利于维持井壁稳定。

2）典型油基钻井液性能

在涪陵页岩气开发中，页岩水平井中典型体系为具有低黏高切特征的油基钻井液（LVHS OBM）体系。

LVHS OBM 是一种油包水逆乳化钻井液，LVHS OBM 以便于组织、供货广泛的柴油或白油作为连续相，以平衡活度的 $CaCl_2$ 盐水作为内部分散相，确保油基钻井液良好

的抑制性，同时提供必要的体相黏度。LVHS OBM 以高性能有机土提高体系的黏度，以确保体系的悬浮能力；以大分子高效乳化剂（SMEMUL）保障油水相的乳化稳定，这种聚合物类的乳化剂具有较大的分子伸展体积，不仅能有效乳化水相，还可以提高连续相的结构力，从而进一步提升体系的黏切；另外体系中含有高效流型调节剂（SMHSFA），SMHSFA 通过电性作用可有效增强水/油界面膜的强度，不仅可有效减少分散相的团聚几率，提高体系乳化稳定性，还能大幅度增强体系内部的结构力，显著提高体系切力，这对提高体系对固相的悬浮稳定性具有重要作用。上述核心处理剂的协同作用使油基钻井液具有塑性黏度低、切力和结构力高的独特流变特征，这也是 LVHS OBM 区别于传统油基钻井液的明显不同之处。LVHS OBM 的这种特殊流变性能使它不仅可以用于复杂泥岩、页岩、膏盐岩地层和储层保护要求高的砂岩储层的钻井施工，还适用于大斜度井、长水平段水平井以及大位移水平井的钻井施工。

在 150℃下高温老化 16h，在 50℃条件下测定老化后的流变性能，150℃、压差 3.5MPa 条件下测定体系高温老化后的高温高压滤失量，试验结果见表 2-13。

表 2-13　LVHS OBM 基本性能

密度 /(g/cm³)	破乳电压 /V	塑性黏度 /(mPa·s)	动切力 /Pa	动塑比	初/终切	API 滤失量 /mL	高温高压滤失量 /mL
0.95	1064	20.0	8.5	0.43	3.5Pa/4.0Pa	0.0	3.2
1.40	1235	27	11.5	0.44	5.0Pa/7.0Pa	0.0	2.4
1.70	1051	39	13.0	0.32	5.0Pa/8.0Pa	0.2	2.6
2.00	992	48	15.0	0.31	7.0Pa/9.0Pa	0.0	2.6

对页岩微裂隙地层的有效封堵是确保井壁稳定的技术关键，然而页岩微裂隙的有效模拟是钻井液封堵性能评价的难点。通过多种模拟评价方法的对比，这里采用针对性强和重复性高的高温高压页岩床模拟封堵试验对 LVHS OBM 的封堵能力进行了评价。试验在 GGS71-A 型高温高压失水仪浆杯底部先后加入高温高压滤纸、粒径为 0.43～0.85mm 的黄平区块九门冲组页岩钻屑和粒径为 0.15～0.25mm 的岩屑粉，端面平整后沿杯壁缓慢加入 400 mL 的 LVHS OBM，密封后通过气源加压测定其在不同压力条件下的滤失量，试验结果见表 2-14。

表 2-14　不同封堵剂加量的 LVHS OBM 的高温高压页岩床封堵效果

封堵剂加量 /%	滤失量 /mL	
	3.0MPa，150℃	4.5MPa，150℃
0	8.6	14.2
1.5	1.2	1.8
3.0	0.0	0.2
4.5	0.0	0.0

试验结果表明，在 LVHS OBM 中加入合理粒度级配的封堵剂后，其在高温高压模拟页岩床中的滤失量大幅度降低，表现出良好的页岩微裂隙封堵效果。当加量至 3.0% 时，在 3.0MPa 和 4.5MPa 压力下，模拟页岩的滤失量降低为 0mL 和 0.2mL，说明封堵材料的粒径分布与模拟页岩具有较好的匹配性，同时封堵材料中刚性粒子与塑性纤维变形粒子配比合理，因此形成的封堵层具有良好的承压能力。

2. 油基钻井液技术应用实例

LVHS OBM 在涪陵、彭水等页岩气开发区得到广泛应用，下面以 PY2HF 井为例说明。PY2HF 井是上扬子盆地武陵褶皱带彭水德江褶皱带桑柘坪向斜构造的一口页岩气评价水平井，采用三级井身结构。三开（Φ215.9mm 井眼）目的层为志留系龙马溪组，主要岩性为深灰色 - 灰黑色页岩、灰黑色 - 黑色碳质页岩，初始设计水平段长为 1200m，后加深至为 1650m。

该井三开施工中使用了具有低黏高切流变特征的 LVHS 油基钻井液体系。采取以下三项措施控制体系性能，确保施工安全。

（1）维持各助剂加量在设计范围内，确保油包水体系的稳定性，防止体系破乳导致的井壁失稳。

（2）通过使用多尺寸随钻封堵材料降低滤液的侵入量与侵入深度，提高钻井液的井筒强化效果。

（3）利用软件监测与现场控制钻井液的当量循环密度（ECD），辅以合理的施工工艺减少井下 ECD 的波动，确保志留系页岩地层的井壁稳定。

LVHS 油基钻井液技术在 PY2HF 井取得了良好应用效果。三开施工井段为 1616～3990m，累计进尺为 2374m，完钻水平段长为 1650m，水平位移为 1932.84m。整个施工过程尽管有 11 次以上堵漏作业，但 LVHS 油基钻井液性能稳定、流变性良好、携岩返砂正常、润滑性良好、起下钻通畅、随钻封堵效果好，成功解决了页岩井壁失稳、长水平段携砂困难、磨阻严重等技术难题，顺利完成了该井段的钻井施工，确保了套管顺利下入。该井三开井段 LVHS 油基钻井液性能见表 2-15。

表 2-15 PY2HF 井三开井段 LVHS 油基钻井液性能

井深 /m	密度 /(g/cm³)	漏斗黏度 /s	破乳电压 /V	塑性黏度 /(mPa·s)	动切力 /Pa	初/终切	高温高压滤失量 /mL	油水比
1620～1994	1.26～1.27	65～70	800～1000	22～24	9～12	3.5～4.5Pa/4～6Pa	0.4～0.8	83∶17
1994～2173	1.27～1.29	65～75	1000～1100	19～25	7.5～9.5	3.5～5.0Pa/5～6Pa	0.4～0.8	85∶15
2173～3100	1.29～1.31	65～78	1000～1100	21～27	8.5～11	4.5～6.5Pa/5～8Pa	1.2～2.4	85∶15
3100～3700	1.30～1.32	67～90	1000～1400	23～28	10～12.5	4.5～8.0Pa/6～12Pa	1.8	85∶15
3700～3990	1.32	80～90	1350～1450	26～27	12.5～13.5	6.5～7.5Pa/8～13Pa	1.8	85∶15

2.4.2 页岩气水平井钻井液工艺技术

1. 确定合理的钻井液密度窗口

从力学角度来讲，为了保持钻井过程中井壁稳定性，必须采用合理密度的钻井液，使液柱压力能够平衡地层孔隙压力及应力的变化。影响钻井液密度的因素较多，主要与地层孔隙压力、地应力、岩石力学性能、钻井液性能、井斜角等相关。对任何一种地层来说，钻井液密度的确定应遵循以下原则（陈勉等，2008）：安全钻井液密度窗口的上限应小于地层的破裂压力，以防止地层产生裂缝导致井漏的发生；安全钻井液密度窗口的下限应等于地层各深度处孔隙压力和坍塌压力的最大值，以防止井喷、溢流、坍塌或缩径的发生，安全模型如下：

$$\max\{P_b, P_p\} < \rho_i < \min\{P_f\} \tag{2-106}$$

式中，ρ_i 为安全钻井液密度；P_f 为地层破裂压力；P_p 为地层孔隙压力；P_b 为地层坍塌压力。

2. 强化封堵

用物理化学方法封堵地层的层理和裂隙，可阻止钻井液滤液进入地层。封堵地层中层理裂隙，阻止水的进入是稳定井壁的主要技术措施之一。沥青类处理剂是最有效的封堵剂之一，沥青类产品在使用温度低于其软化点时呈固态，而接近其软化点时变软。在压差作用下，沥青类处理剂容易被挤入地层层理裂隙和孔喉中，在井壁附近形成一个封堵带。由于沥青所具有的疏水特性，可有效地阻止钻井液滤液进入地层，抑制地层的水化，防止井壁坍塌。

铝盐和硅酸盐也可以发挥有效的封堵作用。Al^{3+} 对提高硬脆性和水敏性地层的井壁稳定更为有效，Al^{3+} 的固壁作用机理是沉淀的氢氧化铝最终转变成晶体形态，并逐渐变成页岩晶体的一部分，对页岩起稳定作用。而硅酸盐在水中可以形成不同尺寸的胶体和高分子的纳米级粒子，这些粒子通过吸附、扩散或在压差作用下进入井壁的微小孔隙中，其硅酸根离子与岩石表面或地层水中的钙、镁离子发生反应，生成的硅酸钙沉淀覆盖在岩石表面起封堵作用，当进入地层的硅酸根遇到 pH<9 的地层水时，会立即变成凝胶，封堵地层的孔喉与裂缝。高温（大于80℃）下，硅酸盐的硅醇基与黏土矿物的铝醇基发生缩合反应，产生胶结性物质，将黏土等矿物颗粒结合成牢固的整体，从而封固井壁。

第3章 页岩裂缝起裂与延伸规律

页岩储层天然裂缝的发育程度是影响页岩气产量的重要因素，怎样获得更多的人造裂缝是压裂设计首先要考虑的问题（唐颖等，2011）。为了获得有效、经济和成功的压裂效果，在实施水力压裂之前，往往要进行压裂设计，其核心是水力压裂效果的模拟。通过压裂模拟来预测裂缝发育的宽度、长度和方向，来评价水力压裂效果的好坏。

3.1 不同弹塑性地层起裂与延伸规律

当材料不是理想脆性材料时，由于其塑性流动，线弹性断裂力学在尖端一定范围内不再适用。线弹性断裂力学假定裂缝为理想线弹性体，但事实上，由于裂缝尖端应力的高度集中，在其附近必然存在塑性区。当塑性区的尺寸相对于裂缝尺寸较小的时候，裂缝的扩展主要受塑性区之外的广大弹性变形区控制，一旦裂缝开裂，则几乎立即进入失稳扩展，即脆性断裂（李世愚等，2010）。

裂缝在延伸过程中，在其尖端附近存在的塑性区，会导致破裂判据的改变。表现在水力压裂压力特征上，就是净压力急剧增加，但裂缝的延伸却较为缓慢，从而造成脱砂，致使施工无法进行。裂缝延伸的规律因地层岩性的不同而有很大的不同。对一些塑性比较强的地层，往往会出现早期脱砂，主要就是基于这种机理。

有些岩石材料即使宏观性质接近弹性体，但是，由于裂纹端部的应力集中程度很高，其也会产生或多或少的塑性变形，存在一定大小的塑性区。由于材料性质不同，裂纹端部塑性区的大小差别很大。如果 r_p 表示塑性区的特征尺寸，a 为裂缝半长，则比值 r_p/a 表征着塑性区的相对大小。当 r_p/a 远小于 1 时，称为小规模屈服。在这种情况下，除了裂纹端部极小的区域内产生塑性变形以外，大部分区域仍处于范围。对于这种情况，可以在线弹性力学的基础上进行适当修正。

根据 Mises 屈服条件，当应力条件达到一定数值时，材料开始屈服，即

$$\sigma_i = \sigma_s \tag{3-1}$$

式中

$$\sigma_s = \frac{1}{\sqrt{2}}\sqrt{\left(\sigma_1 - \sigma_2\right)^2 + \left(\sigma_2 - \sigma_3\right)^2 + \left(\sigma_3 - \sigma_1\right)^2} \tag{3-2}$$

3.1.1 塑性区尺寸的一级估算

（1）I 型裂纹。I 型裂纹的端部应力为

$$\sigma_1 = \frac{K_\mathrm{I}}{\sqrt{2\pi r}}\cos\frac{\theta}{2}\left(1+\sin\frac{\theta}{2}\right)$$

$$\sigma_2 = \frac{K_\mathrm{I}}{\sqrt{2\pi r}}\cos\frac{\theta}{2}\left(1-\sin\frac{\theta}{2}\right)$$

$$\sigma_3 = 0, \quad 平面应力$$

$$\sigma_3 = \nu\left(\sigma_1+\sigma_2\right) = 2\nu\frac{K_\mathrm{I}}{\sqrt{2\pi r}}\cos\frac{\theta}{2}, \quad 平面应变$$

（3-3）

式中，K_I 为 I 型裂纹断裂强度因子。设材料服从 Mises 屈服条件，则塑性区尺寸为

$$r_1 = \frac{K_\mathrm{I}^2}{2\pi\sigma_\mathrm{s}^2}\cos^2\frac{\theta}{2}\left(1+\sin^2\frac{\theta}{2}\right), \quad 平面应力$$

$$r_1 = \frac{K_\mathrm{I}^2}{2\pi\sigma_\mathrm{s}^2}\left[\frac{3}{4}\sin^2\theta+\left(1-2\nu\right)^2\cos^2\frac{\theta}{2}\right], \quad 平面应变$$

（3-4）

式中，r_1 为塑性区尺寸。此时，弹塑性区分界线的形状如图 3-1 中的虚线所示。

从上述方程中可以看出，随着泊松比的增加，塑性区越来越小，因此，泊松比成了表征塑性区大小的一个重要参数。

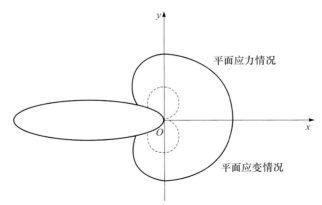

图 3-1 平面应力与平面应变下的塑性区范围图

（2）Ⅱ 型裂纹。Ⅱ 型裂纹的裂纹端部的三个主应力为

$$\sigma_1 = \frac{K_\mathrm{II}}{\sqrt{2\pi r}}\left(-\sin\frac{\theta}{2}+\sqrt{1-\frac{3}{4}\sin^2\theta}\right)$$

$$\sigma_2 = \frac{K_\mathrm{II}}{\sqrt{2\pi r}}\left(-\sin\frac{\theta}{2}-\sqrt{1-\frac{3}{4}\sin^2\theta}\right)$$

$$\sigma_3 = 0, \quad 平面应力$$

$$\sigma_3 = -2\nu\frac{K_\mathrm{II}}{\sqrt{2\pi r}}\sin\frac{\theta}{2}, \quad 平面应变$$

（3-5）

式中，K_II 为 Ⅱ 型裂纹断裂强度因子。代入 Mises 屈服条件得到塑性区尺寸为

$$r_2 = \frac{K_\mathrm{II}^2}{2\pi\sigma_\mathrm{s}^2}\left(3-\frac{9}{4}\sin^2\theta+\sin^2\frac{\theta}{2}\right), \quad 平面应力$$

$$r_2 = \frac{K_{\mathrm{II}}^2}{2\pi\sigma_s^2}\left[3 - \frac{9}{4}\sin^2\theta + (1-2\nu)^2\sin^2\frac{\theta}{2}\right], \qquad \text{平面应变} \qquad (3\text{-}6)$$

显然，当塑性比较强的时候，应该采用应变或位移等变形参数来描述破裂的物理量，即裂纹张开位移（COD）理论。

3.1.2 COD 理论

COD 是指裂纹端部二裂纹面间张开的距离，现在常称为裂纹张开位移，通常以符号 δ 表示。

Wells（1963）提出，每种材料存在一个 COD 的临界值，当裂纹的 COD 达到这一临界值 δ_c 时，裂纹将失稳扩展，即

$$\delta = \delta_c \qquad (3\text{-}7)$$

1. 小规模屈服

按照 Irwin 的方法引入等效裂纹，将 Irwin 弹塑性区交界点上裂纹面的张开距离作为裂纹端部张开位移（crack tip opening displacement, CTOD），则裂纹前缘的坐标的端点向前虚拟移动一段距离，此时裂纹面上沿 y 轴方向产生位移 v_0，定义

$$\delta = 2v_0 \qquad (3\text{-}8)$$

为 CTOD，则可得

$$v_0 = \frac{K_{\mathrm{I}}}{4\mu}\sqrt{\frac{r}{2\pi}}\left[(2\kappa+1)\sin\frac{\theta}{2} - \sin\frac{3\theta}{2}\right] \qquad (3\text{-}9)$$

式中，$\theta = \pi$；$\kappa = \dfrac{3-\nu}{1+\nu}$；$\mu$ 为流体黏度。

将 3.1.1 节中所得平面应力条件下的塑性区尺度代入可得

$$\delta = 2v_0 = \frac{4K_{\mathrm{I}}^2}{\pi E\sigma_s} = \frac{4}{\pi}\frac{G_{\mathrm{I}}}{\sigma_s} \qquad (3\text{-}10)$$

式中，G_{I} 为能量释放率（I 型裂纹）由式（3-10）可知，当岩石的弹性模量越小时，材料越容易达到断裂条件，并且由式（3-10）可知，在小规模屈服的条件下，断裂准则 $K_{\mathrm{I}} = K_{\mathrm{IC}}$ 与 $G_{\mathrm{I}} = G_{\mathrm{IC}}$、$\delta = \delta_c$ 是一致的。因此 δ_c 也是表征材料抗断裂能力的材料常数。

2. 大规模屈服

当塑性区尺度接近或超过裂纹长度时，称为大规模屈服，在这种情况下，线弹性断裂判据已经不再适用，但是 COD 判据依然适用。在大规模屈服条件下，Irwin 的塑性区修正理论已经不再适用了，但可以采用 D-M 模型进行分析，可以证明 COD 为

$$\delta = \frac{8a\sigma_s}{\pi E}\ln\sec\frac{\pi\sigma}{2\sigma_s} \qquad (3\text{-}11)$$

3.1.3 脆性材料

页岩、煤岩、混凝土等是典型的脆性材料，把损伤力学应用于岩石类脆性材料的研究最早见于 Dougill 的研究，这类材料的损伤和变形效应相当复杂，表现在脆性材料明显的尺寸效应、拉压性质的不同、应力突然跌落和应变软化、非弹性体积变形和剪胀效应、变形的非正交性等多方面。脆性材料损伤的实质是在小塑性变形的过程中微裂纹的成核长大和传播的过程，这些微裂纹的演化遵循随机性而不是确定性的规律。

脆性和准脆性材料的应力应变关系一般可以划分为线弹性、非线性强化、应力跌落和应变软化等阶段。但不同脆性材料的行为也差别很大，试验中得到的应力应变曲线与海域试验机的刚度、加载方式有关。Mazars（1986）认为，当材料存在损伤时，单向拉伸时的应力应变关系可以分两段进行拟合

$$\sigma = \begin{cases} E_0\varepsilon, & 0 \leqslant \varepsilon \leqslant \varepsilon_{\mathrm{e}} \\ E_0 \left\{ 1 - \dfrac{\varepsilon_{\mathrm{e}}(1 - A_{\mathrm{T}})}{\varepsilon} - \dfrac{A_{\mathrm{T}}}{\exp[B_{\mathrm{T}}(\varepsilon - \varepsilon_{\mathrm{e}})]} \right\}, & \varepsilon > \varepsilon_{\mathrm{e}} \end{cases} \quad (3\text{-}12)$$

式中，ε_{e} 为损伤开始的应变；A_{T}、B_{T} 为材料常数；损伤演化方程为

$$D = \begin{cases} 0, & 0 \leqslant \varepsilon \leqslant \varepsilon_{\mathrm{e}} \\ E_0 \left\{ 1 - \dfrac{\varepsilon_{\mathrm{e}}(1 - A_{\mathrm{T}})}{\varepsilon} - \dfrac{A_{\mathrm{T}}}{\exp[B_{\mathrm{T}}(\varepsilon - \varepsilon_{\mathrm{e}})]} \right\}, & \varepsilon > \varepsilon_{\mathrm{e}} \end{cases} \quad (3\text{-}13)$$

式中，D 为损伤系数。根据微裂纹的细观损伤理论，认为在宏观裂纹尖端周围存在一个微裂纹稳定扩展的过程区，在这一过程区发生连续的损伤，但是损伤到一定的程度，将在某一方向上发生损伤的局部化，裂纹将沿着损伤局部化的方向向前扩展，而不会在整个裂纹尖端周围发生损伤的局部化和应变软化现象。

3.2 地应力对水力压裂破裂模式影响研究

3.2.1 孔壁拉伸破裂

水力压裂中破裂前的孔周应力由原始地应力场、孔内流体压力和钻孔应力集中构成，为简化分析（闫铁等，2009），假设岩石为均质各向同性弹性介质，且不具有渗透性，则若以压应力为正，孔壁处的应力分布为

$$\sigma_r = P$$
$$\sigma_\theta = (\sigma_{\mathrm{H}} + \sigma_{\mathrm{h}}) - 2(\sigma_{\mathrm{H}} - \sigma_{\mathrm{h}})\cos 2\theta - P \quad (3\text{-}14)$$
$$\sigma_z = \sigma_{\mathrm{v}}$$

式中，σ_r、σ_θ、σ_z 分别为孔壁处的径向、切向和轴向应力；σ_{H}、σ_{h} 和 σ_{v} 分别为最大、

最小水平地应力和垂向地应力；P 为孔内流体压力；θ 为最大水平地应力方向沿逆时针方向绕过的角度。

式（3-14）中的 σ_θ 表达式表明，当 $\theta=0$、π 时，σ_θ 取得最小值，即

$$\sigma_{\theta\min} = 3\sigma_h - \sigma_H - P \qquad （3\text{-}15）$$

随着孔内流体压力 P 的增大，$\sigma_{\theta\min}$ 将变为零或负值，即拉应力。考虑到岩石为一种脆性材料，其抗拉强度仅为抗压强度的 1/10 左右，因此，孔壁最可能发生的破坏形式是由 $\sigma_{\theta\min}$ 引起的拉张破裂，根据最大拉应力强度理论，其破裂压力为

$$P_1 = 3\sigma_h - \sigma_H + \sigma_t \qquad （3\text{-}16）$$

式中，σ_t 为岩石的单轴抗拉强度。式（3-16）也包含了裂纹面沿最大水平主应力 σ_H 方向开裂这一假设。

页岩储层中天然裂缝发育，天然裂缝中填充钙质，填充物具有一定的抗张强度，但比页岩基质抗拉强度低，所需破裂压裂值会相应降低。

3.2.2 孔壁剪切破裂

根据材料强度理论的基本前提，当孔壁某处的应力状态满足某一破坏准则时，即会首先在该点处以该破坏准则决定的破坏模式发生破裂。孔壁拉伸破裂准则是建立在拉伸破裂模式基础之上的。在一定的应力状态和岩石特性参数条件下，孔壁岩石也可能在三个主应力都为压缩状态下发生破坏，考虑这种可能的是岩石力学中常用的 Mhor-Coulomb 破坏准则。该准则表明，当最大和最小主应力 σ_1 和 σ_1 所决定的 Mohr 圆与 Mohr 强度包络线相切时破坏发生，该准则的解析表达式如下：

$$\tau = \sigma_n \tan\varphi + c$$
$$\tau = \frac{\sigma_1 - \sigma_3}{2}\sin 2\alpha$$
$$\sigma_n = \frac{\sigma_1 + \sigma_3}{2} + \frac{\sigma_1 - \sigma_3}{2}\cos 2\alpha$$
$$\alpha = 45° + \frac{\varphi}{2} \qquad （3\text{-}17）$$

式中，τ 和 σ_n 分别为剪切破裂面上的剪应力和法向应力；φ 为内摩擦角；c 为黏聚力；α 为剪切破裂面法向与最大主应力 σ_1 方向的夹角，为便于分析，式（3-17）可以改写为

$$\begin{cases} \beta = \sigma_1 - \lambda\sigma_3 = 2c\cos\varphi / (1-\sin\varphi) \\ \lambda = (1+\sin\varphi) / (1-\sin\varphi) \\ \alpha = 45° + \varphi / 2 \end{cases} \qquad （3\text{-}18）$$

Mohr 强度包络线通常由岩石材料的内摩擦角 φ 和黏聚力 c 来描述，可由室内三轴试验来确定。

根据式（3-14），σ_θ 随 P 的增大而减小，在破裂前必然成为孔壁处的最小主应力，即 $\sigma_3 = \sigma_\theta$，根据式（3-17）、式（3-18），剪切破裂与最大和最小主应力有关，因此，σ_r 和 σ_z 的相对大小的不同将会出现不同的剪切破裂方式，表 3-1 中给出了两种可能的主应力组合方式及其适用的破裂准则，则根据式（3-14）～式（3-16），得两种情形下的剪切破裂压力为

表 3-1　剪切破裂时的主应力组合与相应的破裂面方位

剪破裂类型	σ_r	σ_θ	σ_z	破裂准则
A	σ_1	σ_3	σ_2	$\beta = \sigma_r - \lambda\sigma_\theta$
B	σ_2	σ_3	σ_1	$\beta = \sigma_z - \lambda\sigma_\theta$

$$P_A = \left[\beta + \lambda(3\sigma_h - \sigma_H)\right]/(1+\lambda)$$

$$P_B = \left[\beta + \lambda(3\sigma_h - \sigma_H) - \sigma_v\right]/\lambda \tag{3-19}$$

岩层中的原始地应力和岩石特性决定了水力压裂时的破裂模式。若岩石为均质各向同性介质，则扩展裂缝的方位取决于三个主应力的方位和相对大小，此外，裂缝的扩展与裂缝面上作用的流体压力的拉伸破坏作用有关，流体压力促使裂缝面张开而对裂缝扩展产生尖劈效应，这种扩展裂缝通常位于正交于最小主应力方向的平面内。在流体进入裂缝前，孔周的裂缝在某些条件下可能是由剪切破裂引起的，这种破裂在孔壁切向应力仍为较高的压应力时就可能发生，随着流体进入剪切破裂面促使裂缝张开扩展的过程中，拉伸破坏模式可能占绝对优势，并根据裂纹扩展路径选择的能量最低原理，不管是哪种情形的剪切破裂面，其扩展过程中都将使裂纹转向正交于最小主应力的方向。

由水力压裂泵压曲线来监测孔壁的破裂过程，破裂面张开前，泵入压裂液使孔壁产生膨胀变形的同时，亦使孔内流体压力持续增加。当孔壁破裂面张开时，压裂液的漏失使泵压不再升高，此时泵压曲线的最高泵压便被当成孔壁破裂面张开的标志，并将此时对应的峰值压力作为破裂压力。分析表明，在一定的地应力条件和岩石特性参数下，水力压裂过程中将先发生剪切破裂，然后该剪切破裂面在流体压力的尖劈作用下发生张性扩展。

严格来讲，发生剪切破裂后的裂纹扩展过程应采用断裂力学方法进行分析，且只要 $\sigma_H \neq \sigma_h$，不论哪种情形的剪切破裂后扩展在初始阶段都是混合型（Ⅰ+Ⅱ）扩展，只有在裂纹扩展足够长度而转向正交于最小主应力 σ_h 后才为纯 Ⅰ 型扩展。由于该扩展渐变模式的复杂性，目前的理论尚难处理，且这种分析方法在工程应用上亦显得过分复杂。

考虑到一旦裂纹开始出现张性扩展，流体压力必然开始下降，因此上述问题即在于确定裂纹由闭合转为张开的临界点。可以认为，一旦剪切破裂面上的法向应力等于零，裂缝即开始张性扩展，即

$$\sigma_n = \frac{\sigma_1 + \sigma_3}{2} + \frac{\sigma_1 - \sigma_3}{2}\cos 2\alpha = 0 \tag{3-20}$$

将式（3-14）、式（3-15）和式（3-17）中的 α 表达式代入式（3-20），得两种剪切破裂面即将开裂时的临界孔内流体压力为

$$P_A' = \frac{3\sigma_h - \sigma_H}{2}\left(1 + \frac{1}{\sin\varphi}\right) = \lambda\frac{3\sigma_h - \sigma_H}{\lambda - 1}$$

$$P_B' = \sigma_v\frac{1 - \sin\varphi}{1 + \sin\varphi} + (3\sigma_h - \sigma_H) = \frac{\sigma_v}{\lambda} + (3\sigma_h - \sigma_H) \qquad (3-21)$$

可由式（3-21）来判断是否发生剪切破裂。

根据断裂力学相关知识，剪切型裂纹与张开型裂纹在裂纹尖端非线性区的概念上有很多相似之处，但也存在着明显的不同，不同之处主要表现在：第一，剪切型裂缝面上有摩擦应力存在，而张开型裂纹面上的摩擦应力等于零；第二，张开型裂纹非线性区中剪应力 σ 与张开位移 u 的关系 $\sigma=\sigma(u)$，取决于具体材料，不同材料的函数关系亦不同，但剪切裂纹有一个十分显著的特点：在非线性区中剪应力 σ 与滑动位移 u 的关系，几乎对所有的材料都有相同的形式，即随着滑动位移 u 的增加，剪应力 σ 减小（弱化），这种随滑动而弱化的特点是剪切型裂纹的重要特征。

通过分析页岩水力压裂试验后裂缝形态，破裂面处未见摩擦痕迹，表明未发生剪切滑动，水力压裂产生的主要为张性裂缝。

3.3　不同页岩特征对页岩水力压裂破裂模式影响分析

水平井压裂中裂缝的起裂压力和起裂方位不仅与水平段井筒的方位有关，还与井筒周围的岩石性质及井筒周围应力分布有关（Chen et al., 2003; Helstrup et al., 2004）。

由应力转轴公式得井壁周向应力为

$$\sigma_\theta = 2\operatorname{Re}[(\mu_1\sin\theta - \cos\theta)^2\phi_1'(z_1) + (\mu_2\sin\theta - \cos\theta)^2\phi_2'(z_2)] \qquad (3-22)$$

1. 压裂液单独作用时的周向应力

为了根据应力边界条件确定复势函数 $\phi_k(z_k)$，需将 z_k 平面上的计算区域映射到 ξ_k 平面上的单位圆内：$|\xi| \leqslant 1$。于是，z_k 平面圆周上的点一一映射到 ξ 平面上的单位圆 $\xi = e^{i\theta}$ 上。取保角变换函数为

$$z_k = \frac{R(1 - i\mu_k)}{2}\xi_k + \frac{R(1 + i\mu_k)}{2}\frac{1}{\xi_k}, \quad k=1,2 \qquad (3-23)$$

式中，R 为井眼半径；μ_k 为平面问题的复参数，只取决于材料的弹性参数。则有

$$\xi_k = \frac{z_k + \sqrt{z_k^2 - R^2(1 + \mu_k^2)}}{R(1 - i\mu_k)} \qquad (3-24)$$

当点 (x, y) 在圆周上变化时，有 $\xi=\xi_1=\xi_2=e^{i\theta}$，因此，取复势函数为

$$\phi_k(z_k) = \sum_{-\infty}^{\infty} A_{km}\xi_k^m \qquad (3-25)$$

根据无穷远处应力为零，得

$$\phi_k(z_k) = \sum_{m=1}^{\infty} A_{km}\xi_k^{-m} = \sum_{m=1}^{\infty} A_{km}e^{-im\theta} \tag{3-26}$$

由应力边界条件确定系数 A_{km} 后，得

$$\phi_1'(z_1) = \frac{PR(\mu_2 - i)}{2K_1\xi_1}, \quad \phi_2'(z_2) = \frac{PR(\mu_1 - i)}{2K_2\xi_2} \tag{3-27}$$

式中，$K_1 = (\mu_2 - \mu_1)\sqrt{z_1^2 - R^2(1 + \mu_1^2)}$；$K_2 = (\mu_1 - \mu_2)\sqrt{z_2^2 - R^2(1 + \mu_2^2)}$。

在井壁处，$z_k = R(\cos\theta + \mu_k\sin\theta)$，再将式（3-27）代入式（3-25）化简后，得井壁周向应力为

$$\sigma_\theta = \frac{PE_\theta}{E_1}[\mu_1\mu_2 - i(\mu_1+\mu_2)(\sin^2\theta - \mu_1\mu_2\cos^2\theta)+(1+\mu_1^2)(1+\mu_2^2)\sin^2\theta\cos^2\theta \tag{3-28}$$

式中，$\dfrac{1}{E_\theta} = \dfrac{\sin^4\theta}{E_1} + \left(\dfrac{1}{G_{12}} - \dfrac{2\nu_{21}}{E_1}\right)\sin^2\theta\cos^2\theta + \dfrac{\cos^4\theta}{E_2}$，$E_\theta$ 为沿 θ 方向的弹性模量。

由式（3-28）知

$$\mu_1^2 + \mu_2^2 = -\left(\frac{E_1}{G_{12}} - 2\nu_{21}\right) = -\alpha, \quad \mu_1^2\mu_2^2 = \frac{E_2}{E_1} = \beta^2$$

则有

$$\mu_1 + \mu_2 = \pm i\sqrt{\alpha + 2\beta}, \quad \mu_1\mu_2 = -\beta \tag{3-29}$$

式中，α、β 为各向异性状态参数，代入式（3-29）得

$$\sigma_\theta = \frac{PE_\theta}{E_1}[-\beta + \sqrt{\alpha + 2\beta}(\sin^2\theta + \beta\cos^2\theta)+(1-\alpha + \beta^2)\sin^2\theta\cos^2\theta] \tag{3-30}$$

2. 水平最大地应力单独作用时的周向应力

井壁周围的应力场可通过无孔时受单向压应力 σ_H 作用的应力场和在孔边均布应力 P^{II} 作用时的应力场的叠加求得，如图 3-2 所示。

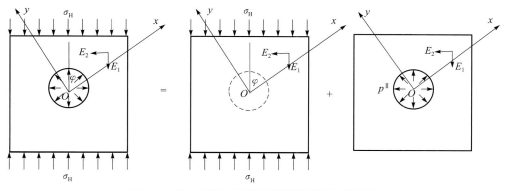

图 3-2 各向异性地层井壁周围围岩受力分解图

由井壁自由条件，通过变换得孔边应力 P^{II} 单独作用时的复变函数为

$$\phi_1'(z_1) = \frac{R\sigma_H}{2K_1\xi_1}(\sin\varphi - i\cos\varphi)(\cos\varphi + \mu_2\sin\varphi)$$

$$\phi_2'(z_2) = \frac{R\sigma_H}{2K_2\xi_2}(\sin\varphi - i\cos\varphi)(\cos\varphi + \mu_1\sin\varphi)$$

（3-31）

式中，φ 为 σ_H 与 x 轴的夹角。

将式（3-31）代入式（3-22），叠加无孔时的应力场，得井壁周向应力为

$$\sigma_\theta = \frac{\sigma_H E_\theta}{E_1}\left\{\left[-\cos^2\varphi + (\beta + \sqrt{\alpha+2\beta})\sin^2\varphi\right]\beta\cos^2\theta + \left[(1 + \sqrt{\alpha+2\beta})\cos^2\varphi\right.\right.$$

$$\left.\left. -\beta\sin^2\varphi\right]\sin^2\theta - \sqrt{\alpha+2\beta}(1 + \sqrt{\alpha+2\beta} + \beta)\sin\varphi\cos\varphi\sin\theta\cos\theta\right\}$$

（3-32）

当水平最大地应力方向与 E_1 方向相同时

$$\sigma_\theta = \frac{\sigma_h E_\theta}{E_1}\left[(1 + \sqrt{\alpha+2\beta})\sin^2\theta - \beta\cos^2\theta\right]$$

（3-33）

3. 垂向地应力单独作用时的周向应力

同上解法，可得垂向地应力单独作用时的周向应力为

$$\sigma_\theta = \frac{\sigma_v E_\theta}{E_1}\left[\beta(\beta + \sqrt{\alpha+2\beta})\cos^2\theta - \beta\sin^2\theta\right]$$

（3-34）

叠加得到的各向异性井壁周向应力为

$$\sigma_\theta = -\frac{PE_\theta}{E_1}\left[-\beta + \sqrt{\alpha+2\beta}(\sin^2\theta + \beta\cos^2\theta) + (1-\alpha+\beta^2)\sin^2\theta\cos^2\theta\right]$$

$$+ \frac{\sigma_h E_\theta}{E_1}\left[(1 + \sqrt{\alpha+2\beta})\sin^2\theta - \beta\cos^2\theta\right]$$

$$+ \frac{\sigma_v E_\theta}{E_1}\left[(\beta + \sqrt{\alpha+2\beta})\beta\cos^2\theta - \beta\sin^2\theta\right]$$

（3-35）

当岩层为各向同性时，$\alpha=2$、$\beta=1$，代入式（3-35），得

$$\sigma_\theta = -P + \sigma_h(1 - 2\cos2\theta) + \sigma_v(1 + 2\cos2\theta)$$

（3-36）

这与经典井壁稳定力学中的分析结果完全一致，证明了推导公式的正确性。

3.3.1 各向异性地层水平井井壁周围的应力分析算例

为了解页岩力学各向异性对井壁围岩应力场及水力压裂起裂的影响，将试验得到的彭水区块页岩压裂地层的力学参数代入相关公式，以实际计算的结果从理论上说明各向异性对水力裂缝起裂的影响。

计算中采用的数据为井深 2100m，垂直方向地应力为 50MPa，水平方向最大和最小地应力分别为 48.77MPa 和 42.44MPa，地层孔隙压力梯度为 10.7kPa/m，取地层孔隙压

力系数为 1.1，水平井井眼方向平行于水平最小地应力方向，完井方式为裸眼完井。当井壁围岩的周向应力超过岩层的抗拉强度时，水力裂缝起裂。对该页岩地层，由室内试验得到的岩石力学参数如表 3-2 所示。

表 3-2 页岩地层力学参数

取样方式	抗拉强度 /MPa	抗压强度 /MPa	弹性模量 /GPa	泊松比	剪切模量 /GPa
平行层理	4.86	112.87	24.91	0.312	7.41
垂直层理	9.70	113.43	10.79	0.331	

计算中设页岩平行层理面各方向为均匀各向同性，垂直层理面为正交各向异性，即将页岩视为横观各向同性材料。

1. 各向异性对原始井壁周向应力的影响

计算的页岩地层水平井井壁围岩原始周向应力分布如图 3-3 所示。

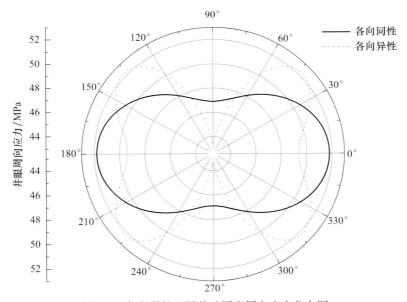

图 3-3 各向异性地层井壁围岩周向应力分布图

由图 3-3 可知，对各向异性页岩地层，井壁围岩的周向应力分布复杂，变化剧烈，沿 0°-180° 和 90°-270° 半径方向对称，大致呈"蝴蝶"形。最小值在 90° 和 270° 处，为 43.34MPa；在 0° 和 180° 处为一组极小值，大小为 49.37MPa；最大值在 42.8°、137.2° 和 222.8°、317.2° 处，约为 52.25MPa，最小值到最大值间的变化速度较快，而最大值到相近极小值间的变化速度较缓慢。如果将页岩地层视为各向同性，井壁围岩的周向应力分布相对简单，变化较平缓，但仍沿 0°-180° 和 90°-270° 半径方向对称，大致呈"跑道"形；最小值在 90°和 270°处，为 46.88MPa；最大值在 0°和 180°处，为 51.80MPa。对比可知，各向异性对井壁围岩周向应力的分布影响明显，虽然对周向应力最小值的大小影响显著，差异为 8.16%，但对其位置没有影响；虽对最大值的大小影响较小，仅为 0.86%，但对其位置影响较大。因此，地层的各向异性使井壁围岩的周向应力分布更加复杂，与各向同性假设下的周向应力分布有较大不同，不能将其简化为各向同性。

2. 水力压力对井壁围岩周向应力分布的影响

为了解井壁围岩周向应力随水力压力增大的变化情况，分别计算并得到了水力压力为 10MPa、20MPa、30MPa、40MPa 和起裂时的井壁围岩周向应力分布图，如图 3-4 所示。

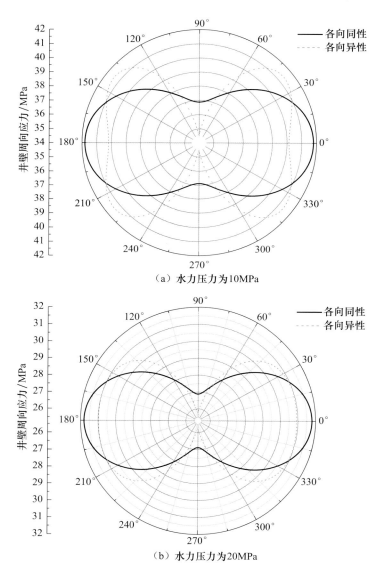

（a）水力压力为10MPa

（b）水力压力为20MPa

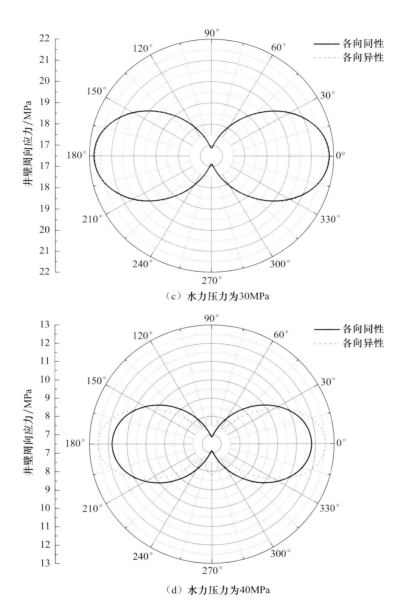

（c）水力压力为30MPa

（d）水力压力为40MPa

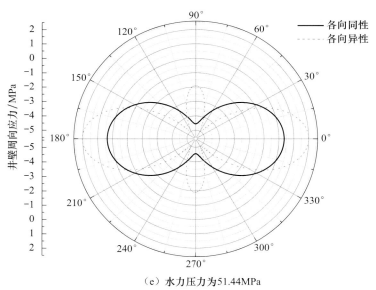

（e）水力压力为51.44MPa

图 3-4　井壁周向应力随水力压力增大的演化图

由图 3-4 可以看出，对各向异性页岩地层，随着水力压力的增大，井壁围岩周向应力在不断减小的同时其分布变化较大，最小值以 90°-270°半径为对称轴逐步向两侧移动，且最小值点由两个逐渐演化为四个；最大值在 42.8°、137.2°和 222.8°、317.2°处开始以 0°-180°半径为对称轴逐步向其靠拢，最大值点由四个逐渐减少为两个；在水力压力为 30MPa 时，各向异性对井壁围岩的周向应力没有影响，是页岩地层周向应力变化的一个拐点。由表 3-3 可知，在水力压力达到 51.44MPa 时，周向应力的最小值达到地层的抗拉强度，井壁发生张拉破裂，最易起裂位置为 57.24°、122.76°、237.24°和 302.76°处。如果假设地层为各向同性，最小值始终在 90°和 270°处取得，为最易破裂位置，且当水力压力为 51.44MPa 时，最小周向应力为 -4.56MPa，不足以使岩层发生张拉破裂，当水力压力继续增大至 51.88MPa 时，地层发生张拉破裂。由此可知，页岩地层的各向异性对水力压力增大过程中井壁围岩周向应力的分布影响较大；裂缝起裂时，各向异性对起裂位置的影响较大，但对临界起裂压力的大小几乎没有影响。

表 3-3　起裂压力和起裂位置

材料性质	起裂压力 /MPa	起裂位置/（°）	最大值位置/（°）
各向异性	51.44	57.24、122.76、237.24、302.76	0、180
各向同性	51.88	90、270	0、180

由页岩地层破裂时的周向应力分布图 3-4（e）可知，地层起裂时任何一个或多个最小周向应力处均可同时起裂形成裂缝，这样将有可能形成多样的、复杂的起裂样式，但随着裂缝的延伸，根据最小能量原理，在离开井眼一定距离后，水力裂缝将逐渐转向，

形成垂直于水平最小地应力的水力裂缝。

3. 地应力差异系数对起裂的影响

对垂向地应力和水平最大地应力存在不同差异的地层，为了解各向异性对其压裂的影响，定义地应力差异系数为

$$K_H = \frac{\sigma_v - \sigma_H}{\sigma_H} \tag{3-37}$$

对不同的地应力差异系数，计算地层的起裂压力和起裂角度，如图 3-5 和图 3-6 所示。

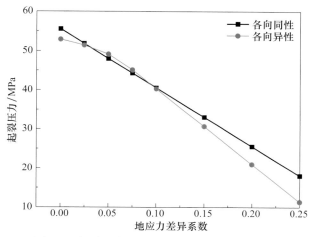

图 3-5　起裂压力随地应力差异系数的变化曲线

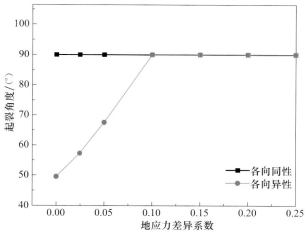

图 3-6　起裂角度随地应力差异系数的变化曲线

由图 3-5 可知，当地应力差异系数小于 0.03 或大于 0.1 时，各向异性地层更易起

裂，且垂向地应力与水平最大地应力差异较大（大于 20%）时，各向异性对起裂压力的影响较大。在地应力差异系数大于 0.03 且小于 0.1 时，各向异性对地层的起裂压力影响很小。

由图 3-6 可知，在地应力差异系数小于 0.1 时，各向异性对地层起裂角度的影响较大，且地应力差异系数越小，各向异性对起裂角度的影响越大；当地应力差异系数大于 0.1 时，各向异性不再影响地层的起裂角度。

由图 3-5 和图 3-6 可知，在垂向地应力和水平最大地应力差异较大时，各向异性对地层的起裂压力影响较大，而在地应力差异系数小于 0.1 时，各向异性对地层的破裂角度影响较大。

3.3.2 天然裂缝对水力压裂破裂模式的影响分析

1. 水力裂缝在井眼围岩本体起裂的模型

地层破裂压力的大小与地应力大小密切相关，地层破裂是井眼周围岩石的环向应力超过岩石的抗拉强度或层理面的黏聚力造成的（Gidley et al., 1989），即

$$\sigma_\theta \geqslant \sigma_{tn} \tag{3-38}$$

式中，σ_{tn} 为沿层理方向的抗拉强度。

地层破裂发生在 σ_θ 最小处，即 $\theta=0°$ 或 $\theta=180°$ 处，此时

$$\sigma_\theta = -P + 3\sigma_v - \sigma_H + \left[\frac{\alpha(1-2\mu)}{1-\mu} - \varphi\right](P-P_p)$$

地层的临界破裂压力为

$$P = \frac{3\sigma_v - \sigma_H - \left[\frac{\alpha(1-2\mu)}{1-\mu} - \varphi\right]P_p + \sigma_{tn}}{1 - \left[\frac{\alpha(1-2\mu)}{1-\mu} - \varphi\right]}$$

当无压裂液滤失时，临界破裂压力为

$$P = 3\sigma_v - \sigma_H + \sigma_{tn} \tag{3-39}$$

2. 天然裂缝对水力压裂破裂模式的影响分析

1）天然裂缝的张开起裂

当井眼处有发育的天然裂缝时，水力压裂沿天然裂缝的张性破裂可认为是天然裂缝在压裂液的作用下继续延伸。天然裂缝的继续延伸，受岩石的断裂韧性、裂缝的长度、地层的原始应力和天然裂缝的方位等决定（周健等，2007，2008）。

$$P - (\sigma_n - \alpha P_p) \geqslant \frac{K_{IC}}{\sqrt{\pi a}} \tag{3-40}$$

式中，σ_n 为天然裂缝面上的法向压应力，α 为毕奥特系数；$\sigma_n = \sigma_r \cos^2\beta_1 + \sigma_\theta \cos^2\beta_2 +$

$\sigma_z \cos^2 \beta_3$，β_1、β_2、β_3 为天然裂缝的法线方向与井眼周围各主应力的夹角；a 为裂缝的半长。

则水力裂缝沿天然裂缝张破裂的临界压力为

$$P = (\sigma_r \cos^2 \beta_1 + \sigma_\theta \cos^2 \beta_2 + \sigma_z \cos^2 \beta_3 - \alpha P_p) + \frac{K_{\mathrm{IC}}}{\sqrt{\pi a}} \tag{3-41}$$

2）沿天然裂缝的剪切起裂

当井眼周围的天然裂缝存在主发育带，且其走向和倾向基本保持一致时，在一定的地应力条件下，水力裂缝可以沿着天然裂缝剪切破坏（姚飞等，2008；黄书岭等，2010）。

设裂缝面与最大水平地应力 σ_r 的夹角为 β，裂缝面上的正应力 σ 和剪应力 τ 为

$$\sigma = \frac{1}{2}(\sigma_r + \sigma_\theta) + \frac{1}{2}(\sigma_r - \sigma_\theta)\cos 2\beta$$

$$\tau = \frac{1}{2}(\sigma_r - \sigma_\theta)\sin 2\beta \tag{3-42}$$

根据 Mohr-Coulomb 准则

$$\tau = c_{\mathrm{w}} + \sigma \tan \phi_{\mathrm{w}} \tag{3-43}$$

式中，c_{w} 为天然裂缝面的黏聚力，对无充填的天然裂缝面，$c_{\mathrm{w}}=0$；ϕ_{w} 为内摩擦角。

天然裂缝面发生剪切起裂的判断准则为

$$\sigma_r - \sigma_\theta = \frac{2\sigma_\theta \tan \phi_{\mathrm{w}}}{(1 - \tan \phi_{\mathrm{w}} \cot \beta)\sin 2\beta} \tag{3-44}$$

对水平井，水力裂缝沿天然裂缝剪切破坏发生在井眼的地应力状态为 $\sigma_r > \sigma_z > \sigma_\theta$，破裂压力为

$$P = \frac{(1 + k_2)m + (k_1 k_2 - k_1 - \varphi k_2)P_p}{1 - k_1 + (2 - \varphi)k_2 - k_1 k_2} \tag{3-45}$$

式中，$k_1 = \frac{\alpha(1 - 2\mu)}{2(1 - \mu)} - \varphi$；$k_2 = \frac{2\tan \phi_{\mathrm{w}}}{(1 - \tan \phi_{\mathrm{w}} \cot \beta)\sin 2\beta}$；$m = (\sigma_{\mathrm{H}} + \sigma_{\mathrm{v}}) - 2(\sigma_{\mathrm{H}} - \sigma_{\mathrm{v}})\cos 2\theta$。

当无压裂液滤失时，有

$$P = \frac{(1 + k_2)m}{1 + 2k_2} \tag{3-46}$$

3）天然裂缝对水力裂缝扩展的影响

在水力压裂中，水力裂缝在向前延伸的时候，其尖端难免会遇到天然裂缝，天然裂缝方向与水力裂缝方向不同，会使水力裂缝沿不同的方向扩展，水力裂缝的延伸有以下几种可能。

如图3-7所示，假设水力裂缝在沿着最大水平主应力方向扩展时，遇到了一条闭合的天然裂缝，逼近角为 θ，水平主应力分别为 σ_1 和 σ_3。

水力裂缝扩展的条件为

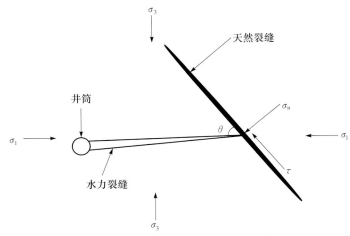

图 3-7　天然裂缝对水力裂缝影响示意图

$$P = \sigma_3 - \alpha P_p + \frac{K_{IC}}{\sqrt{\pi a_1}} \qquad (3-47)$$

式中，a_1 为天然裂缝的半长。

天然裂缝扩展的条件为

$$P = \sigma_n - \alpha P_p + \frac{K_{IC}}{\sqrt{\pi a_2}} \qquad (3-48)$$

式中，a_2 为天然裂缝的半长。

首先，压裂液进入天然裂缝，天然裂缝发生膨胀，水力裂缝在相交点直接穿过天然裂缝，或天然裂缝发生膨胀，但在天然裂缝壁面上的某个弱面突破，继续沿着最大主应力方向或近似最大主应力方向扩展，如图 3-8 所示。

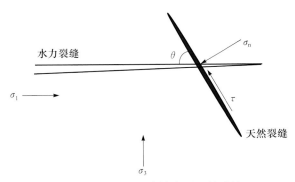

图 3-8　水力裂缝直接穿过天然裂缝

人工裂缝突破天然裂缝的阻滞，继续沿原方向的延伸的临界条件为

$$P_1 = \sigma_3 - \alpha P_p + \frac{K_{IC}}{\sqrt{\pi a_1}} \leqslant \sigma_n - \alpha P_p + \frac{K_{IC}}{\sqrt{\pi a_2}} \qquad (3-49)$$

也即

$$P_1 = \sigma_3 - \alpha P_p + \frac{K_{IC}}{\sqrt{\pi a_1}}$$

（3-50）

而且

$$(\sigma_1 - \sigma_3)\sin^2\theta \geqslant K_{IC}\frac{\sqrt{a_1}-\sqrt{a_2}}{\sqrt{\pi a_1 a_2}}$$

（3-51）

由式（3-51）知，当水力裂缝与天然裂缝相交后，决定天然裂缝延伸方向的因素主要包括水平主应力差、逼近角、水力裂缝和天然裂缝的长度。

其次，压裂液进入天然裂缝，天然裂缝发生膨胀，水力裂缝沿着天然裂缝方向，从天然裂缝端部（单向或双向）延伸，然后转向，继续沿着水平最大主应力方向或近似水平最大主应力方向延伸（图3-9、图3-10）。

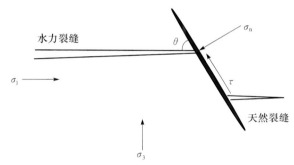

图3-9　水力裂缝沿着天然裂缝壁面上的某一弱面

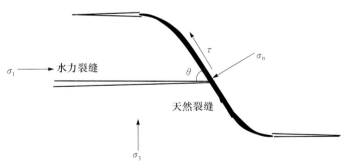

图3-10　水力裂缝发生拐折

水力裂缝沿天然裂缝扩展的临界条件为

$$P_{II} = \sigma_n - \alpha P_p + \frac{K_{IC}}{\sqrt{\pi a_2}} \leqslant \sigma_3 - \alpha P_p + \frac{K_{IC}}{\sqrt{\pi a_1}}$$

（3-52）

即

$$P_{II} = \sigma_n - \alpha P_p + \frac{K_{IC}}{\sqrt{\pi a_2}}$$

（3-53）

而且

$$(\sigma_1 - \sigma_3)\sin^2\theta \leqslant K_{IC}\frac{\sqrt{a_1} - \sqrt{a_2}}{\sqrt{\pi a_1 a_2}} \tag{3-54}$$

最后，压裂液进入天然裂缝，天然裂缝发生膨胀，但裂缝内液体压力不足以使水力裂缝继续向前或沿天然裂缝端部延伸，即水力压裂终止于天然裂缝，如图 3-11 所示。此时的天然裂缝较长或液体在流动过程中衰减较大。此时压力的临界条件为

$$\sigma_n - \alpha P_p \leqslant P_{III} < \min\left\{\sigma_3 - \alpha P_p + \frac{K_{IC}}{\sqrt{\pi a_1}},\ \sigma_n - \alpha P_p + \frac{K_{IC}}{\sqrt{\pi a_2}}\right\} \tag{3-55}$$

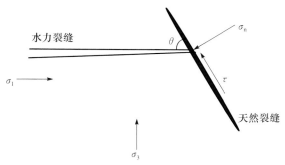

图 3-11　水力压裂终止于天然裂缝

3.4　页岩水力压裂大型物理模拟分析

3.4.1　页岩真三轴水力压裂物理模拟试验分析

压裂试验采集现场岩心经水力切割加工成尺寸为 300mm × 300mm × 300mm 的试样，采用真三轴物理模型试验机模拟施加三向应力，水力压裂伺服泵压系统精确控制压裂液排量，16 通道 Disp 声发射系统监测水力压裂过程中裂缝起裂及扩展规律，选取试验前后的典型试样进行工业 CT 断面扫描，并在压裂液中添加红色示踪剂等多种方式（Jeffrey，1998；陈勉等，2000；柳贡慧等，2000），对真三轴压缩条件下页岩水力压裂裂缝扩展形态进行研究。真三轴水力压裂试验设备示意图见图 3-12。

1. 页岩水力压裂物理模拟试验步骤

（1）露头页岩经水力切割后形成压裂尺寸为 300mm × 300mm × 300mm 的标准试样。

（2）选取代表性试样，压裂前采用工业 CT 对页岩内部结构进行断面扫描，描述其天然裂缝分布形态。

（3）在压裂试样内部钻模拟井眼，下入割缝套管，采用高强黏结剂将套管与岩心封固，保证其密封性良好，将准备好的试样放入真三轴加载室内。

（4）在水力压裂试样四个端面各对角线放置两个声发射探头，采用耦合剂将探头与

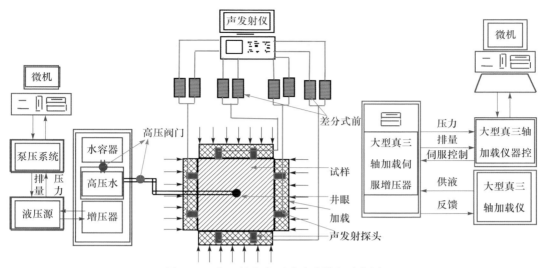

图 3-12　真三轴水力压裂试验设备示意图

试样黏结，以便有效地监测试样内部裂缝开裂信息（Matsunaga et al.，1993）。

（5）在压裂液中添加红色示踪剂，方便试验后通过剖开试样观察水力压裂通道。

（6）采用真三轴物理模型试验机完成模拟三向地应力条件加载，伺服系统稳压。

（7）启动水力压裂泵压系统和声发射监测系统，电脑实时同步采集数据。

（8）压裂试验完成后，停止水力压裂泵压和声发射系统，真三轴物理模型试验机平稳卸载到零。

（9）拆卸试样，对试样加载各面进行肉眼直接观测，并采用数码相机进行拍摄。

（10）选取代表性压裂岩心，进行压裂试验后工业 CT 断面扫描，与试验前 CT 结果进行对比分析，描述水力压裂裂缝扩展形态。

（11）对压裂试样进行剖切，通过对压裂液中红色示踪剂的观察，描述试样内部水力运移通道，掌握水力压裂缝扩展规律。

（12）分析水力压裂泵压曲线、声发射监测数据、试验前后工业 CT 断面扫描，及试样内部红色示踪剂描述，完成页岩压裂水力裂缝开裂形态的综合分析。

2. 水力压裂试验前 CT 扫描图

页岩压裂试样采用工业 CT 断面扫描，压裂试验前完成断面工业 CT 扫描，断面平行于试样上下面，与层理面垂直，工业 CT 扫描示意图如图 3-13 所示，试验前页岩试样 CT 扫描图像如图 3-14 所示。

由页岩试样工业 CT 断面扫描，切面显示页岩试样断面均质性良好，试件内部局部位置有高密度物质，为非连续体，初步分析为高密度金属矿物，钻取井眼

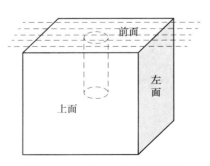

图 3-13　工业 CT 扫描示意图

时钻头对井底部分有局部损伤，其井眼底面有凹凸，壁面平滑，综合评价页岩试样的完整性良好。

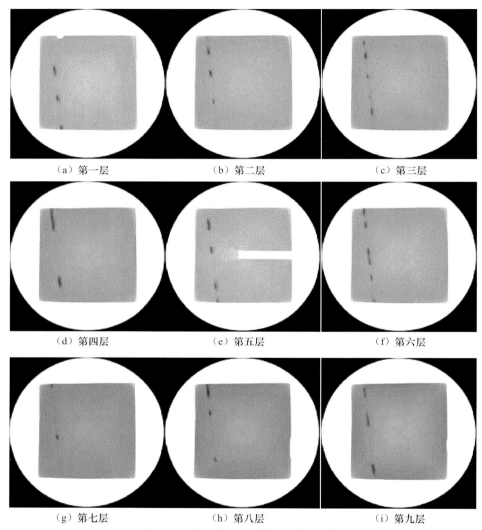

（a）第一层　　　　　　　（b）第二层　　　　　　　（c）第三层

（d）第四层　　　　　　　（e）第五层　　　　　　　（f）第六层

（g）第七层　　　　　　　（h）第八层　　　　　　　（i）第九层

图 3-14　试验前页岩试样 CT 扫描图像

3. 页岩压裂试验典型试样分析

试验基本参数如表 3-4 所示。

表 3-4　试验基本参数

模拟井型	完井方式	三向地应力			差异系数	排量 /（mL/s）
		σ_v/MPa	σ_H/MPa	σ_h/MPa	（$\sigma_H-\sigma_h$）/σ_h	
水平井	割缝	20	19.51	16.98	0.15	0.5

压力时间数据分析如图 3-15 所示。

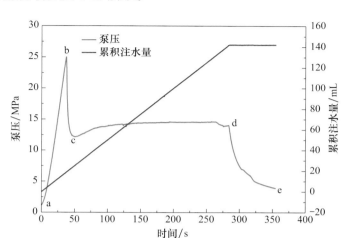

图 3-15　泵压 - 时间曲线和累积注水量 - 时间曲线

泵注压裂液在 37s 时，达到起裂压力点 25.0MPa，在 51s 时，压力跌落到 12.2MPa，之后有小幅度上升，最后维持在约 14.5MPa。

将图 3-15 的泵压 - 时间曲线划分为四个阶段，进行进一步分析。

第一阶段，即曲线的 *a-b* 段，随着压裂液不断注入井筒，井筒体积基本保持不变，筒内压力急剧升高，在 *b* 点处压力达到最大值 25.0MPa，同时井壁发生破裂。

第二阶段，即曲线的 *b-c* 段，随着井壁的起裂，井筒体积突然增大，井壁附近的流体压力产生一定幅度的跌落，在 *c* 点处压力取得极小值 12.2MPa，压力下降幅度为 12.8MPa。同时，在压力跌落过程中，水力裂缝由井壁处产生，并扩展传播到试件表面，此时，由井壁至试样表面的水力裂缝通道已基本形成。

第三阶段，即曲线的 *c-d* 段，在三向地应力的作用下，形成的水力裂缝通道受到挤压，裂缝的宽度有所减小，导致井壁附近压力有小幅度升高，达到约 14.5MPa，压力上升幅度为 2.3MPa，并维持稳定，说明自井壁至试件表面已形成稳定的水力裂缝渗流通道。

第四阶段，即曲线的 *d-e* 段，在 *d* 点处关泵，停止向井筒内泵注压裂液，此时井筒内的压裂液在内外压差的作用下，不断地从试件表面流出，井筒内的压力不断下降，在压力下降到 4.0MPa 时，停止数据采集。

试验后页岩试样剖开分析过程图如图 3-16 所示。

水力压裂试验完成后，将试件剖开，观察记录试样内部水力裂缝的分布和连通情况，得到以下几点结论。

（1）总体来看，压裂后形成了相互交错的裂缝网络，既有垂直于层理面的新生水力裂缝，又有水力裂缝沿原始弱层理面的扩展，既有纵向裂缝，又有横向裂缝，实现了体积压裂。如图 3-16 中的①所示，水力裂缝将试件分为四部分，用黄色线条划分。

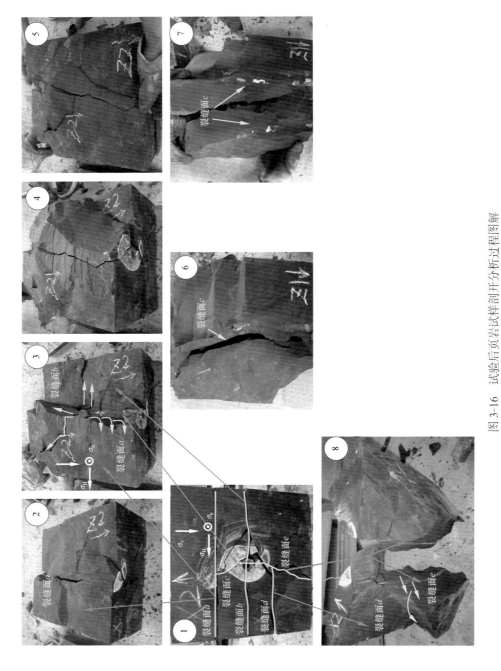

图 3-16 试验后页岩试样剖开分析过程图解

红点表示压裂液流出位置；裂缝面a、b、d与沉积层理面平行，裂缝面c、e与最大水平主应力垂直，裂缝面c与最小水平主应力垂直的裂缝；井壁起裂处可见与最小水平主应力垂直的裂缝；水力裂缝自井壁处垂直于层理面起裂，遇弱胶结层理面时将其压开，最终形成纵横交错的裂缝网络，实现了体积压裂

（2）水力裂缝自井壁割缝处起裂，形成一段沿管轴线方向的纵向裂缝，裂缝扩展过程中发生弯曲转向，偏离管轴线方向，可以想象，在更大的尺度范围内，裂缝将继续转向，最后与最小水平主应力垂直。

（3）水力裂缝会沿轻微张开的层理面扩展，如图 3-16 中的⑥所示；而胶结致密的矿物充填层保持完好，未见红色压裂液痕迹，如图中 3-16 中④、⑤所示。

（4）弱胶结层理面以下部分存在横向水力裂缝（与最小水平主应力垂直），说明水力裂缝沿弱胶结层理面扩展的过程中形成了新的裂缝面，如图 3-16 中⑦所示。

声发射定位分析图如图 3-17 所示。提取水力裂缝起裂对应时刻声发射定位数据，将其与剖开过程中观察统计到的主要水力裂缝进行对比，验证声发射定位的有效性。

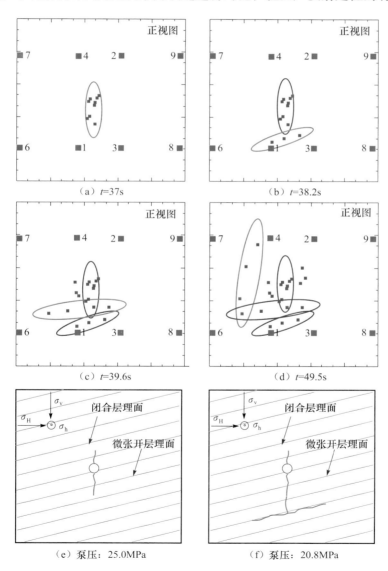

（a）t=37s　　　　　　　　　（b）t=38.2s

（c）t=39.6s　　　　　　　　　（d）t=49.5s

（e）泵压：25.0MPa　　　　　　　　（f）泵压：20.8MPa

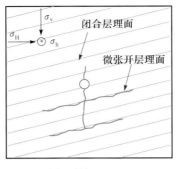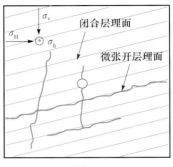

（g）泵压：15.8MPa   （h）泵压：12.2MPa

图 3-17　声发射定位分析图

整个水力压裂过程中的声发射监测图如图 3-18 所示，显示了微破裂累积，裂纹局部化及主破裂稳定发展的整个过程。

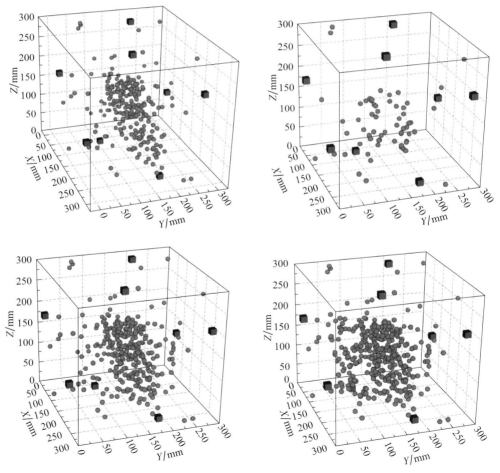

图 3-18　声发射监测过程图

试验后试样工业 CT 断面扫描图如图 3-19 所示。

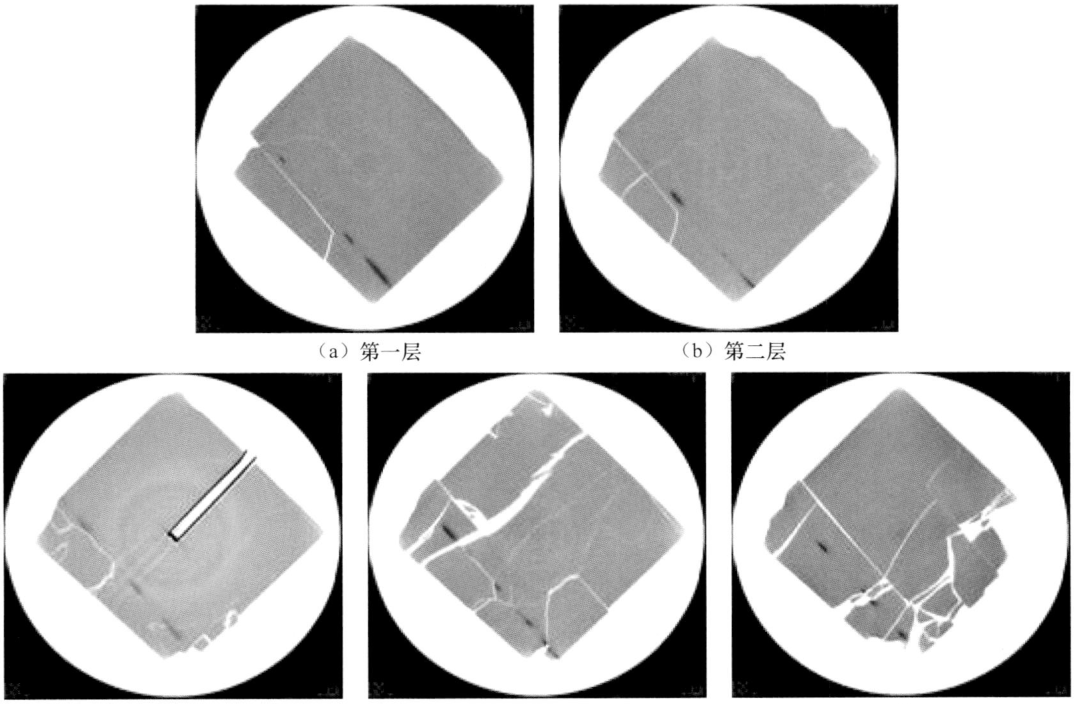

（a）第一层　　　　　　　　　　　　　（b）第二层

（c）第三层　　　　　（d）第四层　　　　　（e）第五层

图 3-19　试验后试样工业 CT 扫描图

4. 人工制备试样压裂试验

人工制备模型试样压裂试验主要内容为：①明确页岩相似材料的基本性能要求，选取合适的材料及配比；②制备相似材料物理模型，选用合适的方法预置模拟页岩岩样的裂缝、层理弱面等；③选用合适的应力水平、泵压排量及监测方式，完成人工制备模型试样水力压裂的多因素分析。

1）页岩模型材料的选取与配比方案确定

根据相似原理与水力压裂试验要求，需要重点模拟天然页岩的层理特性、强度及变形特性，同时考虑模拟页岩的高密度、低渗透特性。选取 42.5 普通硅酸盐水泥、精细石英砂、重晶石粉作为制备相似模型的材料，根据前期调研结果分析，设定了水泥、石英砂、重晶石粉三种材料两种配比方案，在制样模具内制备满足层状特性的模型试样，按照试验规范进行标准养护，然后分别钻取垂直与平行预置层面的试样，进行单轴压缩试验，获得其力学参数，并与页岩的力学特性进行比较，确定大致的配比范围，完成配比初选，表 3-5 为相似材料配比试样基本力学参数表。

表 3-5　相似材料初选配比试样基本力学参数表

配比方案		取心角度 /(°)	高 /mm	直径 /mm	峰值应力 /MPa	弹性模量 /GPa
配比 1	水泥：石英砂：重晶石粉 =1：1.5：0.5	0	99.62	49.52	59.86	19.58
		0	99.74	49.5	67.33	22.67
		90	98.54	49.44	32.08	13.61
		90	98.7	49.56	31.75	9.63
配比 2	水泥：石英砂：重晶石粉 =1：2.5：0.5	0	99.72	49.52	68.09	24.15
		0	99.46	50	62.74	21.99
		90	99.54	49.48	59.71	19.16
		90	99.64	50	54.62	18.31

通过对人工制备试样与天然页岩力学特性参数对比分析，发现配比 2 中取心角度为 0°与 90°材料的抗压强度和弹性模量值相差不大，与页岩力学性质相近，因此确定遴选初步配比。

页岩水力压裂的重要评价指标之一是脆性指数的大小，由于主要针对彭水地区示范区块，本书通过 X 衍射矿物组分分析，发现露头页岩的组分相对稳定，为研究其脆性特征参数的影响，需要采用人工制备试样来模拟，为此，本书设计了只改变石英砂含量，水泥、重晶石粉比例固定，水灰比略有改变，来研究人工试样力学特性参数随石英砂含量的变化规律，测试结果如表 3-6 所示。

表 3-6　相似材料配比试样基本力学参数表

配比方案	取心角度 /(°)	高 /mm	直径 /mm	峰值应力 /MPa	弹性模量 /GPa
水泥：石英砂：重晶石粉 =1：1.5：0.5	0	96.22	48.92	59.86	19.58
水泥：石英砂：重晶石粉 =1：2.0：0.5	0	99.38	49.52	63.24	21.62
水泥：石英砂：重晶石粉 =1：2.5：0.5	0	98.96	49.66	68.09	24.15
水泥：石英砂：重晶石粉 =1：3.0：0.5	0	99.32	49.70	72.10	22.48
水泥：石英砂：重晶石粉 =1：3.5：0.5	0	98.12	49.64	68.09	23.45

由表 3-6 可知，随着石英砂含量的增加，峰值应力呈逐渐增加，弹性模量变化较小。结合上述研究结果，初步确定四组配比大尺度试样方案，相似材料配比方案参数如表 3-7 所示。

试验最终配比的确定还需要进一步视水力压裂试验结果而定。采用与露头岩心相同的工况条件，进行水力压裂试验，分析模型材料试样水力压裂裂缝的起裂与延伸形态，并与露头岩心进行对比，选取裂缝起裂与延伸形态相似的配比，选定其为模拟页岩性质的材料。

表 3-7　相似材料配比方案

材料 / 配比	42.5 水泥	细石英砂	重晶石粉	水灰比
A	1	3	0.5	0.13
B	1	3.5	0.5	0.13
C	1	4	0.5	0.13
D	1	5	0.5	0.13

2）多因素条件下人工制备试样水力压裂试验

人工材料物理模型制备完成后，选用合适的应力水平、泵压排量及监测方式，完成页岩物理模型的多因素水力压裂试验。

第一阶段，采用人工制备模拟试样进行水力压裂物理模拟试验，利用 A、B、C、D 四组配比方案各两组人工试样，模拟井型为垂直井，采用与露头页岩相对应的压裂参数，通过水力压裂对比压后裂缝形态，初步确定配比 C（42.5 水泥：细石英砂：重晶石粉 =1：4：0.5）的压裂缝更接近露头页岩压后形态。试验中，对三向应力进行同比例降低，保证模拟地应力差异系数不变，制备第二批人工试样，具体配比与压裂参数设计如表 3-8 所示，开展人工制备试样水平井压裂物理模拟试验。相应的实验结果和形成的裂缝形态见表 3-9。

表 3-8　不同配比人工试样水力压裂参数汇总

试样编号	模拟井型	水泥：石英砂：重晶石粉	试验参数设定					
			垂向应力 / MPa	最大水平应力 /MPa	最小水平应力 /MPa	地应力差异系数	泵压排量 /（mL/s）	割缝方位角 /（°）
SN-3-1	水平 / 割缝	1：3：0.5	20	19.51	16.98	0.15	0.5	90
SN-3-2	水平 / 割缝	1：5：0.5	20	19.51	16.98	0.15	0.5	90
SN-3-3	水平 / 割缝	1：4：0.5	20	19.51	16.98	0.15	0.5	90
SN-3-4	水平 / 割缝	1：3.5：0.5	20	19.51	16.98	0.15	0.5	90
SN-3-5	水平 / 割缝	1：3：0.5	20	19.51	16.98	0.15	1	90
SN-3-6	水平 / 割缝	1：4：0.5	20	19.51	16.98	0.15	1	90
SN-3-7	水平 / 割缝	1：3.5：0.5	20	19.51	16.98	0.15	1	90
SN-3-8	水平 / 割缝	1：5：0.5	20	19.51	16.98	0.15	1	90

表 3-9　不同配比压裂后信息汇总

试样编号	起裂压力 /MPa	峰值压力 /MPa	扩展压力 /MPa	裂缝形态描述
SN-3-1	4.9	5.7	4.7	沿预制层理面局部开裂
SN-3-2	11.7	11.7	8.3	沿预制层理面局部开裂
SN-3-3	27.5	27.5	17.1	沿井轴方向形成破裂面
SN-3-4	41.1	41.1	36.3	形成沿最大水平主应力方向压裂缝，转向沿预制层理面局部开裂

续表

试样编号	起裂压力 /MPa	峰值压力 /MPa	扩展压力 /MPa	裂缝形态描述
SN-3-5	32.9	32.9	25.0	沿井轴方向形成破裂面
SN-3-6	33.9	33.9	19.8	形成沿最大水平主应力方向压裂缝，转向在两个预制层理面方向开裂
SN-3-7	34.9	34.9	23.3	形成沿最大水平主应力方向压裂缝，转向在两个预制层理面方向开裂
SN-3-8	18.0	18.0	16.8	沿预制层理面整体开裂

综合分析人工试样水平井压裂后裂缝形态与压裂泵压曲线，配比为 $1:3.5:0.5$ 和 $1:4:0.5$ 条件下，易形成压裂缝转向，配比 $1:3.5:0.5$ 时起裂压力与扩展压力相对较高，分析认为水泥：石英砂：重晶石粉配比为 $1:4:0.5$ 时，裂缝破裂模式更接近页岩压裂后裂缝特征。不同排量条件下压裂缝形态与泵压特征、压裂参数信息如表 3-10 所示。

表 3-10 人工制备试样压裂模拟信息汇总

试样编号	模拟井型	试验参数设定					起裂压力 /MPa	峰值压力 /MPa	扩展压力 /MPa
		垂向应力 /MPa	最大水平应力 /MPa	最小水平应力 /MPa	泵压排量 /（mL/s）	割缝方位角 /（°）			
N1	水平 / 割缝	20	19.51	16.98	2	90	38.3	38.3	36.4
N2	水平 / 割缝	20	19.51	16.98	1.5	90	26.7	26.7	22.6
N3	水平 / 割缝	20	19.51	16.98	1	90	27.1	27.1	23.3
N4	水平 / 割缝	20	19.51	16.98	1.5	90	25.2	25.7	25.0

三向地应力水平相同，同一配比试样，模拟套管出水口与层理面垂直，在只改变压裂液排量条件下，裂缝起裂形成微裂缝后在近井筒位置发生转向，沿预制层理面开裂并贯通。排量增大，会引起起裂压力的增加。

同时开展了压裂参数多因素对裂缝扩展的影响的试验，预制模拟天然裂缝方向（30°、60°、90°）的人工试样，设定三因素、三水平分别为地应力差异系数（0.05、0.15、0.25）、天然裂缝与最大主应力夹角（30°、60°、90°）、脆性指数（A_1、A_2、A_3），其中 A_1 代表水泥：石英砂：重晶石粉 $=1:3:0.5$；A_2 代表水泥：石英砂：重晶石粉 $=1:4:0.5$；A_3 代表水泥：石英砂：重晶石粉 $=1:5:0.5$。采用正交试验对水力压裂裂缝扩展形态进行研究，不同工况参数压裂模拟信息汇总见表 3-11。

表 3-11 不同工况参数压裂模拟信息汇总

试样编号	模拟井型	天然裂缝与最大主应力夹角/(°)	试验参数设定					
			垂向应力/MPa	最大水平应力/MPa	最小水平应力/MPa	地应力差异系数	泵压排量/(mL/s)	割缝方位角/(°)
F3-30	水平/割缝	30	20	19.51	18.58	0.05	1.5	90
F3-60	水平/割缝	60	20	19.51	16.98	0.15	1.5	90
F3-90	水平/割缝	90	20	19.51	15.61	0.25	1.5	90
F3-30	水平/割缝	60	20	19.51	18.58	0.05	1.5	90
F3-60	水平/割缝	90	20	19.51	16.98	0.15	1.5	90
F3-90	水平/割缝	30	20	19.51	15.61	0.25	1.5	90
F5-30	水平/割缝	90	20	19.51	18.58	0.05	1.5	90
F5-60	水平/割缝	30	20	19.51	16.98	0.15	1.5	90
F5-90	水平/割缝	60	20	19.51	15.61	0.25	1.5	90

3.4.2 页岩水力压裂裂缝形态多因素分析

1. 天然页岩试样水力压裂裂缝形态分析

1）排量对垂直井水力压裂的影响

相同地应力差异系数、排量分别为 0.5mL/s、1.0mL/s、1.5mL/s 条件下露头页岩的压裂缝形态与泵压信息，如表 3-12 所示。

表 3-12 天然页岩压裂不同排量压裂后信息汇总

试样编号	井型	地应力差异系数	排量/(mL/s)	起裂压力/MPa	泵压曲线描述	裂缝形态描述
Y-3	垂直井	0.1	0.5	21.50	泵压随泵注时间快速增加，达到破裂点后，呈锯齿状降低	形成沿最大水平主应力方向水力压裂缝，并沟通天然层理面，天然层理面形成贯通裂缝成为复杂网络裂缝
Y-5	垂直井	0.1	1.0	24.10	泵压随泵注时间快速增加，达到破裂点后，呈锯齿状降低	形成复杂网络裂缝，主压裂缝沟通多层天然层理面
Y-4	垂直井	0.1	0.5	19.20	泵压随泵注时间快速增加，达到破裂点后，呈锯齿状降低	形成复杂网络裂缝，主压裂缝沟通天然层理面，未完全贯通
Y-9	垂直井	0.1	1.5	13.80	泵压随泵注时间快速增加，达到破裂点后，泵压快速跌落	压裂缝沿层理面开裂，并贯通
Y-7	垂直井	0.1	1.5	16.20	泵压随泵注时间快速增加，达到破裂点后，泵压小幅跌落后出现泵压峰值点，后呈锯齿状降低	主压裂缝沟通层理面，形成交叉裂缝
Y-15	垂直井	0.1	1.0	14.80	泵压随泵注时间快速增加，达到破裂点后，泵压长时间维持在较高水平	主压裂缝沟通层理面，形成交叉裂缝

由表 3-12 物理模拟试验数据分析可知,相同应力差异系数、大尺度露头页岩完整性相对较好条件下,对比三种排量工况,在较低排量时,主压裂缝在延伸扩展过程中更易沟通天然弱面,形成复杂的网络裂缝。

2)地应力差异系数对垂直井水力压裂的影响

相同排量、地应力差异系数分别为 0.10mL/s、0.15mL/s、0.25mL/s 条件下露头页岩的压裂缝形态与泵压信息,如表 3-13 所示。

表 3-13 不同地应力差异系数压裂后信息汇总

试样编号	井型	地应力差异系数	排量 /（mL/s)	起裂压力 / MPa	泵压曲线描述	裂缝形态描述
Y-3	垂直井	0.1	0.5	21.50	泵压随泵注时间快速增加,达到破裂点后,呈锯齿状降低	形成沿最大水平主应力方向水力压裂缝,并沟通天然层理面,天然层理面形成贯通裂缝成为复杂网络裂缝
Y-6	垂直井	0.25	0.5	19.10	泵压随泵注时间快速呈锯齿状增加,泵注时间较长	主压裂缝沟通多层天然层理面,形成复杂的网络裂缝
Y-14	垂直井	0.15	0.5	20.16	泵压随泵注时间快速增加,达到破裂点后,呈锯齿状降低	最大水平主应力方向水力压裂缝沟通多层弱层理面,形成相互交叉的复杂网络裂缝

由表 3-12 物理模拟试验数据分析可知,相同排量、大尺度露头页岩完整性相对较好的条件下,在试验三种地应力差异系数工况下,都能够形成相互交叉的网络裂缝,分析认为这主要取决于岩体本身层理弱面的发育程度。

3)排量对水平井压裂的影响

相同地应力差异系数,排量分别为 0.5mL/s、1.0mL/s、1.5mL/s 条件下露头页岩的压裂缝形态与泵压信息,如表 3-14 所示。

表 3-14 不同排量压裂后信息汇总（二）

试样编号	井型	地应力差异系数	排量 /（mL/s)	起裂压力 / MPa	泵压曲线描述	裂缝形态描述
Y-7-1	水平井	0.15	0.5	25.0	泵压随泵注时间快速增加,达到破裂点 25.0MPa 后,快速降低到峰值点一半水平	压裂后形成了相互交错的裂缝网络,既有垂直于层理面的新生水力裂缝,又有水力裂缝沿原始弱层理面的扩展,既有纵向裂缝,又有横向裂缝,实现了体积压裂
Y-7-3	水平井	0.15	1.0	20.10	随着压裂液不断注入井筒,筒内压力迅速上升至峰值,降落幅度非常微小,泵压持续缓慢增加	井壁起裂处可见与最小水平主应力垂直的裂缝,水力裂缝自垂直于层理面起裂,遇弱胶结层理面时将其压开,形成纵横交错的裂缝网络,实现了体积压裂

试样编号	井型	地应力差异系数	排量/（mL/s）	起裂压力/MPa	泵压曲线描述	裂缝形态描述
Y-7-4	水平井	0.15	1.5	19.78	随着压裂液不断注入，泵压快速增加，到峰值点后快速跌落	主压裂缝沟通弱层理面，形成交叉压裂缝

由表 3-14 物理模拟试验数据分析可知，模拟水平井压裂，相同地应力差异系数、大尺度露头页岩完整性相对较好的条件下，对比三种排量工况，仍然为较低排量时，主压裂缝在延伸扩展过程中更易沟通天然弱面，形成复杂的网络裂缝。

2. 人工试样水力压裂裂缝分析

将设定的三因素、三水平分别为地应力差异系数（0.05、0.15、0.25）、天然裂缝与最大主应力夹角（30°、60°、90°）、脆性指数（A_1、A_2、A_3）共九组人工试样压裂试验的结果，包括泵压时间曲线上的特征点（起裂压力、峰值压力、稳定压力）读取出来，进行多因素分析。试验过程中的参数汇总如表 3-15 所示。

表 3-15　三因素、三水平人工试样压裂后信息汇总

试样编号	井型完井方式	天然裂缝与最大主应力夹角/(°)	地应力差异系数	起裂压力/MPa	峰值压力/MPa	稳定压力/MPa	排量/（mL/s）
F3	水平/割缝	30	0.05	14.8	14.8	13.7	1.5
F3	水平/割缝	60	0.15	4.8	5.7	5.5	1.5
F3	水平/割缝	90	0.25	14.1	14.1	11.9	1.5
F4	水平/割缝	60	0.05	6.8	8.4	7.8	1.5
F4	水平/割缝	90	0.15	23.8	23.8	22.4	1.5
F4	水平/割缝	30	0.25	15.4	15.7	15.0	1.5
F5	水平/割缝	90	0.05	4.5	5.4	5.1	1.5
F5	水平/割缝	30	0.15	18.3	18.3	15.1	1.5
F5	水平/割缝	60	0.25	3.9	5.0	4.4	1.5

综合分析表 3-15 压裂信息与压裂后裂缝形态可得：①地应力差异系数同为 0.05 时，试样 F3 在天然裂缝与最大主应力方向夹角分别为 30°、60° 和 90° 时，主压裂缝沿水力割缝方向延伸，当压裂缝与预制天然裂缝相交时，压裂液进入天然裂缝中扩展，在遇到弱层理面时发生转向，形成相互交叉的网络裂缝；②在本次试验范围内，相同排量，当天然裂缝与最大主应力夹角为 60° 时，对应起裂压力都相对较低；③人工试样内部预制天然裂缝，在形成主压裂缝后，当压裂缝延伸到天然裂缝后，沟通天然裂缝，形成复杂缝网。

3.5 页岩水平井水力压裂诱导应力场分析

3.5.1 页岩各向异性刚度矩阵

由于页岩在平行层理方向的峰值强度和弹性模量变化较小，页岩可以近似看成横观各向同性体（赵文瑞，1984；高春玉等，2011），横观各向同性体的独立弹性常数从极端各向异性的 21 个降至 5 个，这 5 个独立弹性常量分别为 E_1 平行各向同性面的弹性模量、E_3 垂直各向同性面的弹性模量、ν_1 平行各向同性面的泊松比、ν_3 垂直各向同性面的泊松比、G_3 垂直层理方向的剪切模量。

定义的加载方向角 θ，是指加载方向和层理方向所成的锐角，如图 3-20 所示。

由广义胡克定律，得到横观各向同性介质的应力 - 应变关系如下：

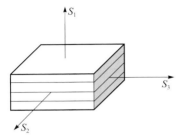

图 3-20　横观各向同性介质坐标系

$$
\begin{bmatrix} \varepsilon_1 \\ \varepsilon_2 \\ \varepsilon_3 \\ \gamma_{12} \\ \gamma_{23} \\ \gamma_{31} \end{bmatrix} = \begin{bmatrix} \dfrac{1}{E_1} & -\dfrac{\nu_{21}}{E_2} & -\dfrac{\nu_{21}}{E_2} & 0 & 0 & 0 \\[2mm] -\dfrac{\nu_{12}}{E_1} & \dfrac{1}{E_2} & -\dfrac{\nu_{23}}{E_2} & 0 & 0 & 0 \\[2mm] -\dfrac{\nu_{12}}{E_1} & -\dfrac{\nu_{23}}{E_2} & \dfrac{1}{E_2} & 0 & 0 & 0 \\[2mm] 0 & 0 & 0 & \dfrac{1}{G_{12}} & 0 & 0 \\[2mm] 0 & 0 & 0 & 0 & \dfrac{1}{G_{23}} & 0 \\[2mm] 0 & 0 & 0 & 0 & 0 & \dfrac{1}{G_{12}} \end{bmatrix} \times \begin{bmatrix} \sigma_1 \\ \sigma_2 \\ \sigma_3 \\ \tau_{12} \\ \tau_{23} \\ \tau_{31} \end{bmatrix}
\tag{3-56}
$$

柔度矩阵中共有七个弹性常数，即 E_1、E_2、G_{12}、G_{23}、ν_{12}、ν_{21}、ν_{23}，其中独立的有五个：

（1）E_1 为 S_1 方向（垂直于层理面方向）的弹性模量，由 $\theta=90°$ 时试样的轴向应力应变关系求得。

（2）E_2 为平行于层理面的弹性模量，由 $\theta=0°$ 的试样的轴向应力应变关系求得。

（3）ν_{12} 为 S_1 方向的正应力引起的平行层理方向的应变与 S_1 方向应变的比值，$\theta=90°$ 时，$\nu_{12}=-\Delta\varepsilon_3/\Delta\varepsilon_1$。

（4）ν_{23} 为层理面内的泊松比，$\theta=0°$ 时，$\nu_{23}=-\Delta\varepsilon_3/\Delta\varepsilon_1$。

（5）G_{12} 为垂直层理面方向的剪切模量，由式（3-57）求得

$$\frac{1}{E_0} = \frac{\sin^4\theta}{E_1} + \left(\frac{1}{G_{12}} - 2\frac{\nu_{12}}{E_1}\right)\sin^2\theta\cos^2\theta + \frac{\cos^4\theta}{E_2} \tag{3-57}$$

式中，E_0 为非轴向弹性模量，即除 $\theta=0°$ 和 90° 外的任意加载方向的弹性模量。

剩余两个弹性常数的计算方法如下：

（1）G_{23} 为平行层理面方向的剪切模量，由式（3-58）求得。

$$G_{23} = \frac{E_2}{2(1+\nu_{23})} \tag{3-58}$$

（2）ν_{21} 为平行层理面方向的应力引起的 S_1 方向的应变与平行层理面方向应变的比值，可根据矩阵的对称性 $\nu_{21}/E_2 = \nu_{12}/E_1$ 求得。

由 3.4 节给出的计算公式，结合垂直层理不同取心角度页岩单轴压缩试验数据，得到七个弹性常数的具体数值，如表 3-16 所示。由此可以确定页岩的横观各向同性本构关系。

表 3-16　计算得到的页岩弹性常数

弹性常数	E_1/GPa	E_2/GPa	G_{12}/GPa	G_{23}/GPa	ν_{12}	ν_{21}	ν_{23}
具体数值	27.7	26.4	10.8	9.9	0.29	0.28	0.34

现将垂直层理面的剪切模量 G_{12} 的计算过程进行说明。

将式（3-57）进行变形，分离出待求量 G_{12}，得

$$G_{12} = \left[\frac{1}{\sin^2\theta\cos^2\theta}\left(\frac{1}{E_0} - \frac{\sin^4\theta}{E_1} - \frac{\cos^4\theta}{E_2}\right) + 2\frac{\nu_{12}}{E_1}\right]^{-1} \tag{3-59}$$

式中，等式右侧均为已知量，对 $\theta=15°$、30°、45°、60°、75° 分别计算剪切模量 G_{12}，计算过程如表 3-17 所示。

表 3-17　剪切模量 G_{12} 计算表

θ/(°)	E_0/GPa	E_1/GPa	E_2/GPa	ν_{12}	G_{12}/GPa	G_{23}/GPa
15	29.0				30.9	
30	26.3				10.4	
45	25.0	27.7	26.4	0.29	10.9	10.80
60	21.3				11.3	
75	27.7				-4.4	

页岩的这五个独立弹性常量在水平井分段压裂的力学计算中非常重要，它是岩层中一点处的应力状态的重要参数，同时它与井眼稳定性、地层张性破裂、井筒周围地应力及其分布的影响、注入压力所产生的应力和井壁上的总应力、水压致裂造缝条件等工程

问题的分析研究也密切相关。

3.5.2 水平井分段压裂地应力变化建模基础

水力压裂的实质在于通过地层钻孔向被压目的层注入高压流体而诱发孔周人工裂缝。它作为一种能在地下可靠而经济地产生大面积人工裂缝的地层改造技术，拥有仅通过钻孔注液就能将地表与深部地层联系起来的这一技术优势，现已成功地被用于激化油气开采和瓦斯抽放中岩层的渗透性和过流通道、地热开发中的热交换面、可溶性盐类矿床水溶开采中的井间快速压裂连通、地层压裂注浆加固、压裂注水软化和工业废弃物的压裂注入式地下永久处置以及深部地应力测量等。

水力压裂过程起始于高压流体诱发的孔壁破裂，但压裂的最终效果主要取决于裂缝的扩展过程。但这一过程的物理背景极其复杂，它是关于岩石力学和流体力学的一个复杂耦合问题，而且通常不能对地层的压裂响应形态进行直接试验观察，这更增大了该问题研究的复杂性。尽管如此，水力压裂工程应用的广泛性及其带来的巨大经济效益，自20世纪末首先用做油气井激化开采技术以来，已吸引了国内外大量学者对其进行专门研究。然而，在数值分析计算水平井分段压裂地应力变化规律时，裂缝内的压力分布对计算结果至关重要，因此，在分析计算水平井分段压裂地应力变化时，应首先基于断裂力学和流体力学对裂缝扩展过程中裂缝的形态和缝内压力分布特征的理论进行介绍。

1. 水力压裂裂缝形态

由于水力压裂过程中压裂液的不断注入和裂缝的不断向前扩展延伸，裂缝形态计算中有一个通常事先很难确知的缝内压力分布函数，即裂缝形态的计算是个流体力学和断裂力学的耦合问题，问题的瞬态解答中有断裂判据 $K_I = K_{IC}$，根据该条件，能使该水力耦合问题得以解决（郭大立等，2001；冷雪峰等，2002）。

作为水力压裂裂缝形态计算的基础，由断裂力学理论和卡氏定理得出的平面应变状态下的水力压裂裂缝宽度方程为

$$w(y) = \frac{4}{\pi E} \int_y^a \left[\int_{-\xi}^{\xi} \Delta P(y) \sqrt{\frac{\xi+y}{\xi-y}} \mathrm{d}y \right] \frac{1}{\sqrt{\xi^2 - y^2}} \mathrm{d}\xi \tag{3-60}$$

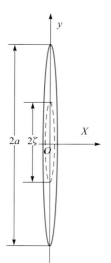

图 3-21　裂缝形态图

式中，$\Delta P(x) = P(x) - \sigma_h$ 为缝内净压力，$P(x)$ 为缝内流体压力，σ_h 为垂直于裂缝面的水平最小地应力；E 为岩石弹性模量；ξ 为积分过程中的瞬时裂缝半长，如图 3-21 所示。

对水力裂缝而言，当缝内净压力沿裂缝全长光滑连续分布时，可用连续函数 $\Delta P(x) = P_{fw}f(x)$ 来表示时，裂缝尖端处的应力强度因子 K_I 为

$$K_I = \frac{1}{\sqrt{\pi a}} \int_{-a}^a \left[P_{fw}(y) - \sigma_h \right] \sqrt{\frac{a+y}{a-y}} \mathrm{d}y \tag{3-61}$$

式中，P_{fw} 为缝内压力；$f(x)$ 为压力分布特征函数；a 为裂缝半长。

根据积分中值定理，式（3-61）可表示为

$$K_I = Ap_w\sqrt{a} - \sigma_h\sqrt{\pi a} \tag{3-62}$$

式中，$A = \dfrac{2}{\pi}f(b)\sqrt{\dfrac{a+b}{a-b}}$（$-a<b<a$）为一常数，由断裂判据 $K_I=K_{IC}$ 可知，$A = \dfrac{\sigma_h\sqrt{\pi a} + K_{IC}}{P_{fw}\sqrt{a}}$，则根据式（3-60）和式（3-61）并积分得

$$w(x) = \frac{4}{E}K_{IC}\sqrt{\frac{a^2 - x^2}{\pi a}} \tag{3-63}$$

式中，K_{IC} 为目的层的断裂韧性。式（3-63）表明，无论缝内净压力分布如何，裂缝的横断面形态均为由裂缝长度和岩石材料特性常数 E 和 K_{IC} 确定的细长椭圆，而与其中存在的压力分布形式无关。裂缝形态方程的唯一性说明水力压裂裂缝具有形态相似扩展特征。

2. 缝内压力分布

假设裂缝内的流体为不可压缩流体，对非渗透性岩层中的压裂，由于裂缝体积与注入流体体积相等，当裂缝高度为某一值 h（通常为目的层厚度或封隔段高度）时有

$$Q = V(a) = \frac{2K_{IC}ha\sqrt{\pi a}}{E} \tag{3-64}$$

当注液排量为常数 q 时，有裂缝尺寸参数：

$$Q = qt \tag{3-65}$$

$$a = \left(\frac{qEt}{2\sqrt{\pi}hK_{IC}}\right)^{2/3} \tag{3-66}$$

$$w(0) = \frac{4K_{IC}}{E\sqrt{\pi}}\left(\frac{qEt}{2\sqrt{\pi}hK_{IC}}\right)^{1/3} \tag{3-67}$$

根据流体力学的相关知识，经过复杂变换计算可得，裂缝内的压力分布特征为

$$
\begin{aligned}
P_y = {} & \frac{8\mu q\sqrt{a}}{3\pi hB^3}\left(\frac{3\pi\arcsin\dfrac{y}{a}}{\sqrt{a^2-y^2}} + \frac{1.45}{a}\right) + \frac{\rho q\sqrt{a}}{54\pi hBt}\left[\frac{12y\left(2\arcsin\dfrac{y}{a}-\pi\right)}{\sqrt{a^2-y^2}} - \frac{64}{3} + \frac{20y^2}{a^2}\right. \\
& \left. -9a^2\frac{\pi^2 + 4\left(\arcsin\dfrac{y}{a}\right)^2 - 4\pi\arcsin\dfrac{y}{a}}{a^2-y^2}\right] + \frac{C(t)}{\sqrt{a^2-y^2}}
\end{aligned} \tag{3-68}
$$

式中，μ 和 ρ 分别为流体的黏度和密度；$B = \dfrac{4K_{IC}}{\sqrt{\pi}E}$。

根据裂尖处的应力特征可得

$$C(t) = \frac{4\pi\mu q\sqrt{a}}{hB^3} \qquad (3\text{-}69)$$

式（3-68）可表示为

$$P_y = \frac{\pi\sqrt{\pi}\mu E^3 q}{16\sqrt{a}hK_{IC}^3}F(y) + \frac{\rho q^2 E^2}{432\pi ah^2 K_{IC}^2}P(y) \qquad (3\text{-}70)$$

$F(y)$ 和 $P(y)$ 的函数曲线均具有较好的线性特征，且两者的平均斜率十分接近，可用下面相同斜率而截距不同的两个线性函数来近似表达。

$$F(y) \approx 3.30\left(1 - 0.42\frac{y}{a}\right), \quad P(y) \approx 107\left(1 - 0.42\frac{y}{a}\right) \qquad (3\text{-}71)$$

这意味着缝内压力分布可由下面线性方程来近似表达：

$$P_y = P_{fw}\left(1 - 0.42\frac{y}{a}\right) \qquad (3\text{-}72)$$

进一步由式（3-61）可知，缝内压力为

$$P_{fw} = \frac{0.77K_{IC}}{\sqrt{a}} + 1.365\sigma_h \qquad (3\text{-}73)$$

缝内压力分布和裂缝尖端的压力为

$$P_y = \left(\frac{0.77K_{IC}}{\sqrt{a}} + 1.365\sigma_h\right)\left(1 - 0.42\frac{y}{a}\right) \qquad (3\text{-}74)$$

$$P_a = \frac{0.45K_{IC}}{\sqrt{a}} + 0.79\sigma_h = 0.58P_{fw} \qquad (3\text{-}75)$$

式（3-63）和式（3-75）表明，裂尖处的压力并不等于 0，且由于缝内压降的存在，缝底压力要始终大于水平最小地应力才能维持裂缝的向前扩展延伸。由于岩石的断裂韧性值都不是很大，当裂缝扩展足够远时，扩展压力将趋于常量 $1.365\sigma_h$，这与实际情况较符合。另外，式（3-68）与式（3-73）的对比表明，压裂液黏度、注液排量及岩石的弹性模量等对水力裂缝缝内压力分布的影响均可忽略不计。

3. 人工裂缝诱导应力场的经典计算方法

根据断裂力学理论，以均质、各向同性的二维平面应变模型为基础，建立二维垂直裂缝的诱导应力场计算模型，如图 3-22 所示。

假设裂缝为垂直缝，纵剖面为椭圆形，缝高为 H。以缝高方向为 z 轴，水平井井筒方向（最小水平地应力方向）为 x 轴，最大水平地应力方向为 y 轴。定义拉应力为正，压应力为负。根据经典断裂力学理论，二维水力裂缝在任意点（x, y, z）处的诱导应力为

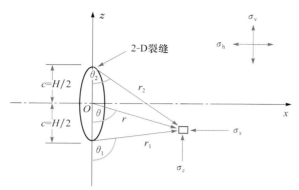

图 3-22 水力裂缝诱导应力场几何模型

$$
\begin{cases}
\sigma_x = -P\dfrac{r}{c}\left(\dfrac{c^2}{r_1 r_2}\right)^{\frac{3}{2}}\sin\theta\sin\left[\dfrac{3}{2}(\theta_1+\theta_2)\right] + P\left[\dfrac{r}{(r_1 r_2)^{\frac{1}{2}}}\cos\left(\theta-\dfrac{1}{2}\theta_1-\dfrac{1}{2}\theta_2\right)-1\right] \\[3mm]
\sigma_z = P\dfrac{r}{c}\left(\dfrac{c^2}{r_1 r_2}\right)^{\frac{3}{2}}\sin\theta\sin\left[\dfrac{3}{2}(\theta_1+\theta_2)\right] + P\left[\dfrac{r}{(r_1 r_2)^{\frac{1}{2}}}\cos\left(\theta-\dfrac{1}{2}\theta_1-\dfrac{1}{2}\theta_2\right)-1\right] \\[3mm]
\sigma_y = \nu(\sigma_x+\sigma_z) \\[3mm]
\tau_{xz} = -P\dfrac{r}{c}\left(\dfrac{c^2}{r_1 r_2}\right)^{\frac{3}{2}}\sin\theta\sin\left[\dfrac{3}{2}(\theta_1+\theta_2)\right]
\end{cases}
\tag{3-76}
$$

式中，$c=H/2$；σ_x、σ_y 和 σ_z 为先压裂缝在地层产生的三个正诱导应力分量，MPa；τ_{xz} 为先压裂缝在地层产生的诱导剪应力分量，MPa；P 为裂缝内流体压力，MPa；ν 为地层的泊松比。

各几何参数间的关系为

$$
\begin{cases}
r = \sqrt{x^2+z^2} \\[2mm]
r_1 = \sqrt{x^2+(c-z)^2} \\[2mm]
r_2 = \sqrt{x^2+(c+z)^2} \\[2mm]
\theta = \arctan\left(-\dfrac{x}{c}\right) \\[2mm]
\theta_1 = \arctan\left(\dfrac{x}{c-z}\right) \\[2mm]
\theta_2 = \arctan\left(-\dfrac{x}{c+z}\right)
\end{cases}
\tag{3-77}
$$

图 3-23 为根据式（3-76）计算的最小水平地应力方向的无因次量的诱导应力变化图。计算过程中，无因次距离为 x/d，无因次诱导应力为 σ/P。

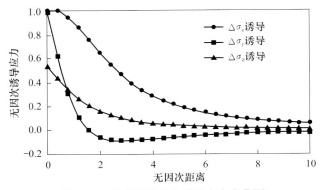

图 3-23　垂直裂缝方向诱导应力变化图

由图 3-25 可以看出：

（1）在初始裂缝周围，诱导应力在原最小水平地应力方向上的值最大，为最大诱导应力，在原最大水平地应力方向上值最小，为最小诱导应力。

（2）诱导应力的大小与其和初始裂缝的距离相关，在裂缝壁面上诱导应力最大，等于裂缝内的净压力，在 3 倍的半缝长距离后，诱导应力的影响变得很小，可以忽略不计。

（3）诱导应力的影响范围和初始裂缝缝长相关，其大小受初始裂缝缝宽和缝长影响。裂缝缝长和缝宽由压裂液注入量和缝高控制技术等方法加以控制，通过在施工中控制裂缝的缝宽和缝长得到需要的诱导应力，从而得到相应的应力场。

实际上，在页岩气开采过程中，往往对水平井进行分段压裂，而形成多条裂缝。假设原始地应力由最大水平地应力 σ_H、最小水平地应力 σ_h 和垂向地应力 σ_v 组成，而后续起裂裂缝周围的应力场应是先起裂裂缝产生的诱导应力场与原地应力场的叠加，根据叠加原理，水平井分段压裂产生的第 n 条裂缝周围的地应力场为

$$\begin{cases} \sigma'_{H(n)} = \sigma_H + v\left(\sum_{i=1}^{n-1}\sigma_{x(in)} + \sum_{i=1}^{n-1}\sigma_{z(in)}\right) \\ \sigma'_{h(n)} = \sigma_h + \sum_{i=1}^{n-1}\sigma_{x(in)} \\ \sigma'_{v(n)} = \sigma_v + \sum_{i=1}^{n-1}\sigma_{z(in)} \end{cases} \qquad (3\text{-}78)$$

式中，$\sigma'_{H(n)}$、$\sigma'_{h(n)}$ 和 $\sigma'_{v(n)}$ 分别为第 n 条裂缝周围的最大水平、最小水平和垂向地应力场，MPa；$\sigma_{x(in)}$、$\sigma_{y(in)}$ 和 $\sigma_{z(in)}$ 分别为第 i 条裂缝对第 n 条裂缝在 x、y 和 z 方向上产生的诱导应力分量，MPa。

由式（3-78）可知，可首先通过式（3-76）计算每条新压裂缝周围的诱导应力场，并将其叠加到上一级裂缝周围的地应力场，并以此类推而得到水平井井筒周围的地应力场分布特征。这就是通过经典断裂力学理论得到的水平井分段压裂地应力场分布特征的

计算方法，但是，该方法在计算裂缝周围诱导应力场时仅考虑了水力裂缝的作用，而没有考虑近井筒效应的地应力变化特征，即没有考虑裂缝与井筒相互作用下井筒周围地应力的变化，具有一定的局限性，不能准确给出地应力的变化特征。

一般情况下，井筒周围的地应力场变化较剧烈，与不考虑近井筒效应的理论计算的结果可能相差较大，因此，在计算裂缝与井筒相互作用下水平井分段压裂地应力变化规律时，必须考虑近井筒效应，而针对此类问题，数值计算方法有更好的计算效果。

4. 水平井分段压裂地应力变化规律的数值计算方法

由于页岩气藏水平井钻完井后，井筒周围的原始地应力场（最大水平地应力 σ_H、最小水平地应力 σ_h 和垂向地应力 σ_V）将受到扰动而应力重新分布，当先压裂缝产生后，裂缝和井筒周围的地应力将再次扰动而发生二次重新分布现象，因此，在计算水平井分段压裂地应力场变化规律时，必须考虑裂缝与井筒的耦合作用。

裂缝与井筒相互作用下的地应力场变化问题，可简化为平面应变问题处理，且在计算的过程中忽略了岩体中温度、孔隙压力等产生的诱导应力，并将岩体中的流体视为不可压缩流体。

图 3-24 为裂缝与井筒相互作用下的水平井分段压裂地应力变化数值计算模型。

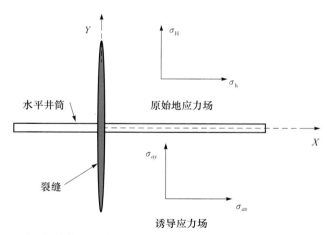

图 3-24　裂缝与井筒相互作用下的水平井分段压裂地应力变化数值计算模型

为提高计算效率，并考虑到模型的对称性，计算过程中仅建立四分之一的对称有限元计算模型，并通过裂缝周围压裂后和压裂前的应力差来得到裂缝周围的诱导应力场。

数值计算时，裂缝周围的诱导应力场可通过压裂后和压裂前裂缝周围的地应力变化来得到，其计算式为

$$\begin{cases} \sigma_{ax} = \sigma_h' - \sigma_h \\ \sigma_{ay} = \sigma_H' - \sigma_H \\ \sigma_{az} = \mu(\sigma_{ax} + \sigma_{ay}) \end{cases} \qquad (3\text{-}79)$$

式中，σ_h' 和 σ_H' 分别为压裂后裂缝周围的最小水平和最大水平地应力。

为准确了解裂缝与井筒相互作用后地应力场的变化规律，通过计算裂缝周围诱导应力场的变化来对比经典解析计算方法和数值计算方法结果的差异，以说明经典解析方法在计算水平井分段压裂地应力变化过程中存在的局限性。

经典解析方法和数值计算方法计算的井壁处最小水平和最大水平地应力方向（分别为 x 和 y 方向）的诱导应力变化如图 3-25 所示。

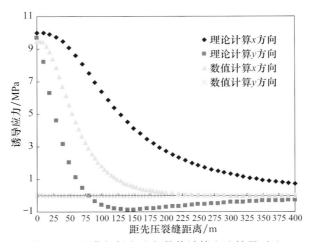

图 3-25　经典解析方法与数值计算方法结果对比

由图 3-25 可知，通过到先压裂缝不同距离水平井井筒壁面处最小水平地应力方向的诱导应力计算结果可以看出：当不考虑裂缝与井筒相互作用时，井壁处最小水平地应力方向的诱导应力的计算结果明显偏大，且变化速率在缝长距离（100m）内明显小于实际情形（考虑裂缝与井筒相互作用的情形），即经典解析方法明显高估了最小水平地应力方向的诱导应力。而在垂直井筒方向，即最大水平地应力方向，当不考虑裂缝与井筒相互作用时，诱导应力迅速衰减，变化剧烈，在超过裂缝缝长距离后，诱导应力基本不再变化，而实际上由于近井筒效应，最大水平地应力方向的诱导应力在井筒壁面处受井筒的影响更大，且起主导作用，而裂缝的作用相对较小，故当考虑井筒与裂缝的相互作用后，最大水平地应力方向的诱导应力随到裂缝距离的增加而变化不大，而理论解析方法的计算结果明显过高估计了裂缝长范围内的最大水平地应力诱导应力的大小和变化趋势。因此，经典解析方法由于仅考虑了裂缝作用，不仅明显过高估计了最小水平地应力方向的诱导应力大小，还得到了最大水平地应力方向与实际情形截然不同的诱导应力变化规律。

总体上，诱导应力的变化仍遵循最小水平地应力方向的诱导应力大于最大水平地应力方向的诱导应力，即随着分段压裂的进行，井筒壁面处的最大水平和最小水平地应力之差将不断减小，而当其差值为零或为负值时，裂缝将可能会发生转向，也就为复杂裂缝形态的产生及裂缝在扩展过程中沟通天然裂缝提供了有利条件。

经典解析方法和数值计算方法计算的井壁处诱导应力差变化规律如图 3-26 所示。

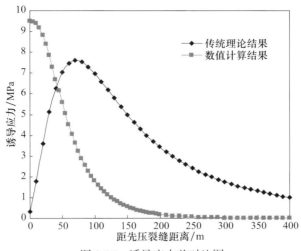

图 3-26 诱导应力差对比图

由图 3-26 可知，经典解析方法得到的诱导应力差最大值并不在裂缝壁面，而是在距裂缝一定距离处（明显小于裂缝长），即在井壁处，随着距裂缝距离的增加，诱导应力差先迅速增加至最大值，然后开始逐渐降低，且诱导应力差的最大值明显小于裂缝内的净压力。而数值计算方法得到的诱导应力差在裂缝面处为最大值，最大值等于缝内净压力，而随着距裂缝距离的增加，诱导应力差迅速降低，其降低速率明显高于经典解析方法得到的最大诱导应力差后的降低速率，这也进一步表明，经典解析方法明显高估了诱导应力的影响范围。

由于经典解析方法没有考虑裂缝与井筒的相互作用，在一定范围内，尤其是距先压裂缝的近裂缝面处（为 20～30m），会过低估计诱导应力差，而在该距离范围外，又可能会过高估计诱导应力差，从而整体上过高估计了诱导应力的影响范围，进而给进一步合理分段间距的优化带来一定误差。

5. 裂缝周围诱导应力的变化特征

随着裂缝的逐渐延伸，裂缝周围的诱导应力处于不断变化状态，要了解裂缝扩展过程中，裂缝周围的诱导应力变化特征，需深入了解裂缝周围沿最小水平和最大水平地应力方向的诱导应力变化情况，而只有明确裂缝周围最大诱导应力的变化规律，才能进一步为合理分段间距和合理簇间距的确定提供理论依据。

为了解裂缝周围诱导应力变化特征，选取了沿井筒方向和垂直井筒方向的六条不同应力路径来分析诱导应力的变化特征，如图 3-27 和图 3-28 所示。

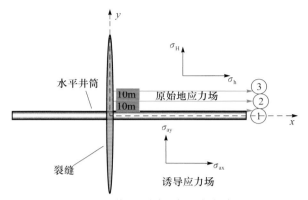

图 3-27　距井壁不同距离的应力路径图

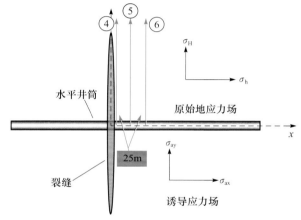

图 3-28　距裂缝不同距离的应力路径图

距井壁不同距离处的应力路径①、②和③沿最小水平地应力方向的诱导应力变化规律如图 3-29 所示。

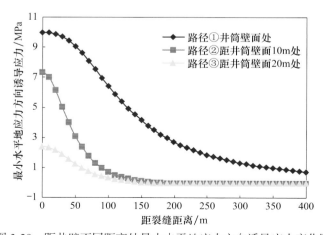

图 3-29　距井壁不同距离处最小水平地应力方向诱导应力变化图

由图 3-29 可以看出，距井壁不同距离处（井壁处、10m 处和 20m 处），最小水平地应力方向的诱导应力呈现出了相同的变化趋势，随着与裂缝距离的增加，最小水平地应力方向的诱导应力迅速降低，在距裂缝 100m 后，路径①、②和③的诱导应力均已较小，而沿裂缝方向，最小水平地应力方向的诱导应力迅速减小，在距井壁 20m 处，诱导应力已减小至最大值约 2MPa，这表明，裂缝周围沿最小水平地应力方向的诱导应力的最大值在井壁处，而随着距井壁距离的增加，该诱导应力迅速减小。

距裂缝不同距离处的应力路径④、⑤和⑥沿水平最小地应力方向的诱导应力变化规律如图 3-30 所示。

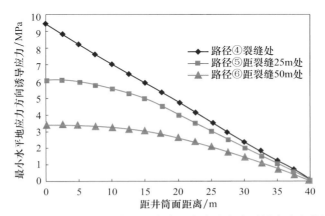

图 3-30　距裂缝不同距离处最小水平主应力方向诱导应力变化图

由图 3-30 可知，距裂缝不同距离处（接近裂缝面处、25m 处和 50m 处），最小水平地应力方向的诱导应力呈现出了相同的变化趋势，随着距井壁距离的增加，最小水平地应力方向的诱导应力迅速降低，且近似呈线性变化，在距井壁 40m 后，路径④、⑤和⑥的诱导应力均已为零，这表明，沿裂缝方向，最小水平地应力方向的诱导应力的最大值在井壁处，而随着距井壁距离的增加，该诱导应力迅速线性减小。

综合图 3-29 和图 3-30 可知，裂缝周围井壁处的诱导应力最大，这在分析水平井分段压裂地应力变化特征时至关重要，因此，在后文分析裂缝周围地应力变化特征时，主要分析井壁处沿井筒方向的地应力变化规律。

6. 水力压裂复杂裂缝产生机理

为了改善压裂效果，最大限度地增加水平井产能，水平井井筒方向应与最小水平地应力方向一致。根据弹性力学和岩石破裂准则，水力裂缝总是产生于强度最弱、阻力最小的方向，即裂缝破裂面垂直于最小主应力方向。因此，分段压裂产生的初始裂缝是垂直于井筒方向的横向裂缝，而初始裂缝产生的诱导应力会对后续裂缝的起裂产生影响。

当主裂缝的净压力大于两个水平主应力差和岩石抗拉强度之和时，就会形成分支裂缝。根据叠加原理，原地应力场和诱导应力场叠加后，裂缝在原最大水平地应力方向的应力不大于原最小水平地应力方向的应力时，即诱导应力产生后，最大水平和最小水平地应力的方向与原始的最大水平和最小水平地应力发生了转换，而导致较接近裂缝转向或产生随机裂缝，产生与主裂缝相交的次生裂缝（张广清和陈勉，2006）。该复杂裂缝产生机理可表示为

$$\sigma_{\mathrm{H}} + \sigma_y \leqslant \sigma_{\mathrm{h}} + \sigma_x \qquad (3\text{-}80)$$

可转换为

$$\sigma_x - \sigma_y \geqslant \sigma_{\mathrm{H}} - \sigma_{\mathrm{h}} \qquad (3\text{-}81)$$

当满足式（3-81）时，将会产生与主裂缝相交的分支裂缝或使分支裂缝发生转向，偏离原来的延伸路径而沿着平行水平井筒的方向延伸，当距离主裂缝一定长度后，分支裂缝又回到原来的延伸方向，如图 3-31 所示。

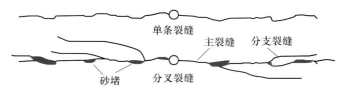

图 3-31　单条裂缝和复杂裂缝对比图

由图 3-31 可知，利用分段压裂形成复杂裂缝网络的机理为：水平井分段压裂在地层中形成多条主裂缝，而主裂缝形成的诱导应力又改变裂缝周围的应力场；合理的主裂缝间距使诱导应力尽可能大，促使分支裂缝发生转向，增强和主裂缝、天然裂缝的连通性，从而改善油气向主裂缝流动的通道结构，最终实现提高油气井产能的目的。

而分段压裂产生的第 n 条裂缝能否产生复杂的次生裂缝或发生转向取决于该条裂缝受到的最小水平地应力方向的诱导应力与最大水平地应力方向的诱导应力之差是否大于原始最大水平、最小水平地应力之差，该机理可进一步表示为

$$\sigma_{\mathrm{H}} - \sigma_{\mathrm{h}} \leqslant \sum_{i=1}^{n-1} \sigma_{x(in)} - \nu \left(\sum_{i=1}^{n-1} \sigma_{x(in)} + \sum_{i=1}^{n-1} \sigma_{z(in)} \right) \qquad (3\text{-}82)$$

7. 水平井分段压裂设计优化方法

水力裂缝总是沿着最大水平地应力方向扩展，而对低渗透储层的水平井分段压裂一般是通过形成多条横向裂缝来提高产能。在水平井分段压裂优化设计实施的过程中，可以通过优化设计裂缝间距等参数来改变裂缝间的应力场，进而使裂缝间产生复杂的次生裂缝或促使天然裂缝张开，有效沟通压裂裂缝周围的天然裂缝，从而形成具有一定主方向的裂缝簇，进而提高主裂缝周围基质的渗透率（靳钟铭等，2011）。

对水平井分段压裂进行优化设计时，先根据水平井段储层物性情况确定第一段的压裂位置，以形成的初始裂缝为基础，建立数值计算模型计算与初始裂缝不同距离时的诱导应力；进而根据式（3-82）确定裂缝能够发生转向或产生复杂次生裂缝的临界间

距，在临界间距范围内结合水平井分段测井解释及固井质量情况确定最优的分段间距。例如，要确定第 n 段分段间距，则计算距离第 $n-1$ 条裂缝不同间距位置受到第 1 条到第 $n-1$ 条裂缝产生的诱导应力，通过式（3-82）取等号确定出第 n 条裂缝能够发生转向或产生复杂次生裂缝的临界间距，并结合该间距内的测井解释和固井质量情况优选出第 n 条裂缝的位置。

3.5.3　压裂施工规模对诱导应力场的影响

页岩储层具有物性差、渗透率低、孔隙结构复杂、非均质性、存在天然裂缝等特点，水平井分段压裂增产改造技术是开发页岩储层、增加单井控制储量和产能的一项重要技术。页岩气水平井分段压裂采用分段多簇射孔，前一段压裂引起的诱导应力会对后一段裂缝扩展产生影响，合理的段间距能够达到体积压裂的增产效果。

1. 水平井裂缝周围地应力计算模型

在页岩气水平井压裂施工作业时，井壁周围岩石的实际应力状态是非常复杂的。井眼内部作用有液柱压力，外部作用有原始地应力，岩石内部存在孔隙压力，压裂液由于压差向地层滤失引起附加压力，压裂井段由于封隔器作用引起应力集中，井壁岩石在复杂应力条件下可能发生塑性变形，加上地层不均质和各向异性等因素使分析变得十分复杂。因此，为了便于进行模拟研究，在建立页岩气水平井分段压裂的力学模型时，进行如下假设：裂缝面为平面；岩体中流体为完全饱和，并且是不可压缩的；忽略渗流场中流体的惯性效应，流体重力作为一种体积载荷；忽略温度场变化对裂缝扩展的影响；忽略流体渗入地层引起的附加应力场。

2. 裂缝长度对诱导应力场的影响研究

页岩气水平井压裂过程中，裂缝逐渐扩展，裂缝长度取决于压裂施工规模及压裂液注入量。根据某页岩气水平井压裂施工的实际数据选取井筒几何形状和岩石材料参数。

取页岩储层压裂目的层为研究对象，假设地层为横观各向同性，且岩石为线弹性介质，假设无限大储层中含有一条对称双翼的垂直裂缝。根据焦石坝区块页岩气水平井压裂段地层条件，井筒直径取 20cm，井眼轴线方向与最小水平主应力方向一致，压裂缝位于水平井段的中间位置，设定压裂缝在垂直于最小主应力方向产生对称的双翼主裂缝，且预设压裂缝方向沿着最大主应力方向，压裂缝的宽度保持不变，建立水平井不同压裂缝长度下的几何模型。

为了研究页岩储层水平井压裂裂缝长度对诱导应力场的影响，进行五种压裂缝长对诱导应力场的模拟计算，统一设定裂缝沿最大水平地应力方向，宽度为 10mm，裂缝长分别取 50m、100m、200m、300m 和 400m，其他计算参数不变，如表 3-18 所示。

表 3-18　不同缝长压裂参数表

参数	方案				
	1	2	3	4	5
裂缝宽度 /m	0.01	0.01	0.01	0.01	0.01
裂缝长度 /m	50	100	200	300	400

　　由图 3-32 可知，不同裂缝长度下，井壁处诱导应力差总体上呈现出了相同的变化趋势，但诱导应力降低速率随裂缝长度的增大逐渐减小，而诱导应力的影响范围与变化速率的快慢直接相关，随裂缝长度的增大，其影响范围逐渐扩大，诱导应力影响范围与裂缝长度相当。

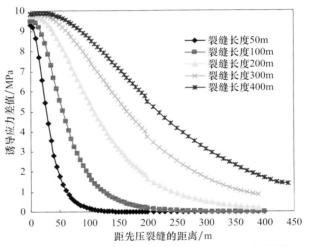

图 3-32　不同裂缝长度下井壁处诱导应力差变化图

3. 裂缝宽度对诱导应力场的影响研究

　　取页岩储层目的层为研究对象，假设地层为横观各向同性，且岩石为线弹性介质，无限大储层中含有一条对称双翼的垂直裂缝。根据焦石坝区块页岩气水平井压裂段地层条件，井筒直径取 20cm，井眼轴线方向与最小水平主应力方向一致，压裂缝位于水平井段的中间位置，设定压裂缝在垂直于最小水平主应力方向产生两个对称的双翼主裂缝，且预设压裂缝方向沿着最大水平主应力方向，压裂缝的长度保持不变，建立水平井不同压裂缝宽度下的几何模型。

　　为了研究页岩储层水平井压裂裂缝宽度对诱导应力场的影响，进行五种压裂缝宽对诱导应力场的模拟计算，同时设定裂缝沿最大水平主应力，宽度分别为 10mm、12mm、14mm、16mm 和 18mm，裂缝长度为 100m，其他计算参数不变，如表 3-19 所示。

表 3-19　压裂缝参数表

参数	方案				
	1	2	3	4	5
裂缝长度 /m	100	100	100	100	100
裂缝宽度 /mm	10	12	14	16	18

由图 3-33 可知，不同裂缝宽度下，井壁处诱导应力差总体上呈现出了相同的变化趋势，且诱导应力差随裂缝宽度的增加呈现出了基本相同的降低速率，而诱导应力差的影响范围随裂缝宽度的增加而有所增加，但与最大诱导应力差的增加相比，并不明显，故随着裂缝宽度的增加，诱导应力大小的增加较影响范围更加显著。

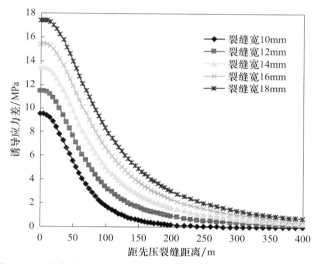

图 3-33　不同裂缝宽度下最小水平地应力方向诱导应力差变化图

为分析对比裂缝长度和裂缝宽度对诱导应力差的影响，图 3-34 和图 3-35 给出了无因次条件下的诱导应力变化图。

由图 3-34 和图 3-35 可知，对比无因次条件下不同裂缝长度和不同裂缝宽度下的井壁处诱导应力差变化图可知，随着距先压裂缝距离的增加，诱导应力差均迅速减小，但无因次诱导应力随无因次裂缝长度的增加基本没有变化，而无因次诱导应力随无因次裂缝宽度的增加逐渐增大，这说明：裂缝宽度对井壁处的诱导应力差影响更明显，对诱导应力差的数值影响也更大。

诱导应力的影响范围和初始裂缝的特性相关，而初始裂缝的特性与施工排量参数、地应力差异系数、弹性模量、泊松比和地层的脆性特征等有关，为了解力学参数对裂缝周围应力场的敏感性，进行不同地应力差异系数、不同弹性模量和泊松比条件下的裂缝周围地应力场变化特征计算，并进一步分析其对井壁处诱导应力差的影响。

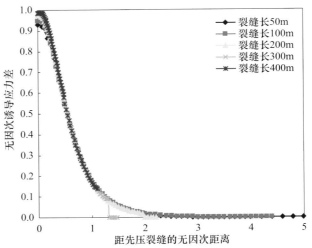

图 3-34　无因次不同裂缝长度下井壁处诱导应力差变化图

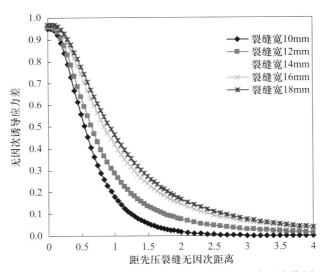

图 3-35　无因次不同裂缝宽度下井壁处诱导应力差变化图

4. 地应力差异系数对裂缝周围应力场的影响

定义地应力差异系数 K_h 为

$$K_h = \frac{\sigma_H - \sigma_h}{\sigma_h} \qquad (3-83)$$

则不同地应力差异系数下的井壁处诱导应力差变化特征如图 3-36 所示。

由图 3-36 可知，随着地应力差异系数的增加，井壁处诱导应力差的变化并不明显，这与经典解析方法给出的裂缝周围的诱导应力主要由裂缝长度和缝内净压力及距裂缝的距离有关，而与地应力场的特征等无关的说法相符。这说明，地应力场虽然影响裂缝周围的总应力场，但并不影响裂缝周围的诱导应力场，即裂缝周围地应力场的变化并不随地应力的差异而变化。

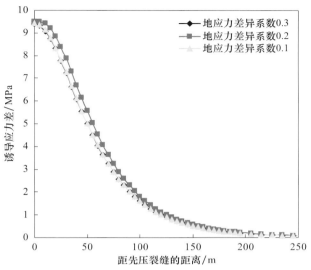

图 3-36　地应力差异系数对井壁处诱导应力差的影响

5. 弹性模量对裂缝周围应力场影响

弹性模量与裂缝宽度的关系为

$$w = \frac{2(1-v^2)}{E} L\Delta P_w \qquad (3-84)$$

式中，E 为压裂目的地层的弹性模量；v 为压裂目的地层的泊松比；L 为裂缝的长度；ΔP_w 为裂缝内的净压力。

由式（3-84）可知，高弹性模量时产生的压裂缝窄而长，低弹性模量时产生的压裂缝宽而短。

不同弹性模量下裂缝周围井壁处的诱导应力差变化如图 3-37 所示。

由图 3-37 可知，高弹性模量时产生的窄而长的压裂缝的诱导应力差较大，其影响区域也明显较大；而低弹性模量时产生的宽而短的压裂缝的诱导应力差相当较小，其影响区域也相对较小。总体上，随着弹性模量的增加，裂缝周围的诱导应力差不断增加，且其影响范围也不断增大。

6. 泊松比对裂缝周围应力场影响

泊松比与裂缝宽度的关系可由式（3-84）求得。不同泊松比下裂缝周围井壁处的诱导应力差变化图如图 3-38 所示。

由图 3-38 可知，总体上，裂缝周围的诱导应力差随泊松比的增加变化不大，其影响

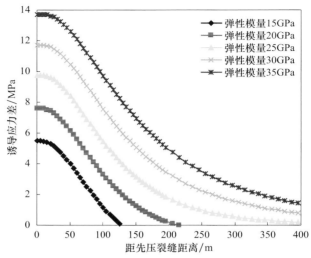

图 3-37 弹性模量对井壁处诱导应力差的影响

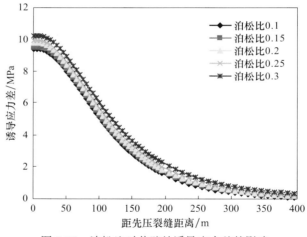

图 3-38 泊松比对井壁处诱导应力差的影响

范围也基本没有变化，低泊松比时，裂缝周围的诱导应力差较高泊松比时略小。总之，与弹性模量对裂缝周围的诱导应力场的影响相比，泊松比对裂缝周围的诱导应力场的影响并不明显。

3.5.4 不同分段间距下诱导应力场计算模型

为了研究页岩储层水平井分段压裂时不同分段间距下地应力场的变化特征，进行了三种不同分段间距时裂缝间地应力场变化规律的模拟计算，假设裂缝沿最大水平地应力方向，宽度为 10mm，裂缝长为 100m，设分段间距依次为 50m、100m 和 150m，其他计算参数不变，如表 3-20 所示。

表 3-20　不同分段间距地应力变化的计算工况参数对比

参数	工况		
	1	2	3
裂缝宽度 /mm	10	10	10
裂缝长度 /m	100	100	100
分段间距 /m	50	100	150

由图 3-39 可知，随着裂缝间距的增加，裂缝间诱导应力的差值逐渐减小，诱导应力差值的最大区域位于裂缝的邻近区域；分段间距较小时（50m），诱导应力差值在两裂缝间基本保持不变，接近于缝内净压力，这表明该分段间距较接近裂缝数量的饱和状态，因此分段间距不宜更小。当分段间距为 100m 时，井壁处的诱导应力差在两裂缝中间区域已明显小于缝内净压力，而该分段间距仍有在两裂缝间形成复杂次生裂缝的可能性，也能达到一定的储层改造效果，但当裂缝间距大于 100m 时，先压裂缝产生的诱导应力差迅速减小为小于 2MPa，这远小于缝内的净压力，也更远小于原始最大水平和最小水平地应力之差，不利于复杂裂缝的产生，因此，分段间距不宜大于 100m，这可通过分段间距为 150m 时，两裂缝中间的诱导应力差较接近仅有单一先压裂缝时的诱导应力差得到进一步验证。因此，分段压裂时，分段间距宜控制在 50～100m，而具体数值应根据实际情况进一步确定。

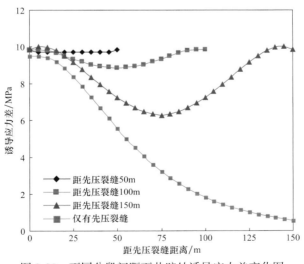

图 3-39　不同分段间距下井壁处诱导应力差变化图

3.5.5　不同簇间距多裂缝扩展诱导应力场计算模型

为了研究页岩储层水平井分段压裂时不同簇间距下地应力场的变化特征，进行了四种不同簇间距时裂缝间地应力场变化规律的模拟计算，假设裂缝沿最大水平地应力方向，宽度为 10mm，裂缝长为 100m，设簇间距依次为 30m、40m、50m 和 60m，其他计算参数不变，如表 3-21 所示。

表 3-21　多簇裂缝同时扩展时计算工况参数对比

参数	工况			
	1	2	3	4
裂缝宽度 /mm	10	10	10	10
裂缝长度 /m	100	100	100	100
簇间距 /m	30	40	50	60

图 3-40 为不同簇间距时井壁处的诱导应力差变化图。由图 3-40 可知，随着簇间距的增大，两簇裂缝间的诱导应力差逐渐减小，但其减小速率较小，这可能与两簇裂缝间的距离与裂缝饱和的临界距离较接近有关。当簇间距为 30m 和 40m 时，两簇裂缝间的诱导应力差均为最大值，都等于缝内净压力，这表明，此时两簇裂缝距离已达到饱和的临界状态，即使再继续减小两簇裂缝的距离，也不会改变两裂缝间的诱导应力差，不易继续减小两簇裂缝间的簇间距。当簇间距为 50m 时，在两簇裂缝的接近裂缝面处，诱导应力差达到了最大值，为缝内净压力，而在两裂缝中央，其诱导应力差比缝内净压力有了一定的降低，这说明此时，裂缝虽没有达到饱和的临界状态，但是已比较接近。当簇间距为 60m 时，两簇裂缝间的诱导应力又有所减小，这说明此时缝间压力离饱和的临界状态更远。因此，综上分析可知，簇间距在 40～50m 时相对比较合理。

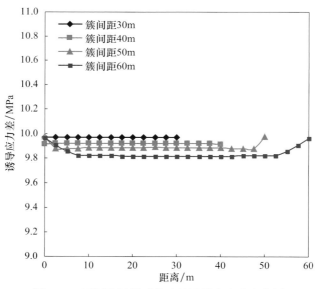

图 3-40　不同簇间距时井壁处诱导应力差变化图

3.5.6　裂缝压裂次序的优化研究计算模型

为了研究页岩储层水平井分段压裂时不同压裂次序下地应力场的变化特征，进行了四种不同裂缝长度时裂缝间地应力场变化规律的模拟计算，假设裂缝沿最大水平地应力方向，宽度为 10mm，裂缝间距为 50m，两种压裂次序下裂缝长度依次为 25m、50m、75m 和 100m，其他计算参数不变，如表 3-22 所示。

表 3-22　不同压裂次序地应力变化的计算工况参数对比

参数	顺序压裂				先压裂两端、后压裂中间裂缝			
裂缝宽度 /mm	10	10	10	10	10	10	10	10
裂缝长度 /m	25	50	75	100	25	50	75	100
裂缝间距 /m	50	50	50	50	50	50	50	50

（1）顺序压裂时地应力场变化特征见图 3-41。

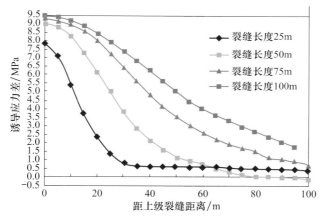

图 3-41　不同裂缝长度时井壁处诱导应力差变化图（顺序压裂）

　　顺序压裂时，井壁处诱导应力差总体呈现出相同的变化趋势，但诱导应力降低速率随裂缝长度的增加逐渐减小，而诱导应力的影响范围与变化速率的快慢直接相关，随裂缝长度的增加，影响范围逐渐扩大，井壁附近距离裂缝与缝长相当时的诱导应力已经很小，可忽略不计。

　　（2）先压两端、后压中间裂缝时地应力场变化特征见图 3-42。

　　由图 3-42 可知，先压两端、后压中间裂缝时，后压裂缝不同裂缝长度时，井壁处诱导应力差总体上呈现出了明显不同的变化趋势，当后压裂缝长度较短时，裂缝间的诱导应力差相对较小，不利于复杂次生裂缝的产生，而当后压裂缝较长时，两裂缝间的诱导应力差较大，接近或达到最大诱导应力差，有利于复杂次生裂缝的产生或天然裂缝的激活，进而达到较好的储层改造效果。

　　（3）两种压裂次序应力场的对比。后压裂缝长为 25m 时，顺序压裂和先压裂两端、后压裂中间裂缝两种压裂次序下井壁处诱导应力差的变化图如图 3-43 所示。

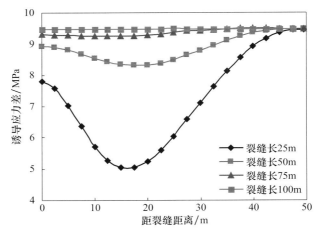

图 3-42　不同裂缝长度时井壁处诱导应力差变化图（先压两端，后压中间）

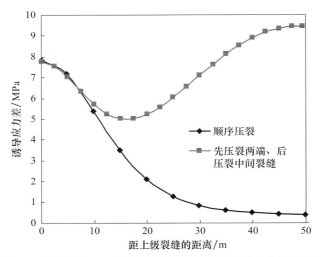

图 3-43　裂缝长 25m 时两种不同压裂次序下诱导应力差对比图

　　由图 3-43 可知，先压两端、后压中间裂缝时，井壁处的诱导应力差明显较顺序压裂时的诱导应力差大大增加，尤其是在距后压裂缝 10m 以后，且该压裂次序下的诱导应力差最小值约为 5MPa，明显有利于复杂次生裂缝的产生，因此，先压裂两端、后压裂中间裂缝的施工方式，有助于提高改造效果，是一种较好的施工方式。

　　后压裂缝长为 50m 时，顺序压裂和先压裂两端、后压裂中间裂缝两种压裂次序下井壁处诱导应力差的变化图如图 3-44 所示。

　　由图 3-44 可知，先压裂两端、后压裂中间裂缝时，井壁处的诱导应力差较顺序压裂时的诱导应力差大大增加，尤其是在距后压裂缝 10m 以后，且该压裂次序下的诱导应力差最小值为 8.3MPa，明显有利于复杂次生裂缝的产生，因此，先压裂两端、后压裂中间裂缝的施工方式，有助于提高改造效果，是一种较好的施工方式。

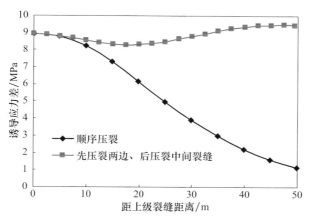

图 3-44　裂缝长为 50m 时两种不同压裂次序下诱导应力差对比图

后压裂缝长为 75m 时，顺序压裂和先压裂两端、后压裂中间裂缝两种压裂次序下井壁处诱导应力差的变化如图 3-45 所示。

由图 3-45 可知，先压裂两端、后压裂中间裂缝时，井壁处的诱导应力差较顺序压裂时的诱导应力差大大增加，尤其是在距后压裂缝 10m 以后，且该压裂次序下的诱导应力差最小值接近于最大值的缝内净压力，明显有利于复杂次生裂缝的产生，因此，先压裂两端、后压裂中间裂缝的施工方式，有助于提高改造效果，是一种较好的施工方式。

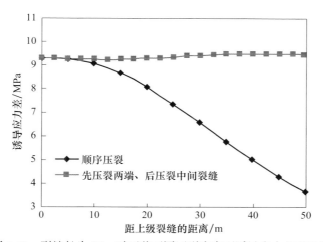

图 3-45　裂缝长为 75m 时两种不同压裂次序下诱导应力差对比图

后压裂缝长为 100m 时，顺序压裂和先压裂两端、后压裂中间裂缝两种压裂次序下井壁处诱导应力差的变化如图 3-46 所示。

由图 3-46 可知，先压两端、后压中间裂缝时，井壁处的诱导应力差较顺序压裂时的诱导应力差大大增加，尤其是在距后压裂缝 5m 以后，且该压裂次序下的诱导应力差等于缝内净压力，为最大的诱导应力差，这明显有利于复杂次生裂缝的产生或天然裂缝的激活，因此，先压裂两端、后压裂中间裂缝的施工方式，有助于提高改造效果，是一种较好的施工方式。

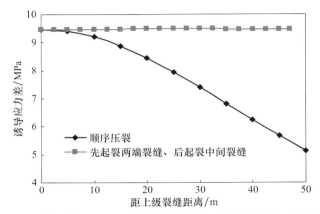

图 3-46　裂缝长为 100m 时两种不同压裂次序下诱导应力差对比图

总之，由顺序压裂方式起裂的裂缝，随着距后压裂缝距离的增加，诱导应力差会迅速减小，其形成的裂缝只有在距裂缝很有限的范围内才有可能形成复杂的次生裂缝；而按照先压裂两端、后压裂中间裂缝的方式起裂，诱导应力差明显较顺序压裂的大，且随着裂缝的扩展延伸，诱导应力差迅速增加，并逐渐接近诱导应力差的最大值，故按该方式施工时，在整个距离范围内都可能形成复杂的次生裂缝，从而提高储层的整体性能。故从两种不同起裂次序的诱导应力场大小和位置对比可以看出，按照先压裂两端、后压裂中间裂缝的方式施工，有利于提高储层的改造效果，是一种相对更优的施工方式。

3.5.7　水平井双井同步压裂计算模型

1. 不同模拟方案参数对比

为了研究双水平井多段同步压裂应力场分布特征，设计了两种井间距，两种布缝方式（正对布缝与交错布缝）地应力场影响的数值模拟。统一设定裂缝沿 Y 方向，沿井角最小水平地应力方向，宽度为 10.8mm，裂缝长度为 200m，井间距分别为 600m、700m，其他计算参数不变，如表 3-23 所示。

表 3-23　双井同步压裂计算工况参数对比

参数	工况			
	1	2	3	4
裂缝宽度 /mm	10.8	10.8	10.8	10.8
裂缝长 /m	200	200	200	200
井间距 /m	600	700	600	700
布缝方式	正对	正对	交错	交错

双井间距为 600m 时，由图 3-47 分析可知，交错布缝的诱导应力差值高出正对布缝 7～13MPa，说明在这种井间距条件下交错布缝明显优于正对布缝，更易使主裂缝未延伸到的区域形成复杂裂缝。

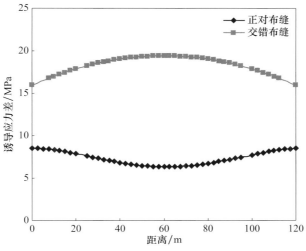

图 3-47 双井间距为 600m 时诱导应力差对比图

双井间距为 700m 时，由图 3-48 分析可知，交错裂缝的诱导应力差值高出正对布缝 3～5MPa，说明在这种井间距条件下交错布缝优于正对布缝，易形成复杂裂缝且使裂缝形成的区域更大。

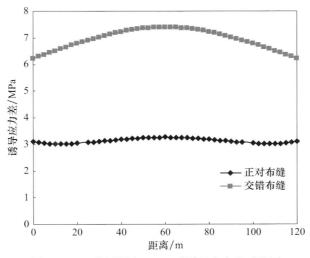

图 3-48 双井间距为 700m 时诱导应力差对比图

2. 裂缝宽度对诱导应力场的影响

下面计算交错布缝时五种不同裂缝宽度时的地应力变化规律，并对比分析裂缝宽度对诱导应力场的影响。假设裂缝为垂直于井筒方向的横向裂缝，即裂缝沿最大水平地应力方向，长度为 200m，裂缝宽度依次为 3mm、6mm、10.8mm、15mm 和 18mm，在计算过程中井间距保持不变，为 600m，其他计算参数不变，如表 3-24 所示。

表 3-24   交错布缝不同缝宽计算工况参数对比

参数	工况				
	1	2	3	4	5
裂缝宽度 /mm	3	6	10.8	15	18
裂缝长 / 井间距	0.33	0.33	0.33	0.33	0.33
布缝方式	交错	交错	交错	交错	交错

计算过程中，裂缝宽度与缝内净压力的关系见式（3-84）。

3. 不同裂缝宽度诱导应力差对比

不同裂缝宽度时，在双井中心线区域，最小水平地应力方向和最大水平地应力方向的诱导应力差随裂缝宽度的变化规律如图 3-49 所示。

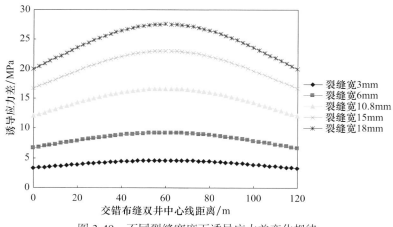

图 3-49   不同裂缝宽度下诱导应力差变化规律

由图 3-49 可知，不同裂缝宽度时，在双井中心线区域，最小水平地应力方向和最大水平地应力方向的诱导应力差随裂缝宽度的增加逐级增加，且诱导应力差最大值的区域变化更明显，这说明当增加缝内净压力时，两井间的诱导应力差迅速增加，且诱导应力差较大的区域也明显在扩展，这更有利于两井间区域形成复杂的次生裂缝和激活天然裂缝，而达到良好的储层改造效果。

不同裂缝宽度时，在两裂缝间井筒壁面处，最小水平地应力方向和最大水平地应力方向的诱导应力差随裂缝宽度的变化规律如图 3-50 所示。

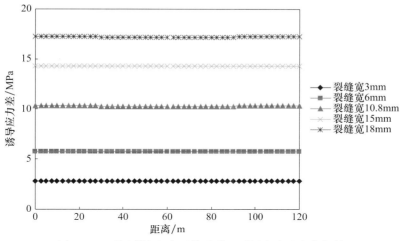

图 3-50 不同裂缝宽度下井壁附近诱导应力差变化规律

由图 3-50 可知，随着裂缝宽度的增加，裂缝间井筒壁面处最小水平地应力方向与最大水平地应力方向的诱导应力差逐渐增大，且近似呈线性增加；井壁处的诱导应力差接近于缝内净压力表明两裂缝间的诱导应力减小了最小水平地应力和最大水平地应力方向的应力差，这将有利于次生裂缝的形成，为复杂裂缝的形成提供了可能。

4. 裂缝长度对诱导应力场的影响

为了研究裂缝长度对双井同步压裂时水平井多段压裂应力场分布特征的影响，计算交错布缝时三种不同裂缝长度时的地应力变化规律，并对比分析裂缝长度对诱导应力场的影响。假设裂缝为垂直于井筒方向的横向裂缝，即裂缝沿最大水平地应力方向，长度依次为 100m、150m 和 200m，裂缝宽度为 10.8mm，在计算过程中井间距保持不变，为 600m，其他计算参数不变，如表 3-25 所示。

表 3-25 井同步压裂计算工况参数对比

参数	工况		
	1	2	3
裂缝长度 /m	100	150	200
裂缝长 / 井间距	0.17	0.25	0.33
布缝方式	交错	交错	交错

不同裂缝长度时，在双井中心线区域，最小水平地应力方向和最大水平地应力方向的诱导应力差随裂缝长度的变化规律如图 3-51 所示。

由图 3-51 可知，不同裂缝长度时，在双井中心线区域，最小水平地应力方向和最大

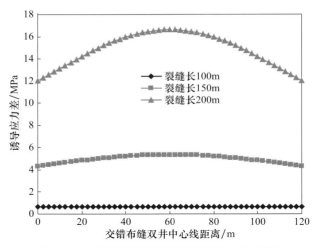

图 3-51　不同裂缝长度下诱导应力差变化规律

水平地应力方向的诱导应力差随裂缝长度的增加而迅速增加，且诱导应力差最大值的区域变化更明显，这说明当裂缝扩展时，两井间的诱导应力差迅速增加，且诱导应力差较大的区域也明显在加大，当裂缝扩展到 200m 时已有利于两井间区域形成复杂的次生裂缝和激活天然裂缝，从而达到良好的储层改造效果。

　　不同裂缝长度时，在两裂缝间井筒壁面处，最小水平地应力方向和最大水平地应力方向的诱导应力差随裂缝长度的变化规律如图 3-52 所示。

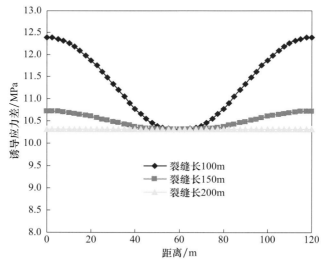

图 3-52　不同裂缝长度下井壁附近诱导应力差变化规律

　　由图 3-52 可知，随着裂缝的扩展延伸，在井筒壁面处，裂缝间的应力干扰将逐渐接近其临界状态，接近裂缝壁面处的诱导应力差也逐渐接近缝内净压力而达到临界状态，这说明两裂缝间井筒壁面处的诱导应力差已等于缝内净压力，且保持恒定，随着裂缝的继续延伸，裂缝间的诱导应力差将不再变化，此时，两裂缝间井壁处的诱导应力已使最小水平和最大水平地应力方向的地应力差较小，两裂缝间将较易形成与主裂缝相交的次生裂缝或激活天然裂缝，进而形成复杂的裂缝网络。

第 4 章　压裂裂缝监测原理与方法

4.1　裂缝监测基本方法

　　页岩储层超低渗，大型水力压裂是页岩气开发的关键工程技术。水平井水力裂缝形态（裂缝的高度、长度、宽度、方位、倾角等）等水力裂缝特性受地应力场、水平井段方位、射孔和压裂工艺等诸多因素的影响，可能出现横向、纵向、斜交、转向等。因此进行水力压裂裂缝监测与评估，掌握压裂裂缝的复杂形态，对压裂工艺和压裂效果的评价、合理制定开发方案，确保油气田开发的完整性，从而达到长期高效的油田开发和增产的目的具有重要意义。

　　水力压裂裂缝监测与评估技术是掌握压裂裂缝形态的有效手段（刘建中等，2004），目前主要有三种方法，即间接测量方法、近井筒直接测量方法和远井场直接测量方法（表 4-1）。间接测量方法最经济，但施工净压力拟合需要知道裂缝闭合压力，不稳定试井和生产动态分析需要有准确的地层压力和压前地层渗透率。近井筒直接测量方法仅能预见井筒处产生的裂缝，不能提供距井筒更远距离处的裂缝资料，而且如果裂缝和井筒不成一条直线，该测量法的评价结果很难保障准确，一般仅适用于裂缝高度范围较小的情况。远井场直接测量方法不仅可以得到近井筒的裂缝延伸情况，还能监测到整个施工过程中裂缝的动态扩展情况，能够确定裂缝方位和裂缝几何形态参数，使用较广泛。

表 4-1　基本裂缝监测方法

分类	方法	主要缺点	可获取裂缝参数					
			长度	高度	宽度	方位	倾角	导流能力
间接测量方法	施工净压力拟合	模拟是基于储层描述结果进行的	△	△	△	○	○	△
	不稳定试井分析	需要较准确的储层压力和压裂前渗透率，结果是基于井控范围的平均值	△	○	△	○	○	△
	生产动态分析	需要较准确的储层压力和压裂前渗透率，结果是基于井控范围的平均值	△	○	△	○	○	△
近井筒直接方法	放射性示踪剂	在纵向上的调查范围仅 1～2ft；若裂缝在纵向上不完全沿井眼延伸，则只能获得裂缝的底界位置	○	△	△	△	△	○
	温度测井	储层岩石的热传导系数变化可能影响结果；若裂缝在纵向上不完全沿井眼延伸，则只能获得裂缝的底界位置	○	△	○	○	○	○

续表

分类	方法	主要缺点	可获取裂缝参数					
			长度	高度	宽度	方位	倾角	导流能力
近井筒直接方法	井底成像测井	仅用于裸眼；仅提供井眼附近的裂缝方位与高度	○	△	○	△	△	○
	井径测井	仅用于裸眼；结果受井眼冲蚀状况等的影响较大	○	○	○	△	○	○
远井场直接方法	地面测斜仪	随压裂层位的深度增加，可靠程度降低	△	△	○	▲	▲	○
	井下测斜仪	随测斜仪与措施井距离增加，可靠程度降低	▲	▲	△	△	△	○
	微地震	受岩石力学性质影响大，在疏松的高孔隙储层以及白云岩储层等效果不好	△	▲	○	▲	△	○

注：▲表示可靠程度较好；△表示可靠程度一般；○表示不能求得该参数。

国内外技术人员对以上三类技术的可靠性进行对比研究（Cipolla and Wright，2000；董文轩等，2004；宋维琪等，2008）认为远井场直接测量方法的可靠性明显高于其他两种方法（图 4-1）。由于页岩储层脆性高、可压性好，水平井压裂后一般生成复杂缝或网络缝，需要知道裂缝的立体分布，现在普遍采用远井场直接测量方法，即测斜仪监测和微地震监测方法，本章主要介绍这两种方法。

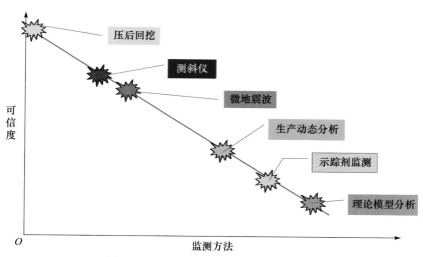

图 4-1　不同裂缝监测技术的可靠性对比

4.2　测斜仪裂缝监测方法

测斜仪裂缝监测方法可以获取压裂裂缝的方位、裂缝长度、高度以及液体的水平分量和垂直分量等参数，其中，压裂裂缝的方位是可以通过现场实测获得，其他参数是基于实测数据，并通过数值模拟解释得到的。本节在介绍测量原理的基础上，主要介绍三种裂缝分析方法，即裂缝的正演方法、裂缝反演方法和裂缝数值方法。

4.2.1 测斜仪裂缝监测原理

1. 测量原理

水力压裂将地层压开形成一条裂缝，伴随着岩石裂缝延伸，最终形成一定宽度的裂缝，压裂裂缝引起的岩石变形场向各个方向辐射，引起地面及地下地层的变形，因此，

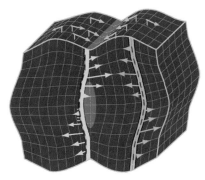

可以通过井下或地面压裂井周围布设一组测斜仪来测量地面由于压裂引起岩石变形而导致的地层倾斜。图 4-2 是测斜仪监测垂直裂缝的示意图，显示了从地面测斜仪和邻井井下测斜仪观察到的水力裂缝造成的地层变形。由地面测斜仪监测的垂直裂缝引起的地面变形是沿着裂缝方向的凹槽，而且凹槽两侧地面发生突起，通过凹槽两侧的突起可以推算出裂缝的倾角和方位。井下测斜仪布置在与压裂层相同深度的邻井中，垂直裂缝会在邻井处产生突起变形，从而可以推算出裂缝的几何形态（周健等，2015）。

图 4-2　测斜仪监测垂直裂缝的示意图

在地表，裂缝引起变形的量级通常为万分之一英寸，几乎是不可测量的，但是测量变形场的变形梯度即倾斜场是比较容易的。裂缝引起的地层变形场在地面是裂缝方位角、裂缝中心深度和裂缝体积的函数，而且变形场几乎不受储层岩石力学特性和当地应力场的影响。例如，一条给定尺寸的南北向扩展的垂直水力裂缝，不管裂缝位于低模量的硅藻岩、非常硬的碳酸岩或者疏松的砂岩地层，在地面产生的变形模式将是一样的，即具有南北向趋势的由对称隆起环绕的槽，隆起的大小决定于裂缝的体积和裂缝中心的深度。如果裂缝的倾角不是绝对的垂直，则地表隆起就会变得不对称（谢靖，1989；Wright et al.，1998a）。

地表测斜仪监测通过在压裂区域上的地表处若干点测量倾斜场，可以反演得到裂缝参数。虽然原理很简单，但是由于裂缝导致的地表形变的量级相当小，这就需要十分灵敏的测量仪器，才可以测量到在 2100m 深度的典型水力裂缝在地表产生只有 10nrad 左右的倾斜（Wright et al.，1998a）。测量所使用的高精度测斜仪与"木匠水平仪"的原理相同，它能测量两个正交方向的倾斜。当仪器发生倾斜时，充满导电流体玻璃管中的气泡发生移动，精确的电子仪器测量由此导致的电阻率的变化从而推算出倾斜角的变化，最新一代的高灵敏度测斜仪可以监测小于 1nrad 的倾角的改变。以 5500 系列测斜仪为例，该测斜仪金属外筒长为 76.2cm，直径为 6.35cm，在两个正交的轴方向上测量倾角。当仪器倾斜时，为了与重力矢量保持一致，充满导电液体的玻璃腔室内的气泡产生移

动。气泡的位置变化导致安装在探测器上的两个电极之间的电阻变化，这种变化可由精确的高灵敏度测斜仪探测到（图4-3）。

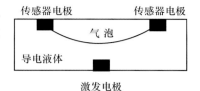

图 4-3 高灵敏度测斜仪示意图

2. 压裂监测布阵的几何要求

测斜仪通常由地面测斜仪系统、井下测斜仪系统、数据采集传输系统和数据处理与解释系统等几部分组成。

地面监测时，一般将测斜仪放在浅井（3～12m）中进行监测，这主要是为了避免地面环境噪声的干扰，如美国 Pinnale 公司用斜测仪对地表噪声进行过调查，结果表明地表噪声在距地表 5.5～6m 处有明显的降低，而 5.5m 深度以上的噪声水平甚至可能比地下压裂裂缝产生的信号强度大（地面接收到的深度为 5000ft 的压裂裂缝产生的信号幅度大约为 10nrad）。为保证裂缝测量的精度，需要在压裂施工前将 12～24 个测斜仪按照压裂地层深度 15%～75% 的径向距离排布在压裂井的周围（图4-4），即裂缝在地面造成最大倾斜的区域（唐梅荣等，2009）。当然压裂测量的结果并不取决于测斜仪在地面的排布方式，而是主要取决于测斜仪应用的数量和仪器的信噪比。在裂缝中心深度为 1500m 时测得裂缝方位的精度在 5° 以内，3000m 时精度在 10° 左右。当裂缝深度小于 900m 时，裂缝中心位置精度误差可控制在为 6.0～60.0m，当裂缝深度达到 3000m 时，其中心位置精度误差可能达到上百米。

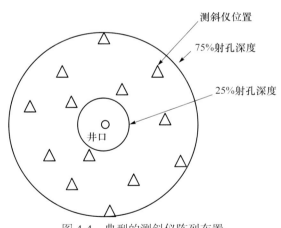

图 4-4 典型的测斜仪陈列布置

井下测斜仪监测则需要在邻井下布设一条测井电缆的测斜仪排列。这个邻井既可以是一个新井也可以是一个老井，而排列由分布在电缆上的 6～12 个测斜仪组成。井下测斜仪在裂缝中心深度连续地记录倾斜场变化，根据不同应用的需要，井间的范围为 100～500m。

压裂导致的地下地层变形模式很直观：最大的变形位于裂缝中心深度处，而且当观测井距离裂缝很近时，变形量就等于裂缝位错量的一半。同样倾斜场的模式也很简单，在远离裂缝的上部和下部，倾斜场几乎为 0，而在裂缝的顶端和底端深度处倾斜场达到最大值，在裂缝的中心深度处倾斜减为 0。倾斜场的两个极值点的间距与裂缝的宽度有关（当监测距离较近时近似相等），倾斜场极值的大小由裂缝的位错量和长度决定。

4.2.2 裂缝的正演方法

当前，模拟水力压裂诱生裂缝所产生的变形场的方法较多，大体可以分为两类，即解析方法和数值模拟方法，正演方法是解析方法的一种，解析方法所采用的模型主要有平坦椭圆裂缝模型、矩形张裂缝模型及硬币裂缝模型等。

1. 平坦椭圆裂缝模型

1）基本原理

平坦椭圆裂缝模型是把裂缝看成无限均匀介质内具有一定倾角和倾向的椭圆，裂缝为张性破裂，具有均一的垂直于裂缝面的压力。图 4-5 为平坦椭圆裂缝模型的示意图，其中长轴、短轴的长度分别为 $2a$ 和 $2b$。

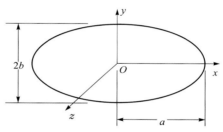

图 4-5 平坦椭圆裂缝模型示意图（据 Green and Sneddon，1950）

在前文的基础上，本章给出了位移的解析表达式（Green and Sneddon，1950）。在笛卡儿坐标系下，无限介质中任一点由椭圆裂缝引起的应力和位移可以由如下的表达式得到：

$$D = 8\frac{\partial}{\partial \overline{z}}\left[(1+2v)\phi + z\frac{\partial \phi}{\partial z}\right] \qquad (4\text{-}1)$$

$$u_z = -8(1-v)\frac{\partial \phi}{\partial z} + 4z\frac{\partial^2 \phi}{\partial z^2} \qquad (4\text{-}2)$$

$$\Theta = -8G\left[(1+2v)\frac{\partial^2 \phi}{\partial z^2} + z\frac{\partial^3 \phi}{\partial z^3}\right] \qquad (4\text{-}3)$$

$$\Phi = 32G\frac{\partial^2}{\partial \overline{z}^2}\left[(1-2v)\phi + z\frac{\partial \phi}{\partial z}\right] \qquad (4\text{-}4)$$

$$\sigma_z = -8G\frac{\partial^2 \phi}{\partial z^2} + 8Gz\frac{\partial^3 \phi}{\partial z^3} \qquad (4\text{-}5)$$

$$\varPsi = 16Gz \frac{\partial^3 \phi}{\partial \overline{z} \partial z^2} \tag{4-6}$$

式（4-1）～式（4-6）中，$D = u_x + iu_y$；$\varTheta = \sigma_x - \sigma_y$；$\varPhi = \sigma_x - \sigma_y + 2i\tau_{xy}$；$\varPsi = \tau_{xz} + i\tau_{yz}$；$G$ 为介质的剪切模量；ν 是介质的泊松比；z 是坐标系中的 z 方向坐标；$z = x + iy$；$\overline{z} = x - iy$；ϕ 为解应力函数，可以通过变换到椭圆坐标系下进行椭圆积分计算得到。

Warpinski（2000）根据 Green 提出的平坦椭圆模型进行了进一步的讨论，得到了无限介质中任一点由裂缝引起的位移对空间 x、y、z 三个方向上的导数，根据位移的空间导数即可求得沿任意方向上的倾斜矢量。

对垂直缝，当缝长大于缝高时，垂直于裂缝走向方向的倾斜值可以表示为

$$\frac{\partial u_z}{\partial u_y} = \frac{8Az}{ab^2}\left[-(1-2\nu)\left(k'^2 \frac{\mathrm{sn}^2 u}{\mathrm{cn}^2 u} \right)\frac{\mathrm{d}u}{\mathrm{d}\lambda}\frac{\mathrm{d}\lambda}{\mathrm{d}y} + z\left(2k'^2 \frac{\mathrm{sn}u\mathrm{dn}u}{\mathrm{cn}^3 u} \right)\left(\frac{\mathrm{d}u}{\mathrm{d}\lambda} \right)^2 \frac{\partial \lambda}{\partial y}\frac{\partial \lambda}{\partial z} \right.$$
$$\left. + z\left(k'^2 \frac{\mathrm{sn}^2 u}{\mathrm{cn}^2 u} \right)\left(\frac{\mathrm{d}^2 u}{\mathrm{d}\lambda^2}\frac{\partial \lambda}{\partial y}\frac{\partial \lambda}{\partial z} + \frac{\mathrm{d}u}{\mathrm{d}\lambda}\frac{\partial^2 \lambda}{\partial y\partial z} \right) \right] \tag{4-7}$$

式中，$k = 1-k$，k 为第二类积分模量，$k = \dfrac{\sqrt{a^2 - b^2}}{a}$；sn、dn 和 cn 均为雅可比椭圆函数；$A$ 和 λ 分别定义为

$$A = -\frac{ab^2 P}{16GE(k)} \tag{4-8}$$

$$\lambda = a^2 \frac{\mathrm{cn}\,u}{\mathrm{sn}\,u} \tag{4-9}$$

$E(k)$ 是第二类完全椭圆积分。此外，Warpinski（2000）还得到了以下推导：

$$\frac{\mathrm{d}u}{\mathrm{d}\lambda} = \frac{-\mathrm{sn}^3 u}{2a^2 \mathrm{cn}u\mathrm{dn}u} \tag{4-10}$$

$$\frac{\mathrm{d}^2 u}{\mathrm{d}\lambda^2} = \frac{-\mathrm{sn}^2 u}{2a^2}\left(3 + \frac{\mathrm{sn}^2 u}{\mathrm{cn}^2 u} + k^2 \frac{\mathrm{sn}^2 u}{\mathrm{dn}^2 u} \right)\frac{\mathrm{d}u}{\mathrm{d}\lambda} \tag{4-11}$$

$$\frac{\partial \lambda}{\partial y} = \frac{2y\lambda(a^2 + \lambda)}{(\lambda - \mu)(\lambda - \varepsilon)} \tag{4-12}$$

$$\frac{\partial \lambda}{\partial z} = \frac{2z(a^2 + \lambda)(b^2 + \lambda)}{(\lambda - \mu)(\lambda - \varepsilon)} \tag{4-13}$$

$$\frac{\partial^2 \lambda}{\partial y\partial z} = \frac{yz}{4(h_1^2)^2 \lambda(b^2 + \lambda)}\left\{ -\frac{1}{\lambda} - \frac{1}{b^2 + \lambda} + \frac{1}{2h_1^2}\left[\frac{x^2}{(a^2 + \lambda)^3} + \frac{y^2}{(b^2 + \lambda)^3} + \frac{z^2}{\lambda^3} \right] \right\} \tag{4-14}$$

式中，h_1^2 的计算公式如下：

$$h_1^2 = \frac{(\lambda - \mu)(\lambda - \varepsilon)}{4\lambda(a^2 + \lambda)(b^2 + \lambda)} \tag{4-15}$$

同样，平行于裂缝走向方向的倾斜值为

$$\frac{\partial u_x}{\partial y} = \frac{8(1-2v)Ax}{a^3}(\mathrm{sn}^2 u)\frac{\mathrm{d}u}{\mathrm{d}y}\frac{\mathrm{d}\lambda}{\mathrm{d}y} + \frac{8Az^2}{ab^2}\left[\left(2k'^2\frac{\mathrm{sn}u\mathrm{d}n u}{\mathrm{cn}^3 u}\right)\left(\frac{\mathrm{d}u}{\mathrm{d}\lambda}\right)^2\frac{\partial\lambda}{\partial x}\frac{\partial\lambda}{\partial y}\right.$$
$$\left. + \left(k'^2\frac{\mathrm{sn}^2 u}{\mathrm{cn}^2 u}\right)\left(\frac{\mathrm{d}^2 u}{\mathrm{d}\lambda^2}\frac{\partial\lambda}{\partial x}\frac{\partial\lambda}{\partial y} + \frac{\mathrm{d}u}{\mathrm{d}\lambda}\frac{\partial^2\lambda}{\partial x\partial y}\right)\right] \tag{4-16}$$

式中，$\dfrac{\partial\lambda}{\partial x}$ 和 $\dfrac{\partial^2\lambda}{\partial x\partial y}$ 的计算公式如下：

$$\frac{\partial\lambda}{\partial x} = \frac{2x\lambda(b^2+\lambda)}{(\lambda-\mu)(\lambda-\varepsilon)} \tag{4-17}$$

$$\frac{\partial^2\lambda}{\partial x\partial y} = \frac{xy}{4(h_1^2)^2(a^2+\lambda)(b^2+\lambda)}\left\{-\frac{a^2+b^2+2\lambda}{(a^2+\lambda)(b^2+\lambda)} + \frac{1}{2h_1^2}\left[\frac{x^2}{(a^2+\lambda)^3} + \frac{y^2}{(b^2+\lambda)^3} + \frac{z^2}{\lambda^3}\right]\right\} \tag{4-18}$$

λ、μ 和 ε 的计算需要解三次方程，λ 可由式（4-19）计算得到

$$\lambda^3 + \lambda^2(a^2+b^2-x^2-y^2-z^2) + \lambda(a^2b^2-b^2x^2-a^2y^2-a^2z^2-b^2z^2) - a^2b^2z^2 = 0 \tag{4-19}$$

μ 可由式（4-20）计算得到

$$\mu^2(a^2\lambda+\lambda) + \mu(a^2b^2z^2+b^2\lambda z^2+a^4\lambda+a^2\lambda-a^2\lambda x^2+b^2\lambda x^2) + a^4b^2z^2+a^2b^2\lambda z^2 = 0 \tag{4-20}$$

ε 由式（4-21）计算得到

$$\varepsilon = \frac{a^2b^2z^2}{\lambda\mu} \tag{4-21}$$

以上讨论的是针对垂直缝并且缝长大于缝高时的情况，下面将讨论非垂直缝或缝长小于缝高时的情况。除了上面得到的$\partial u_z/\partial y$和$\partial u_x/\partial y$外，其他七个位移的空间导数为

$$\frac{\partial u_x}{\partial x} = \frac{8(1-2v)}{a^3 k^2}[u-E(u)]$$
$$+ \frac{8(1-2v)Ax}{a^3}(\mathrm{sn}^2 u)\frac{\mathrm{d}u}{\mathrm{d}\lambda}\frac{\mathrm{d}\lambda}{\mathrm{d}x}\frac{8Az^2}{ab^2}\left\{\left(2k'^2\frac{\mathrm{sn}\,u\mathrm{d}n u}{\mathrm{cn}^3 u}\right)\left(\frac{\mathrm{d}u}{\mathrm{d}\lambda}\right)^2\left(\frac{\mathrm{d}\lambda}{\mathrm{d}x}\right)^2\right.$$
$$\left. + \left(k'^2\frac{\mathrm{sn}^2 u}{\mathrm{cn}^2 u}\right)\left[\frac{\mathrm{d}^2 u}{\mathrm{d}\lambda^2}\left(\frac{\partial\lambda}{\partial x}\right)^2 + \frac{\mathrm{d}u}{\mathrm{d}\lambda}\frac{\partial^2\lambda}{\partial x^2}\right]\right\} \tag{4-22}$$

$$\frac{\partial u_x}{\partial z} = \frac{8(1-2v)Ax}{a^3}(\mathrm{sn}^2 u)\frac{\mathrm{d}u}{\mathrm{d}\lambda}\frac{\partial\lambda}{\partial z} + \frac{8Az}{ab^2}\left[\left(2k'^2\frac{\mathrm{sn}^2 u}{\mathrm{cn}^2 u}\right)\frac{\mathrm{d}u}{\mathrm{d}\lambda}\frac{\partial\lambda}{\partial x}\right.$$
$$\left. +z\left(2k'^2\frac{\mathrm{sn}u\mathrm{d}n u}{\mathrm{cn}^3 u}\right)\left(\frac{\mathrm{d}u}{\mathrm{d}\lambda}\right)^2\frac{\partial\lambda}{\partial x}\frac{\partial\lambda}{\partial z} + z\left(k'^2\frac{\mathrm{sn}^2 u}{\mathrm{cn}^2 u}\right)\left(\frac{\mathrm{d}^2 u}{\mathrm{d}\lambda^2}\frac{\partial\lambda}{\partial x}\frac{\partial\lambda}{\partial z} + \frac{\mathrm{d}u}{\mathrm{d}\lambda}\frac{\partial^2\lambda}{\partial x\partial z}\right)\right] \tag{4-23}$$

$$\frac{\partial u_y}{\partial x} = \frac{8(1-2\nu)Ay}{a^3}\left(\frac{\mathrm{sn}^2 u}{\mathrm{dn}^2 u}\right)\frac{\mathrm{d}u}{\mathrm{d}\lambda}\frac{\partial\lambda}{\partial x} + \frac{8Az^2}{ab^2}\left[\left(2k'^2\frac{\mathrm{sn}u\mathrm{dn}u}{\mathrm{cn}^3 u}\right)\left(\frac{\mathrm{d}u}{\mathrm{d}\lambda}\right)^2\frac{\partial\lambda}{\partial y}\frac{\partial\lambda}{\partial x}\right.$$
$$\left.\left(k'^2\frac{\mathrm{sn}^2 u}{\mathrm{cn}^2 u}\right)\left(\frac{\mathrm{d}^2 u}{\mathrm{d}\lambda^2}\frac{\partial\lambda}{\partial y}\frac{\partial\lambda}{\partial x} + \frac{\mathrm{d}u}{\mathrm{d}\lambda}\frac{\partial^2\lambda}{\partial y\partial x}\right)\right] \tag{4-24}$$

$$\frac{\partial u_y}{\partial y} = \frac{8(1-2\nu A)}{a^3 k^2 k'^2}\left(E(u) - k'^2 u - \frac{k^2\mathrm{sn}u\mathrm{cn}u}{\mathrm{dn}\,u}\right) + \frac{8(1-2\nu)Ay}{a^3}\left(\frac{\mathrm{sn}^2 u}{\mathrm{dn}^2 u}\right)\frac{\mathrm{d}u}{\mathrm{d}\lambda}\frac{\mathrm{d}\lambda}{\mathrm{d}y}$$
$$+ \frac{8Az^2}{ab^2}\left\{\left(2k'^2\frac{\mathrm{sn}u\mathrm{dn}u}{\mathrm{cn}^3 u}\right)\left(\frac{\mathrm{d}u}{\mathrm{d}\lambda}\right)^2\left(\frac{\partial\lambda}{\partial y}\right)^2 + \left(k'^2\frac{\mathrm{sn}^2 u}{\mathrm{cn}^2 u}\right)\left[\frac{\mathrm{d}^2 u}{\mathrm{d}\lambda^2}\left(\frac{\partial\lambda}{\partial y}\right)^2 + \frac{\mathrm{d}u}{\mathrm{d}\lambda}\frac{\partial^2\lambda}{\partial y^2}\right]\right\} \tag{4-25}$$

$$\frac{\partial u_y}{\partial z} = \frac{8(1-2\nu)Ay}{a^3}\left(\frac{\mathrm{sn}^2 u}{\mathrm{dn}^2 u}\right)\frac{\mathrm{d}u}{\mathrm{d}\lambda}\frac{\partial\lambda}{\partial z} + \frac{8Az}{ab^2}\left[\left(2k'^2\frac{\mathrm{sn}^2 u}{\mathrm{cn}^2 u}\right)\frac{\mathrm{d}u}{\mathrm{d}\lambda}\frac{\partial\lambda}{\partial y}\right.$$
$$+ z\left(2k'^2\frac{\mathrm{sn}u\mathrm{dn}u}{\mathrm{cn}^3 u}\right)\left(\frac{\mathrm{d}u}{\mathrm{d}\lambda}\right)^2\frac{\partial\lambda}{\partial y}\frac{\partial\lambda}{\partial z} + z\left(k'^2\frac{\mathrm{sn}^2 u}{\mathrm{cn}^2 u}\right)\left(\frac{\mathrm{d}^2 u}{\mathrm{d}\lambda^2}\frac{\partial\lambda}{\partial y}\frac{\partial\lambda}{\partial z} + \frac{\mathrm{d}u}{\mathrm{d}\lambda}\frac{\partial^2\lambda}{\partial y\partial z}\right)\right] \tag{4-26}$$

$$\frac{\partial u_z}{\partial x} = \frac{8Az}{ab^2}\left[-(1-2\nu)\left(k'^2\frac{\mathrm{sn}^2 u}{\mathrm{cn}^2 u}\right)\frac{\mathrm{d}u}{\mathrm{d}\lambda}\frac{\partial\lambda}{\partial x} + z\left(2k'^2\frac{\mathrm{sn}u\mathrm{dn}u}{\mathrm{cn}^3 u}\right)\left(\frac{\mathrm{d}u}{\mathrm{d}\lambda}\right)^2\frac{\partial\lambda}{\partial x}\frac{\partial\lambda}{\partial z}\right.$$
$$+ z\left(k'^2\frac{\mathrm{sn}^2 u}{\mathrm{cn}^2 u}\right)\left(\frac{\mathrm{d}^2 u}{\mathrm{d}\lambda^2}\frac{\partial\lambda}{\partial x}\frac{\partial\lambda}{\partial z} + \frac{\mathrm{d}u}{\mathrm{d}\lambda}\frac{\partial^2\lambda}{\partial x\partial z}\right)\right] \tag{4-27}$$

$$\frac{\partial u_z}{\partial z} = \frac{8(1-2\nu)A}{ab^2}\left[E(u) - \frac{\mathrm{sn}u\mathrm{dn}u}{\mathrm{cn}u}\right] + \frac{8(1+2\nu)Az}{ab^2}\left\{\left(k'^2\frac{\mathrm{sn}^2 u}{\mathrm{cn}^2 u}\right)\frac{\mathrm{d}u}{\mathrm{d}\lambda}\frac{\partial\lambda}{\partial z}\right.$$
$$+ z\left(2k'^2\frac{\mathrm{sn}u\mathrm{dn}u}{\mathrm{cn}^3 u}\right)\left(\frac{\mathrm{d}u}{\mathrm{d}\lambda}\right)^2\left(\frac{\partial\lambda}{\partial z}\right)^2 + z\left(k'^2\frac{\mathrm{sn}^2 u}{\mathrm{cn}^2 u}\right)\left[\frac{\mathrm{d}^2 u}{\mathrm{d}\lambda^2}\left(\frac{\partial\lambda}{\partial z}\right)^2 + \frac{\mathrm{d}u}{\mathrm{d}\lambda}\frac{\partial^2\lambda}{\partial z^2}\right]\right\} \tag{4-28}$$

为了计算位移空间导数，需要以下关于 λ 的导数的表达式：

$$\frac{\partial^2\lambda}{\partial x\partial z} = \frac{xz}{4(h_1^2)^2\lambda(a^2+\lambda)}\left\{-\frac{1}{\lambda} - \frac{1}{a^2+\lambda} + \frac{1}{2h_1^2}\left[\frac{x^2}{(a^2+\lambda)^3} + \frac{y^2}{(b^2+\lambda)^3} + \frac{z^2}{\lambda^3}\right]\right\} \tag{4-29}$$

$$\frac{\partial^2\lambda}{\partial x^2} = \frac{1}{2(a^2+\lambda)h_1^2}\left\{1 - \frac{x^2}{(a^2+\lambda)^2 h_1^2} + \frac{x^2}{4(a^2+\lambda)h_1^4}\left[\frac{x^2}{(a^2+\lambda)^3} + \frac{y^2}{(b^2+\lambda)^3} + \frac{z^2}{\lambda^3}\right]\right\} \tag{4-30}$$

$$\frac{\partial^2\lambda}{\partial y^2} = \frac{1}{2(b^2+\lambda)h_1^2}\left\{1 - \frac{y^2}{(b^2+\lambda)^2 h_1^2} + \frac{y^2}{4(b^2+\lambda)h_1^4}\left[\frac{x^2}{(a^2+\lambda)^3} + \frac{y^2}{(b^2+\lambda)^3} + \frac{z^2}{\lambda^3}\right]\right\} \tag{4-31}$$

$$\frac{\partial^2\lambda}{\partial z^2} = \frac{1}{2\lambda h_1^2}\left\{1 - \frac{z^2}{\lambda^2 h_1^2} + \frac{z^2}{4\lambda h_1^4}\left[\frac{x^2}{(a^2+\lambda)^3} + \frac{y^2}{(b^2+\lambda)^3} + \frac{z^2}{\lambda^3}\right]\right\} \tag{4-32}$$

2）实例验证

为了验证正演模型的正确性，采用了 M-Site 压裂监测试验数据。其具体思路为：将该试验反演出的裂缝参数（裂缝的位置、方位角、倾角及尺寸）作为已知输入，采用矩形张裂缝模型对这组裂缝在井下产生的倾斜场进行正演计算，得到井下倾斜场曲线，然后，将正演结果与 Warpinski 等在该试验中的正演结果进行对比，观察二者是否能够较好地吻合。

　　该试验利用井下微地震监测数据和测斜仪数据进行了裂缝参数的联合反演，其中裂缝深度在 4525～4560ft，距压裂井约 300ft 的观测井中分别用 6 级测斜仪和 30 级的三分量检波器进行了水力压裂监测，压裂井、观测井以及定位出的微地震事件的平面位置如图 4-6 所示。

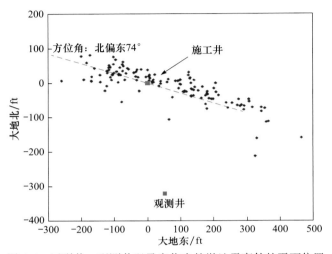

图 4-6　压裂井、观测井以及定位出的微地震事件的平面位置

　　Warpinski（2000）根据监测到的微地震和测斜仪数据采用联合反演方法得到裂缝的信息为裂缝长度为 225m，高度为 40.2m，中心深度约为 1365m（假定裂缝为垂直缝，方位角由微地震方法已获取，为 N15° W）。图 4-7 中右侧为定位出的微地震事件以及裂缝形态的剖面图，左侧中红点为测斜仪监测到的倾斜场值，红色的虚线为正演得到的倾斜场的理论计算值。

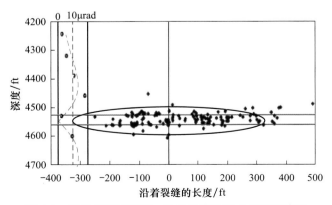

图 4-7　倾斜场监测数据、微地震事件以及裂缝的位置

采用 Warpinski（2000）的裂缝参数反演结果，通过平坦椭圆裂缝模型进行井下倾斜场的正演，得到的正演结果如图 4-8 所示。图 4-8 中合成方向上的正演结果与图 4-7 中 M-Site 试验中的理论计算值（红色虚线）能够较好地吻合。因而，验证了本书中所采用的平坦椭圆裂缝模型的正确性。

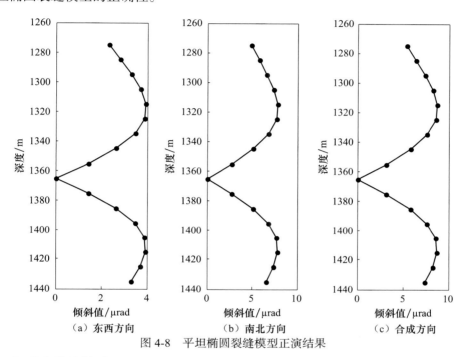

图 4-8 平坦椭圆裂缝模型正演结果

2. 矩形张裂缝模型

1）基本原理

如图 4-9 所示，在笛卡儿坐标系中，$u_i^j(x_1, x_2, x_3; \xi_1, \xi_2, \xi_3)$ 表示点 (x_1, x_2, x_3) 由于受到点 (ξ_1, ξ_2, ξ_3) 处 j 方向上的力（幅度为 F）而引起的 i 方向的位移分量。根据 Mindlin（1936）给出的推导可以得到

$$u_i^j(x_1, x_2, x_3) = u_{iA}^j(x_1, x_2, -x_3) - u_{iA}^j(x_1, x_2, x_3) + u_{iB}^j(x_1, x_2, x_3) + x_3 u_{iC}^j(x_1, x_2, x_3) \tag{4-33}$$

$$\begin{cases} u_{iA}^j = \dfrac{F}{8\pi\mu}\left[(2-\alpha)\dfrac{\delta_{ij}}{R} + \alpha\dfrac{R_i R_j}{R^3}\right] \\[3mm] u_{iB}^j = \dfrac{F}{4\pi\mu}\left\{\dfrac{\delta_{ij}}{R} + \dfrac{R_i R_j}{R^3} + \dfrac{1-\alpha}{\alpha}\left[\dfrac{\delta_{ij}}{R+R_3} + \dfrac{R_i\delta_{j3} - R_j\delta_{i3}(1-\delta_{j3})}{R(R+R_3)}\right.\right. \\[3mm] \qquad\qquad \left.\left. - \dfrac{R_i R_j}{R(R+R_3)^2}(1-\delta_{i3})(1-\delta_{j3})\right]\right\} \\[3mm] u_{iC}^j = \dfrac{F}{4\pi\mu}(1-2\delta_{i3})\left[(2-\alpha)\dfrac{R_i\delta_{j3} - R_j\delta_{i3}}{R} + \alpha\xi_3\left(\dfrac{\delta_{ij}}{R^3} - \dfrac{3R_i R_j}{R^5}\right)\right] \end{cases} \tag{4-34}$$

式中，$\alpha=(\lambda+\mu)/(\lambda+2\mu)$，$\lambda$ 和 μ 为拉梅常数；δ_{ij} 为 Kronecker 算符；$R_1=x_1-\xi_1$，$R_2=x_2-\xi_2$，$R_3=x_3-\xi_3$，$R^2=R_1^2+R_2^2+R_3^2$；$u_{iA}^j(x_1, x_2, -x_3)$ 为 Somigliana 张量，表示由位于无限介质中点 (ξ_1, ξ_2, ξ_3) 处的点源所引起的位移场；$u_{iA}^j(x_1, x_2, x_3)$ 和 Somigliana 张量类似，这一项表示了已知点的像源 (ξ_1, ξ_2, ξ_3) O 所产生的位移场；式（4-33）第四项 $x_3 u_{iC}^j(x_1, x_2, x_3)$ 为和深度有关的项，令 $x_3=0$，则式（4-33）第一项和第二项可以完全抵消，第四项为 0，只剩下第三项 $u_{iB}(x_1, x_2, 0)$，即半无限空间内由点源所引起的位移。因此，描述由点源所引起的半无限介质内部的位移场的公式由以下三部分组成：两个无限介质项（A 部分）、与地面变形相关的项（B 部分）以及和深度相乘的项（C 部分）。

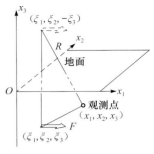

图 4-9 点源和观测点的位置图（Okada，1992）

u 相对于 ξ_k 的导数的表达式如下：

$$\frac{\partial u_i^j}{\partial \xi_k}(x_1, x_2, x_3) = \frac{\partial u_{iA}^j}{\partial \xi_k}(x_1, x_2, -x_3) - \frac{\partial u_{iA}^j}{\partial \xi_k}(x_1, x_2, x_3)$$
$$+ \frac{\partial u_{iB}^j}{\partial \xi_k}(x_1, x_2, x_3) + x_3 \frac{\partial u_{iC}^j}{\partial \xi_k}(x_1, x_2, x_3) \quad (4\text{-}35)$$

$$\begin{cases}
\dfrac{\partial u_{iA}^j}{\partial \xi_k} = \dfrac{F}{8\pi\mu}\left[(2-\alpha)\dfrac{R_k\delta_{ij}}{R^3} - \alpha\dfrac{R_i\delta_{jk}+R_j\delta_{ik}}{R^3} + 3\alpha\dfrac{R_iR_jR_k}{R^5}\right] \\[3mm]
\dfrac{\partial u_{iB}^j}{\partial \xi_k} = \dfrac{F}{4\pi\mu}\Bigg(-\dfrac{R_i\delta_{jk}+R_j\delta_{ik}-R_k\delta_{ij}}{R^3} + \dfrac{3R_iR_jR_k}{R^5}\dfrac{1-\alpha}{\alpha}\bigg\{\dfrac{\delta_{3k}R+R_k}{R(R+R_3)^2}\delta_{ij} \\[3mm]
\qquad + \dfrac{\delta_{ik}\delta_{j3}-\delta_{jk}\delta_{i3}(1-\delta_{j3})}{R(R+R_3)} \\[3mm]
\qquad + \left[R_i\delta_{j3}-R_j\delta_{i3}(1-\delta_{j3})\right]\dfrac{\delta_{3k}R^2+R_k(2R+R_3)}{R^3(R+R_3)^2} \\[3mm]
\qquad + \left[\dfrac{R_i\delta_{jk}+R_j\delta_{ik}}{R(R+R_3)^2} - R_iR_j\dfrac{2\delta_{3k}R^2+R_k(3R+R_3)}{R^3(R+R_3)^3}\right](1-\delta_{i3})(1-\delta_{j3})\bigg\}\Bigg) \\[3mm]
\dfrac{\partial u_{iC}^j}{\partial \xi_k} = \dfrac{F}{4\pi\mu}(1-2\delta_{i3})\bigg\{(2-\alpha)\left[\dfrac{\delta_{jk}\delta_{i3}-\delta_{ik}\delta_{j3}}{R^3} + \dfrac{3R_k(R_i\delta_{j3}-R_j\delta_{i3})}{R^5}\right] \\[3mm]
\qquad + \alpha\left(\dfrac{\delta_{ij}}{R^3}-\dfrac{3R_iR_j}{R^5}\right)\delta_{3k} + 3\alpha\xi_3\left[\dfrac{R_i\delta_{jk}+R_j\delta_{ik}+R_k\delta_{ij}}{R^5} - \dfrac{5R_iR_jR_k}{R^7}\right]\bigg\}
\end{cases} \quad (4\text{-}36)$$

接下来，需要考虑张性位错源所引起的位移的空间导数。如图 4-10 所示，假设点源位于笛卡儿坐标系的点 $(0, 0, -c)$ 处，x 轴平行于裂缝面走向。可以得到由各向均质中断面 Σ 上位错 $\Delta u_j (\xi_1, \xi_2, \xi_3)$ 所引起的位移场 $u_i (x_1, x_2, x_3)$：

$$u_i = \frac{1}{F} \iint_\Sigma \Delta u_j \left[\lambda \delta_{jk} \frac{\partial u_i^n}{\partial \xi_n} + \mu \left(\frac{\partial u_i^j}{\partial \xi_k} + \frac{\partial u_i^k}{\partial \xi_j} \right) \right] v_k \mathrm{d}\Sigma \qquad (4\text{-}37)$$

式中，v_k 为垂直于面元 $\mathrm{d}\Sigma$ 的方向向量。

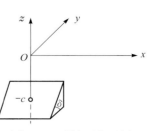

图 4-10 裂缝面位置图
（Okada，1992）

以式（4-37）及体力等效关系为基础，半无限空间内任一点由每一个点源所引起的倾斜场 u° 可以由应变 $\partial u^j/\partial \xi_k$ 所引起的倾斜场的叠加所表示。对张性位错点源，u° 的表达式如下：

$$\mathring{u} = \frac{M_0}{F} \left[\frac{2\alpha - 1}{1 - \alpha} \frac{\partial u^n}{\partial \xi_n} + 2 \left(\frac{\partial u^2}{\partial \xi_2} \sin^2 \delta + \frac{\partial u^3}{\partial \xi_3} \cos^2 \delta \right) - \left(\frac{\partial u^2}{\partial \xi_3} + \frac{\partial u^3}{\partial \xi_2} \right) \sin 2\delta \right] \qquad (4\text{-}38)$$

由此，我们可以得到由张性位错点源所引起的位移场以及位移在不同方向上的导数的表达式。其中，有

$$\begin{aligned}
A_3 &= 1 - \frac{3x^2}{R^2}, & A_5 &= 1 - \frac{5x^2}{R^2}, & A_7 &= 1 - \frac{7x^2}{R^2} \\
B_3 &= 1 - \frac{3y^2}{R^2}, & B_5 &= 1 - \frac{5y^2}{R^2}, & B_7 &= 1 - \frac{7y^2}{R^2} \\
C_3 &= 1 - \frac{3d^2}{R^2}, & C_5 &= 1 - \frac{5d^2}{R^2}, & C_7 &= 1 - \frac{7d^2}{R^2}
\end{aligned} \qquad (4\text{-}39)$$

半无限空间内任一点的应力和应变场

$$e_{ij} = \frac{1}{2} \left(\frac{\partial u_i}{\partial x_j} + \frac{\partial u_j}{\partial x_i} \right) \qquad (4\text{-}40)$$
$$\sigma_{ij} = \lambda e_{kk} \delta_{ij} + 2\mu e_{ij}$$

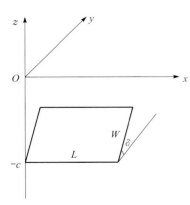

如果裂缝为矩形张性位错源，如图 4-11 所示，裂缝的长、高分别为 L、W，对点源产生的位移场经过坐标变换，将 x、y、c 分别替换为 $x - \xi'$，$y - \eta'\cos\delta$，$c - \eta'\sin\delta$，并转变为如下形式的积分：

$$\int_0^L \mathrm{d}\xi' \int_0^W \mathrm{d}\eta' \qquad (4\text{-}41)$$

通过如下转换，将积分变量 ξ'、η' 转变为 ξ、η

$$\begin{cases} x - \xi' = \xi \\ P - \eta' = \eta \end{cases} \qquad (4\text{-}42)$$

式中，$P = y\cos\delta + d\sin\delta$。最终，我们需要将式（4-39）里的 x、y、d 及 P 用 ξ、$\eta\cos\delta + q\sin\delta$、$\eta\sin\delta - q\cos\delta$、$\eta$ 表

图 4-11 Okada 矩形位错模型

示出来，并且保持 z 和 q 不变。积分公式将变为如下形式：

$$\int_{x}^{x-L} \mathrm{d}\xi \int_{P}^{P-W} \mathrm{d}\eta \qquad\qquad（4-43）$$

由此，我们得到了在半无限空间内任意一点由矩形张裂缝引起的位移场及其空间导数，所谓的倾斜场定义如下：

$$\omega_1 = \partial u_z / \partial x \qquad\qquad（4-44）$$

式中，ω_1 为 x 方向的倾斜场。

$$\omega_2 = \partial u_z / \partial y \qquad\qquad（4-45）$$

式中，ω_2 为 y 方向的倾斜场。

2）实例验证

为了验证正演模型的正确性，采用了 Davis（1983）所做的 Columbia No.20148T 气井的注水压裂试验的计算结果进行对比。具体思路为：将该试验反演出的裂缝参数（裂缝的位置、方位角、倾角及尺寸）作为已知输入，采用矩形张裂缝模型对这组裂缝在地面产生的倾斜场进行正演，然后，将正演结果与 Davis 在该试验中的正演结果进行对比，观察二者是否能够较好地吻合。

该气井的注水压裂试验中，在 268～345m 深的井段进行压裂，注入了 219m^3 的砂 -CO$_2$- 水的混合物，图 4-12 显示出了压裂井以及测斜仪的平面位置，图中的实线为监测到的地面倾斜场数据。Davis（1983）根据监测到的地面倾斜场数据采用 Marquardt 法对水力压裂裂缝参数进行了反演计算，计算得到的裂缝深度为 221m，裂缝的长、宽、高为 131m、0.0073m 和 229m，倾角和方位角分别为 16°、17°。图 4-12 中虚线为 Davis 正演得到的倾斜场的理论计算值。

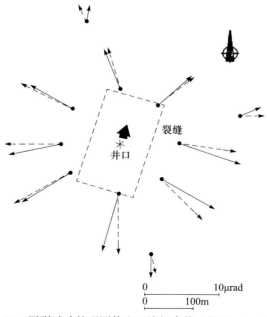

图 4-12　压裂试验的观测值和正演拟合值（据 Davis，1983）

这里采用Davis反演出的裂缝参数，通过Okada矩形张裂缝模型，正演计算得到该裂缝所产生的地面倾斜场（图4-12）。可见，图4-13中正演出的倾斜场与图4-12中Davis正演出的倾斜场（虚线）可以较好地吻合。因而，验证了本书中所采用的矩形张裂缝模型的正确性。

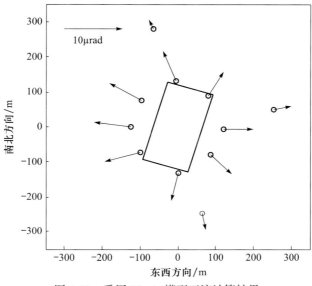

图4-13　采用Okada模型正演计算结果

3. 正演模型的比较与选取

前文介绍了平坦椭圆裂缝模型和矩形张裂缝模型，而表4-2是两种裂缝模型的对比情况，由于平坦椭圆裂缝模型适用于无限均匀介质中倾斜场的正演模拟，缺少相应的边界条件，因此，只能用于井下倾斜场的正演。矩形张裂缝模型适用于半无限均匀介质中，因此，可以进行地面和井下倾斜场的正演，因此，该模型应用更为广泛。

表4-2　平坦椭圆裂缝与矩形张裂缝模型对比

模型	假设条件	输入参数	适用范围
平坦椭圆裂缝模型	将裂缝面抽象为一无限均匀介质中的椭圆，裂缝的破裂为张性破裂，裂缝面上各个点的压力是相同的	流体净压力、地层的剪切模量、泊松比、裂缝中心位置及几何参数	井下倾斜场的正演
矩形张裂缝模型	介质是半无限空间内均匀各向同性介质，裂缝面是矩形，破裂面上各个点的位错方式和位错幅度是一致的	裂缝破裂宽度、泊松比、裂缝中心位置及几何参数	地面及井下倾斜场的正演

采用矩形张裂缝模型对不同倾角的裂缝在地面产生的垂向位移和倾斜场进行正演，水平缝、60°倾斜缝、垂直缝在地面产生的垂向位移如图4-14～图4-16所示，可见，水平缝在地面引起的垂向位移的形态为对称分布的"单波峰"，60°倾斜缝引起的地面垂向

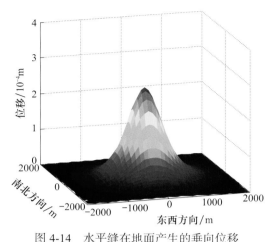

图 4-14　水平缝在地面产生的垂向位移

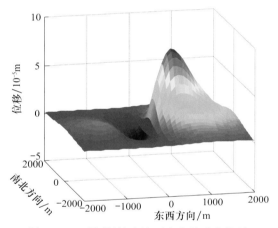

图 4-15　60°倾斜缝在地面产生的垂向位移

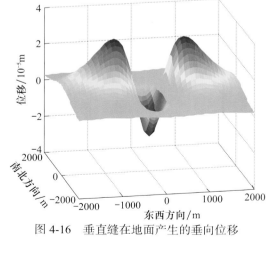

图 4-16　垂直缝在地面产生的垂向位移

位移的形态为不对称的"单波峰"和"单波谷"的组合，而垂直缝所引起的地面垂向位移的形态为对称分布的"双波峰"和"单波谷"的组合。由前面章节的讨论可知，倾斜场是位移场沿某一方向上的空间导数，水平缝、60°倾斜缝和垂直缝在地面产生的倾斜场分别如图4-17～图4-19所示。

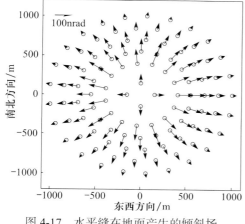

图 4-17　水平缝在地面产生的倾斜场　　　　图 4-18　60°倾斜缝在地面产生的倾斜场

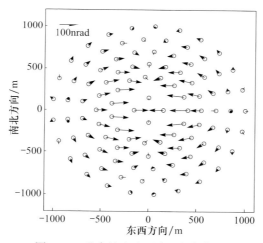

图 4-19　垂直缝在地面产生的倾斜场

4. 地面及井下倾斜场的影响因素

影响倾斜场的因素除了地层参数（如泊松比）外，还有裂缝参数，这主要包括裂缝的方位角、倾角、裂缝的中心位置以及裂缝的尺寸（长、宽、高）等。本节采用矩形张裂缝模型对裂缝在地面和井下产生的倾斜场进行正演，直观定量分析不同因素对井下和地面倾斜场的影响，评价不同监测方式对各种影响因素的敏感程度，指导反演流程的设计。

1）裂缝方位角

所采用的裂缝参数如表 4-3 所示，图 4-20 为地面测斜仪与压裂井的平面位置图，图 4-21 为裂缝空间位置与井下测斜仪的位置图。

表 4-3　裂缝参数信息

裂缝深度 /m	缝长 /m	缝宽 /m	缝高 /m	方位角 / (°)	倾角 / (°)
900	120	0.06	60	15～25	84～89

采用图 4-21 中的裂缝模型，当裂缝的方位角由 15°变为 25°时，所在地面产生的倾斜场如图 4-22 和图 4-23 所示，可见地面倾斜场的形态及对称性发生了较大变化。图 4-24 和图 4-25 为地面位移的等值线图，更能反映出这种不对称性的变化。对井下监测而言，由于方位角不同而引起的井下数据的变化如图 4-26 所示，曲线的幅度略有变化，但形态基本不变。可见，相对于井下监测来说，裂缝方位角对地面监测的影响更大。

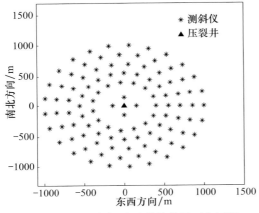

图 4-20　地面测斜仪及压裂井的平面位置图

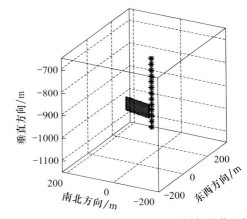

图 4-21　裂缝空间位置与井下测斜仪的位置图

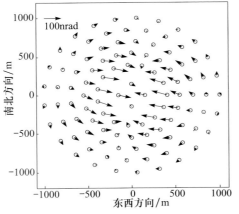

图 4-22　方位角为 15°时的地面倾斜场

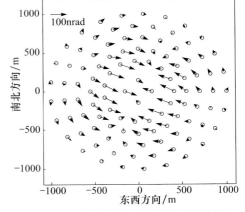

图 4-23　方位角为 25°时的地面倾斜场

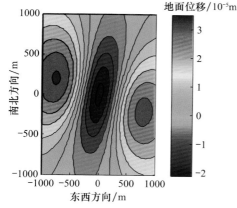

图 4-24　方位角为 15°时的地面位移的等值线图　　图 4-25　方位角为 25°时的地面位移的等值线图

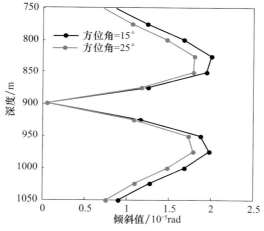

图 4-26　方位角变化前后的井下倾斜场值

2）裂缝倾角

裂缝倾角由 89°变为 84°时，对地面监测来说，会对地面倾斜场的形态产生很大的影响，整个倾斜场的对称性发生了改变，如图 4-27 和图 4-28 所示。图 4-29 和图 4-30 中的地面垂向位移更能显示出这种形态上的变化。而对井下监测来说，倾斜场其形态和幅值差别并不是很大，如图 4-31 所示。由以上分析可知裂缝的倾角对地面监测方式的影响较大，而对井下监测影响较小。

3）裂缝中心深度

当裂缝中心深度由 900m 变为 950m 时，产生的地面倾斜场分别如图 4-32 和图 4-33 所示，可见倾斜场形态没有太大改变，只是幅度有微小变化，倾斜场最大值变化小于 10%。图 4-34 和图 4-35 为裂缝导致的地面位移等值线图，可以看出，当裂缝中心深度变化后，位移的形态及分布没有变化，只是位移量发生了微小改变。而对井下监测而言，如图 4-36 所示，两曲线出现了明显的平移，可见井下监测对裂缝的中心深度变化更为敏感。

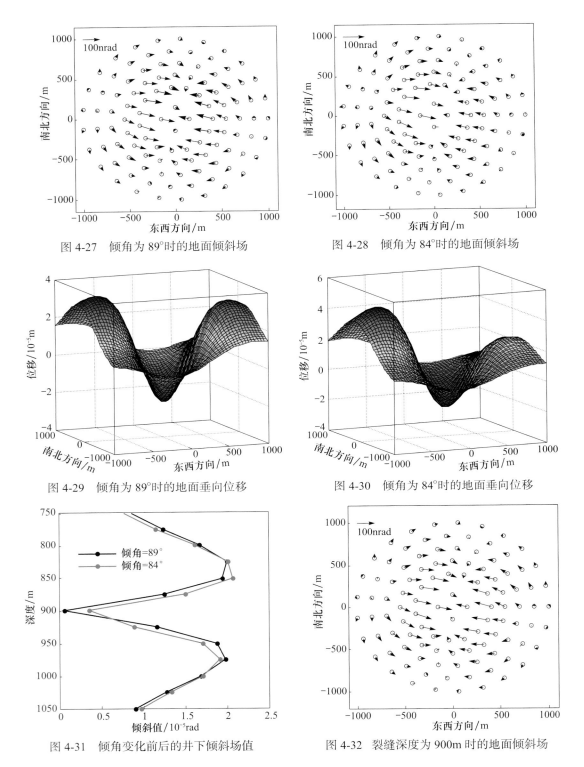

图 4-27 倾角为 89°时的地面倾斜场

图 4-28 倾角为 84°时的地面倾斜场

图 4-29 倾角为 89°时的地面垂向位移

图 4-30 倾角为 84°时的地面垂向位移

图 4-31 倾角变化前后的井下倾斜场值

图 4-32 裂缝深度为 900m 时的地面倾斜场

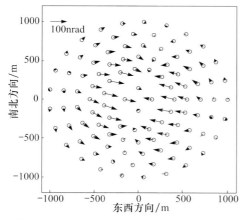

图 4-33　裂缝深度为 950m 时的地面倾斜场

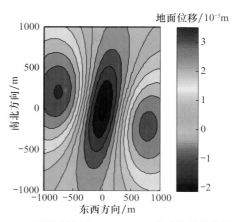

图 4-34　裂缝深度为 900m 时的地面位移等值线图

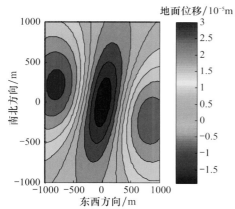

图 4-35　裂缝深度为 950m 时的地面位移等值线图

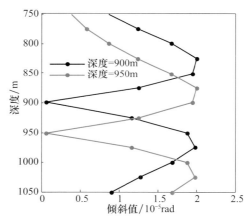

图 4-36　裂缝深度变化前后的井下倾斜场值

4）裂缝尺寸

若其体积不变，长 × 高由 120m×60m 变为 90m×80m 时，地面上的倾斜场形态及幅度变化较小，只是裂缝地面投影附近倾斜场的形态略有变化，倾斜场最大值的变化小于 0.4%，如图 4-37、图 4-38 所示。

裂缝尺寸的变化对井下倾斜场的影响较为复杂，为了分析裂缝尺寸的变化对井下倾斜场的影响，本书设计了如下试验：分别沿裂缝方向和垂直于裂缝方向布设 8 口观测井，如图 4-39 所示，当裂缝尺寸由 120m×60m 变为 90m×80m 时，观察倾斜场的变化。对沿裂缝走向的观测井来说，随着观测井距裂缝距离由近及远地变化，裂缝尺寸的变化对井下倾斜场的影响并不明显，如图 4-40 所示。而对垂直于裂缝方向的观测井来说，随着距裂缝中心距离 D 的增加，裂缝尺寸的变化对井下倾斜场的影响由小变大，当距离大于 80m 时，影响又逐渐减小，如图 4-41 所示。可见，裂缝尺寸的变化对井下监测的倾斜场的影响要复杂些，这主要是由于井下监测相对于地面监测来说距离裂缝更近，所以受裂缝尺寸变化影响会更大。

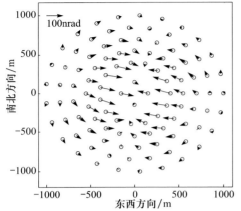

图 4-37 长 × 高为 120m×60m 时的地面倾斜场

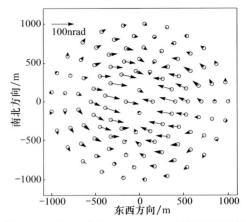

图 4-38 长 × 高为 90m×80m 时的地面倾斜场

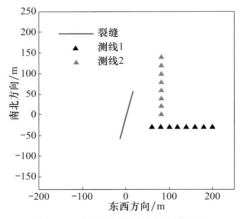

图 4-39 裂缝及观测井平面位置图

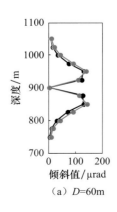

（a）D=60m

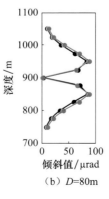

（b）D=80m

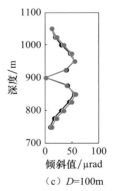

（c）D=100m

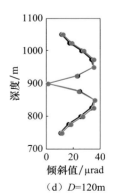

（d）D=120m

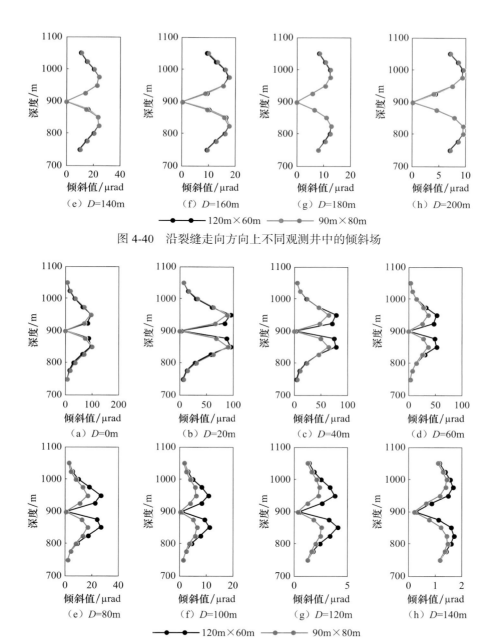

図 4-40　沿裂缝走向方向上不同观测井中的倾斜场

図 4-41　垂直裂缝走向方向上不同观测井中的倾斜场

5）地层参数

当地层的泊松比由 0.25 变为 0.3 时，地面倾斜场的变化如图 4-42 和图 4-43 所示。地面倾斜场的形态和幅度均无明显变化，倾斜场最大值的变化小于 2%。图 4-44 显示井下倾斜场的情况，倾斜场的形态基本不变，幅度变化微弱（小于 5%）。由此，也验证了 Wright 等关于倾斜场几乎不受储层岩石力学特性和应力场的影响这一观点。因此，在实际的正演计算中，首先可以采用单一地层的泊松比的平均值来进行计算。

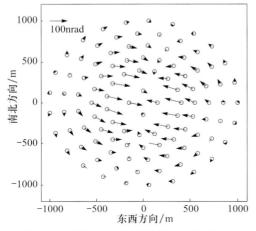

图 4-42 泊松比为 0.25 时的地面倾斜场

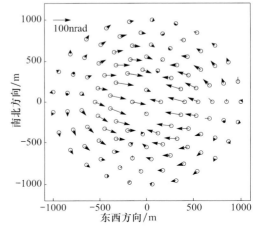

图 4-43 泊松比为 0.3 时的地面倾斜场

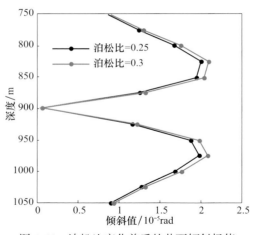

图 4-44 泊松比变化前后的井下倾斜场值

　　由以上分析可以知道：①地面倾斜场对裂缝的方位角和倾角的变化较为敏感，而对裂缝的尺寸及裂缝中心深度的变化不敏感；②井下倾斜场值对裂缝的尺寸、裂缝中心深度的变化较为敏感，而对裂缝的方位角及倾角的变化不敏感；③地层参数的变化（泊松比）对地面和井下倾斜场值的影响均不显著。因此，在实际计算中，也可以采用整套地层泊松比的平均值来进行计算。

4.2.3　裂缝的反演方法

　　测斜仪监测到的地面或井下的倾斜场可以通过多种反演方法对裂缝的几何参数进行反演。在大多数情况下，裂缝的形状（矩形、椭圆形等）、裂缝破裂的形式（如张性破裂）等作为已知的信息，然后，选取不同的地球物理反演方法通过求解目标函数的最小值，获取裂缝参数信息。Davis（1983）曾采用 Marquardt 法对水力压裂裂缝参数进行反演，而 Pinnacle 公司的 TiltPT 软件采用梯度法实现了裂缝参数的实时监测，这两种方法都属于将非线性问题线性化的方法，具有相对较小的收敛区域，其反演效果在很大程度上依赖于模型参数的初始精度，当待反演的参数较多时，这种依赖关系尤为明显。采用实时 Bayes 反演方法获取压裂效率，这种不确定性反演方法克服了目标函数局部收敛的缺点，但是，计算时需要用到有关裂缝体积和方位的先验信息，而这些信息在大多数情况下是无法获取的。本节采用模拟退火法，通过监测到的地面和井下倾斜场数据计算裂缝的参数信息，并采用合成数据试验验证该方法的有效性。通过与前人采用的反演方法进行收敛性对比，证明了该方法对初始值的依赖程度较低，且具有较大的收敛范围。

1. 模拟退火法

1）基本原理

模拟退火是 Kirkpatrick（1983）提出的一种基于 Monte Carlo 法的启发式随机搜索算法，算法的思想来源于熔融的液体冷却结晶时的物理过程，当液态物质冷却的速度足够慢，以致使物质处于稳定平衡态时，物质处于最低能态，而如果冷却速度过快，就有可能会使物质进入亚低能态，这时物质结晶不完全，类似处于玻璃的亚稳态。基于上述物理过程，模拟退火算法在应用时将待反演的每个模型参数都看成一个分子，而将目标函数看成物体的能量函数，通过缓慢减小一个模拟温度的控制参数来进行迭代反演，使目标函数最终达到全局极小点。

模拟退火法与线性化方法或拟线性反演方法不同，它不仅可以向目标函数增大的方向搜索，还可以向目标函数减小的方向搜索，故可以从局部极值中爬出，不会陷在局部极值中。模拟退火法与传统的 Monte Carlo 反演方法也有所不同，它不是盲目地进行随机搜索，而是在一定的理论指导下进行随机搜索，即"启发"式随机搜索，故能保证较高的搜索效率，且能达到整体极值。

2）实施步骤

模拟退火法具体计算步骤如下：

（1）建立目标函数 E，给定初始模型参数 X_0、初始温度 T、设定温度下降系数 α、最大迭代次数 NUM 及目标函数阈值 ε。

（2）对模型参数的当前值给予一随机的扰动，产生模型参数 X，计算目标函数的变化量 $\Delta E = E(X_0) - E(X)$，如果 $\Delta E > 0$，则接受 X，否则根据某一接受准则，以一定概率接受 X。

（3）在温度 T 下检查是否达到平衡（即目标函数是否小于阈值 ε），若不平衡则返回步骤（2）。

（4）选取退火方案，缓慢降低温度。

（5）检查是否达到最低温度（即是否达到最大迭代次数 NUM），若是，退火过程结束，否则，返回步骤（2）。

3）退火过程及接受准则

在模拟退火的迭代过程中，要求温度随着迭代次数的增加而缓慢降低，常用的退火机制有指数下降型和双曲下降型，本书采用了如下的双曲下降型退火方案：

$$T_k = T_0 \alpha^k \tag{4-46}$$

式中，T_0 为起始温度；k 为迭代次数；T_k 为第 k 次迭代时的温度；α 为降温系数，应选取比 1 略小的数，以保证模拟退火的过程是缓慢进行的。

本书利用 Metropolis 算法来决定对模型参数的某一随机扰动是否被接受，其具体实现思路是：对每个模型参数给予一随机的扰动，计算扰动前后目标函数的改变值 $\Delta E = E(X_0) - E(X)$，如果 $\Delta E > 0$，则目标函数下降，接受该扰动，否则，根据一定的概率有条件地接受

$$P_k = e^{-\Delta E / T_k} \tag{4-47}$$

2. 单裂缝反演法

1）反演方案

（1）建立目标函数。目标函数定义为观测点处倾斜场的观测值与理论计算值之间的相对拟合误差，计算公式如下：

$$\varphi = \frac{\sum_{i=1}^{N} \omega_i \left\| T_i^{\text{cal}} - T_i^{\text{obs}} \right\|}{\sum_{i=1}^{N} \omega_i \left\| T_i^{\text{obs}} \right\|} \tag{4-48}$$

式中，N 为观测点数；T_i^{cal} 和 T_i^{obs} 分别为第 i 个观测点处倾斜场的理论计算值和观测值；ω_i 为第 i 个观测点处的权重系数，它取决于该点处数据的观测质量。

（2）确定反演方案。利用测斜仪对倾斜场进行监测有两种方式，即地面监测和井下监测，两种监测方式对不同裂缝参数的敏感程度不同，结合两种观测方式的特点，设计如下反演方案：

方案一：对大地倾斜场的反演，需要确定八个水压裂缝参数值，即裂缝的中心位置 (X, Y, Z)、长、宽、高、方位角及倾角。通常可以认为裂缝中心位置 (X, Y, Z) 和压裂点处的坐标相同，因此，只需要确定裂缝的长、宽、高、方位角和倾角这五个参数。

方案二：采用地面监测方式时，测斜仪距离裂缝较远，测量到的倾斜场对裂缝的体积变化较为敏感，而对裂缝的尺寸变化不敏感，因此，可令裂缝的长和高相等，裂缝的宽度可以采用前人的经验公式通过净压力和杨氏模量等参数算出。此外，地面监测方式对裂缝方位角和倾角的变化也较为敏感，通常即使裂缝方位角或倾角的变化微小也会对地面倾斜场的形态产生较大影响。因此，可利用地面监测数据确定裂缝的方位角和倾角。

方案三：和地面监测方式相比，井下测斜仪距离裂缝更近，监测到的倾斜场对裂缝尺寸的变化也更为敏感，因此，在利用地面数据确定出裂缝方位角和倾角后，可再利用井下数据反演出裂缝的长、宽、高。

具体反演流程如图 4-45 所示。

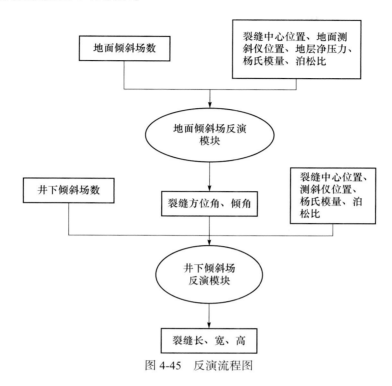

图 4-45 反演流程图

2）单裂缝反演

假定裂缝为纯张性破裂，假设裂缝中心深度为 1000m，裂缝方位角（走向）为 30°，倾向为 300°，倾角为 85°，裂缝的长、高、宽分别为 270m、125m、0.018m，以上裂缝参数由 Okada 模型正演得到。此合成试验包含 50 个地面测斜仪以及 12 个井下测斜仪监测到的数据，地面测斜仪主要布设在以裂缝深度的 15% 到 75% 为半径的范围内，井下测斜仪布设的深度范围是 898m 至 1101m，观测井、压裂井及地面测斜仪的平面位置如图 4-46 所示。

采用 Okada 模型正演模拟地面和井下测点处的倾斜场，考虑到井下数据一般比地面

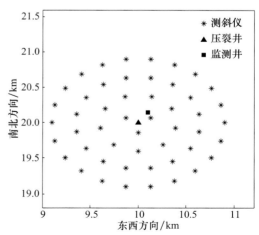

图 4-46 观测井、压裂井及地面测斜仪的平面位置

数据的信噪比高，因此，在地面数据和井下数据里分别加入 20% 和 10% 的高斯噪声，并以此作为观测数据，得到的结果分别如图 4-47 和图 4-48 所示的观测值。模拟退火法进行

裂缝参数反演的初始温度设置为 5℃，温度下降系数设置为 0.94，利用地面观测数据反演得到裂缝的方位角和倾角分别为 28.4° 和 83.81°，利用井下观测数据反演得到的裂缝的长、高、宽分别为 253m、123m 和 0.021m，可见，利用模拟退火法反演出的裂缝参数与正演模型中设定的裂缝参数较为接近，由于高斯噪声的干扰，反演出的裂缝参数会存在一定误差。从图 4-47 和图 4-48 中可以看出，倾斜场的理论计算值与观测值能够较好地拟合。

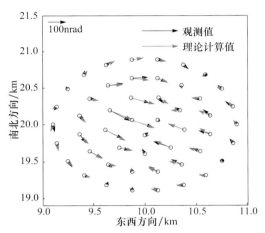

图 4-47　地面倾斜场观测值及理论计算值图

观测值为采用 Okada 模型加 20% 噪声的地面正演数据；理论计算值为模拟退火法反演结果

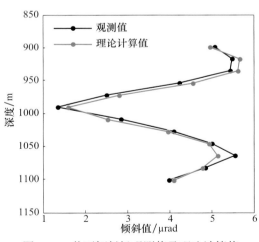

图 4-48　井下倾斜场观测值及理论计算值

观测值为采用 Okada 模型加 10% 噪声的井下正演数据；理论计算值为模拟退火法反演结果

3）反演结果不确定性分析

在水力压裂裂缝参数反演过程中，反演结果的精度直接受到地面噪声、固体潮、裂缝复杂性、介质非均质性等多种因素的影响。为了分析采用新方法反演水力压裂裂缝参数结果的不确定性，在基于分析地面和井下主要误差来源的基础上，引入了 Monte Carlo

误差分析方法和表面误差分析方法，以定量评价测量误差和模型误差对反演结果的影响。

首先，地面数据。由于地面测斜仪一般距离水压裂缝较远，因此，采用地面监测的方式记录到的信号比较微弱，并且来自地面的噪声干扰较强，在这种情况下，测量误差就成了误差的主要来源。误差主要包括仪器的标定误差、仪器安装位置误差以及由地下热液运动、地表车辆通过及固体潮引起的地面变形所带来的误差。采用了 Monte Carlo 误差分析方法评价测量误差对反演结果带来的不确定性，具体的分析步骤如下：

（1）对地面的每个观测点处的观测值给予一个服从高斯分布的随机噪声，噪声水平可以根据实际压裂前 24h 连续观测到的倾斜场背景值确定。

（2）采用模拟退火法进行裂缝参数的反演。

（3）重复前两步 100 次，计算裂缝参数的平均值及方差等统计信息。

采用 Monte Carlo 误差分析方法，对前面单裂缝的合成数据试验进行分析，噪声水平设置为倾斜场最大观测值的 10%。分析结果如图 4-49 所示，水力压裂裂缝的方位角和倾角的平均值分别为 28.80° 和 84.11°，标准差分别为 0.78° 和 0.36°。

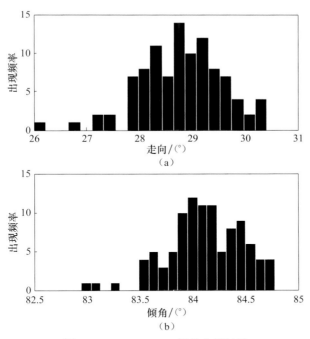

图 4-49　Monte Carlo 误差分析结果

其次，井下数据。一般来说，井下监测数据的信噪比比地面监测数据的要高，测量误差不再是主要的误差来源，此时模型误差占据了主导地位，其主要包括了介质的非均质性、裂缝模型的复杂性等。本书采用误差表面分析的方法来确定裂缝参数的变化对倾斜场理论计算值与观测值之间拟合误差的影响。误差表面分析方法的基本思路是等间隔选取一系列模型参数进行正演计算，计算在每一组模型参数下，倾斜场的理论计算值与观测值的相对拟合误差。图 4-50 为相应的计算结果，其中白色的标记标定出了最小拟合误差处的参数值。

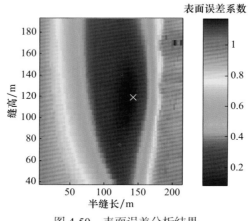

图 4-50　表面误差分析结果

3. 与梯度法的收敛性对比

Pinnacle 公司曾采用梯度法进行了水力压裂裂缝参数的实时反演，为了定量对比模拟退火法和梯度法的收敛区间，本书采取了如下试验方案。

采用 Okada 模型进行地面倾斜场的正演后，将所得数据加入 20% 的随机噪声作为观测数据。在试验中，所采用的裂缝的实际参数为：裂缝倾角为 85°，裂缝方位角为 30°。由前面的讨论可知，采用地面倾斜场可以反演出裂缝的方位和倾角信息，试验中分别给定不同的初始值，如图 4-51 所示，用模拟退火法和梯度法进行裂缝参数反演，将

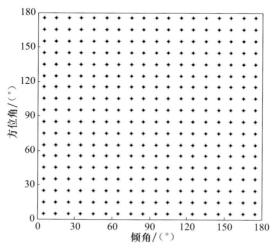

图 4-51　试验中给定的初始值

反演出的裂缝参数与裂缝参数的真实值进行比较,如果反演出来的方位角和倾角与真实值之间的误差均小于2°,则可以认为该初始值位于收敛区间范围内,反之,则该初始值位于收敛区间之外。

图 4-52 为模拟退火法的收敛区间,图 4-53 为梯度法的收敛区间。其中,红色部分为收敛区域,蓝色部分为非收敛区域。从图 4-52 和图 4-53 中可以看出,相较于梯度法,模拟退火法显著地提高了收敛区间,这表明模拟退火法对模型参数初始值的依赖程度较低。

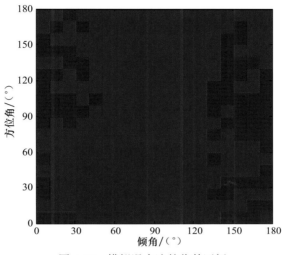

图 4-52 模拟退火法的收敛区间

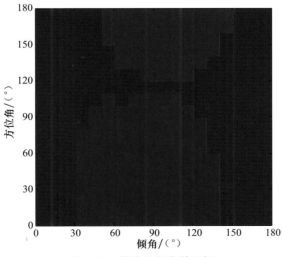

图 4-53 梯度法的收敛区间

4.2.4 裂缝的数值模拟方法

数值模拟方法主要有限元法和有限差分法,这里主要介绍均匀弹性半空间模型,以及地表变形和井下倾斜的模拟。

1. 均匀弹性半空间模型

对均匀弹性半空间模型，可应用 Okada 的线弹性模型来预测裂缝引起的变形场。在计算均匀半无限介质中的井下变形时，既可采用矩形模型，也可采用椭圆模型来模拟裂缝。但在计算地表变形时，由于边界条件的限制，只可采用矩形模型。两种模型的计算结果只有在观测井离压裂井非常近时才有明显不同，故本书在计算时都将水力裂缝用矩形模型近似，进而由拉张点源的变形场进行积分得到水力裂缝的变形场，详见 Mindlin（1936）模型。

2. 水力裂缝引起的地表变形数值方法模拟

某井在地下 1391.5m 深度处的水力裂缝，其长和高分别为 160m 和 15m，方位角为 45°，缝宽为 10mm。假设其为均匀地层模型，表 4-4 为水平分层地层模型参数，砂岩与页岩互层。

表 4-4 水平分层地层模型参数

岩石类型	深度 /m	杨式模量 /GPa	泊松比
页岩	1201/1311	20.68	0.22
C- 砂岩	1311/1337	36.20	0.18
页岩	1337/1362	20.68	0.22
粉砂岩	1362/1373	24.13	0.13
页岩	1373/1382	13.79	0.28
B- 砂岩	1382/1401	31.51	0.20
页岩	1401/1508	16.55	0.25

图 4-54 为利用 Okada 方法计算的均匀地层模型中不同倾角的水力裂缝引起的地表变形，图 4-55 为利用格林函数法计算的水平分层地层中不同倾角的水力裂缝引起的地表变形。

地表倾斜仪测量的是倾斜场，即位移场的梯度，裂缝参数不变，图 4-56 和图 4-57 为计算出的不同倾角的水力裂缝引起的地表倾斜场的理论值。

从图 4-54～图 4-57 可以看出，地表变形场和倾斜场对裂缝的倾角较为敏感，水力裂缝的倾角不同，地表的变形模式也会改变。同时从图中可以看出，地层分层对地表变形场的变形模式并没有太大影响，只对变形量有较小的影响。图 4-56 和图 4-57 中仅垂直裂缝的地表倾斜场稍有不同，这是因为地层模型改变引起的地表两个隆起的最高点之间的距离发生改变，从图 4-54 和图 4-57 中可以看出整体的变形模式还是一致的。

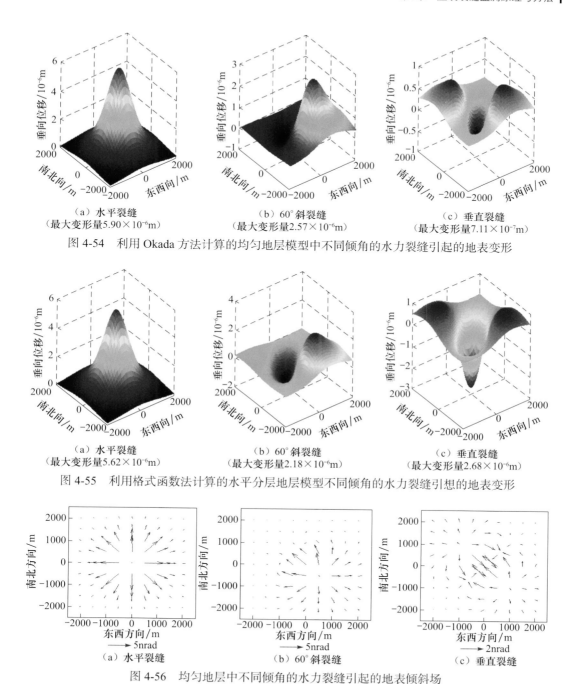

（a）水平裂缝
（最大变形量5.90×10⁻⁶m）

（b）60°斜裂缝
（最大变形量2.57×10⁻⁶m）

（c）垂直裂缝
（最大变形量7.11×10⁻⁷m）

图 4-54 利用 Okada 方法计算的均匀地层模型中不同倾角的水力裂缝引起的地表变形

（a）水平裂缝
（最大变形量5.62×10⁻⁶m）

（b）60°斜裂缝
（最大变形量2.18×10⁻⁶m）

（c）垂直裂缝
（最大变形量2.68×10⁻⁶m）

图 4-55 利用格式函数法计算的水平分层地层模型不同倾角的水力裂缝引想的地表变形

（a）水平裂缝

（b）60°斜裂缝

（c）垂直裂缝

图 4-56 均匀地层中不同倾角的水力裂缝引起的地表倾斜场

以上模拟分析考虑的是裂缝位于一个地层中，没有出现裂缝穿透地层的情况。图 4-58 模拟的是分层地层模型中，穿透中间地层的水力裂缝引起的地表变形。裂缝方位角为 45°，裂缝中心深度为 1391.5m，裂缝张开的厚度为 10mm，长和高分别为 30m 和 160m。图 4-58（a）为穿透中间地层的 60°斜裂缝引起地表变形，图 4-58（b）为穿透中间地层的垂直裂缝引起的地表变形。图 4-58 表明在裂缝穿透分层模型的中间地层时，地表变形的模式仍然没有较大改变。

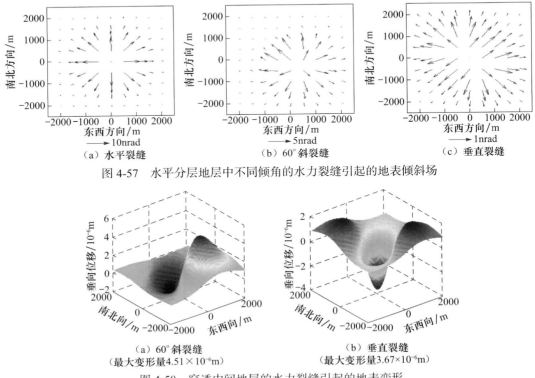

（a）水平裂缝　　　　　　（b）60°斜裂缝　　　　　　（c）垂直裂缝

图 4-57　水平分层地层中不同倾角的水力裂缝引起的地表倾斜场

（a）60°斜裂缝
（最大变形量 4.51×10^{-6}m）

（b）垂直裂缝
（最大变形量 3.67×10^{-6}m）

图 4-58　穿透中间地层的水力裂缝引起的地表变形

再分析裂缝方位角对地表变形模式的影响，考虑在地下 1391.5m 深度处的垂直裂缝和水平裂缝，其长和高分别为 160m 和 19m，裂缝张开的厚度为 10mm。采用图 4-54（a）中的均匀地层模型，方位角 ϕ 分别取 0°、45°、90° 进行计算。

图 4-59 是不同方位角的垂直裂缝引起的地表变形场，可以看到，对垂直裂缝而言，

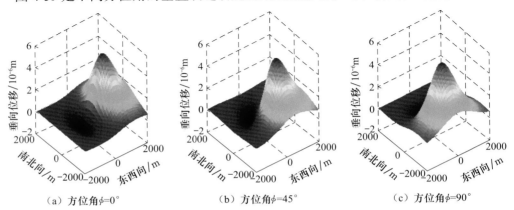

（a）方位角 $\phi=0°$　　　　　（b）方位角 $\phi=45°$　　　　　（c）方位角 $\phi=90°$

图 4-59　不同方位角的垂直裂缝引起的地表变形场

其方位角的不同在地表变形场中的反映是较为明显的；图 4-60 是不同方位角的水平裂缝引起的地表变形场，它的地表变形场随方位角的变化并不明显。

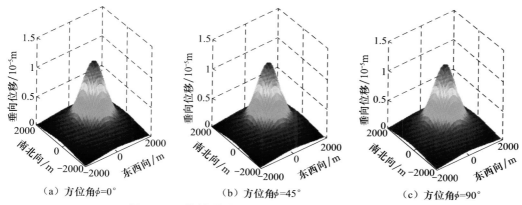

图 4-60　不同方位角的水平裂缝引起的地表变形场

（a）方位角$\phi=0°$　　（b）方位角$\phi=45°$　　（c）方位角$\phi=90°$

在压裂井周围布置多个地面倾斜仪记录压裂造成的地面倾斜场，通过数值分析，可以估计水力裂缝的倾角，但对方位角的估计，其准确性依赖于裂缝倾角。裂缝越接近垂直，其方位角的估计越准确；裂缝越接近水平，其方位角越难估计。

3. 水力裂缝引起的井下倾斜模拟

布置在观测井中的井下倾斜仪记录的是地下不同深度处的倾斜数据，其记录信号是倾斜量 $\partial u_x / \partial z$ 的绝对值。根据 Wright 等（1998a）的研究，在观测井距离裂缝面较近时，可以利用倾斜信号最强的两点之间的距离来估计水力裂缝的缝高，在裂缝顶端和底端对应的深度处，倾斜信号最强，裂缝中心对应的深度处，倾斜量为 0，如图 4-61 所示，采用均匀地层模型模拟的 1500m 处不同形状的两个水力裂缝附近的观测井中记录到的信号。裂缝方位角和倾角均为 90º，裂缝张开的厚度为 5mm。裂缝 I［图 4-61（a）］的缝高为 40m，半长为 10m，观测井距离裂缝中心 40m；裂缝 II［图 4-61（b）］的缝高为 10m，半长为 40m，观测井距离裂缝中心 45m。

从图 4-62 中可以看出，在观测井距离裂缝较近时，可以利用倾斜信号最强的两点之间的距离来估计水力裂缝的缝高。当观测距离足够小时，这样的估计是直接并且可靠的。但随着观测井与裂缝之间的距离即监测距离 d 的增加，井下倾斜仪记录的信号的两个峰值会进一步分散，图 4-62 中的裂缝参数和图 4-61 中的裂缝 I 相同，改变监测距离 d，分别取 $d=15m$、$30m$、$60m$。在图 4-62 中挑出了三条观测曲线的峰值点，可以看到，监测距离 $d=15m$ 时，信号最强的两点间的距离为 40m，与缝高一致，对缝高的估计直接可靠；$d=30m$ 时，信号最强的两点间的距离为 44m，稍大于缝高；而当 $d=60m$ 时，倾斜仪记录信号最强的两点间的距离为 68m。可见，在倾斜仪井下监测中，随着监测距离的增加，对缝高估计的准确度将降低。

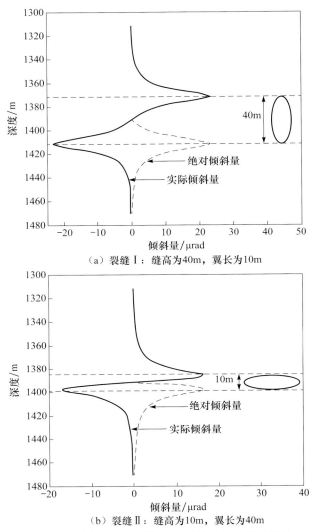

（a）裂缝 I：缝高为40m，翼长为10m

（b）裂缝 II：缝高为10m，翼长为40m

图 4-61　均匀地层模型中水力裂缝引起的井下倾斜

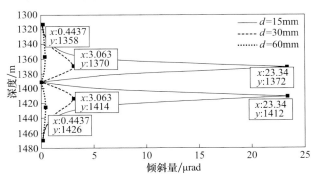

图 4-62　不同监测距离的监测井记录的井下倾斜数据

裂缝 I：缝高为40m，翼长为10m

　　以上模拟分析的结果都验证了在均匀地层模型中 Wright 等（1998b）结论的可靠性。但 Wright 等（1998b）并没有明确指出井下变形场是否受地层力学性质的影响，也没有明确指出同样的裂缝在分层介质中和均匀介质中引起的变形模式是否会有所不同。为进一步研究存在于分层地层中的水力裂缝引起的井下变形，本书采用格林函数法计算分层介质水力裂缝造成的井下变形。

　　采用图 4-63 中的分层地质模型，研究裂缝Ⅲ和裂缝Ⅳ在分层地质模型中引起的井下倾斜。裂缝Ⅲ和裂缝Ⅳ的裂缝中心深度都在1391.5m深度处，裂缝张开的厚度均为10mm，翼长和缝高分别为80m 和15m，方位角为90°，监测井距裂缝中心的距离为15m。裂缝Ⅲ为垂直裂缝，裂缝Ⅳ是一个倾角为60°的斜裂缝，裂缝完全处于 B- 砂岩层内。

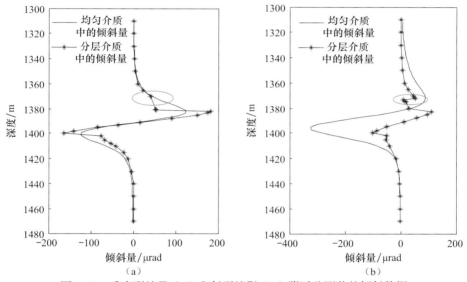

图 4-63　垂直裂缝Ⅲ（a）和斜裂缝Ⅳ（b）附近监测井的倾斜数据

　　图 4-63 为模拟的结果，结果表明未穿透地层的垂直裂缝和斜裂缝在水平分层地质模型中引起的井下倾斜场，大体上仍然满足在裂缝两端对应的深度附近倾斜信号最强，信号极值对应的深度与均匀介质中信号极值对应的深度接近，但在地层分界面附近的形态会略有不同。

　　裂缝Ⅲ和裂缝Ⅳ均未穿透中间地层，为进一步研究裂缝穿透中间某一地层时引起的井下倾斜，考虑如下两个裂缝：裂缝中心均位于1391.5m深处的垂直裂缝Ⅴ和倾角为60°的斜裂缝Ⅵ，方位角均为90°，裂缝张开的厚度为10mm，翼长和缝高分别为80m 和30m，裂缝均穿透 B- 砂岩层分界面，监测井距裂缝中心的距离60m，如图 4-64 所示。

　　根据图 4-64 的模拟结果可知，穿透地层分界面的垂直裂缝和斜裂缝，在地层分界面对应的深度处的变形模式明显不同，甚至出现不止两个倾斜信号极大值的现象，如图 4-64 中红圈所示，在地层分界面附近会出现信号极值。此时，依靠信号最强的两个深度之间的距离来判断裂缝缝高将变得不可靠。

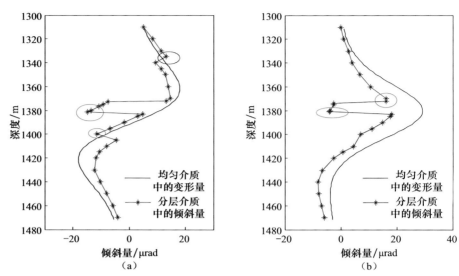

图 4-64　垂直裂缝 V（a）和斜裂缝 Ⅵ（b）附近监测井的倾斜数据

综合以上结果及 Wright 等（1998b）的结论可知，在观测井距离裂缝面较近时，可以利用倾斜信号最强的两点之间的距离来估计水力裂缝的缝高，在裂缝顶端和底端对应的深度处，倾斜信号最强，在裂缝中心对应的深度处，信号为 0，这个结论在均匀地层中非常适用，但在分层地层中未必适用。在分层地层中，如果裂缝位于某一层内，没有穿透地层分界面，这个结论基本适用；如果裂缝穿透地层分界面，情况将变得复杂，可能出现不止两个的信号极大点，在地层分界面对应深度附近，倾斜模式下可能与在均匀介质中明显不同。因而在计算井下倾斜场时，考虑介质的分层是很有必要的。

4.2.5　测斜仪应用实例

1. A 井应用情况

表 4-5 为 A 水平井 9 级压裂实际数据，储层参数如下：水平段垂直深度为 2540～2545m，水平段长约为 900m，设计压裂为 9 段，每段压裂规模约为 300m³。储层杨氏模量为 19280MPa，泊松比为 0.20，密度为 2.5g/cm³，储层厚度为 86m，裂缝高度为32～52m；隔层杨氏模量为 22230MPa，泊松比为 0.24。储层和隔层之间的应力差异值为 6～7MPa，裂缝宽度为 1～3mm。对该井进行正演模拟分析，典型的计算结果如图4-65～图 4-68 所示，可以清楚地看出地面变形和倾斜场。

2. M 井应用情况

2014 年，对中国石化 M 井采用地面测斜仪进行了裂缝监测。该井是一口直井，重复压裂，压裂深度为 6209～6298m，施工液量在 2600m³ 左右，施工排量为 8～9m³/min，获取了裂缝方位、裂缝动态半长等关键参数。地面测斜仪测点总共需要打 56 个井眼，

图 4-69 为 M 井测点矢量分布和裂缝方位。表 4-6 汇总了 M 井的裂缝参数。

表 4-5　A 井水平井裂缝反演结果

级数	半缝长 /m	裂缝方位	裂缝倾角 /(°)	裂缝高度 /m
1	138	N72°E	83.17	42.57
2	142	N72°E	42.39	33.62
3	137	N70°E	70	43.57
4	132	N67°E	82.22	38.62
5	134	N74°E	100.81	36.82
6	131	N71°E	105	40.73
7	128	N76°E	106	47.21
8	126	N74°E	30	44.79
9	107	N71°E	35	51.64

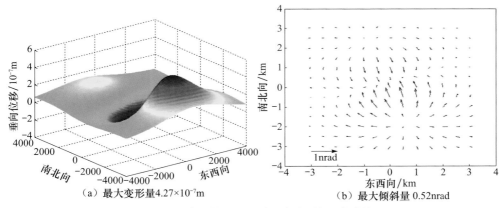

（a）最大变形量 4.27×10⁻⁷m　　　　（b）最大倾斜量 0.52nrad

图 4-65　A 水平井 1 级压裂地表变形场和倾斜场

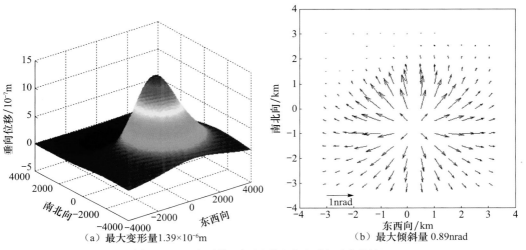

（a）最大变形量 1.39×10⁻⁶m　　　　（b）最大倾斜量 0.89nrad

图 4-66　A 水平井 2 级压裂地表变形场和倾斜场

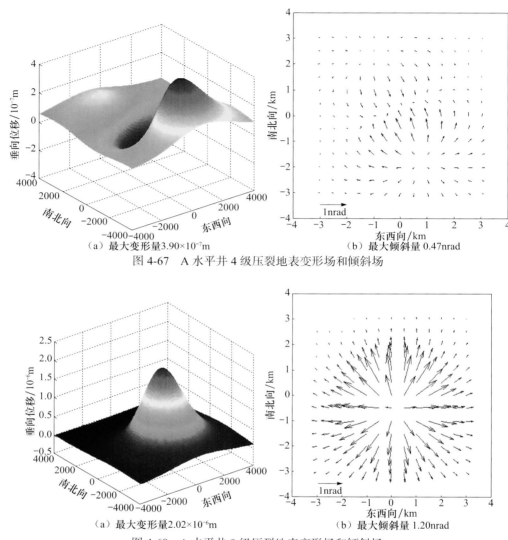

（a）最大变形量3.90×10⁻⁷m   （b）最大倾斜量 0.47nrad

图 4-67　A 水平井 4 级压裂地表变形场和倾斜场

（a）最大变形量2.02×10⁻⁶m   （b）最大倾斜量 1.20nrad

图 4-68　A 水平井 9 级压裂地表变形场和倾斜场

表 4-6　M 井裂缝参数汇总

裂缝参数	数值	裂缝参数	数值
动态裂缝半长 /m	285	水平缝比例 /%	26
方位 /（°）	351.2NE	垂直液量 /m³	1386
倾角 /（°）	53.06	水平液量 /m³	495
垂直缝比例 /%	74		

　　图 4-70 为 M 井裂缝方位局部放大图，绿色裂缝是地层原来压裂的裂缝，而红色的

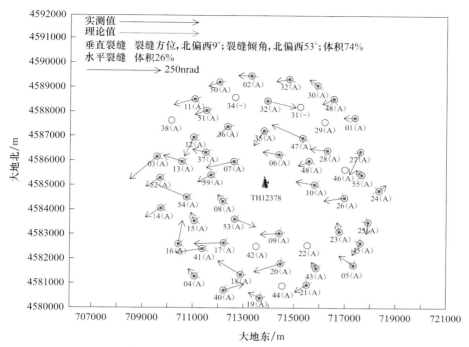

图 4-69　M 井测点矢量分布和裂缝方位

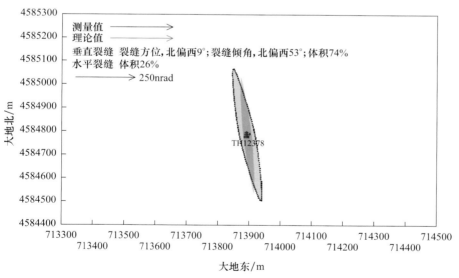

图 4-70　M 井裂缝方位局部放大图

绿色是主裂缝，红色是次生裂缝

裂缝是本次压裂所产生的复杂裂缝。由于前期的压裂完井的影响，造成局部地应力场的变化，在一定程度上造成了本次重复压裂主裂缝的方位与初始地应力方位产生了一定偏差，提高了裂缝的复杂性。

4.3 微地震裂缝监测方法

微地震监测是指通过利用在岩体施工、土木建设、地热开发、油藏水力压裂、注水、注气或油气开采过程中引起的地下应力场变化而导致岩石破裂产生地震波，对岩石破裂点进行裂缝成像，从而对岩体性质或油气储层流体运动进行监测的方法。地震监测现已成为国外在油气田开发当中对伴随油气开采产生裂缝进行监测的一项常用技术，其主要用于对水力压裂裂缝分布的监测。

4.3.1 微地震裂缝监测分类及应用范围

在石油行业，微地震井中监测主要用于了解水力压裂过程中破裂发生和发展状况，监测方式包括实时监测和记录结果的后分析，压裂过程的实时监测起到了解压裂过程中井周围岩破裂发生和发展情况的目的，后分析则可以深入了解压裂过程中压力变化对围岩破裂的影响，并开展破裂条件、破裂性质、破裂带尺寸等一系列环节的分析工作，为相似条件下的压裂设计提供重要依据（张景和和孙宗颀，2001）。

简单地说，微地震是指岩体破裂时动力波在岩体中传播时导致的震动现象，之所以称为微地震，是因为其能量水平低、难以察觉。在学术层面上，主要是相对地震和声发射而言的，一般地，自然地震发生时地震波频率低于 50Hz、高于 10kHz 的破裂事件称为声发射，频率介于二者之间的破裂称为微地震事件。

目前采用的微地震监测方式有两种，分别是井中监测与地面监测。地面监测就是在监测目标区域（如压裂井）周围的地面上，布置若干个接收点进行微地震监测。井中监测就是在监测目标区域周围邻近的一口或几口井中布置接收排列，进行微地震监测。由于地层吸收、传播路径复杂化等原因，与井中监测相比，地面监测得到的资料存在微地震事件少、信噪比低、反演可靠性差等缺点；其大体适用于 3000m 以浅储层的水力压裂监测，3000m 以深，其信号衰减大幅提高，不利于精确监测。对井中微地震监测方法而言，它利用了高灵敏度检波器，而且在井下环境中更加接近震源，同时降低了微地震信号衰减与环境噪声的影响。这种方法能检测出微弱的微地震信号，并利用各级检波器上的信号来确定震源的位置。尽管注水压裂井也可以放置检波器来进行监测，然而为降低检波器受到注水时液体流动而产生噪声的影响，在绝大部分的生产过程中都是另选择一口井安置检波器作为监测井。利用井下监测的微地震数据进行微地震有效事件定位时需要用到专用阵列检波器。

微地震事件发生在裂隙发育的断面上，裂隙范围通常只有 1～10m。地层内地应力呈各向异性分布，剪切应力自然聚集在断面上。通常情况下这些断裂面是稳定的。然而，当原来的应力受到生产活动干扰时，岩石中原来存在的或新产生的裂缝周围地区就会出现应力集中、应变能增高现象；当外力增加到一定程度时，原有裂缝的缺陷地区就会发生微观屈服或变形，裂缝扩展，从而使应力松弛，储藏能量的一部分以弹性

波（声波）的形式释放出来产生小的地震，即微地震。大多数微地震事件频率范围为
200～1500Hz，持续时间小于 1s。在地震记录上微地震事件一般表现为清晰的脉冲，越
弱的微地震事件，其频率越高，持续时间越短，能量越小，破裂的长度也就越短。因此
微地震信号很容易受其周围噪声的影响或遮蔽。另外，在传播中由于岩石介质吸收以及
不同的地质环境，也会使能量受到影响。

微地震监测主要包括数据采集、震源成像和精细反演等几个关键步骤。

数据采集主要是利用高灵敏度高频率检波器，井下仪器与地面通信采用高速总线传
输，带宽达到 4Mb/s，以保证瞬间大量信号的传输，同时利用特殊工艺屏蔽传输中产生
的干扰信号。

软件主要实现实时监测功能，采用复杂的射线追踪定位算法，用于检波器方位校准
与速度校准。

4.3.2 地面微地震监测方法

地面微地震监测就是在监测目标区域（如压裂井）周围的地面上，布置若干接收点
进行微地震监测。微地震事件发生位置的定位精度和准度受微震信号信噪比和检波器空
间分布的影响。地面监测通常信噪比低，但这种方式可以将检波器布置在不同的方位和
偏移距上，使定位精度得以改善。所以，地面监测的主要难点在于从噪声中区分微震信
号。采用能量扫描的方法来进行信号反演，能量扫描叠加方法可以有效地从噪声中拾取
信号并反演出结果。地面监测的结果提供了有关储层破裂机制、岩石物理以及压裂增产
有效性的信息。对微地震更深入分析有助于确定压裂顺序、井距、压裂段间距、支撑剂
用量、增大油藏体积和开展精细油藏的描述。

1. 地面微地震原理

微地震监测是利用声学运动学原理，起源于天然地震的监测。水力压裂井中，由于
压力的变化，地层被强制压开一条大的裂缝，沿着这条主裂缝，能量不断地向地层中辐
射，形成主裂缝周围地层的胀裂或错动。这些胀裂和错动向外辐射弹性波地震能量，包
括压缩波和剪切波，绝大多数压裂破裂是剪切破裂，或具有剪切破裂的成分。因此，实
际观测中采用三分量地震仪器，反演中利用横波资料进行微地震事件定位。

微地震监测方法的核心在于有效微地震事件的识别、处理与微地震事件反演两部
分。在微地震震源反演中，反演结果普遍存在多解性问题，极容易陷入局部极小值解域
中，给实际生产、施工带来极大不便。尽管破裂具有随机性，但仍符合一定的规律，即
事件点沿破裂带发布，因此使用解域约束下的微震事件搜索法、线性规划联合反演方法
进行微地震事件定位（张娜玲，2010）。初至拾取采用改进的能量比方法，通过对网格
搜索法的反演结果进行解域约束，找出真解区间，然后通过解域约束下线性规划方法找
到真解。

2. 地面压裂监测中对检波器网的几何布设要求

压裂破裂信号微弱（震级小于等于0），压裂车震动影响巨大，油田地表监测记录信噪比小于1。为获得较强的破裂信号，在地表，台站越接近破裂地表投影点越好，为避开强噪声，台站又应离压裂车群（井口）越远越好。台站距压裂车多远压裂车噪声才小于或等于环境噪声？检查各地震台压裂时的平均振幅，当振幅没有随距离衰减的趋势时（主要同环境噪声相关），这个距离即为监测时台站距井口的最小水平距离（图4-71）。

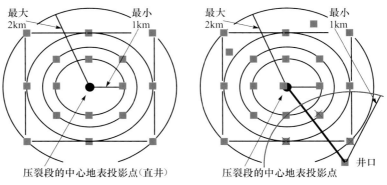

图4-71　地面检波器布置方案要求图

布设原则：在1000~2000m的圆环内，但也不必太远，毕竟离压裂段越近越好；台站全部不在同心圆上；尽量避开当地环境噪声源（道路、生产井、人员、树林…）；斜井、水平井时适当调整。

3. 地面微地震处理方法

1）到时计算

到时计算采用射线追踪方法。微震到检波器的时间主要取决于速度模型的精度。由于一般监测地区地下地质结构复杂，很难准确构建速度模型。因此采用射线追踪求取的地震波走时 T_1 与实际的走时 T_0 存在误差，为了有效刻画地震波走时 T_1，允许 T_1 在 T_0 附近一定范围 dT 内波动，检波器之间的到时时差也相应在 dT 内波动。一般情况下，根据检波器的分布情况可知 dT 为3~10ms（图4-72）。

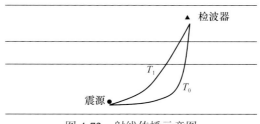

图4-72　射线传播示意图

2）初至拾取

由于微震信号弱，采集的数据中包含大量噪声，如图 4-73 所示。

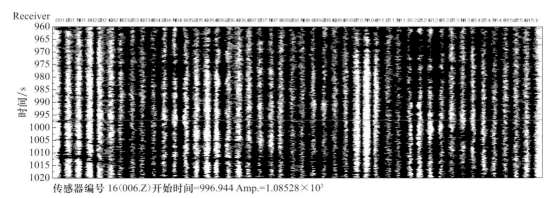

图 4-73　微震原始采集数据

初至拾取不能简单地进行基值筛选处理。由于微地震事件的频带范围是很宽的，很难找到当时情况下的主频，因此引入能量比方法。

能量比方法：对地震道 $x(t)$ 沿时间方向取时窗，设 T_1 为时窗起点，T_0 为时窗中点，T_2 为时窗终点，则前半时窗与后半时窗能量比为

$$R = \left(\frac{\sum\limits_{t=T_0}^{T_2} x^2(t)}{\sum\limits_{t=T_1}^{T_0} x^2(t)} \right)^{\frac{1}{2}} \tag{4-49}$$

如果整个时窗都在初至点以上，那么时窗内前后能量基本上是仪器环境噪声，数值较小，R 值也为一个不大的值；时窗中心正好压在初至点上时，R 具有最大值。当移到初至下面的反射波中时，由于反射波能量相对变化较小，因此不会产生较大的能量比，R 值也较小。地震道上能量比值最大点所对应的时间就为地震波的初至时间。

设定时窗长度为 n，运用滑动视窗法，i 点对应的时窗为（$i \sim i+n-1$），则每个时窗的能量和为

$$E_i = \sum_{k=i}^{i+n-1} A_k^2 \tag{4-50}$$

计算每两个相邻时窗能量的比值，记为

$$R_i = \left(\frac{E_{i+n}}{E_i} \right)^{\frac{1}{2}} \tag{4-51}$$

求取数个 R 的几个极大值（一般情况下前 5 个极大值就可以有效地保证结果的准确

性），对所有检波器的第一个极大值进行趋势分析，并且分析生成趋势。运用生成趋势对每一个检波器的第一极大值进行判断，符合趋势的则保留；不符合趋势的则剔除，用空值代替。对剔除的错误点从剩余的极大值中挑出符合趋势的点代替，作为最佳初至拾取结果。

能量比方法虽然有改进，但是在实际微震资料的应用中发现，该方法仍不能满足真实微震事件初至拾取批处理的需要。

实际计算中，由于初至点以上少数样点的幅值有可能为一些接近零的值，使 R 产生奇异，为了避免这样的情况，同时提高初至拾取的稳定性，对前后时窗的能量分别加一个稳定因子，此时式（4-49）改为

$$R = \frac{\left(\sum_{t=T_0}^{T_2} x^2(t)\right)^{\frac{1}{2}} + \alpha A}{\left(\sum_{t=T_1}^{T_0} x^2(t)\right)^{\frac{1}{2}} + \alpha A} \qquad (4\text{-}52)$$

式中，$A = \left(\sum_{t=0}^{T} x^2(t)\right)^{\frac{1}{2}} \bigg/ N$ 为一道数据的相对能量，N 为所用地震道的采样点数；α 为稳定系数，可以根据不同资料进行调整。确定开始拾取的横波的起震点，设定拾取基值。

3）网格搜索

由于到时计算和初至拾取的误差，采用传统三圆定位等方法得到的解与实际解存在较大偏差。通过以上分析，到时计算和初至拾取都存在一个误差范围，因此事件定位转化为误差范围控制下，求解最接近实际解的最优化问题。一般的线性和非线性算法求解此问题的计算量较大，不适于快速微震监测。因此采用网格搜索法，该方法计算简单、快速，容易找出真解区间。

取允许时间窗口滑动误差范围为 w，针对每个网格点，按此点对检波器按到时排序，统计每个检波器数据道初至出现概率二值因子 f，当符合规定阈值时，认为该网格点为一个可能的真解。概率二值因子 f 在当检波器数据道初至位于 $[dT-w, dT+w]$ 内时，$f=1$，否则 $f=0$。

$$S(k) = \frac{\sum_{i=1}^{M} \sum_{w} f_{ij}}{M}, \quad f_{ij} = 0,1 \qquad (4\text{-}53)$$

式中，k 为被搜索目标体积中的第 k 个点。对所有的检波器（$i=1,\cdots,M$）计算位于误差范围 w 内的可信度 $S(k)$。

根据真解区间，运用线性规划方法在到时误差、搜索误差约束条件下求取一个或者多个最优解。

4. 地面微地震监测流程

1）地震台站及其布设与观测数据

根据不同的井的特点，可以布设三种不同的检波器：①三分量的、各自独立的、设于地表（小于1m的浅层）的、宽频专用微地震台站；②三分量的、相互关联的、设于地下（大于4m的浅层）的、宽频专用微地震台站；③单分量的、相互关联的、设于地表的、宽频专用微地震台站。

布设地震台网的原则是：围绕压裂段地表投影点，均匀且随机地覆盖目标区；尽量降低背景噪声，即避开压裂车群、人员车辆、高压线、生产和施工井等；保证仪器在允许的环境条件下可靠地连续工作等。

使用连续记录，采样间隔一般为1ms，记录长度为除压裂期间外，亦观测压裂前后的一段时间，以便将前后背景作为参考。

2）地震波速度模型

地震波速度模型是搜索的基础。因为微地震信号监测覆盖面积很小，仅限于井身3km范围之内，所以将其视为平层模型。此处建立的地震波速度模型主要是根据井的声测井数据建立的，由此获得的是纵波信息。由于横波振幅较大，而很可能破裂，稍离井边后即被构造主应力场控制，故使用横波速度模型。因此，形成纵波模型后，再将其转换为对应的横波速度模型。

3）地面检波器定向技术

如图4-74所示，采用地面检波器阵列监测某口水平井压裂中产生的微地震事件点，x 表示南北向，y 表示东西向；波形传播方向与 y 方向间存在的夹角为 φ。设 $x(t)$ 和 $y(t)$ 分别为两个水平分量的样点值，偏振合成能量在确定的时窗范围内为

$$E = \sum [x(t)\cos\varphi + y(t)\sin\varphi] \tag{4-54}$$

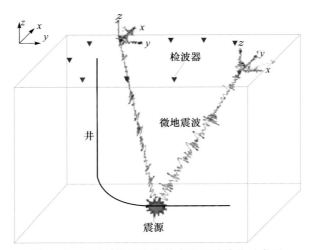

图4-74 地面检波器定向技术地震波接收示意图

5. 地面微地震监测应用

1）P 井应用

彭水地区某页岩气 P 井是水平井，井深结构见图 4-75。该井水平井段为 1450m，依据 GR、电阻率、气测显示、漏失情况，确定相同岩性、尽量保证压裂起缝一致性的原则将 4HF 井压裂段长度、级数进行了划分，照顾漏点、狗腿度、侧钻点等地质工程因素，划分 15 段压裂，每段长为 70～80m，前三段改造体积约为 2358m³，后 12 段改造体积约为 $7.62 \times 10^7 m^3$，总改造体积约为 $7.62 \times 10^7 m^3$。该压裂规模下改造效果可以达到缝长在 400～450m，缝高在 70～85m。

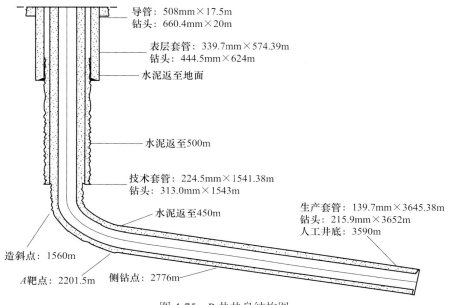

图 4-75　P 井井身结构图

采用地面微地震监测技术对该井的 15 段压裂进行了裂缝监测，采用地球物理的方法，对压裂前目的的天然裂缝进行了反演和描述，见图 4-76。图 4-77 是 P 井压裂后微地震事件分布，微地震事件与天然裂缝分布有重叠，显示了大部分天然裂缝系统被压裂裂缝激活，同时在天然裂缝不发育的部分压裂段附近，微地震事件分布也很多，说明这几段压裂造缝的效果比较好。

2）F 号平台的应用

涪陵地区龙马溪组页岩气 F 号平台采用丛式井组水平井开发，三口水平井平均设计井深为垂深 2534.20m、斜深 3747.35m，完钻井深为垂深 2534.25m、斜深 3683.83m。三口井共计 56 段压裂。

采用地面微地震进行压裂的裂缝监测。监测结果如图 4-78 所示，其中不同段压裂时

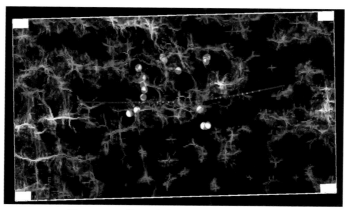

图 4-76　P 井压裂前天然裂缝发育示意图

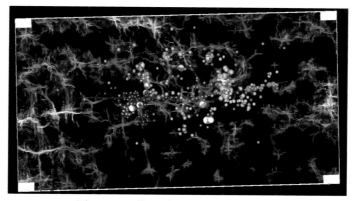

图 4-77　P 井压裂后微地震事件分布图

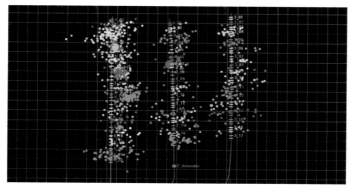

图 4-78　F 井组三口水平井压裂监测结果

从左到右分别是 F-1 井、F-2 井、F-3 井

造成的微地震事件点用不同的颜色代表。其中从左到右，F-1 井微地震事件点为 463 个，F-2 井微地震事件点为 127 个，F-3 井微地震事件点为 141 个。

3）C井裂缝监测

C井设计井深为垂深 2438.21m、斜深 3654.41m，完钻井深为垂深 2434.89m、斜深 3583.47m。采用地面微地震（破裂影像）进行压裂的裂缝监测，结果见图 4-79、图 4-80。

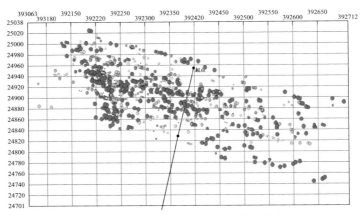

图 4-79　C井的压裂监测破裂能量图

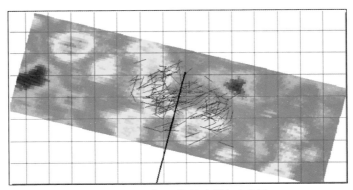

图 4-80　C井压裂监测裂缝示意图

主破裂的空间分布特性如下。

总有效压裂带：面积为 14866.1m²，长度为 198.5m，宽度为 84.3m。

压裂带左翼：面积为 9885.7m²，长度为 110.9m，宽度为 76.8m。

压裂带右翼：面积为 4980.4m²，长度为 87.6m，宽度为 84.3m。

主要裂缝：走向为 NE81°，长度为 86.3m。

次要裂缝：走向为 NW19.2°，长度为 54.9m。

4.3.3　井下微地震监测方法

井下微地震监测就是在监测目标区域周围邻近的一口或几口井中布置接收排列，进行微地震监测。由于地层吸收、传播路径复杂等原因，与地面微地震监测相比，井下微地震监测得到的资料具有微地震事件丰富、信噪比高、反演可靠等优点。

1. 井下微地震监测原理

　　井中微地震理论来源于大地地震的地震学。在水力压裂过程中，地层经受着来自与净压力成比例的极大应力，以及由裂缝内压力、地层压力之差引起并与之成比例的孔隙压力的变化。这两种变化都影响着在裂缝附近弱层理的稳定性（如天然裂缝、裂隙及交互的层面），并使它们能够剪切滑动。这种剪切滑动类似于沿断层的地震（只是振幅小），用微地震或微小的大地地震来描述。正是由于地震、微地震发射出弹性波，我们可以采用适当的技术记录这种信号，但它们发生的频率高，且一般均在声频的整个范围内，这些弹性波信号用适当的传感器来探测、记录，并由此分析出有关震源的信息，通过分析压裂作业过程中产生微地震信号的震源信息，即可解释压裂过程中形成的水力裂缝扩展的信息。

　　水力压裂时，大量高黏度高压流体被注入储层，这样使孔隙流体压力迅速提高。一般认为高孔隙压力会以两种方式引起岩石破坏。第一，高孔隙流体压力使有效应力降低，直至岩石抵抗不住被施加的构造应力，导致剪切裂缝产生；第二，如果孔隙压力超过最小围应力与整个岩石抗张强度之和，则岩石便会形成张姓裂缝。水力压力作业初期，由于大量的超过地层吸收能力的高压流体泵入井中，在井底附近逐渐形成很高的压力，其值超过岩石围应力与抗张强度之和，便在地层中形成张性裂缝。随后，带有支撑剂的高压流体挤入裂缝，使裂缝向地层深处延伸，同时加高变宽。这种加压的张开的裂缝，会在它周围的高孔隙压力区引起剪切破裂。岩石破裂时发出地震波，这时储存在岩石中的能量以波的形式释放出来。

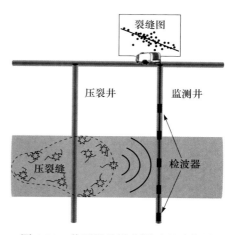

图 4-81　井下微地震监测过程示意图

　　井下微地震监测过程示意图见图 4-81，在确定压裂目的层后，选定合适的监测井，根据固井质量和监测井的井口，尽量把检波器放置在目的层深度上下，以便最有效地监测到由压裂释放的破碎能量，检波器接收到的能量数据返回到地面监测工作站后，送入处理软件接口进入数据处理，经过处理后就得到了压裂破碎的地下位置，所有压裂破碎事件都经过接收处理后，就得到了压裂期间地下地质体的破裂情况（几何特征）。井中监测压裂微地震主要优势是：井下采集信噪比高，可信度高。

　　水力压裂的裂缝空间展布特征信息可以作为油田开发井网、射孔的方位以及压裂参数优化的参考依据。

1）震源定位

在微地震的应用中，需要反演产生微地震的准确位置。如何精确反演出震源位置坐标是微地震的一项关键技术。微地震反演可分为均匀介质和非均匀介质两种情况。对均匀介质情况，现在微地震震源坐标的确定大多都采用解析法求解。

目前，微地震震源定位的解析法主要有纵横波时差法、同型波时差法、Geiger 修正法，三者的区别在于微地震资料初至速度的提取。

当井压裂地层形成裂缝时，沿裂缝就会出现微地震，微地震震源的分布，即反映了地层裂缝的状况，微地震震源定位公式为（丁文龙等，2011；董宁等，2013）

$$\begin{cases} t_1 - t_0 = \dfrac{1}{V_\mathrm{P}} \sqrt{(x_1 - x_0)^2 + (y_1 - y_0)^2 + z^2} \\ t_2 - t_0 = \dfrac{1}{V_\mathrm{P}} \sqrt{(x_2 - x_0)^2 + (y_2 - y_0)^2 + z^2} \\ t_6 - t_0 = \dfrac{1}{V_\mathrm{P}} \sqrt{(x_6 - x_0)^2 + (y_6 - y_0)^2 + z^2} \end{cases} \tag{4-55}$$

式中，$t_1 \sim t_6$ 为各分站的纵波到时；t_0 为发震时间；V_P 为纵波速度；$(x_1, y_1, 0)$，$(x_2, y_2, 0)$，$\cdots$，$(x_6, y_6, 0)$ 为各分站坐标；(x_0, y_0, z) 为微地震震源空间坐标；t_0、x_0、y_0、z 为待求的未知数（黄书岭等，2010）。当方程个数多于未知数的个数时方程组是可解的。解出这四个未知数至少要四个分站，若四个分站有记录信号，便可以进行震源定位。

当然，上述震源成像方法通常都假设速度场是均匀的、已知的，但实际情况并非完全如此。速度场的扰动是客观存在的，有时扰动甚至具有较大的强度，要想精确定位微地震源并了解速度场的精细变化，有必要进行微地震精细震源反演，运用射线追踪理论进行正演模拟，可以解决非均匀介质中速度不精确而造成的震源定位不精确的问题。

2）Mohr-Coulomb 理论

进行压裂或高压注水时，地层压力升高，根据 Mohr-Coulomb 准则，孔隙压力升高，必会产生微地震，记录这些微地震，并进行微地震源微空间分布定位，可以描述人工裂缝轮廓，描述地下渗流场。Mohr-Coulomb 准则（Sun，1969；Okada，1992）为

$$\tau \geqslant \tau_0 + \mu(S_1 + S_2 - 2P_0) + \frac{1}{2}\mu(S_1 - S_2)\cos\varphi \tag{4-56}$$

式中，τ 为作用在裂缝面上的剪切应力，MPa；τ_0 为岩石的固有法向应力抗剪切强度，数值由几兆帕到几十兆帕；μ 为岩石内摩擦系数；P_0 为地层压力，MPa；S_1 为最大主应力，MPa；S_2 为最小主应力，MPa；φ 为最大主应力与裂缝面法向的夹角。

由式（4-56）可以看出，当地层压力 $P_0 = 0$ 时，微地震事件会发生，但是由于激励强度弱，微地震信号频度会很低；当地层压力 P_0 增大时，微地震易于沿已有裂缝面发生（此时 $\tau_0 = 0$），这为观测注水、压裂裂缝提供了依据。

$$\tau = \frac{1}{2}(S_1 - S_2)\sin 2\varphi \tag{4-57}$$

2. 井下微地震监测与处理解析流程和方法

下面结合一个具体事例说明检测流程和处理方法。

1）建立观测系统

以压裂井 A 井井口为坐标原点，建立压裂井轨迹和监测井轨迹的统一压裂监测坐标系统（图 4-82、图 4-83）。

根据监测井 B 的井况，已经封井，为了将检波器尽量下放到直井段下方，尽可能地缩短监测距离，根据现有条件，采用 12 级 Slimwave 三分量检波器接收，检波器级间距

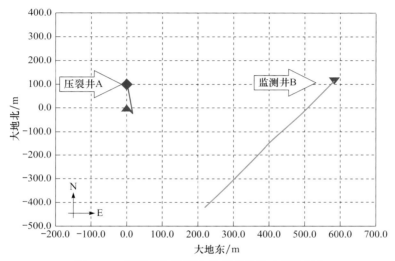

图 4-82　压裂井和监测井的相对位置（俯视图）

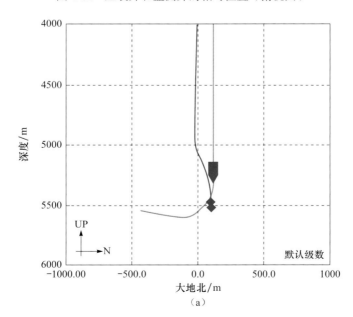

（a）

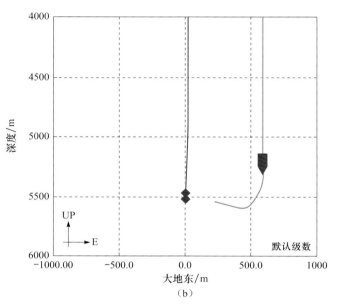

图 4-83　压裂井和监测井的相对位置（侧视图）

定为 10m，并且检波器的位置尽可能地靠近压裂目的层，所以，12 级三分量检波器实际下放测深位置在 5190.00～5300.00m，间距为 10m（表 4-7），检波器和压裂段的距离在 627～650m（图 4-84）。

表 4-7　监测井 12 级检波器的位置

级数	井深 /m	方位 / 北	方位 / 东
1	5190	112.498	582.796
2	5200	112.498	582.796
3	5210	112.498	582.796
4	5220	112.498	582.796
5	5230	112.498	582.796
6	5240	112.498	582.796
7	5250	112.498	582.796
8	5260	112.498	582.796
9	5270	112.498	582.796
10	5280	112.498	582.796
11	5290	112.498	582.796
12	5300	112.498	582.796

　　通过对压裂井 A 井 5507.05～5550.00m 裸眼井段进行压裂改造位置，在地层中建立人工压裂裂缝，沟通井筒周围的储集体，达到建产的目的。

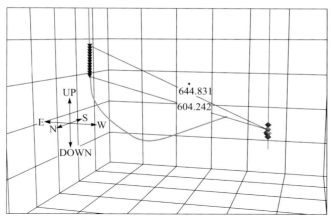

图 4-84　检波器排列到压裂井压裂段的距离为 600~657m

2）建立速度模型

依据压裂井 A 和监测井 B 的声波测井曲线，对压裂段地层分层，建立纵波、横波二维层状速度模型（图 4-85）。

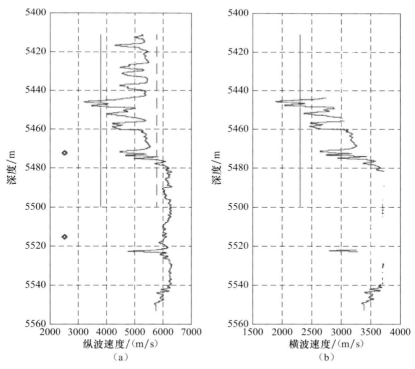

图 4-85　监测井 B 声波速度

3）震源成像

在微地震的应用中，需要反演产生微地震的准确位置。对均匀介质情况，现在微地震震源坐标的确定大多都采用解析法求解。

对于均匀介质，微地震震源定位一般可分为两种：一是纵横波时差法，二是同型波时差法。当记录上同时存在同一微地震事件足够信噪比的纵波信号和横波信号，且纵横波速度都已知时，可采用纵横波时差法。在同一点记录的信号无法确定横波和纵波的到时之差，但不同测点的纵波或横波到时可以确定的情况下，可以采用同型波时差法。这两种方法的假设条件都是一样，都是假定介质模型为均匀介质模型。

纵横波时差法：设 $q_k(x_{q_k}, y_{q_k}, z_{q_k})$ 点为第 k 次破裂时的破裂源，$p_i(x_{p_i}, y_{p_i}, z_{p_i})$ 为第 i 个测点，d_{ki} 为 q_k 和 p_i 两点间的距离，则有

$$d_{ki} = \left[\left(x_{p_i} - x_{q_k}\right)^2 + \left(y_{p_i} - y_{q_k}\right)^2 + \left(z_{p_i} - z_{q_k}\right)^2\right]^{\frac{1}{2}} \quad (4-58)$$

设介质内纵波、横波的平均速度 V_P 和 V_S 已知，且 p_i 点的记录信号可以确定横波和纵波的到达时间之差 ΔT_{ki}，则有

$$\Delta T_{ki} = d_{ki}/V_P - d_{ki}/V_S \quad (4-59)$$

经整理得

$$d_{ki} = \Delta T_{ki} V_P V_S/\left(V_P - V_S\right) \quad (4-60)$$

联立式（4-58）和式（4-60）可得

$$\left[\left(x_{p_i} - x_{q_k}\right)^2 + \left(y_{p_i} - y_{q_k}\right)^2 + \left(z_{p_i} - z_{q_k}\right)^2\right]^{\frac{1}{2}} = \Delta T_{ki} \frac{V_P V_S}{V_P - V_S} \quad (4-61)$$

测点 p_i 的坐标是已知的，式（4-61）中仅含三个未知数，即破裂源坐标 $q_k(x_{q_k}, y_{q_k}, z_{q_k})$。当测点的个数 $i \geq 3$ 时，由其中任意三个方程组都可以解出一组 $q_k(x_{qk}, y_{qk}, z_{qk})$ 所以式（4-61）是求解 q_k 的基本方程组。

同型波时差法：当在 p_i 点记录的信息上无法确定横波和纵波的到时之差，但不同测点的纵波或横波到时可以确定的情况下（以纵波到时可以确定为例），也可以求解 $q_k(x_{q_k}, y_{q_k}, z_{q_k})$ 的基本方程组：

$$\left[(x_{p_i} - x_{q_k})^2 + (y_{p_i} - y_{q_k})^2 + (z_{p_i} - z_{q_k})^2\right]^{\frac{1}{2}} - \left[(x_{p_l} - x_{q_k})^2 + (y_{p_l} - y_{q_k})^2 + (z_{p_l} - z_{q_k})^2\right]^{\frac{1}{2}}$$
$$= V_P(T_{ki} - T_{kl}) \quad (4-62)$$

式中，T_{ki} 为第 k 次破裂的微地震信号在测点 p_i 记录上的到达时。这样就可以通过求差回避发震时刻不定的问题。当测点数不少于 4 时，可由式（4-62）求得 $q_k(x_{qk}, y_{qk}, z_{qk})$，纵横波时差法与同波型时差法的算法流程图如图 4-86 所示。

4）检波器定向

在获得射孔炮弹或者有效空炮弹事件后，对事件的处理主要包括两个方面：一是根据事件的偏振特征，应用极化原理基本确定三分量检波器的空间方位，并以此方位信息定位由压裂破裂产生的微地震事件；二是验证速度模型的正确性并进行必要的优化调整。

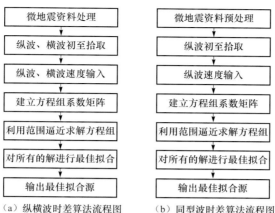

（a）纵横波时差算法流程图　（b）同型波时差算法流程图

图 4-86　纵横波时差法与同波型时差法的算法流程图

在炮弹位置已知的情况下，利用拾取的纵波初至根据初始速度模型来确定炮弹位置。不断调整速度模型使定位位置与实际位置充分接近，对应的速度模型相对准确，这可以为实际监测过程中的精确定位提供保障。

三分量炮弹记录在给定的初至时窗内，通过水平分量旋转和垂直分量旋转达到使纵波、SH 波和 SV 波分离的目的。图 4-87（a）为旋转后的纵波、SH 波和 SV 波，图 4-87（b）为分离出的三种波场矢端曲线验证。

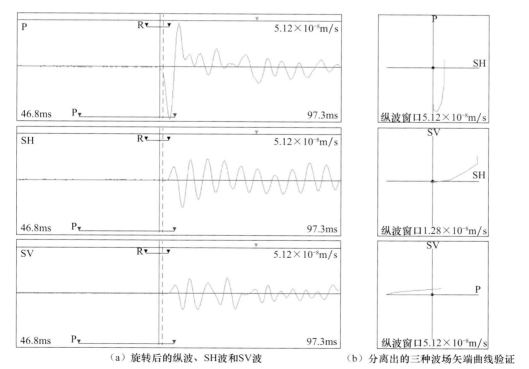

（a）旋转后的纵波、SH波和SV波　　（b）分离出的三种波场矢端曲线验证

图 4-87　监测井三分量检波器定向

3. 井下微地震事件处理解释

1）背景噪声分析

在压裂实时监测开始以前，首先对监测井进行背景噪声监测，对监测到的背景噪声信号进行分析，得出合理的滤波方案以提高信噪比。

进行压裂微地震井中监测的地震检波器非常灵敏，地面噪声有可能沿着井内液体传播到井下，对实际有效压裂破裂信号造成干扰。为减少井下检波器接收到来自地面的噪声，将井内液体液面降至 300m 以下。

图 4-88 为背景噪声记录，检波器信号基本被无规则的环境背景噪声覆盖。在对环境背景噪声进行频谱分析后，如图 4-89 所示，背景噪声在相当宽的频段内存在。与有效微地震事件频谱对比，背景噪声的能量低于有效微地震事件的，但是二者差异并不明显，这为确定在原始数据中识别微地震事件的准则增加了难度。

如果筛选有效压裂破裂事件的门槛值设置偏高，能量相对较弱的有效微地震事件会被自动识别为背景噪声而过滤掉；如果这个门槛值设置偏低，能量较强的背景噪声也会被自动识别为有效微地震事件，这样会大大增加自动处理定位的时间，有效微地震事件的实时定位无法完成。

在实际开始实时监测时，往往还需要利用获得的早期信号对比微地震信号和背景噪声之间的差别，来帮助修正筛选参数设置。为避免过滤掉微地震事件信号，实际工作中可以事先不设置，在接收到微地震信号后才开始迅速地确定筛选参数的操作。

噪声干扰是实际工作中不可避免的，现实中在射孔和水力压裂开始之前就能接收到

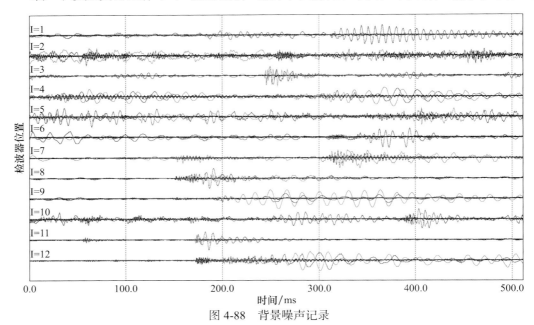

图 4-88　背景噪声记录

I 表示检波器编号

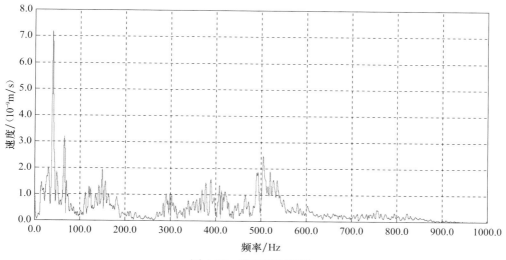

图 4-89　背景噪声频谱

背景噪声信号，利用快速频谱分析功能对噪声信号进行及时分析，是设置滤波参数的重要依据之一。在实际开始实时监测时，往往还需要利用获得的早期信号对比微地震信号和背景噪声之间的差别，来帮助修正滤波参数设置。

2）事件去噪、拾取初至

在压裂监测的初期不断观察微地震信号的波形特征，分析微地震信号筛选模块参数的合理性，修改压制噪声模块参数；必要时修改模块参数的设置，原则上筛选模块能够基本检测到实时的压裂破裂事件，同时又不丢失能量级较低的压裂破裂事件。

检查压裂初期获得的较清晰微地震事件的定位结果，一般应位于压裂段射孔位置附近，如多数的事件明显偏离可能的真实位置，那么就有必要首先检测每个事件纵波和横波初至时间的自动拾取结果的合理性，并进行必要的人工修正，若修正后的定位结果满足要求，则可能需要调整纵波和横波初至自动拾取的参数设置，降低自动拾取时的误差。

在开展上述检查以后，一般还需要检验速度模型的合理性。若速度模型存在较大误差，则可能需要调整速度模型。现场实时监测中调整速度模型的难度往往较大，实时监测中还可以通过优化相关定位设置的方式实现尽可能合理的现场实时监测，当这种误差局限在某个或某几个检波器时，定位计算中可以"屏蔽"这几个检波器，使它们不参与定位计算。图 4-90 是经过噪声压制处理后的有效压裂破裂事件。

现场实时监测中往往会出现一些偏离压裂井的事件。当这些事件单一出现时，可以在现场检查和手工调整初至时间，通过控制初至时间读取误差的方式获得更合理的定位结果，即进行立即的现场修正。如果一批事件密集出现偏离压裂井时，其原因可能是多个方面的，如现实中存在结构面导致破裂位置的突然迁移，或者速度模型存在偏差，前者需要在后分析中确认，后者则可以通过现场检查这些事件的速度模型的合理性来判断。

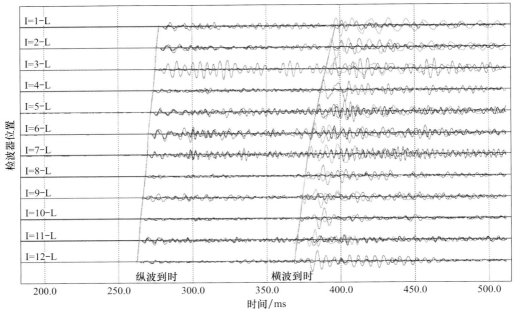

图 4-90 经过噪声压制处理后的有效压裂破裂事件

I 表示检波器编号；L 表示校正后的（速度模型校正）

3）井下微地震事件现场实时定位成果

现场微地震事件监测背景噪声信号如图 4-91 所示，现场监测背景噪声频谱如图 4-92 所示。从背景信号可知有低频的干扰和高频的井筒波，井筒波的产生有从上面传下的，也有从第 5 级检波器深度位置发生的，因为井筒波在井筒液体或钢管中传播，故

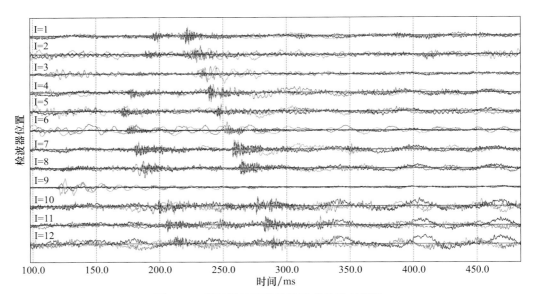

图 4-91 现场微地震事件监测背景噪声信号

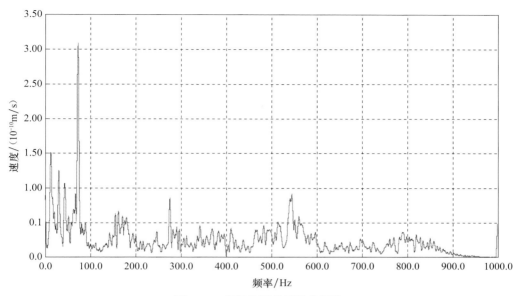

图 4-92 现场监测背景噪声频谱

其到达每个检波器的时差是不变的，只有在检波器段发生的气泡或井筒波可以确定其准确位置，从检波器下面和上面发生的井筒波位置不能被确定，但是可以根据接收情况进行井筒波源的排查工作。大量的无规则背景干扰或规则干扰都会影响微地震有效信号的接收，因此背景噪声干扰排查在整个工作流程中有较重要的作用。

根据现场微地震信号的信噪比质量，筛选其中信噪比稍高的事件信号进行现场定位处理。定位结果见图 4-93，压裂井和监测井的井口距离是 593.6m，检波器和压裂裸眼段的空间距离在 600～657m。从定位的微地震事件分布可知裂缝网络的分布情况，长为 155m，宽为 66m，压裂段北翼裂缝较发育。图 4-93 和图 4-94 中的红圈内微地震事件为信噪比相对低的信号定位结果，这些信号需要后续进行重新分析处理。

4）微地震事件后续处理及分析

微地震事件的后续处理主

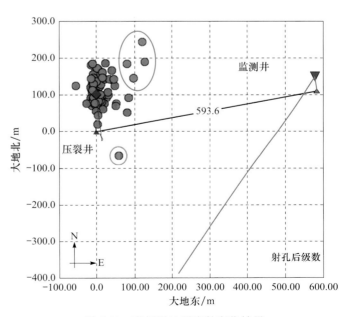

图 4-93 现场微地震事件定位结果

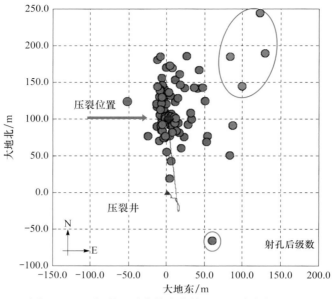

图 4-94　现场微地震事件定位结果（区域放大显示）

要是对信号初至拾取的精度重新进行质量控制、弱信号重新处理和事件筛选的门槛重新试验。后续分析主要是对微地震事件的几何属性和压裂施工曲线的交汇分析比较，结合岩石物理资料和地面地震资料进行裂缝预测评估等。微地震事件后续处理流程如图 4-95 所示。

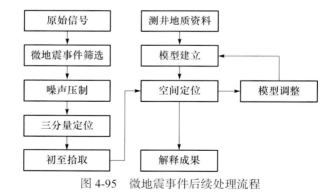

图 4-95　微地震事件后续处理流程

4. 井下微地震监测应用

涪陵地区龙马溪组页岩气 F 号平台采用丛式井组水平井开发，三口水平井平均设计井深为垂深 2534.20m、斜深 3747.35m，完钻井深为垂深 2534.25m、斜深 3683.83m。三口井共计 56 段压裂。

采用地面微地震进行压裂的裂缝监测，监测成果如图 4-96 所示，其中不同段压裂时所造成的微地震事件点用不同的颜色代表。其中从左到右，F-1 井微地震事件点为 463 个，F-2 井微地震事件点为 127 个，F-3 井微地震事件点为 141 个。

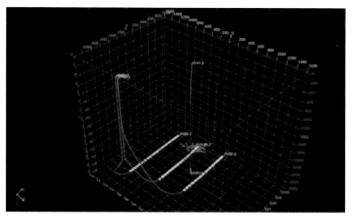

图 4-96　F 井组 F-2-2 段压裂定位，裂缝走向北偏东

第5章　页岩气井试井与产能评价方法

对于页岩气井试井解释，国内学者在页岩气孔渗结构特征、渗流机理、吸附及滑脱效应对产能的影响等方面做了初步的理论研究，但是并没有形成理论体系，也没有给出适用于页岩气藏的试井数学模型。页岩气产能评价可以实现对页岩气井的产能预测、确定页岩气井生产动态递减特征、优化井网布置和完井方案，为气井配产和气藏工程深入研究奠定基础。

5.1　页岩气水平井流动模型

从页岩气地层中流体渗流特征及多级横向压裂水平井出发，介绍页岩气井试井和长期生产模型的建立以及相关的数据分析方法。在流动模型中，从基本的物理模型出发，推导相关的数学模型，并介绍将页岩气地层特性描述到数学模型中的过程。

5.1.1　页岩气分段压裂水平井流动模型

1. 页岩气地层气体流动机制和特征描述

页岩气地层中分布着微小的孔隙，气体以游离气的形式分布在孔隙空间中，形成了孔隙压力，另外在孔隙空间中还分布着未成熟的、以游离气分子形式存在的干酪根，气体分子依靠吸附机理吸附在干酪根的表面，这类气体就是吸附气。除此之外，在干酪根的内部，也有一部分气体分子存在，这些气体被称为溶解气，即溶解在干酪根中的气体。

当某个孔隙和周围空间的孔隙连通，且存在压力梯度的时候，游离气将会在压力梯度的作用下进行孔隙介质渗流，其渗流特征大体遵循达西定律的基本形式，但是由于孔隙尺度较小，在页岩地层中进行的孔隙渗流有自己的特征。

吸附气是页岩气地层存储气体的重要方式。现今，在世界某些页岩气区块的储量评价中得出的较大的储量，有相当一部分的地下储量来自吸附气。吸附气在总储量中的比例根据区块的不同而不同，其浮动范围较大。页岩气地层中的吸附气主要依靠孔隙压力吸附在干酪根的表面上。当压力发生变化时，单位干酪根质量能够吸附的气体分子总量是变化的。用于描述岩石吸附气总量和压力的关系模型有很多，但是朗缪尔模型应用最广泛。图 5-1 展示了朗缪尔等温吸附曲线示例图。

在等温环境下，当压力增大的时候，单位岩石能够吸附的气体体积量增加，但是通过朗缪尔等温吸附曲线的特征观察，在压力较低的时候，吸附量随着压力增大而增大的

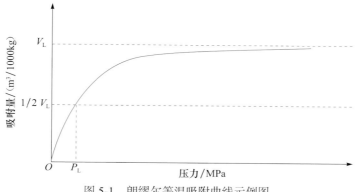

图 5-1　朗缪尔等温吸附曲线示例图

幅度较大，但是在压力较大的情况下，吸附量随压力增大而增大的幅度逐渐变缓，直至最后几乎不再增大。所以，对某一种页岩岩石而言，在某一固定的温度环境中，当压力增大到无限大的时候，单位质量的岩石能吸附的气体总量将接近一个极限值，这就是朗缪尔体积，即 V_L；朗缪尔模型中另外用于刻画吸附量随压力变化特征的参数是朗缪尔压力 P_L，表示的是当岩石的吸附量达到朗缪尔体积一半的时候的压力值。

扩散作用也是页岩气地层中气体运移的一个重要机理，而扩散作用依赖的动力不是压力梯度而是浓度梯度。在页岩气孔隙空间中，存在没有成熟的干酪根。在这些干酪根中，存储着溶解于其中的气体分子。通常干酪根中的气体分子的浓度要大于孔隙空间的游离气分子浓度，也大于干酪根表面的吸附气分子浓度。所以依靠浓度差异，干酪根内部的气体分子有向气体分子浓度较低的表面扩散的趋势。

页岩气地层中气体流动的特征除了在机理上与其他非常规储层不同，还有一些其他的特征。例如，在页岩气地层中，孔隙空间的尺度一般比较小，甚至可以达到纳米级别。而这种微小的孔隙喉道半径与气体分子的自由程量级相当，所以气体分子在流动的时候很有可能失去黏性流动的特征，而带有分子运动的色彩。换句话说，气体分子在流动的过程中，在孔隙表面气体分子的运动速度并不一定为零。

2. 分段压裂水平井流动模型

页岩气开发多采用多级分段压裂水平井技术。在一条较长的水平井井筒中往往有几个至十几个压裂级，每个压裂级中往往又分布 3~5 个射孔簇，从而在一口水平井中产生数十条水力裂缝。基于这种页岩气开发中常规应用的多级压裂水平井的物理模型建立描述井控区域的渗流模型。为简单说明，在基本的模型建立过程中，不引入复杂的情况，并且以液体相作为参考相。

图 5-2 展示了多级分段压裂水平页岩气井的三维示意图。为了简化问题，假设在水平面上一个无限大的地层中，有一口多级分段压裂水平井。该地层的上下边界均为无流量边界，同时，水力裂缝在竖直方向上并不一定完全穿透目标层段，并且，裂缝长度、裂缝与水平井角度可以不同，另外，水力裂缝导流能力有限。

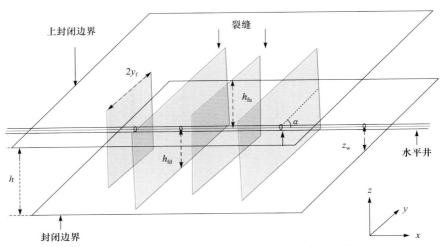

图 5-2　多级分段压裂水平页岩气井的三维示意图

为了便于应用，本章主要介绍简化无限导流裂缝多尺度数值模型，模型包括以下一些特征：

（1）水平井包括均匀分布、等长、等高，还有相同导流能力并且全部穿透油井泄流体积的横向裂缝。

（2）均质的页岩基质，可以选择是否包含天然裂缝网络，并且在裂缝网络流动阶段可以选择拟稳态还是非稳态流动。

（3）渗透率依赖于应力的变化。

（4）以朗缪尔模型描述气体的解吸附和吸附过程。

（5）在纳米级空孔隙介质中，扩散和滑脱造成表象渗透率的增加。

该模型由 Fuentes-Cruz、Gildin 和 Valkó 于 2013 年提出，针对有效的有限裂缝导流能力提出了一个非常出色的模型开发的起点。图 5-3 展示了该模型中气井泄流系统的示意图。对常数的基质渗透率，单条裂缝在定生产流压的制度下产量递减的拉普拉斯空间解为

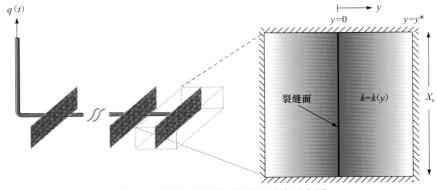

图 5-3　数值模型中气井泄流系统示意图

$$\overline{q}_{wD}(u) = \frac{\tan h\left(y_D^* \sqrt{uf(u)}\right)}{\pi \sqrt{uf(u)}} \tag{5-1}$$

式中，h 为储层厚度；y_D^* 为无因次改造区长度；u 为拉普拉斯变化变量。

在式（5-1）中的拉普拉斯解中，由 Fuentes-Cruz 等（2013）应用的 u，在双重孔隙介质中将会被 $uf(u)$ 代替。对拟稳态流的双重孔隙介质流动动态，Cinco-Ley 和 Meng（1988）曾经将 $f(u)$ 定义为

$$f(u) = \frac{\omega + (1-\omega)\lambda_f}{(1-\omega)u + \lambda_f} \tag{5-2}$$

式中，窜流系数 $\lambda_f = 12\dfrac{x_f^2}{h_{ma}^2}\dfrac{k_{ma}}{k_{fb}}$，其中，$k_{ma}$ 和 k_{fb} 分别为基后和裂缝渗透率。对非稳态双重孔隙介质来说，有

$$f(u) = \omega + (1-\omega)A_{fD}\sqrt{\frac{\eta_{maD}}{u}}\tan h\left(\frac{\sqrt{\dfrac{u}{\eta_{maD}}}}{2}\right) \tag{5-3}$$

式中，弹性储容 VC $\omega = \dfrac{\phi_{fb}c_{tf2}}{\phi_{fb}c_{tf2} + \phi_{ma}c_{tma}}$ 其中，ϕ_{fd} 为裂缝孔隙度；c_{tf2} 为裂缝压缩系数，ϕ_{ma} 为基质孔隙度；无因次裂缝面积 $A_{fD} = \dfrac{A_{fb}h_{ma}V_b}{V_{ma}} = A_{fma}h_{ma}$，其中，$h_{ma}$ 为地层厚度，A_{fma} 为单位基质体积下的裂缝面积，A_{fb} 为单位总基后体积下的裂缝面积，V_b 为总体积，V_{ma} 为基后体积；无因次基质存储效应 $\eta_{maD} = \dfrac{\dfrac{k_{ma}}{\mu(\phi c_t)_{ma}}}{\dfrac{k_{fb}}{\mu(\phi c_t)_t}}\dfrac{x_f^2}{x_{ma}^2}$，其中，$x_f$ 为裂缝半长。

式（5-1）是拉普拉斯空间中在常压力生产状态下流量递减的解。通过式（5-4）可以将其简单地转化为在常流量生产制度下的压力变化解：

$$\overline{q}_D(s) = \frac{1}{s^2 \overline{P}_{wD}(s)} \tag{5-4}$$

3. 考虑井筒储集效应和表皮效应的解

如果考虑井筒的储集效应和表皮效应，可以将井底流压的解表示为

$$\overline{P}_{wD}(C_D, S, s) = \frac{\overline{P}_D(w,s) + \dfrac{S}{2\pi s L_D}}{1 + \dfrac{sC_D S}{2\pi L_D} + s^2 C_D \overline{P}_D(w,s)} \tag{5-5}$$

式中，$P_{wD}(C_D, S, s)$为考虑井筒储集效应和表皮效应的拉普拉斯空间井底流压解的镜像解；$\bar{P}_D(w, s)$为不考虑井筒储集效应和表皮效应时的拉普拉斯空间井底流压解的镜像解。利用 Stehfest 的数值逆变换方法将其转化为真实空间的解。参数上的横杠上标为拉普拉斯空间标记。

考虑到页岩气地层中的流体相一般为气相，一般也采用真实气体拟压力函数的定义来考虑气体的高压物性参数（PVT）性质随压力变化而变化的情况，所以若将扩散方程的基本形式写成拟压力函数的形式，过程与常规的渗流模型并无太大差别。但是页岩气地层的情况不仅相对于常规砂岩气层更加复杂，而且相对于致密砂岩气藏，也有更加复杂的特点，如吸附气、渗透率和孔隙度随压力变化，滑脱效应，扩散，双重孔隙介质等。这些情况已在 5.1.1 节中的多尺度流动数值模拟模型中进行描述。

4. 考虑页岩气地层中气体流动的特征

气体在页岩气地层中进行流动时，会发生很多除普通渗流之外的效应，包括吸附气从干酪根表面的解吸附过程、气体分子在孔隙空间中流动的滑脱效应、气体分子的扩散效应等。另外，地层的性质也会随着气体流动过程的进行而发生变化，如地层渗透率随孔隙压力的变化。在本章中，会逐项介绍如何在模型中描述这些效应。

1）考虑压力及解吸附对孔隙度的影响

页岩气地层的性质对压力的敏感性是页岩气地层的一个显著特征。当气体在地层中流动导致孔隙压力的改变时，加载在孔隙空间上的有效应力也会发生改变。这种有效应力的改变可能会改变孔隙空间的大小、形状及连通的状态和方式等，从而导致孔隙度的变化。

首先，考虑孔隙度随压力变化的情况。Palmer 和 Mansoori 在 1996 年应用式（5-6）对煤层中孔隙度随压力变化的情况进行了描述。

$$\frac{\phi}{\phi_i} = 1 - \frac{c_m}{\phi_i}(P_p - P) + \frac{c_m V_L}{\phi_i}\left(\frac{K}{M} - 1\right)\left(\frac{P_p}{P_L + P} - \frac{P}{P_L + P_p}\right) \tag{5-6}$$

式中，最后一项与吸附气的解吸附过程相关联；M 为限制轴向模量；K 为体积模量；V_L 和 P_L 分别为朗缪尔体积和朗缪尔压力；c_m 为基质压缩系数。

选取初始的地层孔隙度作为基准，以变化后的渗透率与初始渗透率的比值来对孔隙度的变化情况进行描述。在式（5-6）中的第一项代表了孔隙度不随压力变化而变化的情况。

第二项考虑了由于储层岩石基质的压缩系数造成的孔隙度的线性弹性减小特征。其中基质压缩系数 c_m 的定义为

$$c_m = \frac{1}{M} + \left(\frac{K}{M} + f - 1\right)\beta \tag{5-7}$$

式中，f 为总孔隙度中基质孔隙度所占的比例，数值范围为 0 到 1；β 为岩石颗粒的压缩系数。当岩石颗粒的压缩系数足够小以至于可以忽略不计的时候，岩石总体的压缩系数

可以简化为 $c_m = c_f = 1/M$（c_f 为裂缝的压缩系数）。K/M 的比值与泊松比 v 有关：

$$\frac{K}{M} = \frac{1}{3}\left(\frac{1+v}{1-v}\right) \tag{5-8}$$

对孔隙度变化较小的情况（小于 30%），Palmer 和 Mansoori（1996）指出：

$$M = \frac{E(1-v)}{(1-v)(1+2v)} \tag{5-9}$$

式中，E 为杨氏模量。通过式（5-6）的第二项可以发现，当孔隙压力与原始的压力差距较大时，该项的影响变大，当孔隙压力降低时，会导致孔隙度变小。

吸附气对于页岩气地层中气体流动的主要影响是补充地层的气量和压力。作为气体存储的机制，虽然吸附气的存储不占用孔隙空间，但是在生产过程中其能够提供气源，在描述上等效于增加了地层的有效孔隙度。而吸附气的解吸附过程也是与压力变化有关的，所以吸附气对孔隙度的影响也可以通过压力来描述，即式（5-6）中第三项所示。

2）考虑压力对渗透率的影响

渗透率随压力变化的特征也是页岩气的一个显著特征。Palmer 和 Mansoori 于 1996 年在给出孔隙度随压力变化的模型的同时，给出了渗透率与孔隙度的关系，即

$$\frac{k}{k_i} = \left(\frac{\phi}{\phi_i}\right)^3 \tag{5-10}$$

式中，k_i 是原始的地层渗透率；k 是随压力变化后的渗透率。需要注意的是，随着压力变化出现弹性变形孔隙度减小的程度要远远覆盖由于解吸附造成的孔隙度增大的程度。在这种情况下，渗透率的减小就是指数递减的形式：

$$\frac{k}{k_i} = \left(\frac{\phi}{\phi_i}\right)^3 = (e^{-c_f(P_p - P)})^3 = e^{-3c_f(P_p - P)} \tag{5-11}$$

3）考虑滑脱效应和扩散效应

页岩气储层的孔隙尺度往往都是纳米级别的，而孔隙尺度的缩小导致了气体分子在运动时出现滑脱的特征，这主要是由孔隙尺度和分子运动的自由程相当造成的。

页岩气地层中孔隙的直径一般在几纳米到几微米之间浮动。在页岩气地层系统中，这种纳米级的孔隙主要起两种作用：首先，对相同的孔隙体积来讲，纳米级孔隙的表面积要大于微米级孔隙。这是由于孔隙的表面积与 $d/4$ 呈正比，其中 d 是孔隙的直径。如此大的孔隙面积为吸附气从干酪根表面解吸到纳米孔隙中提供了方便，所以在干酪根体内才会发生较大质量的气体分子运移。其次，气体在纳米级孔隙中的流动不同于达西定律流动。将在接下来的部分做具体的描述。

气体分子在孔隙介质中流动所遵循的规律受到孔隙大小的影响，一般有五种不同尺度级别的流动。尺度最大的是宏观孔隙流动，通常用于描述大尺度的储层流动；接下来一级是中级孔隙尺度的流动，一般用于描述微裂缝网络的流动；然后是微孔隙尺度的流动，一般可以用来描述纳米级孔隙网络的流动；之后是纳米级孔隙的流动，其可以用来

描述气体分子解吸附的过程；尺度最小的是分子运动级别的流动，其可以描述气体分子从干酪根内部运移到孔隙空间的过程。

Javadpour 在 2009 年指出，渗透率在微孔隙介质中可能会随着压力的降低而升高，这是由扩散效应和滑脱效应导致的，式（5-12）就是对该现象的描述：

$$\frac{k_{d,s}}{k} = 1 + \sqrt{\frac{8RT}{\pi M_w}}\left[\frac{16M_w}{3000RT\rho_{avg}} + \frac{\pi}{P_{avg}}\left(\frac{2}{\alpha} - 1\right)\right]\frac{\mu}{r} \qquad （5\text{-}12）$$

式中，$k_{d,s}$ 为表象渗透率，要比达西渗透率 k 的数值大；R 为通用气体常数；T 为储层温度；M_w 为气体分子质量；P_{avg} 为平均密度；μ 为黏度；r 为半径；α 为切向动量调节系数；P_{avg} 为平均储层压力。

在式（5-12）中，因为滑脱效应和扩散效应有增加渗透率的作用，所以表象渗透率的值永远大于等于 1。在式（5-12）中，1 表示渗透率不变的情况，而后面的影响中，前一项为扩散效应的影响，后一项为滑脱效应的影响。如果将比值的形式写成表象渗透率的表达式，则有式（5-13）。

$$k_{d,s} = \sqrt{\frac{8RT}{\pi M}}\left[\frac{2M}{3\times10^3 RT\rho_{avg}} + \frac{\pi}{8P_{avg}}\left(\frac{2}{\alpha} - 1\right)\right]r\mu + \frac{r^2}{8} \qquad （5\text{-}13）$$

进而，表观渗透率 k_{app}

$$\begin{aligned}
k_{app} &= \sqrt{\frac{8RT}{\pi M}}\left[\frac{2M}{3\times10^3 RT\rho_{avg}} + \frac{\pi}{8P_{avg}}\left(\frac{2}{\alpha} - 1\right)\right]r\mu + \frac{r^2}{8} \\
&= \frac{r^2}{8} + \frac{2r\mu M}{3\times10^3 RT\rho_{avg}}\sqrt{\frac{8RT}{\pi M}} + \sqrt{\frac{8RT}{\pi M}}\frac{\pi r\mu}{8P_{avg}}\left(\frac{2}{\alpha} - 1\right)
\end{aligned} \qquad （5\text{-}14）$$

这样，表象渗透率由三部分组成：孔径大小决定的基础渗透率，扩散效应的影响以及滑脱效应的影响。量纲分析见式（5-15）～式（5-17）。

$$\frac{2r\mu M}{3\times10^3 RT\rho_{avg}}\sqrt{\frac{8RT}{\pi M}}\cdots\frac{L\dfrac{Nt}{L^2}M}{\dfrac{1}{\dfrac{N}{L^2}L^3}T\times\dfrac{M}{L^3}}\sqrt{\frac{\dfrac{N}{L^2}L^3}{T}\times T}{M} = L^2 t\sqrt{\frac{N}{ML}} = L^2 t\sqrt{\frac{L}{t^2 L}} = L^2 \qquad （5\text{-}15）$$

$$\left[\sqrt{\frac{8\pi RT}{M}}\frac{\mu}{rP_{avg}}\left(\frac{2}{\alpha} - 1\right)\right]\cdots\left[\sqrt{\frac{\dfrac{\dfrac{N}{L^2}L^8}{1\times T}T}{\dfrac{M}{1}}\dfrac{Nt}{L^2}}{L\dfrac{N}{L^2}}(1+1)\right] = \left[\sqrt{\frac{LL}{t^2}}\frac{t}{L}(1)\right] = 1 \qquad （5\text{-}16）$$

$$\frac{r^2}{8}\left[1+\sqrt{\frac{8\pi RT}{M}}\frac{\mu}{rP_{\text{avg}}}\left(\frac{2}{\alpha}-1\right)\right]\cdots L^2\times 1=L^2 \quad （5\text{-}17）$$

5.1.2　页岩气特性与模型的结合

Fuentes-Cruz 等（2013）推导了渗透率随压力进行线性变化和指数变化的解，而用真实气体拟压力函数可以更全面地考虑渗透率随压力变化的情况。

$$m^*(P)=\int_{Pm}^{P}\frac{Pk(P)}{[1-\phi(P)]\mu(P)Z(P)}\text{d}P \quad （5\text{-}18）$$

式中，Z 为全体的偏差因子。然后定义

$$q_{\text{wD}}(t_{\text{D}})=\frac{P_{\text{SC}}T}{\pi\,n_{\text{f}}T_{\text{SC}}h[m^*(P_{\text{i}})-m^*(P_{\text{wf}})]}q_g t_{\text{D}} \quad （5\text{-}19）$$

$$t_{\text{D}}=\left(\frac{k}{\phi\mu c_{\text{t}}}\right)_i\frac{t}{x_{\text{e}}^2} \quad （5\text{-}20）$$

$$y_{\text{D}}=\frac{y}{x_{\text{e}}} \quad （5\text{-}21）$$

式（5-19）～式（5-21）中，T 为温度；P_{wf} 为井底流动压力；n_{f} 为水力裂缝的条数；P_{SC} 和 T_{SC} 代表了在标准状态下的压力和温度；h 为页岩层的厚度；q_g 为气体流量；μ、c_{t} 分别为气体的黏度、偏差因子地层总体的压缩率；$2y$ 为两条相邻裂缝之间的距离；x_{e} 为两倍的裂缝半长。

利用式（5-1）中定义的随压力变化的孔隙度，式（5-2）和式（5-4）中定义的随压力变化的渗透率以及依赖于压力的气体黏度和压缩系数，可以应用式（5-18）计算 $m^*(P)$。利用拉普拉斯逆变换的数值计算函数，如 Stehfest（1970）提出的一种逆变换算法，流量 q_{wD} 可以根据无量纲时间 t_{D} 利用式（5-19）～式（5-21）计算得到。

针对于导流能力有限的裂缝，有学者提出应用一种与 Cinco-Ley 和 Meng 在 1988 年提出的方法相似的方法。求解的过程仍然是先针对单条裂缝求解，然后乘以裂缝的条数。裂缝面被离散成为一系列在井筒周围的矩形薄板状，如图 5-4 所示。为了简化问题，仅考虑整个裂缝泄流区域的 1/4。每一个薄板都被认为是一个在封闭的矩形平行六面体中的矩形板状源。对于一个给定的薄板的个数 n_{s}，以及给定的裂缝半长 x_{f} 和裂缝间距 x_{s}，所有薄板的空间的位置便可以确定。针对这个问题 Gringarten 和 Ramey（1973）给出了相应的源函数的求解方法。为了使求解完整，一组由 $n_{\text{s}}+1$ 个方程组成的方程组需要求解，求解的目标是在给定的常数生产流量的条件下对任何一个薄板的流量及流压进行求解。类似于之前所阐述的，完整的方程求解将会在拉普拉斯空间解中应用 $f(u)$ 函数来考量双重孔隙介质，并且用 $m^*(P)$ 来考虑孔隙度、渗透率以及流体性质随压力变化的特征。

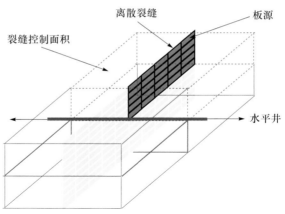

图 5-4　有限导流水力裂缝离散示意图

5.1.3　页岩气井渗流模型的求解

　　页岩气井模型基本形态相同，所以建模的基本流程和模型描述方法基本相同，不过具体的模型表达形式和求解过程要复杂得多。在这里对模型求解的基本思路进行描述，但由于模型非线性过强，需要利用数值计算手段进行非线性的处理，在这里就不具体说明。

　　由于方程中有 m 条裂缝，因此这种形式的解可以衍生出 m 个方程。这 m 个方程中的任意一个方程，利用每条裂缝流量叠加的影响计算对于某一条裂缝压力的变化。可以将每一条裂缝的解表达为如下形式：

$$P_{mDk}(x_{mDj}, y_{mDj}, z_{mDj}, t_{D}) = \sum_{f=1}^{m} C_{jk} q_{Dj}, \qquad k = 1, 2, 3, \cdots, m \qquad （5-22）$$

式中，x_{mDj}、y_{mDj}、z_{mDj} 为 x、y、z 三个方向上的无因次分量；t_{D} 为无因次时间；系数 C_{jk} 表示当前求解的裂缝序数为 k（$1<k<m$），而 j 代表提供流量的裂缝的序数。C_{jk} 可以具体表达为

$$C_{jk} = \frac{1}{2\pi} \int_0^{t_D} \frac{1}{\tau} \int_0^1 e^{-\frac{(y_{Djo}+2\sigma y_{fDj}-y_{mDf})^2}{4\tau}} d\sigma \sum_{n=0}^{\infty} \frac{1}{A_n}$$
$$\left[\int_0^1 e^{\frac{-(x_{Djo}+sh_{fDj}\cos\alpha_j-x_{mDj})^2}{4\tau}} \cos n\pi(z_{D0j}+sh_{fDj}\sin\alpha_j)ds \right] \cos n\pi z_{mDj}^{-(n\pi)^2\tau} d\tau \qquad （5-23）$$

式中，σ、s 都为积分变量；h_{fDj} 为第 j 条裂缝的无因次裂缝半高；α_j 为第 j 条裂缝的倾角；k 表示需要按照当前第 k 个裂缝的空间坐标定义无量纲点源坐标。于是可以将 m 个方程列出：

$$\begin{cases}
P_{mD1}(x_{mD1}, y_{mD1}, z_{mD1}, t_D) = \sum_{j=1}^{m} C_{j1} q_{Dj} \\
P_{mD2}(x_{mD2}, y_{mD2}, z_{mD2}, t_D) = \sum_{j=1}^{m} C_{j2} q_{Dj} \\
\vdots \\
P_{mDk}(x_{mDk}, y_{mDk}, z_{mDk}, t_D) = \sum_{j=1}^{m} C_{jk} q_{Dj} \\
\vdots \\
P_{mDm-2}(x_{mDm-2}, y_{mDm-2}, z_{mDm-2}, t_D) = \sum_{j=1}^{m} C_{jm-2} q_{Dj} \\
P_{mDm-1}(x_{mDm-1}, y_{mDm-1}, z_{mDm-1}, t_D) = \sum_{j=1}^{m} C_{jm-1} q_{Dj} \\
P_{mDm}(x_{mDm}, y_{mDm}, z_{mDm}, t_D) = \sum_{j=1}^{m} C_{jm} q_{Dj}
\end{cases} \tag{5-24}$$

将式（5-24）展开，有

$$\begin{cases}
P_{mD1}(x_{mD1}, y_{mD1}, z_{mD1}, t_D) = C_{11}q_{D1} + C_{21}q_{D2} + C_{31}q_{D3} + \cdots + C_{m1}q_{Dm} \\
P_{mD2}(x_{mD2}, y_{mD2}, z_{mD3}, t_D) = C_{12}q_{D1} + C_{22}q_{D2} + C_{32}q_{D3} + \cdots + C_{m2}q_{Dm} \\
P_{mD3}(x_{mD3}, y_{mD3}, z_{mD3}, t_D) = C_{13}q_{D1} + C_{23}q_{D2} + C_{33}q_{D3} + \cdots + C_{m3}q_{Dm} \\
\vdots \\
P_{mDk}(x_{mDk}, y_{mDk}, z_{mDk}, t_D) = C_{1k}q_{D1} + C_{2k}q_{D2} + C_{3k}q_{D3} + \cdots + C_{mk}q_{Dm} \\
\vdots \\
P_{mDm}(x_{mDm}, y_{mDm}, z_{mDm}, t_D) = C_{1m}q_{D1} + C_{2m}q_{D2} + C_{3m}q_{D3} + \cdots + C_{mm}q_{Dm}
\end{cases} \tag{5-25}$$

假设井筒压力各处相同，各个裂缝与井筒交界点的压力均可以利用统一的井底压力表示，所以在方程组的各个方程中左边的压力项均相等，可以用 P_{wD} 表示，以便说明问题。因此有 m 个方程，但却有 $m+1$ 个未知数，其中包括每条裂缝对应的流量和一个井底压力。根据 m 条裂缝的无量纲流量之和为 1 的关系得到第 $m+1$ 个公式。于是方程组可以写为

$$\begin{cases}
P_{wD}(t_D) = C_{11}q_{D1} + C_{21}q_{D2} + C_{31}q_{D3} + \cdots + C_{m1}q_{Dm} \\
P_{wD}(t_D) = C_{12}q_{D1} + C_{22}q_{D2} + C_{32}q_{D3} + \cdots + C_{m2}q_{Dm} \\
P_{wD}(t_D) = C_{13}q_{D1} + C_{23}q_{D2} + C_{33}q_{D3} + \cdots + C_{m3}q_{Dm} \\
\vdots \\
P_{wD}(t_D) = C_{1k}q_{D1} + C_{2k}q_{D2} + C_{3k}q_{D3} + \cdots + C_{mk}q_{Dm} \\
\vdots \\
P_{wD}(t_D) = C_{1m}q_{D1} + C_{2m}q_{D2} + C_{3m}q_{D3} + \cdots + C_{mm}q_{Dm} \\
1 = q_{D1} + q_{D2} + q_{D3} + \cdots + q_{Dm}
\end{cases} \tag{5-26}$$

将式（5-26）矩阵化，并写成矩阵乘积的形式：

$$
\begin{bmatrix}
C_{11} & C_{21} & C_{31} & \cdots & C_{k1} & \cdots & C_{m-21} & C_{m-11} & C_{m1} \\
C_{12} & C_{22} & C_{32} & \cdots & C_{k2} & \cdots & C_{m-22} & C_{m-12} & C_{m2} \\
C_{13} & C_{23} & C_{33} & \cdots & C_{k3} & \cdots & C_{m-23} & C_{m-13} & C_{m3} \\
\vdots & \vdots & \vdots & & \vdots & & \vdots & \vdots & \vdots \\
C_{1k} & C_{2k} & C_{3k} & \cdots & C_{kk} & \cdots & C_{m-2k} & C_{m-1k} & C_{mk} \\
\vdots & \vdots & \vdots & & \vdots & & \vdots & \vdots & \vdots \\
C_{1m} & C_{2m} & C_{3m} & \cdots & C_{km} & \cdots & C_{m-2m} & C_{m-1m} & C_{mm} \\
1 & 1 & 1 & \cdots & 1 & \cdots & 1 & 1 & 1
\end{bmatrix}
\begin{bmatrix}
q_{D1} \\ q_{D2} \\ q_{D3} \\ \vdots \\ q_{Dk} \\ \vdots \\ q_{Dm-1} \\ q_{Dm}
\end{bmatrix}
=
\begin{bmatrix}
P_{wD} \\ P_{wD} \\ P_{wD} \\ \vdots \\ P_{wD} \\ \vdots \\ P_{wD} \\ 1
\end{bmatrix}
\tag{5-27}
$$

可以将这个矩阵方程写成简易的形式为

$$
\left[C_{jk} \right] \boldsymbol{q}_j = \boldsymbol{P}
\tag{5-28}
$$

式中，矩阵 $\left[C_{jk} \right]$ 为一个 $m+1$ 行 m 列的矩阵，包括 m 行 m 列 C 系数和 1 行的常数 1；$\boldsymbol{q}_j$ 为一个 m 行的向量，由 m 个流量变量组成；$\boldsymbol{P}$ 为一个 $m+1$ 行的向量，由 m 个相同的 P_{wD} 和 1 个常数 1 组成。

这个矩阵方程是一个非线性极强的方程：对气相来说，无量纲压力的定义中耦合了随压力本身变化的气体 PVT 性质，使等式右边的压力变量又是压力变量本身的函数。而对之前讨论的页岩气特征，考虑孔隙度和有效渗透率随储层压力的变化以及滑脱效应对渗透率的影响，压力和流量变量又是自身的函数。所以该矩阵方程在量纲化之后需要用迭代算法求解。最后，将方程写成适用于迭代算法的形式。

$$
\begin{bmatrix}
C_{11} & C_{21} & C_{31} & \cdots & C_{k1} & \cdots & C_{m-21} & C_{m-11} & C_{m1} & -1 \\
C_{12} & C_{22} & C_{32} & \cdots & C_{k2} & \cdots & C_{m-22} & C_{m-12} & C_{m2} & -1 \\
C_{13} & C_{23} & C_{33} & \cdots & C_{k3} & \cdots & C_{m-23} & C_{m-13} & C_{m3} & -1 \\
\vdots & \vdots & \vdots & & \vdots & & \vdots & \vdots & \vdots & \vdots \\
C_{1k} & C_{2k} & C_{3k} & \cdots & C_{kk} & \cdots & C_{m-2k} & C_{m-1k} & C_{mk} & -1 \\
\vdots & \vdots & \vdots & & \vdots & & \vdots & \vdots & \vdots & \vdots \\
C_{1m} & C_{2m} & C_{3m} & \cdots & C_{km} & \cdots & C_{m-2m} & C_{m-1m} & C_{mm} & -1 \\
1 & 1 & 1 & \cdots & 1 & \cdots & 1 & 1 & 1 & 0
\end{bmatrix}
\begin{bmatrix}
q_{D1} \\ q_{D2} \\ q_{D3} \\ \vdots \\ q_{Dk} \\ \vdots \\ q_{Dm} \\ P_{wD}
\end{bmatrix}
=
\begin{bmatrix}
0 \\ 0 \\ 0 \\ \vdots \\ 0 \\ \vdots \\ 0 \\ 1
\end{bmatrix}
\tag{5-29}
$$

式中，等式左边的为 $m+1$ 行、$m+1$ 列的正方形矩阵以及 $m+1$ 行的未知数向量，等式右边为 $m+1$ 行的常数向量。

5.2　页岩气井试井分析方法

5.2.1　页岩气井生产数据试井分析方法

页岩气井生产数据试井分析方法主要有压力恢复试井分析方法（PTA）和长期生产数据分析方法（PDA）。

一般情况下，页岩气井上很少使用压力恢复作为测试手段。实际情况下，也没有专门对页岩气井进行有计划的试井分析的设计。但是，当在页岩气井中安装了压力测试仪时，无论是地表仪器还是井下仪器，对其来说，出于任何原因的关井都会产生可采集的压力恢复数据。如果安装的记录仪器记录的数据密度和生产数据相符合，也许就是每天一个数据点，那么只有时间较长（一个月或是更长时间）的压力恢复数据才能提供真正有用的信息，然而这种情况比较少。

如果在页岩气井上进行压力恢复测试，那么整个过程基本上都是反映气井的近井地带的形态，主要为线性流动或双线性流动的特征。

然而，长期生产数据的分析能更有效地展示分析者关心的裂缝形态、泄流体积大小、地下流体流动状态等。利用流量重整压力方法（RNP）可以对页岩气井的长期生产数据进行分析。RNP 定义为

$$\text{RNP} = \frac{\Delta P}{q} = \frac{P_i - P_{wf}}{q} \tag{5-30}$$

对气体来讲，通常采用气体的拟压力函数进行流量重整拟压力计算：

$$\text{RN}m(P) = \frac{\Delta m(P)}{q} = \frac{m(P_p) - m(P_{wf})}{q} \tag{5-31}$$

然后将 RNP 或是流量重整拟压力针对物质平衡时间（即累积产量除以瞬时产量）的自然对数求导，得到导数

$$\text{RNP}' = \frac{\text{dRNP}}{\text{d}\ln t_e} = \frac{\text{d}\left(\dfrac{P_p - P_{wf}}{q}\right)}{\text{d}\ln t_e} \tag{5-32}$$

$$\text{RN}m(P)' = \frac{\text{dRN}m(P)}{\text{d}\ln t_e} = \frac{\text{d}\left[\dfrac{m(P_p) - m(P_{wf})}{q}\right]}{\text{d}\ln t_e} \tag{5-33}$$

式中，t_e 为累积产量对应的时间。或者，导数还可以写成

$$\text{RNP}' = \frac{\text{dRNP}}{\text{d}\ln t_e} = \frac{\text{dRNP}}{\text{d}t_e}\frac{\text{d}t_e}{\text{d}\ln t_e} = t_e\frac{\text{dRNP}}{\text{d}t_e} \tag{5-34}$$

$$\text{RN}m(P)' = \frac{\text{dRN}m(P)}{\text{d}\ln t_e} = \frac{\text{dRN}m(P)}{\text{d}t_e}\frac{\text{d}t_e}{\text{d}\ln t_e} = t_e\frac{\text{dRN}m(P)}{\text{d}t_e} \tag{5-35}$$

将流量重整压力 / 拟压力和其对应的导数曲线针对物质平衡时间在双对数坐标系中进行绘图，便可以利用试井分析理论对其进行分析。主要原因是流量重整压力 / 拟压力将总体上持续降落的压力和流量过程转化成与其等效的常产量压降过程，从而使试井分析中的压力降落分析方法可以应用于数据分析。

5.2.2　页岩气井流场分析

多级分段压裂页岩气水平井随着生产时间的推移，地下一般会连续出现不同的流动状态，即流场。有些流场由于持续时间过短、过早或过晚，可能在实际的生产数据中不出现。但是理论上，可能会出现以下流场形态。

1. 早期的裂缝内线性流动

由于水力裂缝的存在，早期的流动会以裂缝内部的线性流动为起始。流体沿着裂缝面垂直于井筒方向流动，流场的三维示意图如图 5-5 所示。但是由于该流场出现地很早，且因为持续时间很短，在实际生产数据中很难观察到，或者被储集效应遮掩。

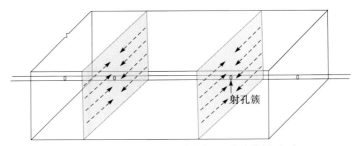

图 5-5　分段压裂水平井流场：裂缝线性流动

2. 地层 - 裂缝双线性流动

如果裂缝的导流能力不高，有可能出现地层 - 裂缝双线性流动。其中，流体在水力裂缝中的流动垂直于井筒方向，在地层中的线性流动垂直于水力裂缝面。这两个线性流动方向相互垂直，并且在压力梯度相差不多的时候，诊断曲线会出现双线性流的特征。地层 - 裂缝双线性流动的三维示意图如图 5-6 所示。

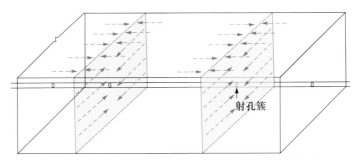

图 5-6　分段压裂水平井流场：地层 - 裂缝双线性流动

3. 地层线性流动

随着流动时间的增加，地层中的线性流动的压降将会逐渐增大，一般很快就能远远超过水力裂缝中的压降，进而形成地层主导的线性流动。这种地层线性流动在页岩气井的生产中可能会持续很多年，有的页岩气井可能到停产为止都一直处于地层线性流动阶段。地层线性流动持续的时间一般与地层的渗透率和水力裂缝的距离有关。地层线性流动的三维示意图如图 5-7 所示。

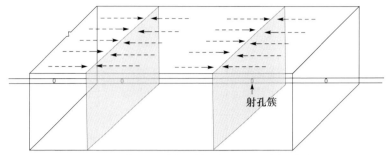

图 5-7　分段压裂水平井流场：地层线性流动

4. 单裂缝拟径向流动（不易发生）

随着地层线性流的进行，压力波前缘将会向远离裂缝面的地层深处扩散，如果裂缝的长度相对于裂缝间距较小，或者说裂缝的长度比间距小，这就有可能形成围绕单个水力裂缝的拟径向流，如图 5-8 所示。

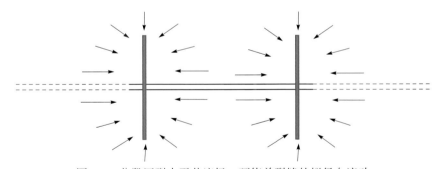

图 5-8　分段压裂水平井流场：环绕单裂缝的拟径向流动

5. "拟"拟稳态流（改造页岩体积内部消耗）

在地层线性流动发生一段时间之后（一般需要几个月甚至几年时间），裂缝间的干扰发生以后，压力基本上将在分段压裂水平井控制的改造页岩体积内发生消耗。改造体积外的有效渗透率极低，导致压力波向改造体积外扩散的速度很慢，这导致在相当长的一段时间内压力在压裂体积内部进行消耗（图 5-9），其特点类似于在有限的储层范围内进行的压力损耗，即拟稳态流动。如果页岩气井采用平台开发策略，即若干口井平行排列，那么单井可能由于邻井的压力波扩散在四周形成压力波对冲导致的等效无流量边界，那么"拟"拟稳态流就会转化成拟稳态流（图 5-10）。

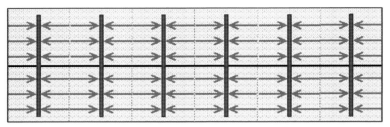

图 5-9　分段压裂水平井流场："拟"拟稳态流（改造页岩体积内部消耗）单井模式

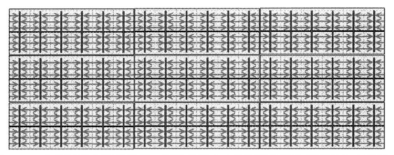

图 5-10　分段压裂水平井流场：拟稳态流（改造页岩体积内部消耗）多井模式

6. 复合线性流（不易出现）

　　如果在很长时间之后页岩气井依然能够进行生产，对于单井模式，压力波理论上可以穿越改造页岩体积，在更大的地层范围中进行传播。由于一般情况下水平井段与裂缝长度的比（改造页岩体积的长宽比）一般都比较大，一旦压力波溢出改造页岩体积就会形成主要垂直于水平井筒方向的复合线性流（图 5-11）。

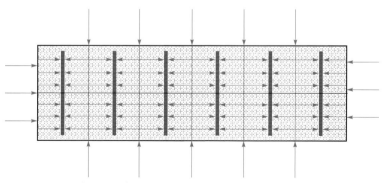

图 5-11　分段压裂水平井流场：复合线性流动

7. 环改造页岩体积的拟径向流（不易出现）

　　和复合线性流相似，一般很难在实际生产中出现。理论上如果压力波在复合线性流形成之后继续扩散，在更加广阔的地层范围内会形成环绕整个改造页岩体积的拟径向流（图

5-12）。时间越向后推移，其流场形态越接近径向流，因为压力波的传播范围逐渐增大而改造体积的大小相对压力波传播范围逐渐变小。

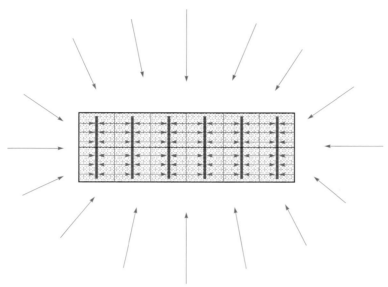

图 5-12　分段压裂水平井流场：环改造页岩体积的拟径向流动

　　如果在远处有实际的地质边界，如封闭性的断层、地层尖灭、地层的不整合、构造的尖灭或是不整合，则在拟径向流之后还可能出现边界效应。

　　那么，完整的流场变化状态可以利用流量重整压力曲线及其导数曲线进行识别（图 5-13）：最开始的流场是裂缝内部的线性流动，流量重整压力和导数曲线在双对数坐标中都呈 1/2 斜率，但是由于持续时间十分短，在图 5-13 所展示的曲线中，不能较明显地表示；如果裂缝的导流能力不高，在裂缝内部的线性流动之后，会产生由于裂缝线性流和地层线性流正交导致的双线性流阶段，流量重整压力和导数曲线在双对数坐标中都呈 1/4 斜率；随着时间推移，地层的线性流动越来越占据主导地位，出现垂直于水力裂缝的地层线性流，流量重整压力和导数曲线在双对数坐标中都呈 1/2 斜率；当导数曲线在代表地层线性流的 1/2 斜率偏离时，表明缝间干扰发生，随后，流量重整压力和导数曲线在双对数坐标中都呈近似于 1 的斜率，并且两条曲线有一起聚拢的趋势，这就是"拟"拟稳态流阶段，代表压力基本控制在改造页岩体积内进行消耗；如果能够继续生产，可以看到压力波传播到改造页岩体积之外的复合线性流，流量重整压力和导数曲线在双对数坐标中都呈 1/2 斜率；之后是环绕改造页岩体积的拟径向流阶段（斜率为 0）和外边界引发的边界效应。

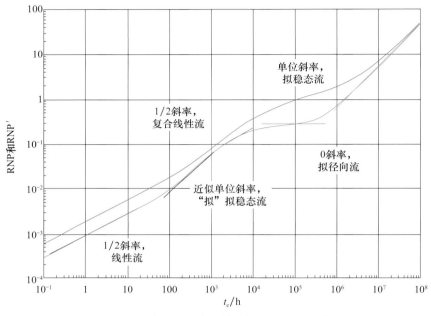

图 5-13 分段压裂水平井流场演化 RNP 形态

5.2.3 页岩气井基于流场分析的参数求解

Song 和 Ehlig-Economides（2011）提出根据不同的流场可以求解不同的气井、地层的参数：在地层线性流阶段，所有水力裂缝长度的总和与有效渗透率的平方根的乘积是一个常数。

对高压气体来讲，有如下关系：

$$n_{f} x_{f} \sqrt{k} = \left(\frac{724 q_{g} \overline{B_{g}}}{m_{LF} h} \right) \sqrt{\frac{\overline{\mu_{g}}}{\phi \overline{c_{t}}}} \qquad (5\text{-}36)$$

式中，m_{LF} 为井底流压与时间的 1/2 次方在直角坐标上做出的直线的斜率；n_{f} 为裂缝条数；q_{g} 为气体产量；$\overline{\mu_{g}}$ 为气体黏度；B_{g} 为体积系数；C_{t} 为综合压缩系数。如果用拟压力函数表示该关系，则是

$$n_{f} x_{f} \sqrt{k} = \left(\frac{40.93 q_{g} T}{m_{LF} h} \right) \sqrt{\frac{1}{\phi \overline{\mu_{g}} \overline{c_{t}}}} \qquad (5\text{-}37)$$

如果利用流量重整压力或是流量重整拟压力，可以将式（5-36）和式（5-37）写为

$$n_{f} x_{f} \sqrt{k} = \left(\frac{724 \overline{B_{g}}}{m_{RNP\text{-}LF} h} \right) \sqrt{\frac{\overline{\mu_{g}}}{\phi \overline{c_{t}}}} \qquad (5\text{-}38)$$

$$n_{f} x_{f} \sqrt{k} = \left(\frac{40.93 T}{m_{RNm(P)\text{-}LF} h} \right) \sqrt{\frac{1}{\phi \overline{\mu_{g}} \overline{c_{t}}}} \qquad (5\text{-}39)$$

式中，$m_{RNP\text{-}LF}$ 为流量重整压力与物质平衡时间的 1/2 次方在直角坐标上做出的直线的斜率；$m_{RNm(P)\text{-}LF}$ 为流量重整拟压力函数与有效时间（物质平衡时间）的 1/2 次方在直角坐标上做出的直线的斜率。

这表明，如果知道地层的渗透率或者裂缝的长度，就可以通过地层线性流阶段的数据求解另外一个。

由于压力波沿线性传播符合：

$$x_i = 2\sqrt{\frac{kt}{948\phi\overline{\mu}_g\overline{c}_t}} \quad\quad (5\text{-}40)$$

那么根据已知的裂缝间距和观察到的缝间干扰时间，可以预测页岩地层的有效渗透率为

$$k = \frac{948\phi\overline{\mu}_g\overline{c}_t x_s^2}{16t_{int}} \quad\quad (5\text{-}41)$$

式中，x_s 为裂缝间距；t_{int} 为缝间干扰时间。

当流场演化进入"拟"拟稳态流阶段，可以近似地将其视为拟稳态流，进而利用该流场阶段的生产数据计算相应井控的泄流空隙体积。对压力较高的气体而言，有

$$\frac{dP_{wf}}{dt} = \frac{41.7q_g\overline{B}_g}{V_p\overline{c}_t} \quad\quad (5\text{-}42)$$

用拟压力函数表示，可以表示为

$$\frac{dm(P_{wf})}{dt} = \frac{2.36q_gT}{\overline{\mu}\,\overline{Z}V_p\overline{c}_t} \quad\quad (5\text{-}43)$$

如果利用流量重整压力或是拟压力函数改写式（5-42）和式（5-43），可以有

$$\frac{dRNP}{dt_e} = \frac{41.7\overline{B}_g}{V_p\overline{c}_t} \quad\quad (5\text{-}44)$$

$$\frac{dRNm(P)}{dt_e} = \frac{2.36T}{\overline{\mu}\,\overline{Z}V_p\overline{c}_t} \quad\quad (5\text{-}45)$$

由于 RNP 和 RNP′ 有如下关系：

$$RNP' = \frac{dRNP}{d\ln t_e} = \frac{dRNP}{dt_e} \cdot \frac{dt_e}{d\ln t_e} = t_e\frac{dRNP}{dt_e} \quad\quad (5\text{-}46)$$

可以将式（5-44）和式（5-45）利用重整压力 / 拟压力函数导数形式表示为

$$\frac{dRNP}{dt_e} = \frac{RNP'}{t_e} = \frac{41.7\overline{B}_g}{V_p\overline{c}_t} \quad\quad (5\text{-}47)$$

$$\frac{dRNm(p)}{dt_e} = \frac{RNm(p)'}{t_e} = \frac{2.36T}{\overline{\mu}\,\overline{Z}V_p\overline{c}_t} \quad\quad (5\text{-}48)$$

通过改造页岩体积的计算，从而推算有效的裂缝长度：

$$x_{\mathrm{f}} = \frac{V_{\mathrm{P}}}{2Lh\phi} = \frac{41.7\overline{B}_{\mathrm{g}}t_{\mathrm{e}}}{2Lh\phi\overline{c}_{\mathrm{t}}\mathrm{RNP}'} = \frac{2.36Tt_{\mathrm{e}}}{2Lh\phi\overline{\mu}\,\overline{\overline{Z}}c_{\mathrm{t}}\mathrm{RN}m(P)'} \quad (5\text{-}49)$$

式中，L 为水平井长度；h 为裂缝储层厚度；ϕ 为孔隙度。

另外，Song 和 Ehlig-Economides（2011）在其发表的文章中阐述了一种计算吸附气对页岩气井的生产和压力波传播速度影响的吸附指数的经验方法。吸附指数能够修正由吸附气解吸附造成的压力波前缘传播的延缓和气体产量的增加。吸附指数 I_{ads} 的经验计算方法可以表示为

$$I_{\mathrm{ads}} = C_{\mathrm{ads}}\rho_{\mathrm{ads}} + 1 \quad (5\text{-}50)$$

式中，I_{ads} 为吸附指数；C_{ads} 为定义的系数；ρ_{ads} 为吸附密度。

$$C_{\mathrm{ads}} = C(\phi, P_{\mathrm{i}}, P_{\mathrm{L}}) = A_{\mathrm{c}}\frac{1}{\sigma\sqrt{2\pi}}\exp\left[-\frac{-\lg 2\left(\frac{P_{\mathrm{L}}}{P_{\mathrm{p}}}\right)}{2\sigma^2}\right] \quad (5\text{-}51)$$

式中，$\sigma=0.6644$，并且

$$A_{\mathrm{c}} = \left(\frac{6875.34}{P_{\mathrm{p}}} + 2.4298\times10^{-4}P_{\mathrm{p}} - 0.1992\right)\phi^{-1.0215} \quad (5\text{-}52)$$

吸附密度 ρ_{ads} 是 V_{ads} 的另外一种表示，其与吸附量 V_{ads} 呈线性关系：

$$\rho_{\mathrm{ads}} = \rho_{\mathrm{ads}}\rho_{\mathrm{gas}}^{\mathrm{surf}}V_{\mathrm{ads}} \quad (5\text{-}53)$$

在利用各个流场进行计算时，如果吸附气的影响不能忽略，则需要利用吸附指数进行修正：

$$V_{\mathrm{P\text{-}real}} = \frac{V_{\mathrm{P\text{-}app}}}{I_{\mathrm{ads}}} \quad (5\text{-}54)$$

$$x_{\mathrm{f\text{-}real}} = \frac{x_{\mathrm{f\text{-}app}}}{I_{\mathrm{ads}}} \quad (5\text{-}55)$$

$$k_{\mathrm{real}} = k_{\mathrm{app}}I_{\mathrm{ads}} \quad (5\text{-}56)$$

式中，$V_{\mathrm{p\text{-}real}}$ 为 SRV 体积；$x_{\mathrm{f\text{-}real}}$ 为裂缝半长；k_{real} 为真实渗透率；$V_{\mathrm{p\text{-}app}}$ 为表观 SRV 体积；$x_{\mathrm{f\text{-}app}}$ 为表观裂缝半长；k_{app} 为表观渗透率。

如果吸附气体存在，吸附指数 $I_{\mathrm{ads}} > 1$，那么从长期生产数据解释得到的视改造页岩孔隙体积将比真实的改造页岩孔隙体积大，相应的，视有效裂缝半长也大于实际的有效裂缝半长，而视有效渗透率要大于真实的有效渗透率。

5.3 页岩气井产能评价

产能评价一直是页岩气井研究中的重要方面。页岩气井的产能受很多因素影响，导致产量预测比较困难。对于影响页岩气井产能的因素的研究，主要通过敏感性分析的方式进行；关于页岩气井产能评价方法，主要介绍基于通过数据分析建立气井模型的方法和基于产量递减模型的方法。

5.3.1 影响页岩气井产能的因素敏感性分析

页岩气井产能敏感性分析，是比较在不同参数条件下产量和累积产量在笛卡儿坐标下的变化趋势、流量重整压力（RNP）和其导数在双对数坐标下的变化趋势及采油指数在双对数坐标下的变化趋势。在 Ecrin 软件包中的模型会展示上述三种曲线的模拟形态，并且对以下所列的参数进行敏感性分析：水力裂缝半长 x_f，裂缝间距 x_s，渗透率 k，孔隙度 ϕ，地层温度 T，地层原始压力 P_i，裂缝导流能力 C_{fD}，表皮因子 s，拟稳态流双重孔隙介质，不稳态流双重孔隙介质，吸附气。

敏感性分析基础模型参数如表 5-1 所示。对于敏感性分析的模型，水力裂缝都是有效全部穿透其泄流区域的。

表 5-1 敏感性分析基础模型参数

参数	数值
地层温度 /℃	78
地层原始压力 /psi	3600
井底流动压力 /psi	290
水平井段长度 /ft	3000
水力裂缝条数	31
储层厚度 /ft	100
水力裂缝半长 /ft	500
无量纲裂缝导流能力	100（或有效无限大）
地层孔隙度 /%	0.05
地层渗透率 /mD	0.0001
气体相对比重 /%	0.7

对于任何一个模型案例，模型都会给出产量、累积产量、井泄流区域内的平均压力随时间变化的函数，在所有的敏感性分析曲线中产能指数依靠式（5-57）计算：

$$I = \frac{q}{P_{bar} - P_{wf}} \qquad (5\text{-}57)$$

式中，地层平均压力 P_{bar} 随时间发生变化。

1. 水力裂缝半长的敏感性分析

在图 5-14 中展示了水力裂缝半长的敏感性分析结果，水力裂缝半长的变化范围为 10~500ft。其中图 5-14（a）在直角坐标上显示了日产气量和累产气量随着时间变化的曲线。较小的水力裂缝会带来一个较陡峭的产量递减趋势和缓慢的累积产量的增加。从产量的角度来讲，处于不稳态线性流动生产阶段的产量可以直接与裂缝半长成正比例关系：

$$q \propto n_f x_f \sqrt{k\phi\mu c_t} \tag{5-58}$$

在渗透率低的地层中，小裂缝半长的效应就是指井所能开采的地下气的有效范围只能到达裂缝的尖端处，并且该井的最终采收率与裂缝半长大小成比例关系。对于这其中任意一例，都可以通过简单地规定一个生产终止时间或是生产终止的经济产量极限对生产进行预测来得到最终可采储量。在图 5-14（b）[①]中展示了 RNP 及其导数在双对数坐标

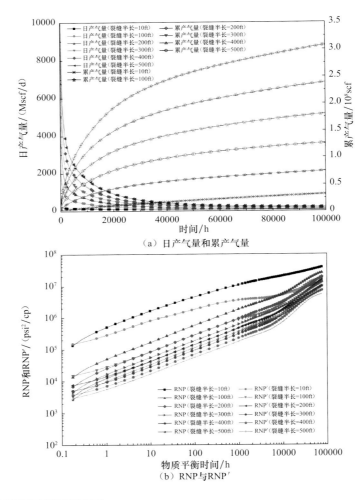

（a）日产气量和累产气量

（b）RNP 与 RNP′

---

① 1 scf = 0.0283168m³。

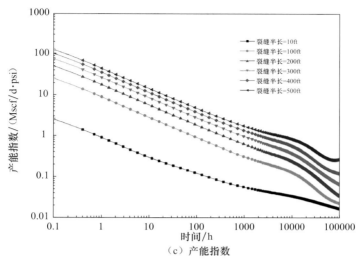

（c）产能指数

图 5-14 水力裂缝半长敏感性分析

上的形态，可以通过其特征观察到在任意一例中，都包含两个流态：在非稳态线性流动过程中 RNP 导数呈现出 1/2 的斜率特征；而在边界效应出现后期斜率转化为单位斜率。单位斜率反应的时间与地下气的含量成比例，而且较小的裂缝半长会成比例地将单位斜率出现的时间前推。同时，1/2 斜率阶段在任意时间上，曲线的高度也与裂缝半长的值成比例。井的产能指数在非稳态生产阶段逐渐递减，在边界效应出现之后逐渐趋于常数。在非稳态生产阶段产能指数也与裂缝半长呈现比例关系。

2. 水力裂缝间距的敏感性分析

图 5-15 展示了水力裂缝间距的敏感性分析结果。该敏感性分析相对于基础案例中间距为 100ft 的 31 条水力裂缝，仅仅应用了 11 条裂缝，裂缝间距为 300ft。因为每条裂缝在边界效应出现之前都是独立生产的，所以占原裂缝条数的 1/3 的裂缝会导致产气量减为原先的 1/3。这样的关系可以从式（5-58）中观察到。因此，直角坐标制图中可以观察到较低的日产气量和累产气量，在 RNP 的双对数作图中可以看见较少条数的裂缝会将曲线在非稳态生产阶段提高。相似的产能指数会下降，并且一个比较合理的、能够生产 30 年的井最终可采储量也会相应降低。等效来讲，如果裂缝间距过大的话，裂缝之间的压力有可能不会降低，从而在裂缝间的气体可能不会被有效开采。因此，裂缝的条数和与之相关的裂缝间距，两者对生产能力和最终的采收率都很关键，在设计的时候应该作为关键的因素考虑。

3. 页岩渗透率的敏感性分析

图 5-16 展示了页岩层有效渗透率的敏感性分析结果。低渗透率往往意味着低产量［仍然可以从式（5-58）中观察到］、低累产气量和低产能指数。从 RNP 的作图中可以

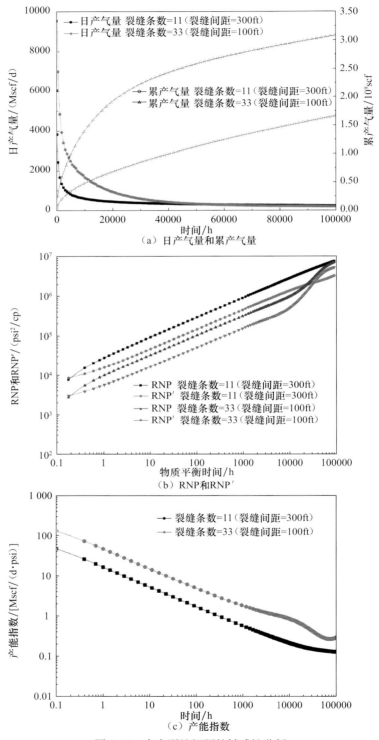

（a）日产气量和累产气量

（b）RNP和RNP′

（c）产能指数

图 5-15　水力裂缝间距的敏感性分析

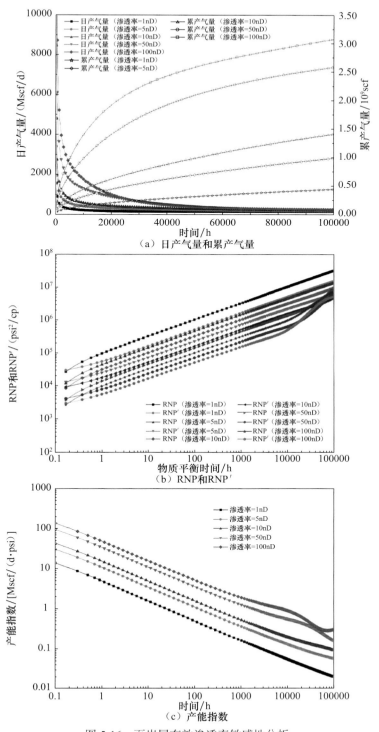

（a）日产气量和累产气量

（b）RNP和RNP′

（c）产能指数

图 5-16　页岩层有效渗透率敏感性分析

观察到边界效应流动的出现时间是渗透率的函数，并且随着渗透率的降低会向后推移。在可能的范围内，提高气井产能的方式一般就是沿着水平井段多布缝；换句话说就是把裂缝摆放得更近。由于裂缝的间距是气井设计中的一个重要因素，该敏感性分析着重强调了在设计之前获取渗透率信息的重要性。

4. 页岩孔隙度的敏感性分析

图 5-17 展示了页岩层孔隙度敏感性分析的结果。最终可采储量与孔隙体积成比例，从而也直接与孔隙度成正比。页岩中的吸附气在生产过程中能够起到缓和这种极低的孔隙度造成的影响的作用。同时，当孔隙度确实过低的时候，较长的水平井可能对经济效益有很大帮助。

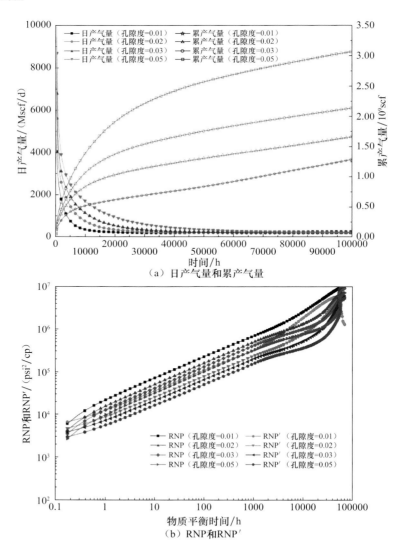

（a）日产气量和累产气量

（b）RNP 和 RNP′

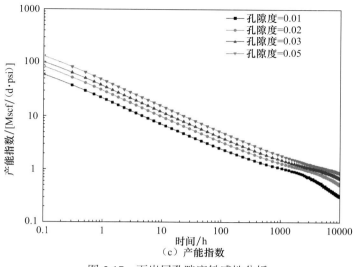

（c）产能指数

图 5-17 页岩层孔隙度敏感性分析

5. 页岩层温度的敏感性分析

图 5-18 展示了页岩层温度的敏感性分析结果。气体的体积系数是直接与底层温度呈比例关系的。由于气体储量的计算是将地下孔隙体积除以气体的体积系数，所以较高的地层温度往往对应着较低的最终采收。但是，体积系数也与气体的偏差因子 Z 成比例。而且，从敏感性分析图中可以看出，地层温度对产量和流量整合压力曲线的影响并不明显，可以说地层温度是一个并不敏感的影响参数。

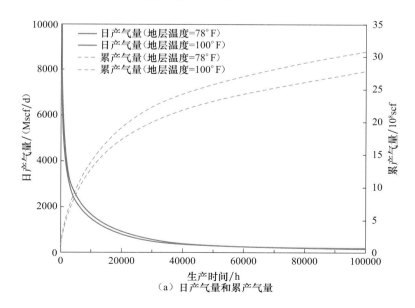

（a）日产气量和累产气量

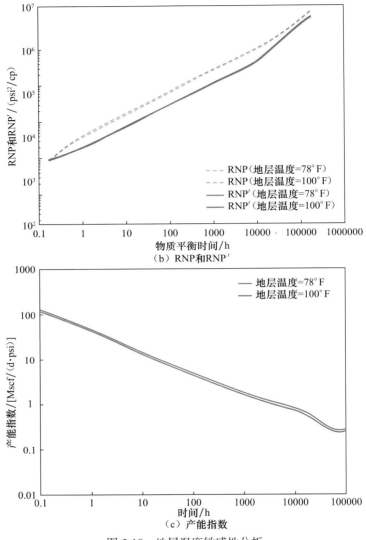

图 5-18　地层温度敏感性分析

6. 页岩层原始压力的敏感性分析

图 5-19 展示了地层原始压力的敏感性分析结果。在这种情况下，气体的体积系数与地层压力呈反比例关系。因此，较高的地层压力往往对应着较高的最终可采储量。另外，井的流量也与原始压力与井底流压之差成比例。对这项敏感性的分析，将所有情况都采用相同的井底流压来进行对照。

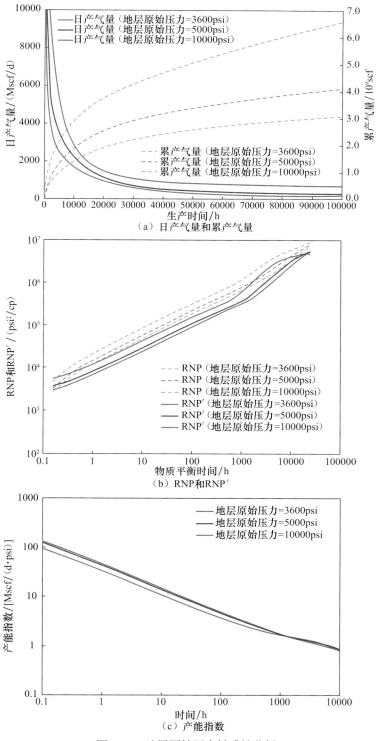

图 5-19　地层原始压力敏感性分析

7. 水力裂缝导流能力的敏感性分析

图 5-20 展示了水力裂缝导流能力的敏感性分析结果。考察的无量纲裂缝导流能力定义为

$$C_{\text{fD}} = \frac{k_{\text{f}}w}{kx_{\text{f}}} \qquad (5\text{-}59)$$

式中，k_{f} 为裂缝渗透率；w 为裂缝宽度；k 为储层渗透率。

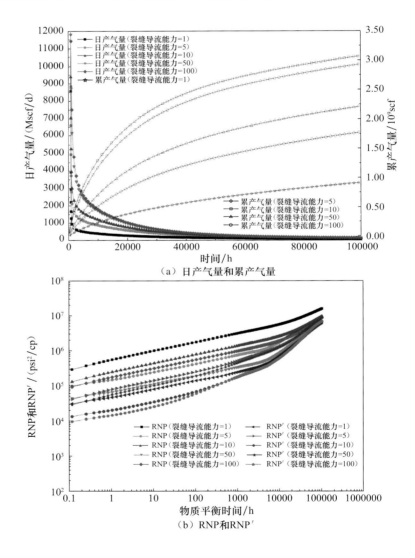

（a）日产气量和累产气量

（b）RNP和RNP′

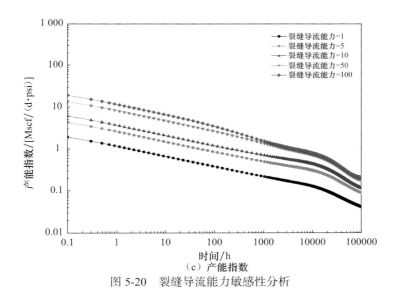

图 5-20　裂缝导流能力敏感性分析

图 5-20（b）中可以看到，即使 $C_{fD} = 100$，RNP 也表现出了清晰的 1/4 斜率特征，这表明双线性流发生。虽然在长期生产数据中不经常能观察到，但双线性流动特征可以在页岩气井中实施的压力恢复测试中观察到。

8. 表皮因子的敏感性分析

图 5-21 展示了日产气量和累产气量对表皮因子的敏感性分析的结果，这项敏感性分析与之前的有限裂缝导流能力类似。当一个很低的表皮因子为 0.005 时，得到的结果与当 $C_{fD} = 10$ 时类似。所谓的水力裂缝产生的表皮因子往往可以解释为裂缝面滤失了液体或水平井周围的裂缝发生了堵塞效应。

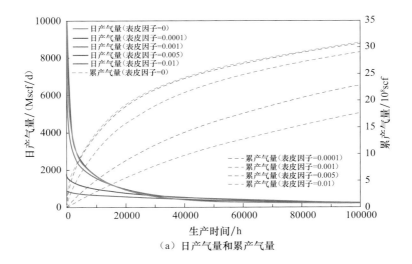

（a）日产气量和累产气量

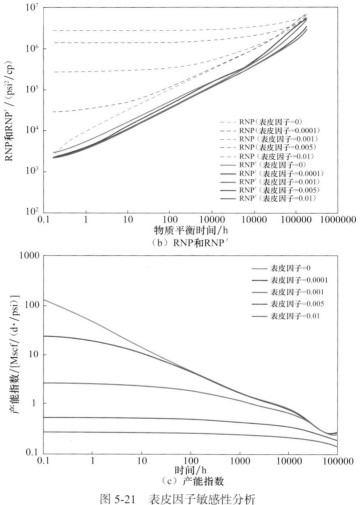

（b）RNP和RNP′

（c）产能指数

图 5-21　表皮因子敏感性分析

9. 水力裂缝网络导致的双重孔隙介质效应

图 5-22 和图 5-23 展示了在水力压裂过程中可能引发的裂缝网络带来的双重孔隙介质效应的敏感性分析结果。图 5-23 展示的是拟稳态双重孔隙介质系统的情况，从图中可以发现这种效应相对于不稳态双重孔隙介质系统更加明显。在实际情况中，往往需要应用 PTA 和 PDA 结合的分析手段才能观察到这些流场排列顺序进而减少对模型的不确定性。

10. 吸附气的敏感性分析

图 5-24 展示了吸附气的敏感性分析结果。吸附气会有效地增加气藏的可采储量。在直角坐标图中，可以非常明显地观察到产气量和最终可采储量的增加。在 RNP 图中，曲线由于吸附气的存在被整体向右推移。由于整体的改造体积不变，吸附气带来的效应

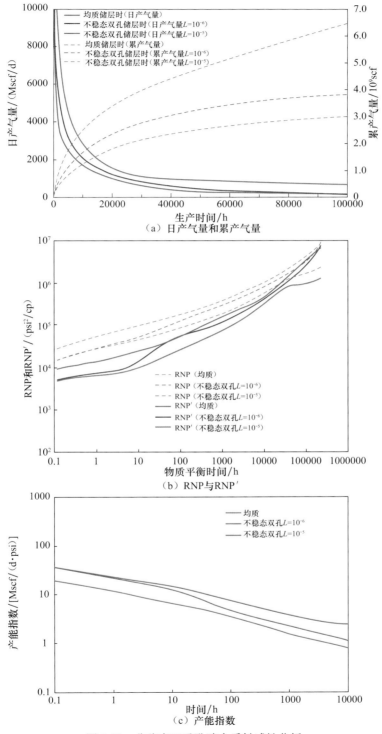

（a）日产气量和累产气量

（b）RNP与RNP′

（c）产能指数

图 5-22   非稳态双重孔隙介质敏感性分析

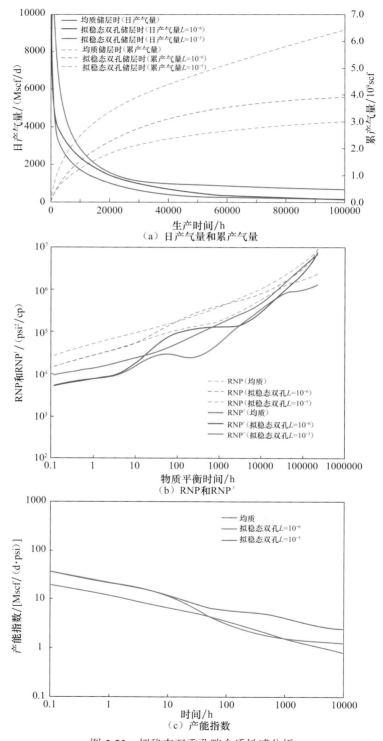

（a）日产气量和累产气量

（b）RNP和RNP′

（c）产能指数

图 5-23　拟稳态双重孔隙介质敏感分析

可归结为对表象渗透率和表象孔隙体积的增加。

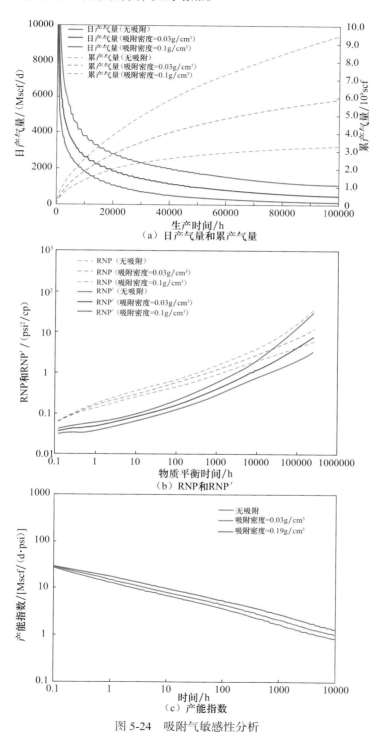

（a）日产气量和累产气量

（b）RNP和RNP′

（c）产能指数

图 5-24　吸附气敏感性分析

5.3.2 页岩气井产能评价方法

页岩气的产能评价主要集中于两个主要问题，即产量如何变化和最终可采储量是多少。页岩气的产能由于受多种因素的综合影响，往往难以准确预测。下面主要阐述两方面预测页岩气井产能的方法：第一，基于页岩气井模型的产能评价；第二，基于产量递减模型的产能预测。

1. 基于页岩气井模型的产能评价

基于模型进行产能评价的方法，总体可以按照图 5-25 的流程来进行。

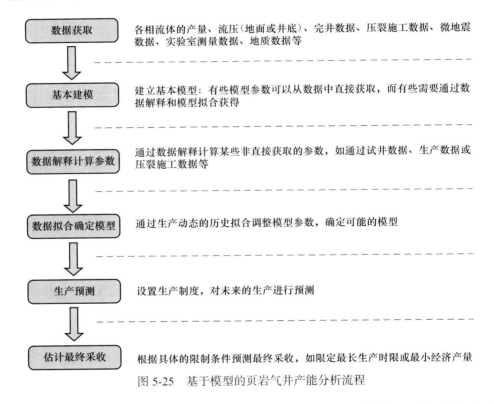

图 5-25 基于模型的页岩气井产能分析流程

首先，需要尽量多地获取数据，包括页岩气井的动态生产数据、各相流体的产量、生产流压（不论是井底流压还是井口流压）、井的钻完井数据、压裂施工数据、岩心实验室测量数据、流体数据、微地震监测数据，甚至是地质、地球物理数据。数据的种类和数量越丰富，就对建立模型有越大的帮助。高质量的数据（包括数据的密度和准确度）能够减少数据分析时的困难，有助于排除模型的多解性。如果想通过压力恢复试井分析或是长期生产数据进行分析建立模型，那么压力和流量数据都是必要的；流体数据组分的精确测定能够更好地协助数据分析时的计算；气井的钻完井数据可以提供井深、水平段长度、压裂级数、压裂射孔簇数等基本信息用于基本模型的建立；水力压裂的施工数据可以从施工模拟角度提供一些关于裂缝形态和导流能力的有用的信息；微地震数据也能从地球物理的角度提供一些裂缝形态和分布的线索；一些地质数据也许能够提供一些泄流区域形态和大小以及边界条件的信息等。其次，类型完整、数量充足、质量高的数据能够为后来的数据分析、寻找模型提供有力的支持，不仅能够降低分析工作的数量和难度，更能排除那些会产生误导的模型。

收集数据之后，一般要建立基础模型。一般在利用气井模型进行产能评价的过程中，建立的模型需要能够拟合动态的生产历史，而模型中有一些参数是很难确定的，需要从生产数据分析拟合的过程中获取，如裂缝的有效长度、地层的有效渗透率等。当然，有些模型中的参数可以从数据中直接获取，这些数据就是作为建立基础模型的依据。例如，从地层角度讲，地层的深度、地层厚度、温度、原始压力可以从地质建模阶段获取，地层的平均孔隙度、吸附气的朗缪尔参数可以通过实验室测量获取；从流体的角度来讲，流体的组分、比重可以通过流体测试获得；钻完井资料可以通过建模所需要的水平井段长度和压裂级数、压裂射孔簇的位置和数目、裂缝间距等参数获得。图 5-26 展示了基础模型建立时所需的数据的类型。

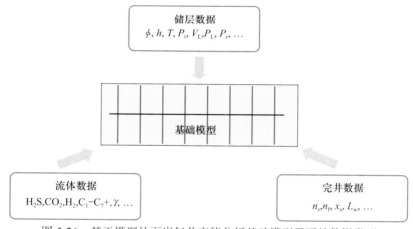

图 5-26　基于模型的页岩气井产能分析基础模型需要的数据类型

如果通过 PTA 和 PDA 分析可以观察到明显的流场形态，在其他信息充足的情况下，可以计算其他模型参数：如在 PDA 过程中的 RNP 作图中观察到"拟"拟稳态流，可以计算有效改造体积或有效裂缝半长；观察到地层线性流动转向"拟"拟稳态流的过程时，可以计算地层有效渗透率；如果只观察到地层线性流动，根据施工数据的分析或微地震数据预测出裂缝长度，可以计算相应的地层有效渗透率，或通过小型压裂测试获得渗透率后可以由地层线性流流场的数据计算裂缝的长度。诸如此类，很多模型参数无法从收集的数据中直接获取，需要通过对数据进行分析计算来获得。当然，这些计算的参数依赖于采集的数据质量，有可能由于数据的准确度不高而失真。图 5-27 说明利用 RNP 方法计算模型参数的过程。

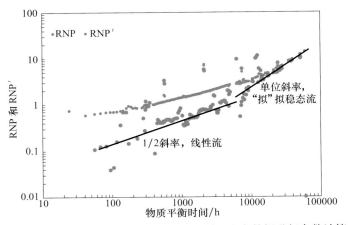

图 5-27　基于模型的页岩气井产能分析利用生产数据进行参数计算

　　当直接从数据中得到或是通过数据分析计算获取了所有模型参数后，需要对动态生产数据进行历史拟合来确认模型的合理性。在这个过程中，由于数据分析不能提供所有需要的模型参数，需要以生产历史为依据通过调整参数来获取模型的位置参数。例如，如果在 PDA 的分析中，从 RNP 作图上只观察到拟稳态流（图 5-28），能确定有效改造页岩的体积和平均有效裂缝的长度，但是只能给出渗透率的下限，这是因为没有观察到的缝间干扰，其发生的时间可能比第一个数据点出现的时间还要早，所以真正的有效渗透率值需要通过在以第一数据点作为缝间干扰时间点计算的渗透率下限以上的数值范围，通过历史拟合来确定；同样在 PDA 分析过程中，在 RNP 作图中只观察到地层线性流动阶段（图 5-29），既不能确定渗透率也不能确定改造页岩体积或裂缝有效长度。只能计算得出渗透率的上限和改造页岩体积或有效裂缝长度的下限，同样，真实的有效渗透率和有效裂缝半长需要在各自合理的数值范围内进行调整，通过历史拟合的效果来确定这两个模型参数。

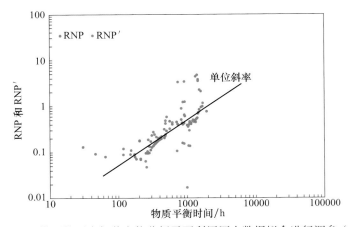

图 5-28　基于模型的页岩气井产能分析需要利用历史数据拟合进行调参（情况 1）

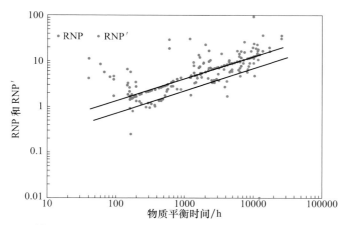

图 5-29 基于模型的页岩气井产能分析需要利用历史数据拟合进行调参（情况 2）

当获得了模型所有的参数，并且所有的参数值形成的组合能够确保历史拟合的质量时，基本就可以确认找到了一个可能正确的模型描述目标井，然后可以对未来的生产进行预测。实际操作中可以人工设定未来的生产制度或者在软件中自行延续生产历史中的生产制度。这样可以获得产气量变化的趋势和累产气量的变化趋势。在生产预测曲线生成之后，可以根据具体的限制条件计算最终产气量（或叫最终可采储量）。可以设定一个最大生产时间或极限经济产气量作为生产终止的标准，最后计算最终可采储量（图 5-30 和图 5-31 ）。

2. 基于产量递减模型的产能预测

产量变化分析（RTA）仅仅针对产量数据进行分析。然而这类分析模型绝大部分都是基于经验模型开发的，其中有一些与理论的渗流模型有关。针对本书的工作内

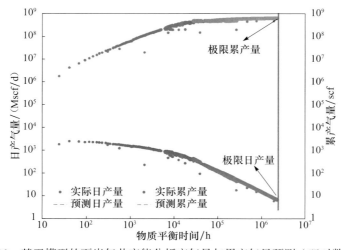

图 5-30 基于模型的页岩气井产能分析产气量与累产气量预测（双对数坐标）

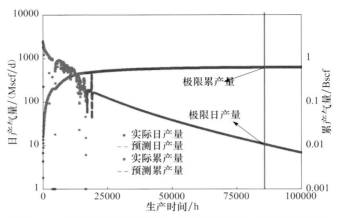

图 5-31 基于模型的页岩气井产能分析产量与累产气量预测

容开发了三种产气量分析模型的具体应用模块，分别是阿普斯产量递减模型（1945 年）、Valkó（2009）的延展指数递减模型及 Duong 模型（Duong，2011）。下面对三种模型进行具体的描述。产量变化分析的主要目的是通过拟合产气量数据随时间变化的趋势得到一种关系，可以用于延伸指数预测未来的产气量变化，从而针对某一给定的时间或经济产气量极限预测最终的采收率。所谓的最终采收率就是指截至某种极限条件下的累产气量，也叫做预期最终采收（EUR）。

1）阿普斯产量递减模型

表 5-2 展示了 1945 年阿普斯所提出的经验产量递减模型。其中，阿普斯提出的指数递减函数准确地描述了单相流体在有限大范围的泄流区域内当出现完全的边界控制效应时，在定生产压力情况下产量递减的特征。在这种情况下，在指数递减方程中的指数 D 定义为

$$D = \frac{c_t V_P (P_i - P_{wf})}{0.234 q_{pss} B} \tag{5-60}$$

式中，V_P 为油气井泄流区域的孔隙体积；B 为单相流体的体积系数；c_t 为总体压缩系数；q_{pss} 为在边界效应正式开始时的流量。在相应的时间 t_{pss}，如果油气井的生产制度是在一个有限的泄流区域内进行常产量生产，那么地下流场便是拟稳态流动。油气井所泄流的体积的定义无非是 $V_P \phi S_{hc} / B$，所以在一个给定的时间或是经济开采极限的条件下，完全有可能利用该关系预测某井的最终可采储量。

表 5-2 阿普斯产量递减模型分类

曲线类型	指数递减	调和递减	双曲递减
日产气量	$q_t = q_i e^{-D_i t}$	$q_t = \dfrac{q_i}{1 + D_i t}$	$q_t = \dfrac{q_i}{(1 + bD_i t)^{1/b}}$
时间曲线	$\ln q_t = \ln q_i - D_i t$	$\dfrac{q_i}{q_t} = 1 + D_i t$	$\left(\dfrac{q_i}{q_t}\right)^b = 1 + D_i t b$

续表

曲线类型	指数递减	调和递减	双曲递减
累产气量	$Q_t = D_i(q_i - q_t)$	$Q_t = q_i \ln\left(\dfrac{q_i}{q_t}\right)\Big/ D_i$	$Q_t = \dfrac{q_i}{(1-b)}D_i\left[1 - \left(\dfrac{q_t}{q_i}\right)^{1-b}\right]$

注：q_t 为气田递减阶段 t 的产量，$10^4\text{m}^3/\text{month}$ 或 $10^8\text{m}^3/\text{a}$；q_i 为初始产量；D_i 为初始递减率，无量纲。

在阿普斯定义的递减模型中，常数 b 是划分递减类型的关键参数：对于 $0 < b < 1$，递减类型为双曲递减；调和递减是双曲递减的极端情况，即 $b=1$；指数递减是双曲递减的另外一端的极端情况，即 $b=0$。总体来说，双曲递减一般是多相流体流动情况下的递减特征。阿普斯递减模型比较适用于那些在常规油气藏中没有外部压力支持并且已经完全进入边界效应控制生产阶段的油气井。如果不满足以上的条件，阿普斯递减模型很可能不适用。

下面进行一项关于不同 b 值下阿普斯递减模型递减形态的模拟试验。该试验假定初始产量为 1000，递减比率为 100。图 5-32～图 5-35 分别是针对指数递减（$b=0$）、调和递减（$b=1$）及在两者之间的双曲递减（特取 $b=0.5$）在四种不同的坐标下进行的曲线绘制。

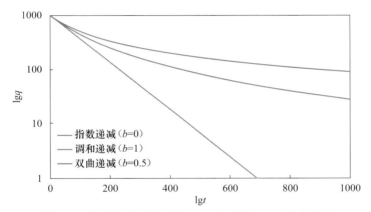

图 5-32　阿普斯模型递减形态 lg（时间）- lg（产气量）

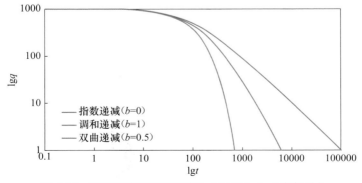

图 5-33　阿普斯模型递减形态 lg（时间）- lg（产气量）

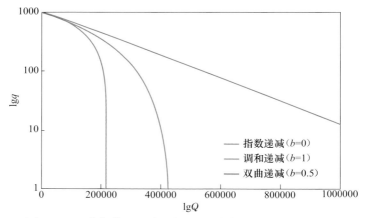

图 5-34　阿普斯模型递减形态 lg（日产气量）-lg（累产气量）

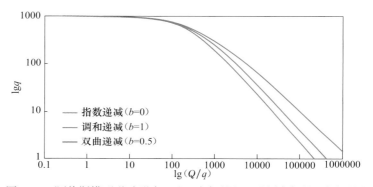

图 5-35　阿普斯模型递减形态 lg（日产气量）-lg（累产气量 / 产气量）

很多非常规油气井在几个月甚至是几年的时间范围内都处于不稳态生产阶段。如果油气井的生产阶段没有进入边界效应控制阶段，那么其产量递减的规律可能很难应用阿普斯递减模型进行准确描述。

2）延展指数递减模型

延展指数递减模型（SEDM）的定义为

$$q_t = q_i \mathrm{e}^{\left(\frac{t}{\tau}\right)^n} \tag{5-61}$$

式中，t 为特征松弛时间；n 为延展指数，其范围在 0 到 1 之间。图 5-36 比较了经典的阿普斯递减模型和延展指数递减模型在半对数图上产气量对累产气量的特征。延展指数递减模型在开始阶段会呈现上凹形态，然后中间经过一个转调时间点 t_{infl}，最后变为一个下凹形态。阿普斯递减模型不会出现转调时间点。在图 5-36（b）中，考虑了双曲递减在 $b > 1$ 时的情况。这种情况并没有在原始阿普斯模型中被提及，从而也不会产生一个有限的最终产气量的预测值。虽然如此，许多分析人员还是尝试用 $b > 1$ 的阿普斯模型拟合产气量。Akbarnejad-Nesheli 等（2012）指出产量数据的弯曲形态对于预测最终产气量是十分必要的，并且提供了确定转调时间的方法。

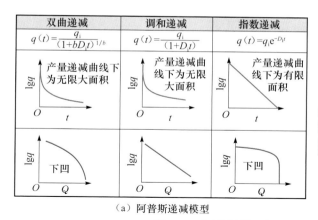
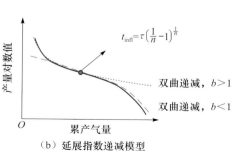

（a）阿普斯递减模型　　　　　　　　（b）延展指数递减模型

图 5-36　阿普斯模型与延展指数递减模型的比较

早在 2009 年，Valkó 就提出了延展指数递减模型。这种着眼于页岩气井产量递减拟合和最终可采储量预测的经验递减模型，是基于在北美地区的 Barnett 页岩区块超过10000 口页岩气井的生产数据回归总结得到的。但是早期的延展指数递减模型不能清楚地描述页岩气井产气量递减的形态，即使是在没有限定生产时间或是在最小经济开采量的情况下，也只能通过回归和预测估计最终可采储量的值。

根据 Valkó（2009）提出的延展指数模型，累产气量为

$$Q = \int_0^t q \mathrm{d}t = \int_0^t q_\mathrm{i} \mathrm{e}^{\left(\frac{t}{\tau}\right)^n} \mathrm{d}t \qquad (5\text{-}62)$$

在选取数据中的产气量峰值并定义其为 q_i 的情况下，可以对每一个数据点的产气量峰值计算无因次产气量：

$$q_\mathrm{D} = \frac{q}{q_\mathrm{i}} \qquad (5\text{-}63)$$

无因次累产气量的值

$$Q_\mathrm{D} = \frac{Q}{q_\mathrm{i}} \qquad (5\text{-}64)$$

需要注意的是，无因次累产气量的定义中，分母上的量纲应为累产气量的量纲，即为体积量纲，但是由于在数值上 $Q_\mathrm{i}=q_\mathrm{i}$，所以公式中分母直接使用 q_i。相应的，无因次最终可采储量的定义为

$$\mathrm{EUR}_\mathrm{D} = \frac{\mathrm{EUR}}{q_\mathrm{i}} \qquad (5\text{-}65)$$

若将延展指数递减模型中的产量公式代入，可以求得无因次产气量、累产气量及最终可采储量的具体表达式：

$$q_D = \frac{q}{q_i} = \exp\left(\frac{t}{\tau}\right)^n \tag{5-66}$$

$$Q_D = \frac{Q}{q_i} = \frac{\tau}{n}\left\{\Gamma\left(\frac{1}{n}\right) - \Gamma\left[\frac{1}{n},\left(\frac{t}{\tau}\right)^n\right]\right\} \tag{5-67}$$

$$EUR_D = \frac{EUR}{q_i} = \frac{\tau}{n}\Gamma\left(\frac{1}{n}\right) \tag{5-68}$$

在早期的延展指数递减模型的应用中，定义了开采潜能（recovery potential）这个参数。该参数主要表达当生产一段时间以后，某口页岩气井在达到可采储量之前余下的气量占整个最终可采储量的比例，其定义为

$$rp = 1 - EUR = 1 - EUR_D = 1 - \frac{1}{\Gamma\left(\frac{1}{n}\right)}\Gamma\left(\frac{1}{n}, -\ln q_D\right) \tag{5-69}$$

利用延展指数递减模型对页岩气井进行最终可采储量的预测并不需要赋予任何生产时间或是最小经济产气量的限制，完全是通过产量递减的规律寻找在该产气量背景条件下页岩气井的最大开采潜能。其具体的实施步骤为：确定已有产气量数据中的产气量峰值点作为模型中的 q_i；对所有的数据点计算相应的无因次产气量和无因次累产气量；然后假设 n 值计算每一个数据点的生产潜能，并将其与无因次累产气量作图于直角坐标中；调整 n 值直到绘制的曲线为直线并且纵轴截距为 1；从横轴的截距确定最终可采储量，其典型的作图如图 5-37 所示。

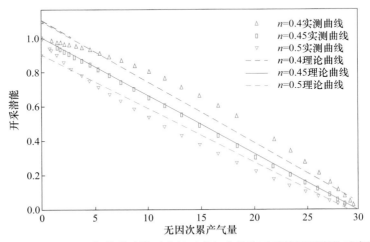

图 5-37　利用延展指数递减模型进行页岩气井最终可采储量预测的示意图

由于计算的时候，参数 τ 已经被消除，整个计算过程不涉及参数 τ，所以唯一需要进行调整的参数只有 n。要求最终纵轴截距为 1，这是因为理论上在无因次累产气量为 0

的时候，即累产气量为 0 的时候，认为该井的开采潜能就是最终可采储量。随着开采的递减，井的开采潜能由于累产气量的增加而逐渐降低，从 1 倍的最终可采储量降低至 1 倍以下，一直降到开采潜能为 0 的时候，累产气量达到最终可采储量的数值。所以在图 5-37 上，横轴的截距就是最终可采储量所对应的无量纲最终累产气量。将横轴的截距乘以之前确定的 q_i，就可以得到该井的最终可采储量。

如果所选择的 n 值比实际上能够满足使所有数据点的连线尽量成为直线且纵轴截距为 1 的 n 值小的时候，所绘制的曲线将会如图 5-37 所示的蓝色线一样呈现上凸状；如果所选择的 n 值比实际上能够满足使所有数据点的连线尽量成为直线且纵轴截距为 1 的 n 值大的时候，所绘制的曲线将会如图 5-37 所示的绿色线一样呈现下凸状。所以也可以根据这种变化趋势确定 n 值的调整方向。

而最新的延展指数递减模型从分析方法上相较于原来的方法更能突出产气量递减的规律，同时也实现了产气量与累产气量和时间的关联。通过对产气量的对数和累产气量的作图，延展指数递减模型的完整形态分为两个明显的部分，即前一段是上凹形态而后一段是下凹形态，其中间的转折点被定义为转调点，如图 5-38 所示。

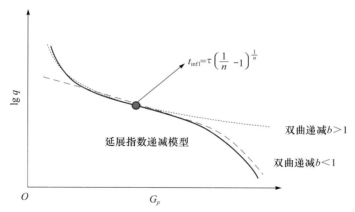

图 5-38　延展指数模型的 lg（产气量）- 累产气量关系图的形体示例

当对产气量相对累产气量在半对数坐标上进行作图时，可以通过观察寻找转调点。转调点的量纲为时间量纲，并且与模型两个特征参数相关联，其相关关系推导的过程如下：

$$\text{slope} = \frac{\mathrm{d}\lg q}{\mathrm{d}Q} = \frac{\dfrac{\mathrm{d}\lg q(t)}{\mathrm{d}t}}{\mathrm{d}q(t)} \tag{5-70}$$

根据模型的定义

$$q = q_i \exp\left[-\left(\frac{t}{\tau}\right)^n\right] \tag{5-71}$$

将曲线求取斜率并且将产气量定义代入

$$\text{slope} = -\frac{e^{\left(\frac{t}{\tau}\right)^n} n \left(\frac{t}{\tau}\right)^n}{q_i t} \tag{5-72}$$

对斜率针对时间再次求导

$$\frac{\text{dslope}}{\text{d}t} = \frac{e^{\left(\frac{t}{\tau}\right)^n} n \left(\frac{t}{\tau}\right)^n}{q_i t^2} - \frac{e^{\left(\frac{t}{\tau}\right)^n} n^2 \left(\frac{t}{\tau}\right)^{-1+n}}{q_i t \tau} - \frac{e^{\left(\frac{t}{\tau}\right)^n} n^2 \left(\frac{t}{\tau}\right)^{-1+2n}}{q_i t \tau} \tag{5-73}$$

将斜率的导数设置为 0 求解方程，得到转调点关于两个特征参数的函数关系：

$$t_{\text{infl}} = \tau \left(\frac{1}{n} - 1\right)^{\frac{1}{n}} \tag{5-74}$$

如果转调点可以在曲线上观察到，则可以在固定转调点的情况下求解两个模型特征参数，模型就可以固定下来。

3）Duong 递减模型

很多页岩气井在几年甚至更长的时间的生产过程中一直处于非稳态流阶段，具体来说，有可能在整个生产寿命中都处于由裂缝主导的非稳态线性流动阶段。有很多的页岩气井很难达到边界控制的拟稳态流动阶段，所以利用在非稳态流动阶段的产气量数据描述页岩气井产气量递减和最终产气量的预测也是页岩气井产能分析中的一个重要问题。

Duong（2011）提出了一种利用长期的非稳态线性流动阶段的产气量数据进行产气量拟合和预测的模型。对长时间的非稳态线性流动甚至是低导流能力裂缝引发的长期的双线性流动，产气量基本上能够用式（5-75）表达：

$$q = q_i t^{-n} \tag{5-75}$$

对式（5-75）进行积分，得到累产气量的表达式为

$$Q = \int_0^t q \text{d}t = q_1 \frac{t^{1-n}}{1-n} \tag{5-76}$$

式中，q_1 是 $t=1$ 的时候的产气量。而后就会有

$$\frac{Q}{q_1} = \frac{t^{1-n}}{1-n} \tag{5-77}$$

然而，利用实际页岩气井的生产数据验证式（5-77），发现略有不同，因为式（5-77）是基于一些理想的假设推导的。通过对实际情况的观察可知，当在双对数坐标上绘制 Q/q_1 和时间时，发现了明显的直线特征。所以可以总结以下关系：

$$\frac{Q}{q_1} = at^{-m} \tag{5-78}$$

式中，$-m$ 为这条直线的斜率，m 为一个正数；a 为截距。根据 Duong（2011）的阐述，当 m 的值大于 1 的时候，一般代表了页岩气井，当其小于 1 的时候，一般代表致密砂岩气井。

可以把 at^{-m} 看成 t 的某一个函数，暂且叫做 $\varepsilon(t)$。所以可以把 q/Q 与时间的关系更全面地概括表达为

$$\frac{q}{Q} = \varepsilon(t) \tag{5-79}$$

通过变形，有

$$\frac{q}{\varepsilon(t)} = Q \tag{5-80}$$

对两边针对时间进行求导，有

$$\frac{d\dfrac{q}{\varepsilon(t)}}{dt} = \frac{dQ}{dt} \tag{5-81}$$

用 q' 来表示 dq/dt，并且 $\varepsilon(t) = d\varepsilon(t)/dt$，则

$$q'\varepsilon(t) - \frac{q\varepsilon'(t)}{\varepsilon^2(t)} = q \tag{5-82}$$

或

$$\frac{dq}{q} = \frac{d\varepsilon(t)}{\varepsilon(t)} + \varepsilon(t)dt \tag{5-83}$$

将两边针对 t 从 1 到 t 进行积分，得

$$\ln\left(\frac{q}{q_1}\right) = \ln\left[\frac{\varepsilon(t)}{\varepsilon(1)}\right] + \int_1^t \varepsilon(t)dt \tag{5-84}$$

所以，产气量 q 可以表示为

$$q = q_1 \frac{\varepsilon(t)}{\varepsilon(1)} \exp\left[\int_1^t \varepsilon(t)dt\right] \tag{5-85}$$

并且，有

$$Q = \frac{q_1}{\varepsilon(1)} \exp\left[\int_1^t \varepsilon(t)dt\right] \tag{5-86}$$

根据之前所推导的

$$\frac{q}{Q} = at^{-m} \qquad (5-87)$$

也就是之前所定义的

$$\varepsilon(t) = at^{-m} \qquad (5-88)$$

有

$$\frac{q}{q_1} = t^{-m} \mathrm{e}^{\frac{a}{1-m}\left(t^{1-m}-1\right)} \qquad (5-89)$$

以及

$$Q = \frac{q_1}{a} \mathrm{e}^{\frac{a}{1-m}\left(t^{1-m}-1\right)} \qquad (5-90)$$

如果 q/q_1 和 Q 与 t 的关系利用无因次产气量和无因次时间重新整理，参数 a 就会被消掉。这表明了在 Duong 模型中的两个回归参数 a 和 m 其实是有一定关联的。Duong 经验性地总结了这两个参数之间的关系，如图 5-39 所示。

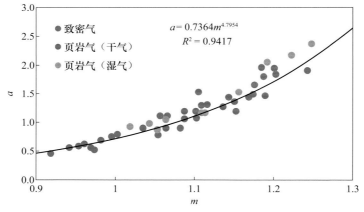

图 5-39　Duong 模型中参数 a 与 m 的经验关系

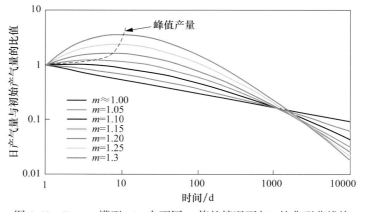

图 5-40　Duong 模型 q/q_1 在不同 m 值的情况下与 t 的典型曲线族

如果利用图 5-40 中表达的关系将 a 转化为 m 的某个函数，将会得到 q/q_1 在不同 m 值的情况下与时间的典型曲线族，如图 5-40 所示。

在图 5-40 中发现了对任何的一条曲线而言都有最大流量 q_{max} 以及其相对应的最大流量时间 t_{max}，这是对于 m 大于 1 的情况。q_{max} 及 t_{max} 其实也是 Duong 模型参数 a 和 m 的函数，其具体的关系是

$$t_{max} = \left(\frac{m}{a} \right)^{\frac{1}{1-m}}$$

（5-91）

并且，有

$$q_{max} = q_1 \left(\frac{a}{m} \right)^{\frac{m}{1-m}} e^{\frac{m-a}{1-m}}$$

（5-92）

建立无因次典型曲线图版需要利用 t_{max} 和 q_{max} 对时间和流量进行重整，得到无因次的时间和流量

$$t_D = \frac{t}{t_{max}}$$

（5-93）

并且，有

$$q_D = \frac{q}{q_{max}} = t_D^{-m} \exp\left[\frac{m}{1-m} \left(t_D^{1-m} - 1 \right) \right]$$

（5-94）

Duong 模型单井分析的方法分为四个步骤，步骤如下：

（1）数据确认和修正。首先要获取单井的生产数据，包括井口流压数据、气产量和水产量。一般情况下，井在最开始的生产阶段由于观察到的比较平稳的产量和高井口流压会出现地面的堵塞效应。所以，需要基于平均生产压力来对产量进行一个修正。在有较高的凝析油 / 气体的比率时，也需要将湿气按照当量计算转化为干气的流量。

（2）确定参数 a 和 m：为了确定 Duong 模型中的参数 a 和 m，需要在双对数坐标中绘制 q/Q-t。需要注意的是要首先确定能够得到有代表性的 a 和 m 值的数据范围。因为预期所做的曲线在双对数坐标上呈现直线特征，进而才能通过回归得到 a 和 m 值，所以尽量选取那些能够呈现直线特征的数据点。一般情况下，回归系数 R^2 在 0.95 以上，就认为已经符合要求了。在双对数坐标上回归出直线的函数应为幂指数函数。需要得到的参数 a 是回归函数的系数，而 m 值是回归函数指数的相反数。

（3）确定 q_1 和 q_∞：为了确定 q_1，需要将产量 q 和时间函数 $t(a, m)$ 在直角坐标系中绘图。由于有如下关系：

$$q = q_1 t(a, m)$$

（5-95）

式中

$$t(a, m) = t^{-m} \exp\left[\frac{a}{1-m} \left(t^{1-m} - 1 \right) \right]$$

（5-96）

那么 $q\text{-}t(a, m)$ 作图的预期应该是一条直线，直线穿过原点并且斜率为 q_1。但是有时候这种假设不符合实际观察，因为进行生产的流压可能不同。所以为了更加全面，将 $q\text{-}t(a, m)$ 的关系进一步修改为

$$q = q_1 t(a,m) + q_\infty \tag{5-97}$$

式中，q 为在时间无限大时的产量，可以为 0 也可以为正数或是负数。那么通过作图 $q\text{-}t(a, m)$，可以回归出一条直线，直线的斜率为 q_1，截距为 q_∞。

（4）预测产量递减和最终可采储量：可以根据回归出的关系进行产量的预测和最终产量的预测，也可以根据已回归的产量与时间的关系进行预测，然后在预测曲线上，根据限定的生产时间或是最低经济开采产量读取得到最终可采储量。或者可以直接根据关系式

$$Q = \frac{q}{a} t^m \tag{5-98}$$

来计算当 $q > q_{eco}$ 时的累积产量，那么最终可采储量为

$$EUR = \frac{q_{eco}}{a} t_{eco}^m \tag{5-99}$$

式中，t_{eco} 为当 $q = q_{eco}$ 的时间；q_{eco} 为经济极限产量。

5.4 实 例 分 析

以中国石化某口页岩气井为例，对页岩气井长期生产数据进行 RNP 分析，表 5-3 列出了该井的基本参数，井口录取的日产量和压力数据见图 5-41。通过数据的分析和拟合建立描述页岩气井生产动态和储层性质的模型，分析实例井目前所处的流动阶段并对未来生产的动态进行预测。

1. 基础数据

表 5-3 实例井基础数据表

参数	数值	参数	数值
井眼半径 /m	0.1	裂缝数	36
有效厚度 /m	89	相对密度	0.6
有效孔隙度 /%	4	含水饱和度 /%	16.5
地层温度 /℃	80.92	吸附压力 /MPa	6
地层压力 /MPa	34.47	吸附体积 /（m³/t）	2.9875
裂缝高度 /m	38	水平段长 /m	1000

2. 试井解释

图 5-42、图 5-43 为该井建立的解析模型和数值模型的历史拟合，可以看出拟合效果均较好；图 5-44、图 5-45 分别为试井的解析模型和数值模型的流场图版。模型解释结果见表 5-4。

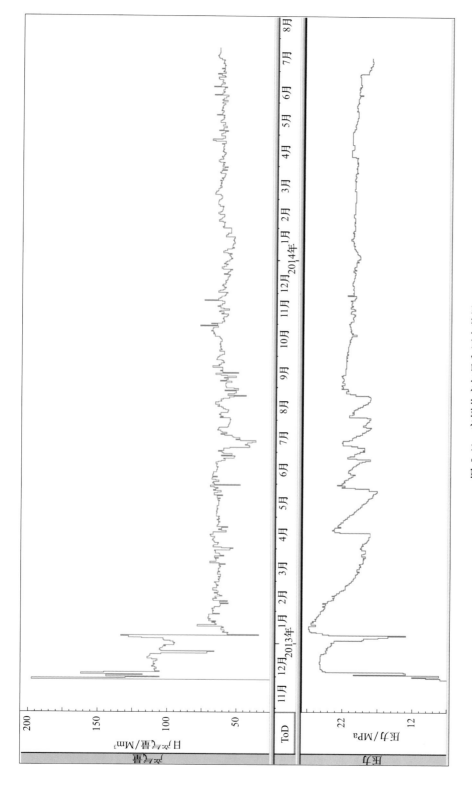

图 5-41　实例井产气量和压力数据

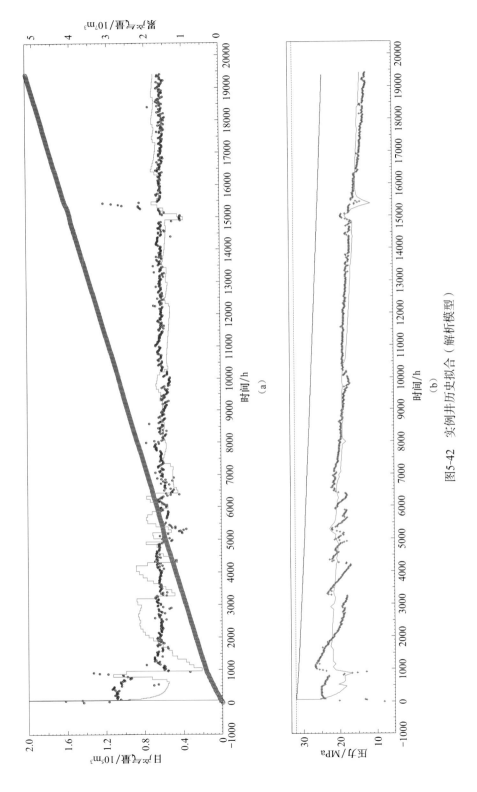

图5-42 实例井历史拟合（解析模型）

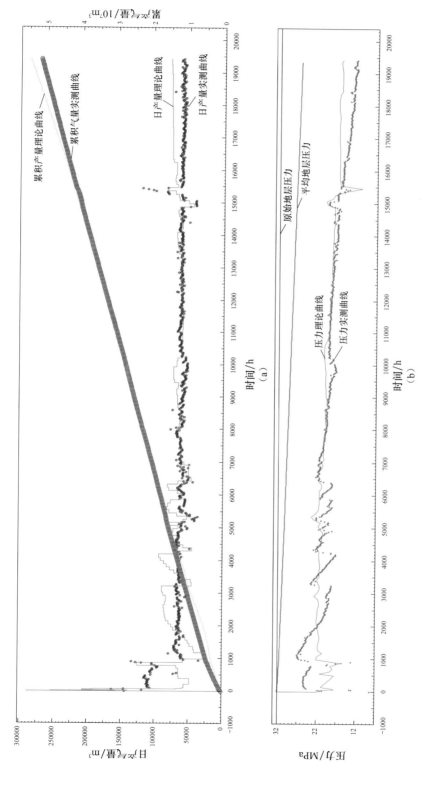

图 5-43 实例井历史拟合（数值模型）

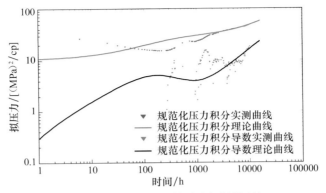

图 5-44　实例井双对数图（解析模型）

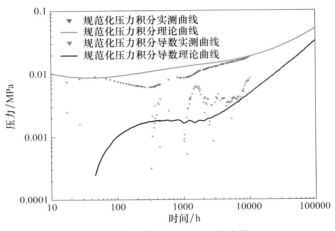

图 5-45　实例井双对数图（数值模型）

表 5-4　实例井生产动态试井解释结果

模型	全历史拟合	
	解析模型	数值模型
模型类型	双孔	双孔
表皮系数	0.13	0.2
水平段长度 /m	1008.2	1000
裂缝条数	36	36
裂缝半长 /m	94.5	94
无因次裂缝导流能力	0.65	0.65
渗透率 /mD	0.015	0.015
弹性储容比	0.08	0.08
窜流系数 /10^{-7}	6.8	6.8
朗缪尔压力 /MPa		6
吸附密度 /（g/cm^3）		2.98×10^{-3}
泄气体积 /m^2	641×325	641×325

3. 产能评价

以当前的压力进行定压预测，设定废弃产量为 1000m³/d。图 5-46 和图 5-47 分别为实例井应用解析模型和数值模型的产量预测曲线，图 5-48、图 5-49 分别为对应的流场。每年的日产气量和累产气量见表 5-5。

表 5-5　实例井产气量预测

年份	解析法		数值法	
	日产气量 /10⁴m³	累产气量 /10⁸m³	日产气量 /10⁴m³	累产气量 /10⁸m³
2013	6.25	0.26	6.25	0.26
2014	6.16	0.49	6.16	0.49
2015	6.02	0.71	6.82	0.74
2016	4.49	0.87	5.58	0.94
2017	3.46	1.00	4.58	1.11
2018	2.74	1.10	3.89	1.25
2019	2.20	1.18	3.31	1.37
2020	1.78	1.24	2.88	1.48
2021	1.45	1.30	2.51	1.57
2022	1.19	1.34	2.20	1.65
2023	0.97	1.37	1.95	1.72
2024	0.79	1.40	1.72	1.78
2025	0.65	1.43	1.54	1.84
2026	0.53	1.45	1.36	1.89
2027	0.43	1.46	1.23	1.93
2028	0.35	1.48	1.10	1.97
2029	0.29	1.49	1.00	2.01
2030	0.23	1.49	0.90	2.04
2031	0.18	1.50	0.81	2.07
2032	0.15	1.51	0.74	2.10
2033	0.11	1.51	0.67	2.12
2034	0.09	1.51	0.61	2.14
2035			0.55	2.16
2036			0.50	2.18
2037			0.46	2.20
2038			0.42	2.21
2039			0.38	2.23
2040			0.35	2.24
2041			0.32	2.25
2042			0.29	2.26
2043			0.27	2.27
2044			0.25	2.28
2045			0.03	2.28

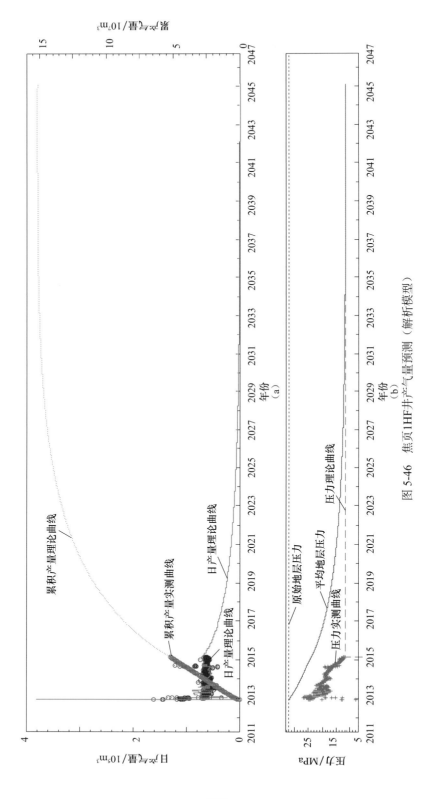

图 5-46 焦页1HF井产气量预测（解析模型）

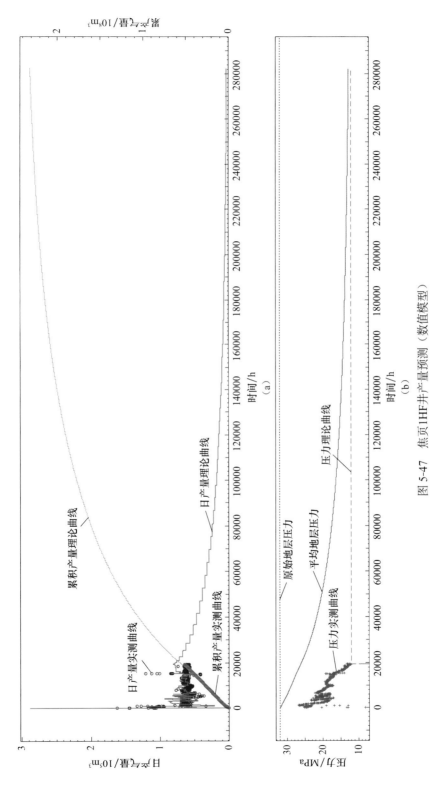

图5-47 焦页1HF井产量预测（数值模型）

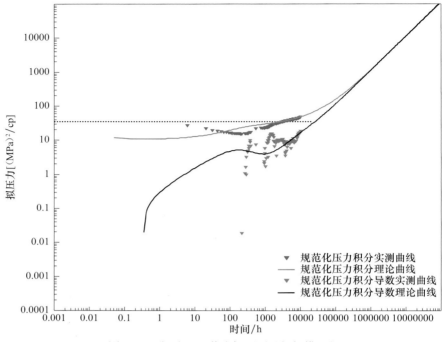

图 5-48　焦页 1HF 井流场预测（解析模型）

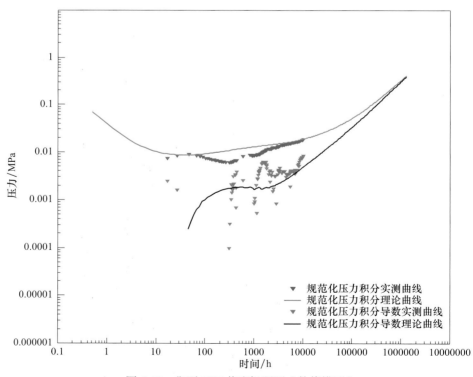

图 5-49　焦页 1HF 井流场预测（数值模型）

第6章　地质工程一体化应用技术

6.1　一体化设计技术

页岩气的开发只有从整体上实现地质工程相结合、钻完井及储层改造技术一体化，才能最大限度地挖掘页岩储层的潜力，达到经济有效开发的目的。

6.1.1　页岩气工程设计存在的问题

我国页岩气开发时间不长，除涪陵外，实现有效开发的页岩气田还寥寥无几，开发经验有限。分析认为，目前我国页岩气开发主要存在以下问题（曾义金，2014）：

（1）重视工程施工、配套工具的研制与应用，轻视储层地质评价。要实现页岩气的大规模经济开发，压裂模式及压裂设计非常重要，这不仅仅是优选高性能大型压裂装备与井下工具，更重要的是建立有效的平台使压裂模式可以集成从油藏评价、压裂前评价、压裂设计优化、产能预测、一体化作业到压裂后评估与再优化的全部环节。如果仅仅重视钻井工程施工、配套装备及井下工具的研制与引进，而轻视储层地质评价研究，往往会导致压裂施工后气井产量与预期值偏差较大，达不到高效开发效果。

（2）重视完井方案设计，忽略井眼轨道的优化。作业者往往非常重视页岩气井完井方案的设计，对不同的完井方案会有多种的考虑，而容易忽略井眼轨道的优化。由于页岩地层强非均质性，地层不同部位的岩性、脆性物质、TOC、天然裂缝、应力状态等差异性很大。井眼轨道设计的好坏取决于地质目标储层的地质特征和地应力状态，如果井眼轨道与储层特性、地应力能够较好地适应，会对分段压裂过程中的裂缝形态产生有利的影响，能有效沟通天然裂缝、穿过天然气富集区，最终有利于提高压裂后气井产量。

（3）作业设计依赖区域地质信息经验，忽视单井地质参数的变化。由于在前期的区域页岩气开发中积累了一定的经验，作业设计中往往会高度依赖区域地质信息经验，简单地基于区域应力方向进行水平井的钻完井设计及施工，而忽视单井地质参数的变化。三维地震资料处理结果表明，同一区域不同井眼附近的地质特征往往不尽相同，每口井附近的地层最大水平主应力方向发生了变化，与作业者原来认识的区域最大水平主应力方向并不总是一致的。这种非均质性和各向异性对于气井产量具有决定性的作用，一些气井在压裂改造后并没有获得工业气流，且同一区域不同气井的产量差别较大。因此，可采用高分辨率三维地震分析以帮助作业者在施工前选择每口井最佳井位和钻井方向。

（4）只关注工程作业是否成功，缺乏有效完井后评估。国外页岩气开发的成功经验表明，水平井钻井技术与分段压裂技术是实现页岩气高效开发的关键，因而，我国页岩气开发中往往对水平井钻井和压裂是否成功非常重视，而对压裂后的排采制度、裂缝形态诊断和参数是否科学等后评估不够重视。无论是高产井还是低效井，只有进行完井后评估才能对工程作业后的页岩气井的产量给出合理的分析和解释，这也是工程作业优化的基础。

6.1.2 页岩气一体化设计方法

页岩气开发流程多、链条长、专业类别多，一体化工作流程要从地质构造建模开始，逐步完成页岩地质力学分析、气藏描述、布井位置与轨迹设计、压裂工程设计、完井测试，最后到评估和再优化，只有不断循环才能达到最佳的设计与作业效果（图 6-1）。一体化设计要从甜点"精确描述方法开始，从地球物理、测井和岩心分析确定页岩气储层点"，然后完成钻完井设计和压裂设计，达到最佳的设计效果（图 6-2）。

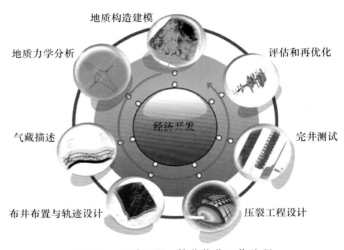

图 6-1 地质工程一体化优化工作流程

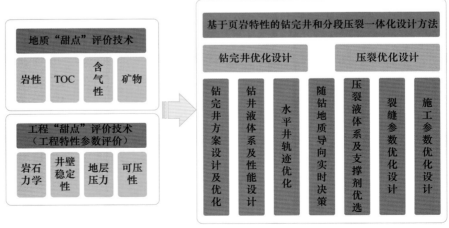

图 6-2 地质工程一体化优化设计流程

1. 钻完井设计

目前，国内外主要利用水平井技术来进行页岩气的开采，虽然该技术并不是一项新技术，但是页岩气水平井设计有其特殊的要求。

1）井位与方位的设计

页岩气水平井的井位与方位的选择既要考虑有机质与硅质富集、裂缝发育程度高的页岩地质甜点区，同时也要考虑地应力、脆性和可压性等完井甜点区。理论上讲，方位应与最大水平主应力或裂缝方向垂直，可以使井眼穿过尽可能多的地层而与更多的裂缝接触，同时有利于体积压裂，形成网络缝，提高页岩气采收率。由于页岩地层的强各向异性，井与井之间虽然相距几百米，但最小水平主应力方向有时会发生变化，因此井眼方位设计除利用区域地应力方向外，还要利用局部的三维地震资料确定方位的变化，从而对井眼方位进行适当调整，以确保每口井的方位都与最小水平主应力方向基本一致。

2）井眼轨道设计

采用三维地震资料能够更好地设计水平井轨迹，使水平段尽可能穿越有机质、硅质和裂缝富集区等甜点区，但要避开断层和大漏失层位。一般来说，水平段越长，控制储量和初始开采速度也就越高，但设计时要综合考虑工程成本和施工能力，原则上要求水平段一趟钻一只钻头钻完。据美国公布的数据可知，最有效的水平段长度一般为900～1250m。根据我国的水平井施工能力，若采用常规导向钻具钻井，建议水平段不要超过1500m。设计水平井井深时，要研究储层纵向岩石力学剖面，确定遮挡层，避免压裂缝高出现异常，影响压裂效果。如果有条件，可采用随钻地层评价技术，采集处理一体化。

2. 网络压裂设计

总的来说，压裂设计要结合地震资料、测井资料、岩心资料进行全方位的数据处理及分析，建立综合的地质模型。通过岩石力学及地应力的分析研究建立三维力学模型，预测裂缝网络，利用微地震监测技术记录实际的裂缝形态，然后循环利用这些信息建立动态油藏模型，最终实现整个油藏不断优化开发的目的。

1）射孔位置的确定

确定射孔位置的主要依据是富含页岩气的地质甜点与页岩可压性剖面有机结合，首选是地质甜点好且可压性好的地层。目前的页岩气水平井分段压裂动辄压裂十几段甚至二十几段，但国外页岩气井压后产气剖面测试结果表明，一般遵循"三七"或"二八"原则，即30%的段数贡献70%的产量或20%的段数贡献80%的产量。因此，如何把产气能力高的少数地质甜点精准地寻找出来，显得尤为重要。换句话说，确定好射孔位置，再集中力量在优选的地质甜点段产生充分延伸的三维网络裂缝，既能最大限度地提高页岩气井的产量，也能最大限度地降低成本。

2）施工参数的设计

若形成不了网络裂缝，常规的对称双翼的水力裂缝参数优化问题比较简单，在此不赘述。对网络裂缝而言，如何优化裂缝参数，确保最佳的产量、有效期及采收率，是其追求的目标。网络裂缝参数优化不但要考虑渗流干扰，更要考虑应力干扰，最好是考虑渗流干扰与应力干扰的耦合效应。根据已经优化的网络裂缝参数，可对施工参数进行相应的优化，如排量、液量、支撑剂量及泵注程序等。尤其是支撑剂段塞技术的合理应用，可减轻近井筒扭曲效应及避免多裂缝的早期形成。后期的支撑剂段塞式加砂模式，要根据页岩的岩石力学参数，合理优化段塞体积、砂比等，在最大限度地节约压裂材料的同时，确保足够的裂缝导流能力，类似于高通道压裂技术的变形应用。

3）网络裂缝控制技术

三维网络裂缝如何最大限度地扩展和高效支撑，既取决于地质条件，如岩石脆性、水平应力差异系数、天然裂缝及水平层理发育情况等，又取决于工程参数，如排量、压裂液黏度、施工砂比及总液量等参数。值得指出的是，即使应力差异系数很小，容易形成网络裂缝，但网络裂缝的延伸范围可能非常有限。理想的网络裂缝，必须是较长高导主缝与复杂分支缝的有效沟通。此时，可采取滑溜水与胶液交替注入的方式实现预期的网络裂缝。

4）压后返排设计

页岩气压后返排设计是压裂设计的重要环节。不同岩石脆性的地层，对压后返排的时机及返排制度优化的要求也不同。可应用考虑吸附气模型的气藏数值模型结合井筒流动模型，模拟压后返排过程中的气液两相流规律，根据模拟结果设计最短的排液周期或出现峰值气量时对应的返排时机及排液制度。

5）压后评估研究

压后评估主要解决三个层面的问题。一是利用压裂施工资料对远井储层信息进行反演研究，如渗透率、岩石脆性、水平应力差异、天然裂缝发育程度及分布位置、岩石力学参数等，由此可修正后续气井的压裂设计；二是对裂缝的形态及几何尺寸进行评估，尤其是裂缝的形态，如单一缝、复杂缝及网络裂缝的分布概率；三是通过压后产气动态与各种参数的敏感性分析（地质参数、裂缝参数、施工参数等），由此对后续气井的裂缝参数和压裂施工参数进行优化。更为重要的是，通过压后评价，要给出如何将裂缝复杂性指数最大化的措施。

6.2　在水平井钻井中的应用

页岩气对水平井钻井设计与施工的特殊要求主要体现在：①页岩气低品质、低产量的特点，决定了其经济有效开发必须走低成本战略，要求尽量利用最小的丛式井井场使钻井开发井网覆盖区域最大；②根据后期压裂的要求，水平井水平段钻进方向尽量沿着最小主应力方向，以便更容易形成压裂裂缝，为大型压裂施工奠定基础；③页岩气开采一般采用长水平段三维轨迹水平井，摩阻扭矩大，要考虑减摩降扭；④泥页岩地层井壁容易出现失稳，一般要求采用油基钻井液；⑤水平段采用油基钻井液且水平段长度大，下套管困难，且易出现固井质量问题，要考虑安全下套管问题及油基钻井液形成的油基井壁的清洗问题。

6.2.1 在涪陵焦石坝地区的应用

1. 涪陵焦石坝页岩气田概况

涪陵焦石坝地区地处重庆市涪陵区境内，北临长江，西、南跨乌江，东到矿权边界，属山地 - 丘陵地貌，地面海拔为 300～1000m；区内交通便利，属亚热带季风性湿润气候，年平均气温为 15～17℃，年降水量为 1100～1200mm。涪陵区块矿权面积为 7307.77km²，一期产建区位于 600km² 的三维区内，构造位置处于川东高陡褶皱带万县复向斜焦石坝构造带，见图 6-3。

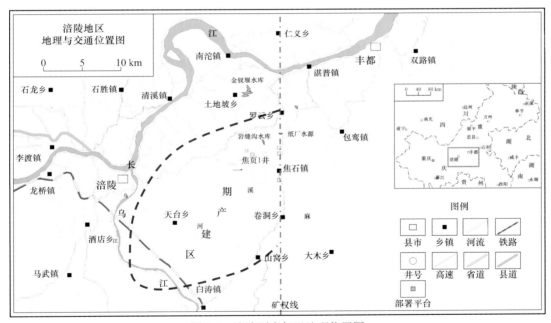

图 6-3 涪陵页岩气田地理位置图

涪陵页岩气田位于川东褶皱带东南部，万县复向斜南扬起端的焦石坝构造。主体构造为被大耳山西、石门、吊水岩、天台场等断层所夹持的断背斜构造，总体表现出南宽北窄、中部宽缓的特点，总体为北东向走向，上奥陶统五峰组底高点海拔为 -1640m。目的层埋深小于 3500m 的分布面积为 486.0km²，其中矿权内面积为 443.3km²。西部以吊水岩 - 天台场断裂为界，东部为矿权线，北部和南部分别以三维地震工区边界范围和乌江断裂为界，东南部为大耳山西断层所围限的构造平缓、断裂不发育的区域。

地质分层为：嘉陵江组、飞仙关组、长兴组、龙潭组、茅口组、栖霞组、梁山组、黄龙组、韩家店组、小河坝组、龙马溪组、五峰组等，如表6-1所示。嘉陵江组、飞仙关组地层主要为灰岩夹白云岩；长兴组、龙潭组、茅口组、栖霞组、梁山组、黄龙组地层以灰岩、白云岩为主；韩家店组地层为绿灰色泥岩夹泥质粉砂岩；小河坝组以灰色泥岩夹泥质粉砂岩为主；龙马溪组中部有约30m厚的"浊积砂"岩，下部以泥页岩为主。龙马溪组、五峰组为主要的页岩气层段，焦石坝龙马溪组富有机质泥页岩厚度为80～114m，优质页岩气层厚度为38～44m。

龙马溪组—五峰组页岩气有利区面积为177.0km^2，通过含气量综合评价结果可知，有利区域资源量为737.53×10^8～871.43×10^{8}m^3，资源量丰度为4.17×10^8～4.92×10^{8}m^3/km^2。

表6-1 焦石坝区块地层岩性、压力情况

地 层				分层数据		主要岩性	预测地层压力系数
系	统	组	代号	底深/m	厚度/m		
三叠系	下统	嘉陵江组	T$_1$j	219	219	灰岩夹白云岩	1.00～1.12
		飞仙关组	T$_1$f	645	426	灰岩	
二叠系	上统	长兴组	P$_2$ch	818	173	灰岩、白云岩	1.10～1.16
		龙潭组	P$_2$l	869	51	灰岩	
	下统	茅口组	P$_1$m	1218	349	灰岩	1.10～1.20
		栖霞组	P$_1$q	1321	103	灰岩	
		梁山组	P$_1$l	1343	22	碳质泥岩、灰岩	
石炭系	中统	黄龙组	C$_2$h	1366	23	白云岩	1.10～1.20
志留系	中统	韩家店组	S$_2$h	1977	611	泥岩夹泥质粉砂岩	1.10～1.25
	下统	小河坝组	S$_1$x	2203	226	泥岩夹泥质粉砂岩	1.10～1.25
		龙马溪组	S$_1$l	2449	246	泥岩、页岩	1.41～1.45
奥陶系	上统	五峰组		2454	5	页岩	1.41～1.45
		涧草沟组				灰岩	1.41～1.45

1）涪陵页岩气勘探获得重大突破阶段

2012年2月，中国石化在焦石坝地区钻探JY1井，6月在JY1井井深2020.00m侧钻水平井JY1HF井，完钻井深为3653.99m，水平段长为1007.9m。11月，对JY1HF井龙马溪组水平段分15段（38簇）进行水力加砂压裂，获得20.3×10^{4}m^3/d的高产工业气流，实现了涪陵地区海相页岩气勘探的重大突破。12月，中国石化在涪陵焦石坝地区开始页岩气开发产建工作。2013年1月，JY1HF井投入商业试采，产气量为6.0×10^{4}m^3/d，标志着涪陵页岩气田焦石坝区块正式进入商业试采。JY1HF井于2014年4月被重庆市政府命名为"页岩气开发功勋井"。

2）涪陵页岩气开发试验阶段

2013 年优选 28.7km² 的有利区域部署钻井平台 10 个、新钻井 17 口。2013 年 3 月涪陵焦石坝区块开发试验井组第一口评价井 JY1-3HF 井开钻，标志着开发试验井组评价全面展开。17 口开发试验井压裂试气均获高产工业气流，单井无阻流量为 $15.3 \times 10^4 \sim 155.8 \times 10^4 m^3/d$，单井配产可达到 $6 \times 10^4 \sim 35 \times 10^4 m^3/d$，其中 JY6-2HF 井产气量为 $37.6 \times 10^4 m^3/d$，JY8-2HF 井试气测试产气量为 $54.72 \times 10^4 m^3/d$，计算无阻流量为 $155.8 \times 10^4 m^3/d$，创造了我国页岩气产量新高。2013 年 9 月，国家能源局批准设立了重庆涪陵国家级页岩气示范区。

3）涪陵页岩气田一期产能建设阶段

2013 年 11 月，中国石化总部组织审查并通过了涪陵页岩气田一期 $50 \times 10^8 m^3$ 产能建设方案。其共计部署平台为 63 个，总井数为 253 口（含 JY1HF），新钻井为 252 口、利用井为 1 口（JY1HF），总进尺为 $116.8 \times 10^4 m$，平均单井进尺为 4616m，动用面积为 262.7km²，动用储量为 $1694.7 \times 10^8 m^3$，平均单井动用资源量为 $6.67 \times 10^8 m^3$，新建产能为 $50 \times 10^8 m^3/a$。2014 年 1 月，JY15-2HF 井正式开钻，标志着涪陵国家级页岩气示范区在试验井组圆满收官的基础上，一期 $50 \times 10^4 m^3$ 产能建设正式拉开序幕。我国首个大型页岩气田——涪陵页岩气田提前进入商业化开发阶段。中国石化涪陵页岩气田 2015 年建成 $50 \times 10^4 m^3$ 产能，2017 年将建成百亿立方米大气田，标志着我国页岩气勘探开发实现重大突破，加速进入商业化大规模开发阶段。

2. 涪陵页岩气田主要钻井难点

涪陵地区复杂的地质构造、地层岩石特征以及页岩气大型分段压裂等给该地区水平井钻井提出了诸多难题和挑战（牛新明，2014）。

1）泥页岩地层井壁稳定性问题突出，易出现井下复杂情况

影响井壁稳定的主要因素有力学因素、化学因素和工程因素（郭旭升等，2014）。涪陵地区泥页岩地层的非均质性及各向异性突出，同时受地质作用及成岩的影响，具有显著的层理裂缝特征，如图 6-4 所示。钻井过程中，井底压差、钻井液与地层流体的活度差等作用改变页岩地层井壁围岩的强度和应力分布，诱发页岩微裂缝的扩展延伸，最终影响到井壁的稳定性（陈平等，2014）。涪陵地区泥页岩层段的全岩及矿物分析显示（图 6-5），矿物成分中石英、长石及碳酸盐岩类脆性矿物含量超过 50%，脆性较好；黏土矿物以伊利石、伊蒙混层为主，二者含量大于 60%，含有高岭石及绿泥石，不含有吸水膨胀性蒙脱石，属于硬脆性泥页岩，但受混层矿物水敏性的影响，具有一定的水化分散特性。受构造作用及成岩的影响，涪陵地区泥页岩层理裂缝发育，使其具有显著的力学各向异性。王怡博士所做的试验表明（图 6-6）：最为显著的特点就是，页岩地层强度在不同方向上具有显著的差异，当层理裂缝法向与井眼夹角（取心夹角）在 30°～60° 时，页岩地层强度相对最低，致使坍塌压力明显升高。

图 6-4　JY1 井岩心显示层理裂缝发育

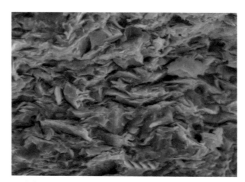

图 6-5　电镜扫描黏土矿物呈定向排列

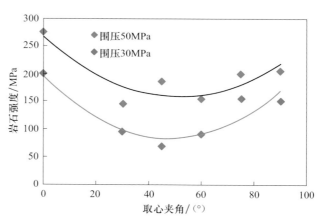

图 6-6　不同围压、不同层理面法线与取心方向夹角的岩石强度

　　因为涪陵泥页岩的这种组构特征，导致涪陵地区发生多次泥页岩垮塌复杂情况，如 JY10-2HF 井二开志留系井壁垮塌，被迫填井重钻，损失时间 20d，JY1HF 井二开志留系井段地层垮塌造成卡钻，损失时间 28d。

　　2）水平井井眼轨迹复杂，施工难度大

　　为最大限度地减小井场数量、单井占地面积以及地面工程造价，提高页岩气整体开发效益，页岩气开发主要采用丛式水平井组方式。页岩气丛式水平井井眼轨道与常规油气藏水平井井眼轨道存在显著的差异，页岩气丛式水平井井眼轨道具有三大特点：

（1）大偏移距。为保证单井控制储量，各井水平段之间要有一定间距（国外井间距一般为300～500m），涪陵页岩气田井间距为600m；同时为满足大型压裂要求，水平段钻井方位要垂直或近似垂直于最大主应力方向，这要求各水平段处于平行或者近似平行的状态，以上两点决定页岩气丛式水平井必然是大偏移距的三维井眼轨道。

（2）大靶前位移。为实现地下井网全覆盖，不浪费储量资源，页岩气开发布井采用交错式井网开发，涪陵页岩气田四井式井网部署见图6-7。以1500m水平段为例，单井靶前位移要在800m以上。

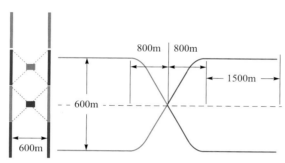

图6-7 涪陵页岩气田四井式井网部署

（3）长水平段。一般页岩气井的水平段越长单井产能越大，储量的控制和动用程度越高（曾义金，2014）。但是水平井段的设计长度并不是越长越好，水平段越长施工难度越大，脆性页岩垮塌和破裂等复杂问题越突出，单井钻井和完井投资也越大。同时，由于井筒压差的存在，水平段越长抽吸压力越大，总体页岩气产量反而越低（李庆辉等，2012a）。目前北美地区页岩气井水平段长度主要在1000～2000m，如Fayetteville页岩气田水平段长度主要为1500～1650m，国内水平段设计长度一般在1000～1500m（路保平，2013）。

由于页岩气丛式水平井井眼轨道具有大偏移距、大靶前位移、长水平段的特点，因此与常规油气藏丛式水平井相比，其轨道更为复杂，钻井施工过程中摩阻扭矩更大、工具面摆放与控制更为困难，施工难度也大，见表6-2。

表6-2 涪陵焦石坝地区三维水平井施工摩阻情况

井号	井眼尺寸/mm	稳斜段进尺/m	最大摩阻/kN	机械钻速/（m/h）
JY6-3HF井	311.2	730	320～340	3.63
JY9-3HF井	311.2	806	220～260	3.50
JY13-3HF井	311.2	642	200～220	3.53
JY10-3HF井	311.2	616	180～200	4.70

3）对生产套管的强度性能和固井质量要求高，易发生完井质量问题

页岩气成功开发需要对储层进行大型压裂改造，由于开发水平井水平段较长、压裂规模大、施工压力高（表 6-3）、工艺复杂，因此对生产套管的性能和固井要求更为苛刻。涪陵焦石坝地区已经有多口井因完井质量问题，而导致无法进行压裂施工。如 JY5-2HF 井，直径为 139.7mm 的套管下深 4250.49m，固井水泥返至地面，声幅测井显示固井质量合格。安装完油管头后使用水泥车进行钻井试压，清水打压至 25.2MPa，稳压 30min，压降 0.4MPa。根据石油天然气行业标准《套管柱试压规范》（SY/T 5467—2007），套管柱试压合格。交井后井下作业公司对井口及套管进行 90MPa 试压，压力稳不住，无法进行压裂。对该井采取下堵塞器对全井从上往下找漏，也未发现明显的泄漏点，后期修复难度很大。JY5-1HF 也发生了类似情况，该井交井后由井下作业公司对井口及直径为 139.7mm 的完井套管试压 90MPa，不能稳压，全井套管压至 61.5MPa，30min 内压力降低了 8.8MPa。

表 6-3　涪陵地区页岩气压裂施工压力统计

施工参数	JY1HF	JY1-3HF	JY7-2HF	JY6-2HF	JY8-2HF	JY1-2HF	JY12-3HF	JY11-2HF	JY10-2HF
水平段长度 /m	1000	1003	879.5	1477	1499	1504	1584	1419	1442
压裂段数	15	15	13	15	21	22	18	14	15
施工排量 /（m^3/min）	10～13	12～15	10～15	12～15	12～14	12～15	12～14	6～14	11～14
施工压力 /MPa	42～70	43～60	44～85	41～83	44～89	42～76.8	45～60	46～93.5	45～67

4）建井周期长，降低成本面临挑战

北美地区经过多年的技术探索和积累，页岩气开发钻井技术趋于成熟，"工厂化"作业模式的推广应用，使页岩气水平井的建井周期和钻井成本等大幅下降（图 6-8）。例如，美国西南能源公司在 Fayetteville 页岩气田水平段的长度从 2006 年的 701m 增至 2012 年的 1473m，而"造斜段 + 水平段"平均钻井时间不增反降，从 2006 年的 18d 缩减至 2012 年的 6.7d，美国 REX 能源公司从 2008 年开始在 Marcellus 页岩气开发中应用工厂化钻井模式，在 1 年时间内降低 50% 的成本（张金成等，2014）。

国内页岩气开发时间不长，配套钻完井技术体系不完善。涪陵地区除具有一般页岩气开发井的钻井难题外，还普遍存在着山地地貌复杂、上部地层溶洞发育、地层承压能力低、流体分布复杂、部分地层岩性变化大、碳酸盐地层裂缝发育、可钻性差等问题（周贤海，2013）。2013 年涪陵页岩气试验区 17 口井平均钻井周期为 80d，平均机械钻速为 4.2m/h，与国外先进水平和页岩气高效开发要求相比，钻井周期和建井周期依然较长。

根据地质和岩石力学研究成果，对适用于涪陵页岩气地质特点的水平井钻井配套技术进行了优化研究，形成了满足涪陵页岩气地质与地表特征的页岩气钻井技术体系。

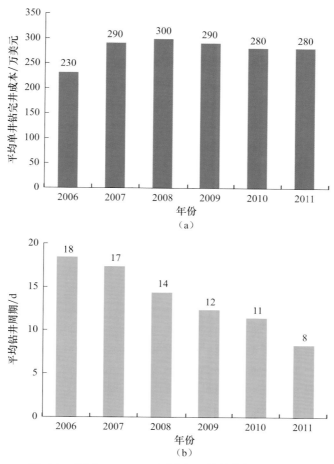

图 6-8　美国 Fayetteville 页岩气田钻井指标变化情况

3. 钻井工程优化设计

1）水平井钻井方位优选

页岩气藏水平井钻井方位的选择既要考虑有机质与硅质富集、裂缝发育程度高的地质"甜点"区，同时也要考虑地应力、脆性和可压性等完井"甜点"区（曾义金，2014）。理论上讲，钻井方位应与最大水平主应力或裂缝的方向垂直，以使井眼穿过尽可能多的地层而与更多的裂缝接触，同时有利于体积压裂，形成网络裂缝，提高非常规油气采收率。由于非常规油气储层的各向异性强，井与井之间尽管相距几百米，但最小水平主应力方向有时会发生变化，因此井眼方位设计除利用区域地应力方向外，还要利用局部的三维地震资料确定方位的变化，从而对井眼方位进行适当调整，以确保每口井的方位都与最小水平主应力方向基本一致。国内外典型非常规油气藏钻井方位选择情况如表 6-4 所示。

表 6-4 国内外典型非常规油气藏钻井方位选择情况

序号	非常规油气田（藏）		油气藏类型	钻井方位
1	加拿大 Daylight		致密砂岩气	与最小水平主应力斜交
2	美国 Marcellus		页岩气	与最小水平主应力平行
3	大牛地		致密砂岩气	与最小水平主应力斜交 26.56°
4	涪陵页岩气田	试验区	页岩气	与最小水平主应力斜交 30° 以内
		一期产能区		与最小水平主应力平行

根据 JY1、JY2、JY3、JY4 井成像测井成果，焦石坝地区上奥陶统五峰组—下志留统龙马溪组下部最大水平主应力方向近东西向，如图 6-9 所示。JY1-3HF 微地震监测最大主应力方向，与四口评价井成像测井成果基本一致。水平段方位设计遵循尽量沿与最大水平主应力方向垂直的方向进行设计，即沿南北向设计，最大偏移角度小于 30°（范翔宇等，2014）。

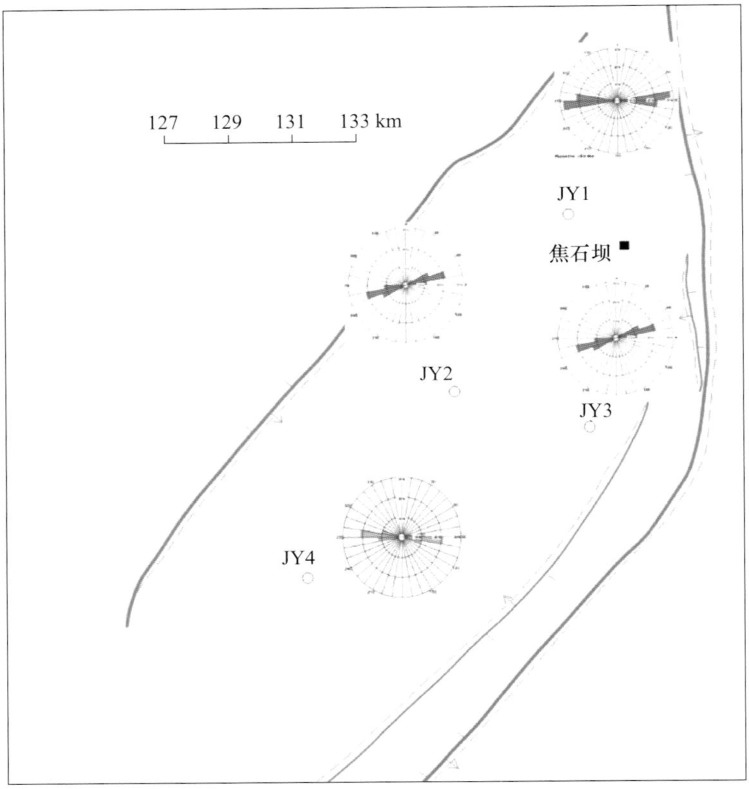

图 6-9 焦石坝地区最大地应力方向

2）井身结构优化设计

利用涪陵地区钻井地质环境因素描述研究成果，该地区地层压力体系具有以下特征。

（1）地层孔隙压力：目的层龙马溪组底部页岩气层为高压层，压裂改造后测算压力系数为 1.41～1.55，实钻测井资料测算压力系数为 1.25～1.30；目的层之上的地层为正常压力地层，地层压力预测曲线如图 6-10 所示。

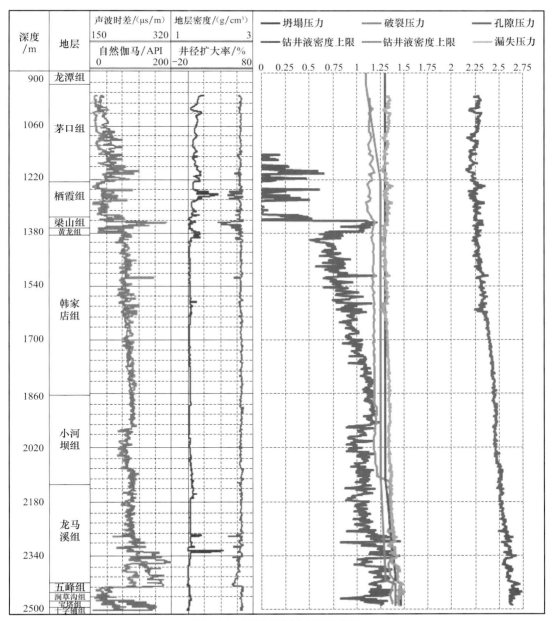

图 6-10　地层孔隙压力预测曲线

（2）地层坍塌压力与漏失预测：志留系之上地层比较稳定，志留系井段的坍塌压力与漏失压力的区间较小，容易出现塌漏同层的复杂情况，会带来井下复杂问题，小河坝组（2020m）之上地层比较稳定，在 2020～2450m 井段的坍塌压力的当量钻井液密度在 1.10～1.28g/cm³，漏失压力当量钻井液密度在 1.39～1.61g/cm³，容易出现塌漏同层的复杂情况，而且由于钻井液浸泡作用，坍塌压力有进一步升高的趋势，斜井段需要的钻井液密度高于直井段，这些因素也会带来井下复杂问题，地层坍塌压力和漏失压裂预测曲线如图 6-10 所示。

综合分析该地区的地层必封点主要有：①浅表溶洞（暗河）；②三叠系的水层、漏层与二叠系的浅层气；③龙马溪组页岩气层顶部"浊积砂岩"之上的易漏、易垮塌地层。

根据地层必封点分析和三压力剖面，形成了如下"导管"＋"三个开次"的井身结构方案，见表 6-5～表 6-7。

表 6-5　井身结构与套管程序设计数据

开次		地层层位	钻头尺寸 /mm	套管外径 /mm	备注
导管		嘉陵江组	660.4	508	
一开	常规方案	飞仙关组	444.5 或 406.4	339.7	封飞三段地层，适用一开、二开直井段不具备空气钻条件的井
	备用方案	龙潭组			封龙潭组地层，适用于一开、二开直井段具备空气钻条件的井
二开		龙马溪组	311.2	244.5	封龙马溪组页岩气层之上的易漏、易垮塌地层
三开		龙马溪组	215.9	139.7	

井身结构设计优化方案说明。

首先，导管：Φ660.4mm 钻头钻进，Φ508mm 套管下深为 60m 左右，建立井口。

其次，表层套管。

常规方案（不具备空气钻井条件的井）：一开用 Φ444.5mm/406.4mm 钻头，采用清水钻井方式钻进，以封隔飞仙关组三段为原则确定中完深度，表层套管设计平均下深为 700m 左右（500～900m），应保证固井质量，水泥返至地面。

备用方案（具备空气钻井条件的井）：一开用 Φ444.5mm/406.4mm 钻头，采用空气钻井方式钻进，遇水层后转泡沫钻井，以封隔龙潭组地层为原则确定中完深度，表层套管设计平均下深为 1100m 左右（850～1200m），采用内插法固井工艺，应保证固井质量，水泥返至地面。

再次，技术套管。二开用 Φ311.2mm 钻头，正常情况下，清水钻穿茅口组地层或钻至造斜点后转钻井液钻进（空气钻条件下，钻至造斜点后转钻井液），钻至龙马溪组页岩气层顶部，下 Φ244.5mm 套管固井，封龙马溪组页岩气层之上的易漏、易垮塌地层，以钻达或钻穿龙马溪组页岩气层上部的标准层"浊积砂"为中完原则。水泥返至地面。

表 6-6 典型井地层与井身结构设计综合数据表（常规方案）

系	组	代号	底界深/m	预测地层压力系数	开钻次数	钻头直径（mm）×钻深（m）	套管直径（mm）×下深（m）	钻井方式	井身结构示意图
三叠系	嘉陵江组	T_1j	480	0.85~0.90	导管	660.4×60	508×60	钻井液	
三叠系	飞仙关组	T_1f	880		一开	444.5×702（502~902）	339.7×700（500~900）	清水+复合钻	
二叠系	长兴组	P_2ch	1050					清水+复合钻	
二叠系	龙潭组	P_2l	1100						
二叠系	茅口组	P_1m	1410						
二叠系	栖霞组	P_1q	1560	1.10~1.20	二开	311.2×2732	244.5×2730	钻井液（水基）	
二叠系	梁山组	P_1l	1580	1.10~1.20					
石炭系	黄龙组	C_2h	1604	1.10~1.20					
志留系	韩家店组	S_2h	2100	1.10~1.25					
志留系	小河坝组	S_1x	2330	1.10~1.25					
志留系	龙马溪组	S_1l	2520 A：2600 B：2600	1.41~1.55	三开	215.9×4500	139.7×4490	油基钻井液	

表6-7 典型井地层与井身结构设计综合数据表（备用方案）

系	组	代号	底界深/m	预测地层压力系数	开钻次数	钻头直径（mm）×钻深（m）	套管直径（mm）×下深（m）	钻井方式
三叠系	嘉陵江组	T₁j	480		导管	660.4×60	508×60	钻井液 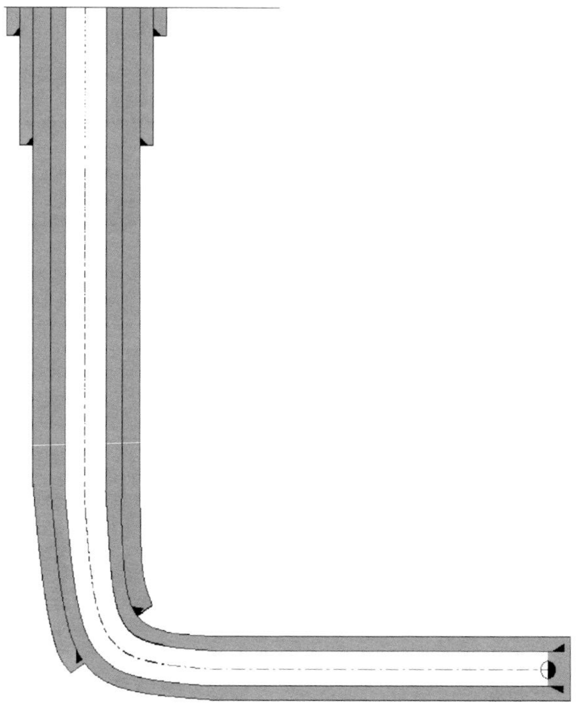
	飞仙关组	T₁f	880	0.85~0.90	一开	444.5×1102（852~1202）	339.7×1100（850~1200）	空气钻+泡沫
二叠系	长兴组	P₂ch	1050					
	龙潭组	P₂l	1100					
	茅口组	P₁m	1410					
	栖霞组	P₁q	1560	1.10~1.20				
	梁山组	P₁l	1580					
石炭系	黄龙组	C₂h	1604	1.10~1.20	二开	311.2×2732	244.5×2730	空气钻（造斜点）
	韩家店组	S₂h	2100	1.10~1.25				
志留系	小河坝组	S₁x	2330	1.10~1.25				钻井液（水基）
	龙马溪组	S₁l	A：2600 B：2600	1.41~1.55	三开	215.9×4500	139.7×4490	油基钻井液

井身结构示意图

最后，生产套管及完井方式。三开使用 $\Phi215.9\,mm$ 钻头、油基钻井液，完成大斜度井段和水平段钻井作业，下入 $\Phi139.7\,mm$ 套管完井。

3）井眼轨道设计及控制技术

利用一体化设计技术，使水平段尽可能穿越"甜点"区，钻井过程中采用随钻地层评价技术。

第一，轨迹剖面类型优选。

轨迹剖面类型选择主要考虑两方面因素：一是能适应在实钻中目的层深度发生变化时，改变调整方案而不至于使轨迹控制处于被动地位；二是能够通过调整段来补偿工具造斜率误差所造成的轨道偏差，使轨迹在最终着陆时中靶更准确、更顺利。为此，优选采用双弧剖面设计，即"直—增—稳—增—水平段"剖面，该剖面类型在两段增斜段之间设计了一段较短的稳斜调整段，有利于轨迹的实时调整。

第二，井眼轨道参数优化。

（1）造斜点：由于造斜率受井眼大小和地层情况的影响，为了方便造斜和方位控制，造斜点一般选在地层较稳定的井段。水平段垂直最大主应力的二维水平井，造斜点选在志留系小河坝组地层；斜交最大主应力的三维水平井，造斜点选在二叠系茅口组或栖霞组地层。

（2）造斜率：考虑到页岩气层分段压裂改造时泵送桥塞工艺的要求，在不影响生产管柱下入和满足管材抗弯能力的前提下，结合地层影响因素，选择尽量低的造斜率，造斜率一般设计在 $15°/100m$ 至 $17°/100m$ ，最大不超过 $25°/100m$ 。

（3）稳斜角：二维水平井稳斜角控制在 $40°$ 以内；三维水平井稳斜角控制在 $35°$ 以内。

涪陵页岩气田典型水平井剖面参数见表6-8。

表 6-8　水平井井身剖面分段参数

井深 /m	井斜 /(°)	方位 /(°)	闭合方位 /(°)	垂深 /m	闭合位移 /m	南北坐标 （N+/S-） /m	东西坐标 （E+/W-） /m	造斜率 / [(°)/100m]	备注
0.00	0.00	0.00	0.00	0.00	0.00	0.00	0.00	0.00	
1500.00	0.00	0.00	0.00	1500.00	0.00	0.00	0.00	0.00	造斜点
1720.64	33.10	333.69	333.69	1708.57	61.97	55.55	−27.47	15.00	
2561.07	33.10	333.69	333.69	2412.65	520.87	466.91	−230.88	0.00	
2965.70	90.00	360.00	340.39	2600.00	849.25	800.00	−285.00	15.00	A 靶
4465.70	90.00	360.00	352.94	2600.00	2317.59	2300.00	−285.00	0.00	B 靶
4500.00	90.00	360.00	353.04	2600.00	2351.63	2334.30	−285.00	0.00	

第三，井眼轨迹控制技术优化

通过对井下钻具与钻头的优选、井眼轨迹预测监控和摩阻扭矩的计算分析，在保证井眼轨迹圆滑的基础上，提高钻井速度。

首先，钻具组合优化。

（1）定向段钻具组合。在 Φ311.2mm 井眼造斜，钻具组合优选为：Φ311.2mm 牙轮钻头 +Φ216mm×1.25°单弯螺杆 + 浮阀 +Φ203.2mm 无磁钻挺 ×1 + LWD 组件 + Φ177.8mm 钻挺 ×1 + Φ165mm 钻挺 ×3+ Φ127mm 加重钻杆 ×30 根；三维水平井由于靶前位移大，在 Φ311.2mm 井眼需要长井段稳斜，稳斜钻具组合：Φ311.2mm 牙轮钻头 +Φ216mm×0.75°单弯螺杆 +Φ285mm 扶正器 + 浮阀 +Φ203.2mm 无磁钻挺 ×1+LWD 组件 +Φ177.8mm 钻挺 ×1+Φ165mm 钻挺 ×3+Φ127mm 加重钻杆 ×30 根。

（2）三开水平段钻具组合：水平段采用 PDC+Φ165mm×0.75°单弯螺杆 + Φ210～213mm 扶正器的倒装稳斜钻具组合。

其次，钻头选型优化。

Φ311.2mm 井眼定向段优化选择 HJT537GK 和 MD537 牙轮钻头；三维水平井在志留系韩家店组地层优选采用 PDC 钻头；Φ215.9mm 井眼增斜井段优选采用 HJT537GK 牙轮钻头；水平段采用 T1655B PDC 钻头。

4）优快钻井技术方案优化

第一，浅层直井段快速钻井技术。

（1）高密度电法预测浅层裂缝溶洞技术。

高密度电法技术是在常规电法基础上发展起来的阵列勘探方法，它以探测岩石介质的导电性差异为基础，对裂缝、溶洞等隐患主要表现出高电阻、低密度和低介电常数等特征，通过观测分析人工建立的地下稳定电流场的分布规律来反演地下介质的形态。

钻井实践表明，涪陵地区地表裂缝、溶洞和暗河发育，在导眼及一开井段钻进时经常发生失返性漏失，漏失钻井液量大，严重影响了钻井施工的顺利进行（艾军等，2014）。为此，在井场选址确定后，首先采用高密度电法技术对平台近地表进行勘查，根据地下裂缝、溶洞和暗河发育情况进行安全性评估，在确定平台位置的时候尽量避开裂缝、溶洞和暗河。依据高密度电法勘探结果，对 JY14、JY40、JY45 号等平台进行了重新选址，规避了钻遇裂缝、溶洞和暗河的风险，并对整体满足要求的井场再进行局部加密测线扫描解释，清楚标示出主要的溶洞发育区和破碎带，对井口及其他负重区域进行安全评价，有效指导钻井井口、岩屑池和污水池位置的优化布置。

（2）清水 + PDC 钻头 + 螺杆复合钻井技术。

涪陵地区嘉陵江组中下部存在区域性水层，因埋深、地层压力等差异，出水量差异较大，其中 JY5-2HF 井出水情况最严重，在嘉陵江底部—飞仙关组顶部（317～424m）出水量达 7360m³。针对这种复杂难题，通过研究，形成了清水 +PDC 钻头 + 螺杆复合钻井技术。该技术就是在把清水作为钻井液的基础上采用"PDC 钻头 + 螺杆"复合钻井技术，遇严重漏失井采用清水强钻。

清水 +PDC+ 螺杆复合钻井技术的应用，避免了井漏对浅部地层产生的污染，节约了因频繁堵漏而损失的大量时间，导眼、一开和二开上部井段"一趟钻"便能完成钻进作业，极大地提高了钻井作业效率。完钻井导眼、一开和二开上部井段平均钻速为5.75m/h，尤其在一开井段，单井平均钻速最高达到17.14m/h，见表6-9。该技术已经成为韩家店组之上井段，即导眼、一开和二开上部井段的主打钻井提速技术。

表6-9 一开清水+PDC+螺杆复合钻井技术提速效果统计

井号	井眼直径/mm	井段/m	进尺/m	钻速/（m/h）
JY2-2HF	406.4	50.32～549.00	498.68	26.96
JY32-4HF	406.4	50.10～506.00	455.90	25.33
JY30-1HF	406.4	56.00～523.00	465.00	22.14
JY30-2HF	406.4	50.00～507.00	457.00	21.76
JY30-3HF	406.4	32.00～422.73	390.73	20.30
JY30-4HF	406.4	56.00～530.00	474.00	17.56
JY2-3HF	406.4	80.00～534.55	454.55	17.15
平均			456.55	21.13

第二，二开定向井段快速钻井技术。

二开定向井段一直是制约涪陵地区钻井速度的关键与瓶颈，针对二开定向井段井眼尺寸大（311.2mm）、地层可钻性差（5级以上）、机械钻速慢、施工周期长（约占钻完井周期的30%）的问题，通过研究和现场试验，形成了一套钻井提速技术系列，突破了大尺寸井眼定向井段钻井提速技术的瓶颈，实现了定向井段机械钻速的大幅提高的目的。

（1）空气泡沫定向钻井技术。

涪陵地区井壁稳定性与地层压力剖面如图6-11和图6-12所示。从图中可以看出，小河坝组中上部地层岩石抗压强度曲线与地层坍塌曲线相隔较大，但在小河坝下部地

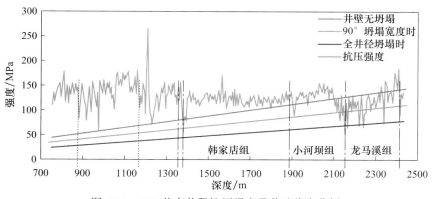

图6-11 JY1井直井段抗压强度及井壁稳定分析

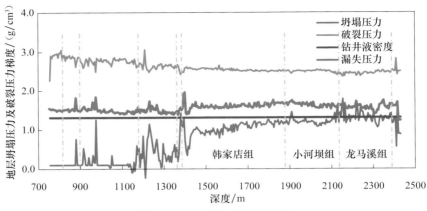

图 6-12　JY1 井地层压力剖面

层，岩石抗压强度曲线与 90°坍塌曲线相交，仅个别层位可能出现全井径坍塌，但基本都不超过 90°的坍塌宽度，在地层不出现明显出水、保证排量的条件下，能够满足实施气体钻井的条件。

泡沫定向钻井技术空气以泡沫钻井技术可行性评价技术、电磁波随钻测量技术、空气泡沫流体及钻进参数优选技术、钻具组合及井眼轨迹控制技术为主，并首次在国内页岩气全角变化率大的井段开展了应用，其中 JY13-1HF 井累计钻进 524.19m，平均机械钻速为 7.88m/h，机械钻速和邻井相比提高了 62.8%（表 6-10），该井二开平均机械钻速为 8.07m/h，二开钻井周期为 16.87d，创造了二开机械钻速及钻井周期双项最好纪录，取得了良好的提速效果。

表 6-10　泡沫定向钻井技术在 JY13-1HF 井的应用情况

趟数	钻井井段 /m	段长 /m	纯钻 /h	钻速 /（m/h）	邻井钻速 /（m/h）	提速效果 /%
第一趟	1179.78～1189.65	9.87	1.57	6.29	2.12	196
第二趟	1189.65～1510.37	320.72	46.43	6.90	4.19	64.68
第三趟	1510.37～1703.92	193.55	18.50	10.46	7.14	46.50
整体情况		524.19	66.50	7.88	4.84	62.8

（2）特色 PDC 钻头的研制与应用。

针对茅口组—韩家店组地层岩性变化频繁，PDC 复合片受到的冲击作用强、易崩碎，定向段 PDC 钻头造斜能力差及工具面不稳定等问题，对定向段 PDC 钻头失效原因及存在问题进行了分析，结合地层组构特征分析和可钻性描述，通过平稳切削控制技术、低扭矩设计技术、力平衡优化等切削结构研究，提高定向控制能力，确保工具面稳定；优化钻头内外流道结构，对钻头水力结构进行优化，防止岩屑床的形成，避免重复破碎。研制了适用于涪陵地区二开定向井段的特色 PDC 钻头，在 JY32-4HF、JY7-1HF、JY10-4HF 等井进行了成功应用，平均机械钻速提高了 87.10%，取得了良好的提速效果

（表 6-11）。

表 6-11 PDC 钻头在定向井段的应用情况

井号	钻头厂家	钻头型号	入井深度/m	地层井段/m	进尺/m	纯钻时间/h	机械钻速/(m/h)	提速效果/%
JY32-4HF	江钻	KM1653DAR	506	飞仙关组—龙潭组	486.97	28.5	17.09	128.17
	迪普	DM664H	1089.43	茅口组—栖霞组	275.29	18	15.29	104.14
	江钻	KSD1363ADGR	1364.72	栖霞组—梁山组	213.28	18.5	11.53	156.79
JY10-4HF	百施特	T1365B	506	飞仙关组—龙潭组	252	23.88	10.57	41.69
	迪普	DM664H	1039	茅口组—梁山组	229	21.41	10.7	65.63
	迪普	DM664H	1268	梁山组—韩家店组	187	23.33	8.02	91.41
JY7-1HF	哈里伯顿	FX55D	553	飞仙关组—茅口组	290	28.5	10.18	35.91
	哈里伯顿	FX55D	1141	茅口组—韩家店组	348	48	7.25	73.03
平均					285.19	26.26	10.85	87.10

（3）韩家店组低密度钻井液技术。

志留系韩家店组地层裂缝发育，井壁稳定性较差，目前使用的钻井液密度较高（一般为 1.25g/m³），不仅易引起井漏，还会导致机械钻速偏低。考虑到该层段孔隙压力梯度为 1.02～1.18，坍塌压力当量密度为 1.0～1.25，在韩家店组试验中应用低密度钻井液技术，取得了明显的提速效果。在 JY30-3HF 井韩家店组 1322～1943m 井段，采用低密度（1.02g/m³、1.15g/m³、1.17g/m³、1.24g/m³）KCL 聚合物润滑钻井液体系钻进，平均机械钻速为 16.47m/h，与邻井相比提高了 61.00%。

（4）水力振荡器在三维复杂轨迹井段应用。

为了解决三维复杂井眼轨迹滑动钻进时的托压问题，优选了国民油井公司（NOV）水力振荡器，该工具可以周期性温和地振荡钻柱，减少滑动钻进和旋转钻进时井壁与钻杆之间的摩擦，改善钻压传递、拓宽马达导向系统的应用范围，极大地改善滑动钻进及连续管作业性能。例如，JY17-3HF 井二开定向井段（2005～2506m）应用了水力振荡器，与未采用该工具的 JY2-3HF 井相比钻时明显降低，取得了良好的钻井提速效果，如图 6-13 所示。

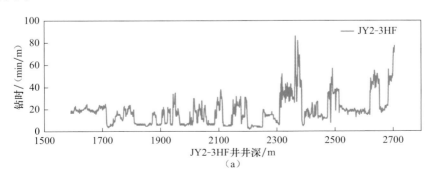

（a）

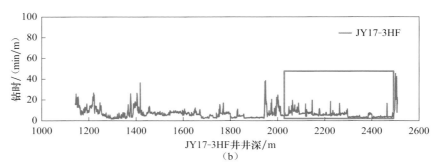

图 6-13 JY17-3HF 井、JY2-3HF 井的钻时曲线

5）钻井液技术

直井段对钻井液体系无特殊要求，采用空气（泡沫）或常规水基钻井液体系；三开大斜度井段和水平段，要穿目的层页岩层段，页岩地层因其特殊的裂隙和层理发育结构，采用水基钻井液会导致页岩层不稳定、易垮塌，影响水平井施工安全，且长水平段摩阻扭矩大，对钻井液润滑性能要求高，因此采用油基钻井液体系。分段钻井液体系见表 6-12。

表 6-12　分段钻井液体系

开钻序号	导管	一开	二开		三开
井段 /m	0～50	表层	直井段	造斜段	增斜段、水平段
钻井液体系	膨润土浆	空气或（泡沫）/ 清水	空气或 KCL 聚合物钻井液	KCL 聚合物润滑钻井液	油基钻井液

油基钻井液是一种热力学不稳定的体系，影响其稳定性的关键因素是乳化剂（王显光等，2013）。与国外的乳化剂相比，国内的乳化剂虽然也可以获得较好的乳化稳定性，但国内常用的乳化剂体系处理剂加量大、体系电稳定性低、受外界条件影响稳定性差、调配到满足作业要求的性能较为困难、整体性能指标较低且综合经济成本较高（王中华，2011）。针对涪陵地区页岩地层的地质特点与长水平段水平井的施工要求，基于亲水亲油平衡值 HLB 理论和界面膜理论，研发了 HiDrill 柴油基钻井液用主乳化剂和辅乳化剂，提高了油水界面吸附基团数量和致密化程度，强化了油水界面膜的强度，提高了连续相的结构力。通过体系配方研究和调整，形成了适应涪陵页岩地层长水平段钻进的 HiDrill 柴油基钻井液体系。

HiDrill 柴油基钻井液体系具有以下特点：①性能稳定，破乳电压为 800～1600V；②处理剂加量少，外加剂总加量为 10%，乳化剂加量为 2%～3%，综合成本低；③体系低黏、高切，携岩能力强、井眼净化好；④高温高压（HTHP）滤失小，失水造壁性好；⑤现场维护简单。适于在常温到 220℃、密度为 0.96～2.30g/cm³ 的工况施工。应用表明，该体系能够有效防止页岩地层井壁失稳，降低水平段钻进及电测、下套管过程中的摩阻，满足页岩气水平井安全钻井的要求，整体性能接近国外公司同类产品，且该油基钻井液体系的处理剂成本只有国外相同体系的三分之一，大幅度降低了页岩气水平井的钻井液费用。所有采用 HiDrill 柴油基钻井液作业的水平井，井眼清洁、摩阻低、井径规则、电测顺利、一次通井成功并且套管下入顺畅。

6）页岩气层水平段固井技术

（1）水平井套管下入技术。

下套管前模拟通井：完井电测结束后，采用双稳定器的钻具组合模拟套管串的刚度，对起下钻遇阻、遇卡井段，井斜变化率超标井段，认真划眼通井，彻底清除岩屑床，确保套管顺利下入。由于技术套管下到了井斜 50°左右的井段，为确保井眼轨迹光滑，严格控制了造斜率，只进行双稳定器的钻具组合模拟通井一趟即能满足套管下入要求。

在引鞋之上接短套管安放一只整体式扶正器，保证套管顶部在水平段处于"抬头"状态，减少下入摩阻，利于套管下入。

合理安放套管扶正器，确保套管居中：在水平井段每根套管加一个扶正器，采用弹性双弓扶正器和刚性树脂旋流扶正器交替安放；在造斜段每两根套管安放一只刚性树脂扶正器；在直井段每五根套管安放一只弹性扶正器。

（2）水泥浆体系优选。

为满足涪陵地区页岩气井长水平段固井的需要，优选采用韧性胶乳防气窜水泥浆体系（刘伟等，2012），其配方为：100%G 级水泥 +27% 淡水 +13% 胶乳 LATEX +1.0% 降滤失剂 FLO-S +1.0% 稳定剂 STAB56-1+0.75% 分散剂 DISP-S+6% 增强防窜剂 MX +1% 膨胀剂 BOND-1+0.2% 缓凝剂 +0.9% 消泡剂 DESIL+0.1% 纤维 FIB。

（3）提高顶替效率技术。

优选采用适应油基钻井液条件的固井前置液体系，以有效清洗和冲刷井壁和套管壁的油膜，将亲油性的井壁反转为亲水性的井壁，提高水泥浆与一二界面的胶结质量和顶替效率。其配方为，清洗液：淡水 +20%VERSACLEAR+ 超细铁矿粉；冲洗液：淡水 +6%FLUSHER+ 超细铁矿粉。VERSACLEAR 清洗液对油基钻井液的乳化效率高，在一定排量下对油基钻井液及其泥饼不断清洗冲刷，并在清洗液中得到增溶，使钻井液被清除，泥饼被冲蚀进而被润湿，并为后续冲洗液进一步对钻井液的顶替提供保障。FLUSHER 冲洗液经过高速搅拌后体系均匀分散，有利于将清洗液清洗的油基和泥饼顶替干净，提高水泥浆的封固质量。

水平段采用清水顶替，实现漂浮顶替，来改善顶替效率，提高居中度和固井质量。

4. 钻头优选

研究表明，测井资料可较好地体现岩石的物理机械力学特性，地层的横波时差反映了地层的剪切变形特性，地层的纵波时差反映了地层的拉伸和压缩变形特性及强度特性（Gassmann，1951），而地层的岩石可钻性反映的是岩石的抗钻头冲击与剪切破坏的能力，因此岩石的纵横波时差必然能反映出岩石的可钻性特征，由估算横波时差的散射模型理论可知：岩石的纵波时差 ΔT、密度 ρ 和泥质含量 V_{cl} 是影响岩石横波时差最主要、最直接的因素，而且 ΔT 和 ρ 还是影响岩石弹性参数和岩石强度的重要参数（Biot，1956），因此从理论上讲，从常规测井资料中得到的 ΔT、ρ 和 V_{cl} 必然和可钻性级值 K_d 有内在的联系，这就是利用测井资料求取岩石可钻性的基本原理。

ΔT、ρ、V_{cl}、K_d 之间的数值关系随着目标区块的不同而存在极大的差异。通过丁山地区岩石可钻性测试结果与测井数据相关性分析，声波时差 ΔT、泥质含量 V_{cl} 与岩石可钻性级值 K_d 存在显著的相关性。在一定的条件下，ΔT 和 V_{cl} 均可在一定程度上反映岩石的可钻性，但是由于地层的复杂性和测井技术的限制，单一的参数有时不能全面反映岩石的抗破碎能力，为了更准确地找出测井变量与可钻性的关系，采用多元回归方法以建立多因素测井参量与可钻性的关系模型。

实钻参数对各层段岩石可钻性差异存在着较强的敏感性，其中录井得到的钻时数据能反映岩石可钻性的强弱。因此在进行岩石可钻性分析时，除了全面考虑地层测井参数因素对可钻性的影响，还必须考虑钻井参数对可钻性的影响，所以在岩石可钻性分析计算时，将钻时参数耦合进可钻性计算模型。

利用多元线性回归法进行回归时，选择了线性函数、幂函数及对数函数，经过多次试算对比，最终确定了利用多因素测井、钻井参数求取岩石可钻性的经验计算公式为

$$\begin{cases} K_{dYL} = a_1 \times \Delta T^{a_2} + b_1 \times V_{cl}{}^{b_2} + c \times \text{trans}(D_t) \\ K_{dPDC} = d_1 \times K_{dYL}{}^{d_2} \end{cases} \tag{6-1}$$

式中，K_{dYL}、K_{dPDC} 分别为牙轮钻头与 PDC 钻头的可钻性级值；ΔT、V_{cl} 分别为声波时差测井数据与泥质含量；D_t 为实钻钻时数据；a_1、a_2、b_1、b_2、c、d_1、d_2 为模型参数，可以通过统计回归得到。

以焦石坝区块为例，基于上述计算模型，利用测井资料建立了焦石坝地区重点井的牙轮钻头和 PDC 钻头可钻性剖面，图 6-14 为该地区岩石可钻性级值典型剖面，以上各剖面中蓝色线条代表牙轮钻头可钻性级值，红色线条代表 PDC 钻头可钻性级值。

从图 6-14 中可以看到，二叠系—志留系牙轮钻头可钻性级值整体高于 PDC 钻头；栖霞组、小河坝组及五峰组以深地层可钻性级值总体偏高；小河坝组可钻性级值受岩性影响振荡幅度较大。根据焦石坝地区的岩石可钻性研究成果，我们优选出了各个开次的钻头类型，并取得了明显的提速效果。

1）一开井段

一开井段主要钻遇嘉陵江组、飞仙关组，地层岩性以灰岩为主，薄层、互层较多。以往采用牙轮钻头钻进，钻头失效快，且牙轮钻头需要 2～3 只，起下钻时间增加，机械钻速低。通过使用水力加压器，优化钻井参数，保证了 PDC 钻头的运行平稳性，提高了钻头使用时间。

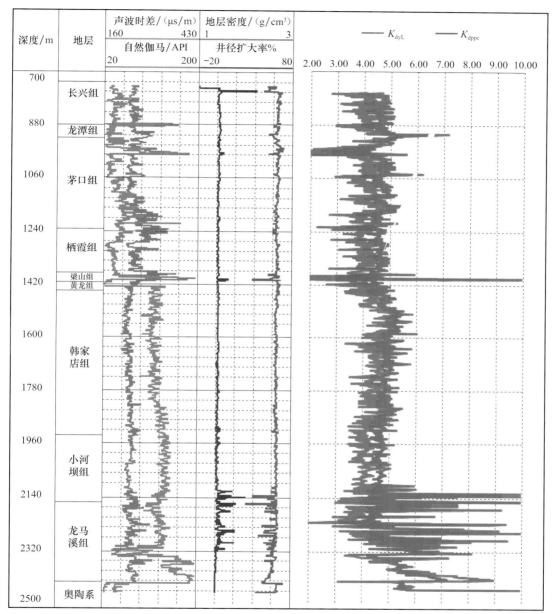

图6-14　焦石坝地区岩石可钻性典型剖面

钻具组合为：Φ444.5mmPDC钻头＋Φ244.5mm螺杆＋Φ228.6mm水力加压器（双向减震器）＋Φ279.4mm钻铤×2根＋Φ442/444mm扶正器＋Φ228.6mm钻铤×3根＋Φ203.2mm钻铤×6根＋Φ139mmG105斜坡钻杆。

表6-13表明，KS1662SGAR型号PDC钻头机械钻速较前期施工平均钻速至少提高两倍，且钻头磨损轻，单只钻头可打完一开进尺，该钻头更适用于一开高研磨地层。

表 6-13   一开钻头使用统计

井号	地层	钻头型号	机械钻速 /（m/h）
JY9-2HF	嘉陵江组—长兴组	SJT517GK/SKH537CGK	5.84
JY13-2HF	嘉陵江组—飞仙关组	ES1625E	6.57
JY42-2HF	嘉陵江组—飞仙关组	KS1662SGAR	13.93
JY16-2HF	嘉陵江组—飞仙关组	KS1662SGAR	13.90
JY42-2HF	嘉陵江组—飞仙关组	KS1662SGAR	15.91

2）二开井段

二开直井段钻遇长兴组—栖霞组，地层研磨性强，钻头易崩齿，失效快，使用寿命短。二开定向段主要存在 PDC 钻头复合片易损坏、定向段长、方位变化大、井眼轨迹控制要求高等问题。钻头选型思路为：龙潭组—黄龙组地层互层多，宜选用牙轮钻头，使用时安装不等径喷嘴，强化水力破岩作用，钻压加至 200kN 以上提高机械钻速；黄龙组以下地层可使用 PDC 钻头。

（1）飞仙关组—龙潭组：使用 PDC/ 牙轮钻头 + 螺杆钻进，小钻压钻完水泥塞及套管附件，带上扶正器进入裸眼后，调整至正常参数钻进。

（2）龙潭组—栖霞组：该段地层研磨性高，多口井钻遇黄铜矿，钻头损伤严重。使用 MD537K（HJT537GK）牙轮钻头 + Φ244mm 直螺杆钻具组合，钻至韩家店组地层后起钻换 PDC 钻头。

（3）栖霞组—龙马溪组：MI616 和 DP506X 两种类型的进口 PDC 钻头可直接从茅口组底部钻至龙马溪组；国产 PDC 钻头中百施特 T1365AB 钻头使用效果较好。

（4）工具配合：直井段优先选用进口低转速大功率马达；二开定向段，优先选用 8″进口可调弯度马达，也可使用冲击螺杆或国民油井的旋冲马达；采用三瓣式偏心扶正器，下扶正器直径在 304～306mm。

现场使用表明，二开定向段贝克休斯、史密斯 PDC 钻头在使用时间、进尺和机械钻速上都存在明显优势，机械钻速较 2013 年已施工井的 3.15m/h 提高了 2～4 倍，见表 6-14。

表 6-14   焦石坝二开钻头优选使用统计表

井号	钻头型号	厂家	地层	井段 /m	进尺 /m	平均机械钻速 /（m/h）
JY16-1HF	DP506X	贝克休斯	栖霞组—龙马溪组	1080～2232	1152	6.04
JY42-2HF	MI616	史密斯	栖霞组—小河坝组	1240～2012.61	772.61	9.35
	MDSI616	史密斯	小河坝组—龙马溪组	2012.61～2497.17	484.56	8.51
JY42-3HF	MDSI616	史密斯	韩家店组	1104.75～1545.77	441.02	10.76
	MDSI616	史密斯	小河坝组	1545.77～2076.98	531.21	10.02
JY16-2HF	MDSI616	史密斯	小河坝组—龙马溪组	1530～2420	890	12.19

3）三开井段

三开水平段钻遇龙马溪组，地层岩性以灰黑色碳质泥岩、灰黑色粉砂质泥岩为主，岩性交替变化，但地层稳定性好。主要采用史密斯 PDC 钻头，国产 T1655B、DM653H、ST635RS 等钻头。

为解决页岩井壁失稳问题，采用全油基钻井液体系，为此优选国民油井（NOV）耐油螺杆，配合 PDC 钻头在水平段减少了起下钻时间，缩短了钻井周期（表 6-15）。

表 6-15 焦石坝三开水平段现场螺杆使用统计

井号	厂家	型号	螺杆弯角/(°)	使用参数			起钻原因
				入井次数	使用井段/m	进尺/m	
JY42-2HF	国民油井	5LZ172×1.15	1.15	1	2742～4460	1718	完钻
JY16-2HF	国民油井	5LZ172×1.15	1.15	1	2507～4003	1496	完钻

现场表明，MDI516、DM653H、ST635RS 型号钻头在机械钻速和进尺方面具有更大的优势，钻井速度较 2013 年已施工井 6.19m/h 提高 108.08%～206.46%（表 6-16）。

表 6-16 焦石坝三开水平段典型钻头使用统计

井号	钻头类型	井段/m	进尺/m	平均机械钻速/（m/h）
2013 年完成井	T1365B/T1665B	三开水平段		6.19
JY23-3HF	MDI516	2916～4233	1317	16.99
JY42-2HF	DM653H	2527～4059.19	1532.19	12.88
JY16-2HF	ST635RS	2507～4003	1496	18.94
JY42-4HF	ST635RS	2795.00～3354.5	559.5	18.97

5. "井工厂"钻井技术应用

通过山地环境条件下的页岩气"井工厂"三维井眼轨迹优化设计、地面井场布局优化、轨道式钻机快速移运、钻井液循环利用、工厂化作业设备配套、施工作业流程化、标准化等研究，形成了复杂山地条件下的"井工厂"高效钻井作业模式（张金成等，2014）。下面以 JY30 号平台应用为例说明。

JY30 号平台部署于川东南地区川东高陡褶皱带包鸾——焦石坝背斜带焦石坝构造，位于重庆市涪陵区焦石镇永丰村。该平台共设计四口水平井，钻井方位为该地区的最小主应力方向（0°和180°方位），各井水平段相互平行，相距 600m。井组井身结构数据见表 6-17，井眼轨道示意图如图 6-15 所示。

表 6-17 井组井身结构数据表

项目		钻头尺寸 /mm	井段 /m	套管外径 /mm	套管下深 /m	备注
导管		660.4	～60	508	60	
一开		444.5/406.4	～502	339.7	500	封飞仙关组飞三段以上地层
二开	JY30-4HF井	311.2	～2533	244.5	2530	封龙马溪组页岩气层之上的易漏、易垮塌地层
	JY30-1HF井		～2363		2360	
	JY30-3HF井		～2483		2480	
	JY30-2HF井		～2273		2270	
三开	JY30-4HF井	215.9	～4530	139.7	4520	
	JY30-1HF井		～4200		4190	
	JY30-3HF井		～4460		4450	
	JY30-2HF井		～4100		4090	

1）钻机选型

采用 50D 电动钻机 1 台，采用滑轨移动方式实现钻机的横向移动。

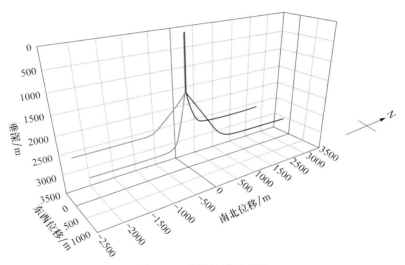

图 6-15 井眼轨道示意图

2）井场准备及钻机安装

在 JY30 号平台修建"井工厂"井场，一次性完成四口井的钻前工程施工，井间距为 10m，井场布局及尺寸见图 6-16。钻机安装时将导轨一次性安装到位，满足四口井的平移。所有设备在 JY30-4 井位置完成安装。

第一轮次：本轮次完成四口井的导管及一开作业。JY30-4 井用清水开导眼及一开，表层固井后候凝 12h 后，拆封井器及相关设施，安装井口；井架平移至 JY30-2 井井口中心并找正，再次完成导眼及一开作业，以此类推，完成 JY30-1 井、JY30-2 井。

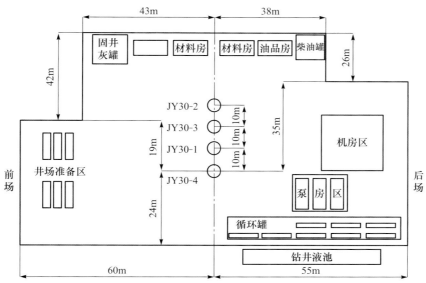

图 6-16　JY30 井场布局图

第二轮次：本轮次完成四口井的二开作业。JY30-2 井的完成导眼及一开作业后，转化成水基泥浆，完成二开作业，技套固井后候凝 12h 后，拆封井器及相关设施、安装井口，平移至 JY30-3 井井口中心并找正，完成二开作业，以此类推，完成 JY30-3 井、JY30-1 井。

第三轮次：本轮次完成四口井的三开作业。JY30-4 井二开作业完成后，直接转化成油基泥浆完成三开作业，进行拆封井器及相关设施、安装井口，平移至 JY30-2 井井口中心并找正，完成三开作业，以此类推，完成 JY30-1 井、JY30-3 井。

第四轮次：通井、试压等作业。

第三轮次完成后，在 JY30-2 井甩 5in 钻杆，接 2.875in 小钻杆，进行通井、电测、试压等工作，以此类推，完成 JY30-3 井、JY30-1 井、JY30-4 井。

四口井的完井作业完成之后，进行放井架、拆设备等作业。

3）设备移动

（1）移动部分：该钻机横向平移时，在两个 300t 液压缸的推动下，井架和钻台底座在导轨上整体匀速、缓慢移动；压井管汇通过吊车整体移动。

（2）固定部分：井场外围野营房、泥浆循环罐、泥浆储备罐、泥浆泵、机房（发电房）、配电房、网电房、远程控制房、液气分离器、节流管汇等。

（3）拆接部分：防喷器组合、直通管、压井管汇、钻台连接电缆、高压管线、液控管线、高架槽、大门坡、跑道、钻台梯子、逃生滑道、逃生缆绳等。

（4）井架完成一次平移步骤：①将拆接部分的连接点拆开；②防喷器拆下，用游车将其吊起，防喷器下部固定住，防止平移时摆动；③井架、钻台底座在导轨上平移 10m，至新井口中心并找正；④将拆接部分的连接点重新连接；⑤将所有设施进行固定、试压、测试。

4）施工过程

JY30 号平台于 2014 年 2 月 20 日开钻，同年 9 月 1 日四口井全部完钻。完钻井深分别为 4506m、4188m、4238m 和 4055m。整个平台仅用 118d 完成钻井作业，施工进度见表 6-18～表 6-21。

表 6-18　JY30-4HF 施工进度表

序号	作业流程	井眼尺寸/mm	井段/m		施工作业项目	设计/d		实际/d	
			设计	实际/（套管下深）		作业天数	累计天数	作业天数	累计天数
1	导管与表层	660.4	0～60	0～56（下深 56）	导管钻进	2	2	2.3	2.3
					导管中完	2	4	2.98	5.28
2		406.4	60～502	56～530（下深 529.69）	一开钻进	6	10	2	7.28
3					下套管、固井	1	11	0.6	7.88
4	二开钻进及中完作业	311.2	502～2533	530～2516（下深 2509.62）	平移准备、钻机平移至开钻	1	12	1.35	9.2
5					二开钻进			14.51	23.74
6					中完作业			6.0	29.74
7	三开及固井	215.9	2533～4530	2516～4506	三开钻进			13.86	43.6
8					完井作业、平移设备			6.25	49.85

表 6-19　JY30-1HF 施工进度表

序号	作业流程	井眼尺寸/mm	井段/m		施工作业项目	设计/d		实际/d	
			设计	实际/（套管下深）		作业天数	累计天数	作业天数	累计天数
1	导管与表层	660.4	0～60	0～56（下深 56）	导管钻进	2	2	1.98	1.98
					导管中完	2	4	1.46	3.44
2		406.4	60～502	60～523（下深 520.18）	一开钻进	6	10	1.65	5.09
3					下套管、固井	1	11	0.4	5.49
4	二开钻进及中完作业	311.2	502～2363	523～2360（下深 2347.02）	平移准备、钻机平移至开钻	1	12	1.52	7.01
5					二开钻进			14.35	21.36
6					中完作业			4.19	25.55

续表

序号	作业流程	井眼尺寸/mm	井段/m 设计	井段/m 实际/（套管下深）	施工作业项目	设计/d 作业天数	设计/d 累计天数	实际/d 作业天数	实际/d 累计天数
7	三开及固井	215.9	2363~4200	2360~4188（下深4175.58）	三开钻进			12.25	37.8
8					完井作业、平移设备			7.06	44.86

表 6-20　JY30-3HF 施工进度表

序号	作业流程	井眼尺寸/mm	井段/m 设计	井段/m 实际/（套管下深）	施工作业项目	设计/d 作业天数	设计/d 累计天数	实际/d 作业天数	实际/d 累计天数
1	导管与表层	660.4	0~60	0~32（下深25.35）	导管钻进	2	2	1.06	1.06
					导管中完	2	4	1.23	2.29
2		406.4	60~502	32~422.75（下深420.68）	一开钻进	6	10	2.49	4.78
3					下套管、固井	1	11	0.49	5.27
4	二开钻进及中完作业				平移准备、钻机平移至开钻	1	12	0.75	6.02
5		311.2	502~2483	422.75~2476（下深2473.8）	二开钻进			14.96	20.98
6					中完作业、设备平移			2.46	23.44
7	三开及固井	215.9	2483~4460	2476~4238	三开整改、三开钻进			17.0	40.44
8					完井作业、平移设备			4.8	45.25

表 6-21　JY30-2HF 施工进度表

序号	作业流程	井眼尺寸/mm	井段/m 设计	井段/m 实际/（套管下深）	施工作业项目	设计/d 作业天数	设计/d 累计天数	实际/d 作业天数	实际/d 累计天数
1	导管与表层	660.4	0~60	0~50	导管钻进	2	2	1.48	1.48
					导管中完	2	4	2.23	3.71
2		406.4	60~507	32~507（下深505.93）	一开钻进	6	10	1.875	5.58
3					下套管、固井	1	11	0.35	5.94

序号	作业流程	井眼尺寸/mm	井段/m		施工作业项目	设计/d		实际/d	
			设计	实际/(套管下深)		作业天数	累计天数	作业天数	累计天数
4	二开钻进及中完作业	311.2			二开整改	4	15	2.56	8.5
5			507～1463		二开直井段钻进	17	32	8.52	17.02
6			1463～2301		二开造斜段钻进	9	41	13.2	30.15
7					通井电测、固井、平移	3.5	44.5	2.05	32.2
8	三开及固井	215.9			三开钻进	19	63.5	14.77	46.97
9					完井作业	5	68.5		

JY30 号平台"井工厂"钻井技术现场应用取得巨大成功。四口井平均完井周期为 50.54d，比同期井缩短 22.46d，缩短 30.77%；平均建井周期为 53.70d，比同期井缩短 28.1d，缩短 34.35%。

搬迁时间：同期井 8.19d/ 井，试验井组 3.16d/ 井，同比缩短 61.42%。

钻进施工时间：同期井 47.04d/ 井，试验井组 36.12d/ 井，同比缩短 23.21%；节时途径：提高钻井参数学习效率，减少组合钻具、泥浆配置等时间。

中完作业时间：同期井 13.71d/ 井，试验井组 6.10d/ 井，同比缩短 55.51%；节时途径：候凝与下口井的钻井并行，缩短了井口 BOP 安装及试压、

钻井液重复利用：同期单井 410m³/ 井，试验井组 240m³/ 井，同比减少 41.46%。

6. 钻井技术应用实例

1）JY8-1HF 井

JY8-1HF 井位于重庆市涪陵区焦石镇向阳村，是中国石化部署在涪陵地区川东高陡褶皱带包鸾 - 焦石坝背斜带焦石坝构造的一口评价井，井型为水平井，设计井深为 4390.00m。目的层为上奥陶统五峰组——下志留统龙马溪组下部页岩气层。

该井 2014 年 2 月 24 日开钻，采用 Φ660.4mm 钻头钻导眼，导眼井深为 87.60m，导管下深为 87.19m。Φ444.5mm 钻头一开，一开井深为 602.00m，表层套管下深为 601.46m。Φ311.2mm 钻头二开，钻至 1231.00m 开始造斜，二开井深为 2534.00m，技术套管下深为 2532.06m。Φ215.9mm 钻头三开，三开使用油基泥浆，完钻井深为 4498.00m，水平段长为 1530m，生产套管下深为 4495.36m。钻井周期为 52.08d（导眼至完钻），完井周期为 6.94d（完钻至完井），钻完井周期为 59.02d（导管至完井），全井平均机械钻速为 7.43m/h。

2）JY32-4HF 井

JY32-4HF 井位于重庆市涪陵区焦石镇悦来村，是部署在川东高陡褶皱带包鸾 - 焦

石坝背斜带焦石坝构造高部位的一口生产井，井型为水平井，设计井深为 4610m，水平段长度为 1700.00m，主要目的层是上奥陶统五峰组—下志留统龙马溪组下部页岩气层。

该井采用 50 型电动钻机。2014 年 4 月 14 日开钻，Φ660.4mm 钻头钻导眼，导眼井深为 50.10mm，下入 Φ508mm 导管，下深为 49.86m，固井水泥返至地面；Φ406.4mm 钻头进行一开钻进，钻至一开中完井深为 506.00m，下入 Φ339.7mm 表层套管，下深为 504.69m，固井水泥返至地面；Φ311.2mm 钻头二开钻进，井深为 2597.64m，下入 Φ244.5mm 技术套管，下深为 2594.90m，成功封隔龙马溪组页岩气层以上的易漏、易垮塌地层；Φ215.9mm 钻头三开开钻，采用油基泥浆体系，完钻井深为 4666.00m，水平段长为 1734m。下入 Φ139.7mm 产层套管，下深为 4657.087m。钻井周期为 41.21d，钻井工期为 48.52d，建井周期为 58.94d，全井平均机械钻速为 13.13m/h。

经过不断实践，涪陵焦石坝地区页岩气水平井快速钻井技术取得了多项技术突破。2014 年涪陵焦石坝区块共计完钻 119 口井，完钻井平均钻井周期为 60.75d，最短钻井周期为 37.02d，最长钻井周期为 94.41d；单井平均机械钻速为 8.11m/h，最高机械钻速为 13.13m/h，最低机械钻速为 4.91m/h。

6.2.2　在彭水地区的应用

彭水区块位于重庆市彭水苗族土家族自治县，构造位于武陵褶皱带的彭水 - 德江褶皱带，处于"槽 - 档"过渡区，构造形态以 NE 向复向斜和复背斜相间分布为主。三组相对紧闭的背斜带中夹三组核部宽缓而翼部相对陡立的向斜带，呈 NNE 向展布，同时在背斜构造发育一系列 NNE 向或近 NW 向断裂构造，是受 NWW 向、SEE 向压应力条件下的产物。区内向斜构造相对宽缓，有利于页岩气成藏。彭水区块面积为 6837.09km^2，发育桑柘坪、道真、武隆、湾地四个向斜，其中桑柘坪向斜面积为 550km^2，构造整体相对简单，

区内地层基底为前震旦系板溪群浅变质岩，上覆盖层除局部缺失泥盆系、全区缺失石炭系、白垩系、新近系外，从震旦系至侏罗系其他沉积地层总厚度近万米。区内页岩主要发育在下寒武统水井沱组和上奥陶统五峰组—下志留统龙马溪组。目的层龙马溪组，常压页岩气层，地层压力系数为 0.8~1.2。与焦石坝相比，压力系数差异大。

彭水区块作为中国石化页岩气施工和研究的重点区块，在 PY1 井实钻资料总结分析的基础上，2012 年完成了 PYHF-1 井、PY2HF 井、PY3HF 井和 PY4HF 井四口页岩气水平井的钻井工程设计和施工，其中 PYHF-1 井是彭水区块的第一口页岩气水平井，于 2011 年 12 月开始施工，2012 年 3 月完钻，通过后期压裂、试采作业，取得了彭水区块页岩气勘探的突破。在 PYHF-1 井的基础上对 PY2HF 井、PY3HF 井和 PY4HF 井钻井工程设计进行了优化，从现场施工效果来看，大大提高了钻井效率，降低了钻井成本。通过这几口井的钻井工程设计和现场施工，摸清了彭水区块的地质特点和钻井难点，形成了适合该区块的钻井配套技术方案。

1. 主要钻井难点

从彭水区块前期钻井施工情况来看，该区块钻井主要面临以下难点和挑战。

1）地层出水预见性低，限制了气体钻井技术的应用

浅表地层缝洞发育，漏失风险极大，堵漏时间长、成本高，只能通过空气钻井技术来解决，但是该区块地质构造复杂，地层含水性不清楚，给空气钻井的实施带来了不可预见性，增加了钻井作业成本和风险。

PY1 井一开 3.5～86.16m 井段发生失返性漏失，共漏失泥浆为 876m³，堵漏时间合计为 14.5d，PY2HF 井上部灰岩地层也发生溶洞性漏失，采用多种封堵方法均失败后，换成气体钻井施工。鉴于彭水区块上部灰岩地层的漏失情况，PY2HF 井、PY3HF 井、PY4HF 井均采用了气体钻井技术，基本上解决了该区块上部灰岩地层漏失的问题。

PY2HF 井一开空气钻施工中，地层有少量掉块，遂转换成泡沫施工以增加携岩能力，二开一直采用空气钻顺利完钻。PY4HF 井一开和二开在空气钻施工过程中，地层没有出现出水现象，采用空气钻顺利完成两个开次井段的施工。

但在 PY3HF 井施工过程中，地层发生出水，一开钻至 37.14m 时地层出水，随后转成泡沫钻进，钻至 74.17m 地层出水量增大至 32m³/h，泡沫钻井已不能正常施工，遂转换成常规钻井液钻进，两次出水层位都位于嘉陵江组。

一开钻井液（密度为 1.14g/cm³）钻至 424.74m 处，地层大量出水，出水量达到 15m³/h，提高钻井液密度压住出水层，钻井液密度提至 1.53g/cm³ 后涌水消失，出水层位于大冶组。

一开在固井过程中，发现水泥浆漏失后从环空反注水泥浆时，井口开始涌水，出水量较大，达到 10m³/h 左右，反注水泥浆全部返出，后从环空注入重晶石、石子后水涌量才有所减小。

PY3HF 井二开采用空气钻井施工，钻至 1890m 处起钻换空气锤，下钻到底后发现钻时明显升高，返沙成团，循环压力增加，判断地层出水。随后加大排量钻至 1961m 后，钻时增加至 11min/m，立压 3MPa，被迫起钻，起钻后发现空气锤已经泥包。

PY3HF 井相比其他两口井而言，更靠近桑柘坪向斜的核部，所以导致地层容易出水，特别是上部灰岩地层出水严重，不适合采用空气钻井技术。而 PY2HF 井和 PY4HF 井没有发生地层出水情况，上部灰岩地层又漏失严重，必须采用空气钻井施工。所以从目前该区块钻井情况来看，不同的井位出水情况不同，给空气钻井技术在该区块的应用带来不可预见性，增加了钻井成本和风险。

2）地层漏失严重

该区块目的层龙马溪组裂缝性地层发育，整个水平段漏失频繁，处理漏失时间较长，增加了钻井周期，而且漏失量较大，由于采用油基钻井液施工，大大增加了钻井成本。

整个水平段钻进过程中，在目的层龙马溪组，PYHF-1 井、PY2HF 井、PY 3HF 井

和 PY 4HF 井都出现了较大漏失，分别漏失 357.73m³、293.68 m³、96.75 m³、489.48 m³，其中 PY4HF 井漏失情况如表 6-22 所示。

表 6-22 PY4HF 井龙马溪组漏失情况

序号	深度 /m	垂深 /m	漏速 /(m³/h)	漏失量 /m³	损失时间 /h
1	1801	1792.99	8	27.7	5.5
2	1854	1838.48	6.4	5	0
3	1940	1903.21	14.4	26.7	4.5
4	2028	1959.35	36	37.1	10
5	2086	1992.9	30	135.38	42.5
6	2484	2137.23	12	27.05	3.7
7	2503	2140.73	49.2	48.35	31.5
8	2737	2189.42	20.4	28	4.5
9	2755	2193.38	16.4	61.6	68
10	2860	2219.48	12	37.5	37
11	2803.7	2205.26	22	29.7	28.3
12	3485.7	2366.35	22.4	25.4	15
总计	1801～3485.7	1792.99～2366.35	6.4～49.2	489.48	250.5

2. 钻井工程优化设计

1）井身结构设计

根据彭水区块地层压力分析结果，彭水区块地层自上而下不存在异常高压带，在井身结构上不需要考虑封隔地层压力变化较大的层位。PY1 井在施工过程中除浅表钻遇溶洞，只在一开第四系出现裂缝性漏失，采用随钻堵漏就有效地解决了漏失问题，保证了正常钻进；PYHF-1 井在施工过程中在目的层龙马溪组上部漏失较为严重，共漏失 19 次，共计漏失钻井液 357.73m³。

通过对 PY1 井、PYHF-1 井以及 PY2HF 井原井眼资料的收集分析以及现场施工的总结，彭水区块实钻井身结构见表 6-23。对彭水区块地质地层特点和页岩气水平井井身结构设计有了进一步的认识，掌握了页岩气水平井井身结构设计的要点，对该区块井身结构进行了进一步优化。

彭水区块一开井深宜钻穿上部灰岩地层进入韩家店组 50m，采用空气钻井方式，解决浅表地层以及上部灰岩地层存在的井漏问题，下套管封固，为二开钻进提供一个稳定的井眼；二开钻至造斜点上部 30m，可降低施工风险，避开大尺寸造斜井段，提高二开钻进效率；三开钻至完钻井深。井身结构见图 6-17。

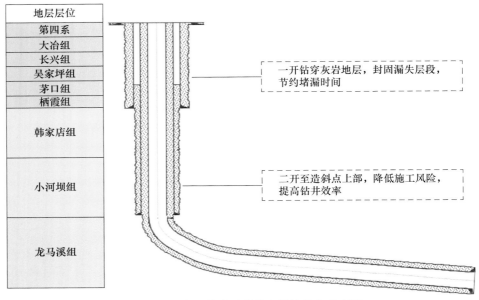

图 6-17 彭水区块水平井井身结构优化示意图

表 6-23 彭水区块实钻井身结构数据

井号	PY2HF 井			PY3HF 井			PY4HF 井		
开次	设计井深/m	实际井深/m	地层	设计井深/m	实际井深/m	地层	设计井深/m	实际井深/m	地层
一开完钻	758	761	韩家店组	1100	1055	茅口组	669	624	韩家店组
二开完钻	1700	1616	小河坝组	2600	2372	龙马溪组	1600	1543	小河坝组
三开完钻	3552.47	3990	龙马溪组	4327.21	4190	龙马溪组	3667.54	3652	龙马溪组
水平段长 /m	1600			1150			1247		

通过 PY2HF 井、PY3HF 井、PY4HF 井的现场应用，证明该区块采用上述井身结构方案能够满足该区块勘探开发要求。

2）钻井方式优化

彭水区块 PY1 井在浅表地层（3.5～8.25m）钻进时出现了缝洞性漏失，导致后续钻进无法进行而采取了打基桩作业，非生产时间达 75.74d，占一开钻井周期的 90%，增加了生产作业成本。

PY2HF 井原井眼于井深 7.78～12.6m 钻遇溶洞性漏失，后下入 508mm 导管；一开钻进至 90m 过程中，一直采用随钻堵漏的方式。二开后由于井漏导致常规钻进无法进行，后改为空气钻井方式。

通过对 PY1 井、PY2HF 井井漏及钻井情况的分析总结，认为彭水区块在浅表地层存在缝洞性漏失的可能性较大，同时该区块上部地层主要为灰岩，钻进过程中也很容易发生裂缝性漏失。而采用空气钻井不仅能很好地解决该区块的井漏问题，同时空气钻井在提速提效方面也有很大的技术优势。因此，在 PY2HF 井、PY3HF 井、PY4HF 井的一开、二开井段均设计采用空气钻井技术。通过现场实践，取得了良好的应用效果（表 6-24）。

表 6-24 空气钻井实钻机械钻速

井号	项目	Φ444.5mm 井眼		Φ311.1mm 井眼	
		常规钻进	空气锤钻进	常规钻进	空气锤钻进
PY3HF	井段 /m	74.17～1055.5	20～74.17	1055～1075 1963～2187	1075～1963
	机械钻速 /（m/h）	3.65	4.79	3.18	12.9
	钻进时效 /%	65.56	43.06	53.35	54.86
PY4HF	井段 /m		26.4～624		624～1543
	机械钻速 /（m/h）		7.09		15
	钻进时效 /%		52.95		51.04
PY2HF	井段 /m	254～761 泡沫	22～254		572～1616
	机械钻速 /（m/h）	3.59	3.97		12.77
	钻进时效 /%	73.66	60.94		68.13
	井段（老井眼）	0～90.00		90～379.00	379.00～1581.00 泡沫
	机械钻速 /（m/h）	0.81		2.10	5.04

通过表 6-24 的统计数据可以看出：Φ444.5mm 井眼常规钻井机械钻速为 0.81～3.65m/h，空气钻井机械钻速为 3.97～7.09m/h，相比提高了 1～2 倍。

Φ311.1mm 井眼常规钻井机械钻速为 2.1～3.18m/h，空气钻井机械钻速为 12.77～15m/h，相比提高了 3.2～6.5 倍；泡沫钻井机械钻速为 5.04m/h，相比常规钻井提高了 0.7～1.5 倍，见图 6-18。

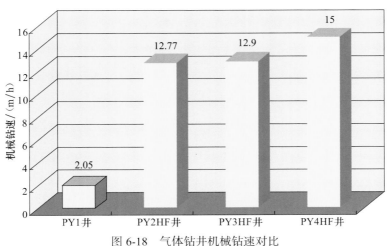

图 6-18 气体钻井机械钻速对比

空气锤不仅能大大提高机械钻速，还能够有效控制井斜，达到防斜打快的目的。彭水区块韩家店组和小河坝组地层造斜能力极强，PY1井在施工过程中，井斜角一直难以控制，采用了多种防斜纠斜方法，均未取得明显的效果，完钻时最大井斜角达到15.83°，井底位移达到103.14m。PY2HF井、PY3HF井和PY4HF井均在韩家店组和小河坝组采用了空气锤钻井施工，井身质量控制较好，最大井斜角仅有3.62°，最大井底位移为50.73m（表6-25）。

表6-25　井身质量情况

井号	钻至地层	对比井深/m	钻井方式	最大井斜角/(°)	井底位移/m	最大狗腿角/[(°)/30m]
PY1井	小河坝组	1540	常规钻头	15.83	103.14	6.32
PY2HF	小河坝组	1616	空气锤	3.62	31.92	0.795
PY3HF	小河坝组	1950	空气锤	3.38	50.73	0.943
PY4HF	小河坝组	1543	空气锤	3.3	38.25	0.644

图6-19为PY1井、PY2HF井、PY3HF井和PY4HF井上部直井段的井眼轨迹，可以看出PY1井的井眼质量较差，其他三口井由于使用了空气锤施工，井眼质量要远远好于PY1井。图6-20中红线是PY3HF井使用空气钻施工井段，蓝色线为空气钻出水后转换

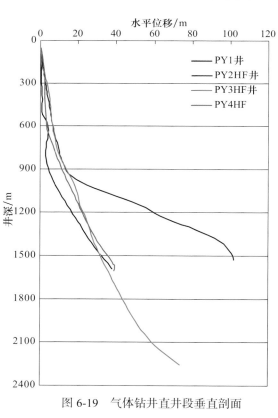

图6-19　气体钻井直井段垂直剖面　　　　图6-20　PY3HF井斜变化情况

成常规泥浆后施工的井段，可以明显看出，转换成泥浆施工后，井斜角由3°急剧增加至7°左右，后采用轻压吊打才使井斜有所降低，但是轻压吊打的方式限制了机械钻速，增大了钻井周期。

3）井眼轨迹控制技术

页岩气水平井井眼轨迹控制一直是一个难题，井眼轨迹不在目的层穿行会给后期施工造成困难。国外一般使用旋转导向技术钻进页岩气水平井，同时优化钻具组合，提高了井眼轨迹控制精度，降低了钻井过程中的扭矩摩阻。

PYHF-1井从1540m开始侧钻，钻至1594m处侧钻完成并下入旋转导向工具，钻至1612m时仪器发生故障而起出，随后下入螺杆钻具继续钻进，至1818m下入旋转导向系统，但发现增斜效果不明显，至井深1884m时井斜并未增加，遂换成螺杆钻具继续钻进（表6-26）。

表6-26 PYHF-1井旋转导向使用情况

井号	钻井方式	使用井段/m		进尺/m	机械钻速/（m/h）
		自	至		
PYHF-1井	旋转导向	1818	1884	1403	6.16
		2109	3446		
	螺杆	1612	1818	431	1.94

井深2109m重新下入旋转导向系统，仪器正常钻进至完钻井深3446m，在这期间机械钻速一直保持在6.26m/h左右。在整个钻进过程中按照地质上寻找目的层的要求井斜一直在变化，期间最大井斜达到80°，最后150m为了探测下部地层，降斜至75.85°完钻，用旋转导向钻进过程中方位一直控制在170°左右，未发生大的变化。

4）钻井液体系优化

室内分析了彭水区块页岩层矿物组分和黏土矿物含量，进行了泥页岩吸水膨胀和滚动回收试验，通过岩心观察及页岩层岩石力学试验，认为吸水膨胀是该区块页岩层井壁失稳的主要原因。要保持井壁稳定需主要从两个方面入手：一是选择强抑制性钻井液体系。减少因钻井液失水造成的泥页岩地层吸水膨胀而产生的剥落、掉块。二是确定合理的钻井液密度。合理的钻井液密度能够有效平衡上覆地层压力，防止因地层被打开后而产生的应力不平衡，进而导致井壁不稳定。

为了保证水平井井壁稳定，有效地平衡上覆地层压力，通过利用已知的原场地应力，确定出水平井钻井液密度的范围，已在彭水区块PY2HF井、PY3HF井、PY4HF井钻井过程中成功应用，通过研究认为：井眼轨迹应垂直于或者大角度相交于最大水平主应力方向或裂缝走向，目的层最大水平主应力方位约为65°，优选水平井方位为170°~190°。

PYHF-1井、PY2HF井、PY3HF井和PY4HF井水平段钻井液密度如表6-27所示。

表 6-27　PYHF-1 井、PY2HF 井、PY3HF 井和 PY4HF 井钻井液密度使用情况

井号	垂深 /m	方位 /(°)	密度 /（g/cm³）	井深 /m
PYHF-1 井	2247.26～2525.66	165.95～171.55	1.31～1.38	2476.2～3446.2
PY2HF 井	2157.48～2393.02	174.5～181.7	1.29～1.32	2340～3990
PY3HF 井	2865.36～3021.36	177.5～193.48	1.33～1.34	3040～4190
PY4HF 井	2060.11～2196.28	168.06～180.16	1.24～1.27	2201.5～3652

PY4HF 井采用的是哈里伯顿的油基钻井液，PY2HF 井和 PY3HF 井使用的是中国石化的油基钻井液，在整个钻井过程中，油基钻井液表现出较好的性能，特别是在抗失水性、抑制页岩膨胀、润滑性方面效果明显，比一般的水基泥浆要好，从而保证了钻井过程的顺利进行。对这三口井的钻井液性能进行统计，统计结果如表 6-28 所示。

表 6-28　油基钻井液性能

井斜	0°～30°		30°～60°		60°～90°	
体系	中国石化	哈利伯顿	中国石化	哈利伯顿	中国石化	哈利伯顿
漏斗黏度 /s	57～62	62～80	59～64	53～101	60～68	67～80
塑性黏度 /（mPa·s）	19～25	23～29	19～24	24～38	23～27	23～29
屈服值 / Pa	6～12.5	9～13	7.5～14.5	8～14	8～13.5	6～14
初 / 终切	2～4/4.5～6	6～7/8～11	3.5～4/4～5	5～7/6～11	5～6/7.5～13	7～9/10～13
HTHP 滤失 /（mL/30min）	0.5～3.4	1.1～1.5	0.5	1.3～1.5	1.4～2.4	1.4～1.6
油水比	80：20～85：15	70：30～73：27	83：17～85：15	71：29～76：24	84：16～85：15	76：24～79：21

5）固井技术

与常规水平井固井技术相比，页岩气井固井除满足高要求的水泥浆基本性能外，水泥石必须具备与地层岩性相匹配的力学特性，以此保证环空良好的封固特性，同时必须采用高效冲洗液和隔离液驱替油基钻井液以保证全井的封固质量。

（1）彭水区块固井技术难点主要有以下几个方面。

第一，裂隙、溶洞发育，打钻过程漏失严重。彭水区块已钻的几口井的资料表明，该区块地层裂隙发育，钻井液密度窗口很窄，这些都给固井作业带来了很大困难。水泥浆易漏失，造成水泥返高不够，环空气窜和油气层漏封等事故时有发生。2012 年在该区块共钻井 4 口，打钻过程中全部发生漏失，漏失层位主要集中在小河坝组和龙马溪组之间的不整合面，其中 PY4HF 井共发生 12 次失返性漏失，总漏失量超过 500m³。PY3HF 井在固井替浆后期发生漏失失返，漏封 1700m。

第二，高黏性油基钻井液清洗驱替困难。油基钻井液作为一种优良的钻井液体系被

用于页岩气水平井中，取得了良好的钻井施工效果。但就固井施工而言，油基钻井液会滞留在界面处并形成油浆和油膜，这将严重影响水泥环的界面胶结强度。目前彭水区块钻井多采用柴油基钻井液，为了提高水平段携岩能力，油基钻井液的油水比较小，呈现高黏切的特征，由此会导致环空循环压差大，泵压升高。以 PY4HF 井为例，虽然钻井液密度只有 1.24g/cm³，但漏斗黏度却达到 106s 以上。这些含有钻屑的油基钻井液会牢牢黏附在套管和井壁上，超强附着力及高黏度给水泥浆顶替带来很大的难度，固井时严重影响顶替效率。

第三，水平段长，下套管难度大。以 PY2HF 为例，根据地质要求，该井从原设计井深 3552m 加深至 3990m，水平段长度由设计的 1250m 增至 1650m。该井技术套管下深只有 1609m，裸眼段较长，达到 2381m，最大井斜角为 86.5°。钻井时水平井段采用随钻地层评价（FEWD）随钻地质导向仪器，未钻导眼井，为了保证能顺利钻到目的层，钻井时根据地质要求频繁调整井斜，致使井眼轨迹不够光滑，同时在 3040m 和 3280m 等多处打钻有阻卡现象发生，接顶驱划眼才能通过该段。通过对返出岩屑进行分析，在 3040m 处为五峰组黑色页岩和龙马溪组黑色页岩交界面，在 3280m 处为五峰组黑色页岩和临湘组灰色灰岩的交界面，五峰组黑色页岩较龙马溪组黑色页岩和临湘组灰色灰岩软一些，之前出现的阻卡现象为交界面处井径不规则，形成岩屑床，导致起下遇阻影响后期长水平段套管顺利下入，给长水平段套管下入带来很大难度。

（2）新型高性能低密度水泥浆体系。

低密度水泥浆体系是解决低压、易漏井固井水泥浆漏失的主要途径之一。目前用于低密度水泥浆的减轻剂多为漂珠等，但漂珠颗粒较大（相对于水泥颗粒）、粒轻、壁薄、壁厚不均，在水泥浆中易上浮、进水、破碎，造成浆体沉降稳定性、体积稳定性变差，尤其是自身承压能力弱，实际入井水泥浆密度远远高于常压配制时的密度。为了解决彭水区块海相页岩气井固井漏失，需进一步降低固井水泥浆密度。由于 PY3HF 井采用常规漂珠减轻剂来降低环空液柱压力以防止漏失，加量占水泥干重的 40%。地面配制的水泥浆密度为 1.41g/cm³，但实际漂珠低密度水泥浆在井下压力为 45MPa 时密度已经达到 1.54g/cm³，致使该井在固井替浆后期发生断流，漏封 1700m。因此为了进一步降低水泥浆密度，提高减轻材料的承压能力，在彭水区块其他几口井优选了新型国产高性能低密度水泥浆体系，所优选的低密度水泥浆体系中的减轻材料为一种特制的中空密闭的白色球形、粉末状的超轻质填充材料，主要成分是碱石灰硼硅酸玻璃，不溶于水，化学性质稳定，密度仅为 0.40~0.60g/cm³，粒径为 10~80μm，是封闭的内充惰性气体的玻璃珠，具有滚珠轴承效应，配制水泥浆时不吸水，水泥浆密度可以控制在 1.20~1.40g/cm³，在少加水的情况下即可达到很好的密度减轻作用，而且低的水灰比对降低水泥石的渗透性、提高水泥石强度起到了重要作用。通过复配相应的外加剂，LWSF 低密度水泥浆体系不但综合性能达到固井要求，而且抗压强度要高于漂珠水泥浆。

（3）水平井固井弹韧性水泥浆体系。

页岩气开采采取多级压裂技术，对水泥环的质量要求较高。普通水泥石是脆性材料，其抗拉强度远远低于抗压强度。水泥环压裂后受到的损伤主要有：①水泥环与套管的弹性变形能力存在较大差异，当受到由压裂产生的动态冲击载荷作用时发生扩张引起水泥环径向断裂；②压裂作业的冲击作用产生的能量大于水泥石破碎前所能吸收的能量时，水泥环产生破碎。因此要求水泥环要具备较好的抗冲击能力和柔韧性。通过在水泥浆中添加一定的弹性和韧性材料，当水泥石受冲击力作用时，弹性粒子吸收部分能量产生弹性变形，起到缓冲作用，提高水泥石的抗冲击性能。能在水泥石中形成三维网状结构，当水泥石受到外力作用时，利用增韧剂对负荷的传递作用，增加水泥石的抗折、抗冲击能力。在彭水区块三口井固井中采用了低弹性模量和较高拉伸强度的 SFP 弹韧性水泥浆体系，其水泥石力学性能见表 6-29。其中 PY2HF 井、PY3HF 井分别经受了 12 段、22 段分段压裂施工的考验。

表 6-29　彭水地区三口页岩气水平井弹韧性水泥石力学性能

井号	井深 /m	抗压强度 /MPa	抗拉强度 /MPa	弹性模量 /GPa
PY2HF	3446	19	4.4	6.3
PY3HF	3990	18	4.1	6.2
PY4HF	4190	20	4.2	5.4

（4）油基钻井液清洗技术。

彭水区块钻井采用低油水比的高黏切油基钻井液用常规的洗油冲洗液难以清洗干净。为了有效驱替油基钻井液，提高顶替效率，采用了具有润湿反转作用的 SCW-M 洗油冲洗液。该冲洗液的表面活性物质会在油基钻井液的滤饼表面吸附，其疏水基一端吸附在滤饼的表面，亲水基一端伸入水中，使油基钻井液冲洗液中的溶剂和水易在油基钻井液滤饼的表面渗入，产生溶胀作用，削弱了油滤饼的内聚力和结构力，同时也削弱了油滤饼和套管之间的作用力。然后 SCW-M 冲洗液在水力机械作用下，起到对油浆和油膜的拖拽作用，达到较好地冲刷套管壁和井壁、加快清除油污、提高界面胶结强度的目的。为了有效驱替黏度比较高的油基钻井液，采用了具有一定黏度的加重隔离液，通过合理的黏度或密度设计，有效隔开油基钻井液和水泥浆。同时为了提高洗油效果，根据室内不同转速下达到 100% 冲洗效果所需的时间，确定现场冲洗液的用量。同时考虑到冲洗液在注水泥浆时已经出现环空，为了使环空达到紊流顶替，在注入先导浆时排量要不小于 1.5m³/min。

（5）下套管技术措施

由于彭水区块海相页岩气水平段长度多在 1200m 以上，技术套管下深较浅，为了确保套管居中度达到 67% 以上，根据软件计算至少需要下入 200 多只扶正器，这在一定程度上增大了套管的刚度。加之裸眼段长、裂缝性地层反复漏失、井径不规则等因素，会发生多扶正器套管下不到位、下套管固井井漏、顶替效率低，影响固井质量，为此制定了以下措施。

第一，下套管前通井。页岩气水平井的井眼轨迹、井眼质量对下套管影响很大，应对起下钻遇阻、遇卡井段与井斜变化率超标井段认真划眼通井；在全角变化率大的井段反复大幅度活动钻具，彻底清除岩屑床，到底后大排量循环钻井液并活动钻具；同时选用满眼钻具组合通井一到两趟，通井管柱刚度不低于套管串的刚度，以便于套管顺利下入。采用两次通井，分别采用单扶正器和双扶正器，模拟套管刚度，确保下套管固井顺利。下套管通井必须保证井眼畅通，配高浓度清扫液，到底后大排量洗井。起下钻无异常摩阻方能开始下套管作业。

第二，扶正器安放原则。为保证套管居中度，要优化扶正器，提高水泥浆的顶替效率。依据钻井工程设计，鉴于水平段相对较长，所以选择适合长水平段井的整体式扶正器，该扶正器居中能力强，由于是整体式结构，在下入过程中不容易损坏，对井壁和自身均能起到有效的保护。相比于水平段，造斜段侧向力较大，所以斜井段选择刚性旋流扶正器。安放间距为 1 只扶正器 1 根套管。水平段采用弹性扶正器，不仅确保了居中度，弹性和刚性扶正器混搭，还降低了套管串刚度，有利于套管顺利下入。

通过在彭水区块采用 LWSF 低密度水泥浆体系固井，可以有效防止固井中漏失，密度可以控制在 $1.20 \sim 1.40 \text{g/cm}^3$，具有较好的浆体稳定性，承压能力好，与各类外加剂配伍性好，稠化时间可调，失水能够控制在 50mL 以内，低密度水泥石抗压强度显著提高，满足了彭水地区页岩气水平井固井要求。在水平段采用弹韧性水泥浆体系固井，大大降低水泥石弹性模量，增加了水泥石抗冲击能力，满足了彭水区块页岩气水平井大型分段压裂的要求。通过采用 SCW-M 高效洗油冲洗液，优化浆柱结构，优选替浆排量和冲洗液用量，不仅清洗掉了黏附在界面处的油膜及滤饼，还改善了环空界面的胶结环境，提高了固井胶结质量。采用双扶通井，优选、优化套管扶正器的类型和安放位置等来确保水平段套管顺利下入，从而提高水平井固井质量。采用长水平段固井配套工艺技术措施，在一定程度上防止了固井漏失，形成了彭水区块固井技术体系，并在现场应用中取得较好的固井效果。

3. 钻井技术应用效果

1）PY2HF 井

该井位于重庆市彭水土家族苗族自治县桑柘镇大青村，是部署在上扬子盆地武陵褶皱带彭水德江褶皱带桑柘坪向斜的一口探井，井型为水平井，设计井深为 3552.7m，设计水平位移为 1200m。主要目的层是下志留统龙马溪组—上奥陶统五峰组页岩。

该井于 2012 年 8 月 28 日开钻，Φ444.5mm 钻头一开钻进至井深 761m 处，下入表层套管 Φ339.7mm，套管下深为 759m。Φ311.2mm 的三牙轮钻头二开，钻进至 572m 后，采用 Φ312mm 空气锤钻进至井深 1616m 下完生产套管 Φ244.5mm，下深为 1609.89m。Φ215.9mm 的 PDC 钻进至设计井深 3552.47m，后经加深至 3990m 完钻，水平段长为 1652m。钻井周期为 125.88d，完井周期为 137.1d，建井周期为 153.1d，全井平均机械钻速为 4.49m/h。

2）PY4HF 井

该井位于重庆市彭水苗族土家族自治县桑柘镇回笼村，是部署在上扬子盆地武陵褶皱带彭水德江褶皱带桑柘坪向斜北翼的一口探井，井型为水平井，设计井深为3667.54m，水平位移为1400m。主要目的层是下志留统龙马溪组 - 上奥陶统五峰组页岩。

该井于 2012 年 9 月 15 日开钻，Φ444.5mm 钻头一开钻至井深 624m 处，下入表层套管 Φ339.7mm，下深为 574.39m。Φ311.2mm 空气锤钻头二开，钻至井深 1543.00m后，下入技术套管 Φ244.5mm，下深为 1541.38m。三开完钻层位龙马溪组，完钻井深为3652.00m，水平段长为 1451m。钻井周期为 107.88d，完井周期为 126.96d，建井周期为136.43d，全井平均机械钻速为 5.46m/h。

6.3　在水平井分段压裂中的应用

页岩既是烃源岩，又是储集层和盖层，因其渗透率超低、气体赋存状态多样等特点，通常不压裂无自然产能。与常规储层相比，页岩改造必须彻底"打碎"油气藏，以增加页岩吸附气的产出概率。目前，国内外广泛认可的观点是页岩压裂的目标函数是最大限度地提高页岩的"有效"裂缝改造体积（蒋廷学等，2011），这包含三个方面的含义：一是在页岩起裂和延伸方面，要实现三维方向的网络裂缝造缝体积（张旭等，2013）；二是，为了真正实现上述网络造缝体积的"有效"和"长期"性，必须优化和控制支撑剂的运移和铺置规律，在造缝空间内最大限度地提高裂缝的导流能力（卞晓冰等，2014）；三是通过簇射孔参数的优化（Cheng，2010），使多裂缝在空间上的展布更为科学合理，既避免相邻裂缝相互间干扰过大，又避免相互间距离太大而存在流动的死区。实际上，为了实现最好的效果，还应当在井工厂多井条件下，利用多井多缝间的诱导应力相互干扰现象，最大限度地提高裂缝的复杂性（蒋廷学，2013）。

国内目前以焦石坝为代表的龙马溪组海相高压页岩气已获得了商业性开发，而同样是龙马溪组海相的彭水常压页岩气藏并未实现商业性开发。即便在焦石坝页岩气藏，通过现场压裂试验表明，并非所有的井、段都能形成复杂的网络裂缝结构，这主要取决于地层的物性、岩性及矿物组分、岩石力学参数、地应力大小及分布特征、天然裂缝发育程度等页岩气地质（周德华和焦方正，2012）及工程参数条件，此外，还取决于分段多簇射孔参数、多级分段参数、压裂施工规模等完井压裂施工参数（蒋廷学等，2014a）。因此，页岩气储层改造的"有效性"应当是页岩地质、完井及压裂品质的有机结合。

页岩气水平井分段压裂技术在涪陵焦石坝地区和彭水地区均开展了几十口井次的应用，这两个地区的主要页岩层位均为龙马溪组（含少部分五峰组页岩），涪陵地区页岩气含气性、TOC 和保存条件均较优，彭水绝大部分为常压储层，通过这两个不同类型的页岩，描述页岩气水平井分段压裂技术应用的全过程。

6.3.1 在涪陵焦石坝地区应用

1. 储层特性分析

涪陵焦石坝储层主要的页岩气层位是龙马溪组和五峰组，龙马溪组厚度在 200m 以上，埋深在 2100～2400m，上龙马溪以深灰色泥岩为主，中龙马溪为灰 - 深灰色泥质粉砂岩与灰色粉砂岩互层，下龙马溪为大套灰黑色页岩、碳质页岩及灰黑色泥岩、碳质泥岩为主，下龙马溪含气性较好，五峰组埋深在 2410～2415m，厚度一般在 5～8m，为黑色碳质泥岩，顶见 0.10m 灰黑色灰质泥岩。根据岩性、物性、地化、含气性等特征，将某井纵向上龙马溪组和五峰组 89m 含气页岩层段划分为三段九个小层，其中 1 段的 38m，各方面页岩品质指标较优，划为优质页岩气层段，分五个小层，如图 6-21 所示。

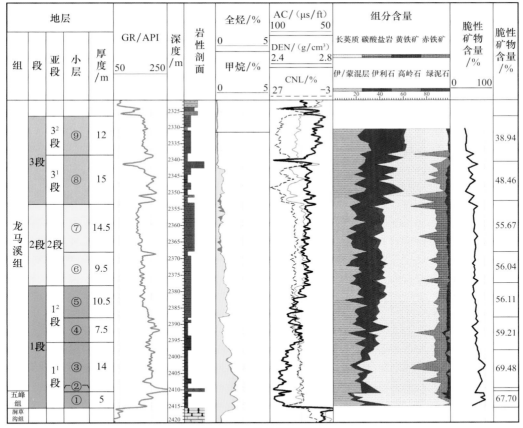

图 6-21 某井页岩剖面

第①号小层属于五峰组，深度为 2410.5～2415.5m，厚度为 5.0m，岩性以黑色硅质、碳质页岩为主，夹有薄层砂质页岩，测井显示高伽马、低电阻的特征，伽马值及 U 含量自下至上增大，平均为 162.23API，Th/U 值则自下至上减小，且均为 0.93；笔石和放射虫含量高，硅质含量普遍较高，脆性矿物含量在 60% 以上。

第②号小层属于五峰组，深度为 2409.5~2410.5m，厚度为 1.0m，该段为五峰组顶部的薄层的灰黑色凝灰岩，岩性较为单一，镜下观察凝灰岩由火山灰组成，具沉凝灰结构，黏土化强烈。该段具有明显的高伽马、高含 U、低电阻，低密度及低 Th/U 特征，自然伽马呈尖峰状，平均可达 260.91API，电阻率齿化低值，其平均值为 23Ω·m，密度平均值为 2.47g/cm³，该段 Th/U 最小，平均仅为 0.3，硅质含量较高，脆性矿物含量在 60% 左右。

第③号小层属于龙马溪组，深度为 2395.5~2409.5m，厚度为 14m，该段为龙马溪组底部泥页岩，岩性较为单一，主要为大套深灰色 - 灰黑色碳质页岩，夹薄层的砂质页岩。测井显示该段具有高伽马、高含 U、相对低电阻、低密度及低 Th/U 特征，自然伽马和电阻率呈箱状中值，伽马平均值为 186.78API；深感应电阻平均值为 34Ω·m；密度较低，平均值为 2.50g/cm³，呈向上逐渐增大的趋势；Th/U 均小于 2，平均值为 0.89；硅质含量较高，脆性矿物含量在 50%~60%。

第④号小层属于龙马溪组，深度为 2388~2395.5m，厚度为 7.5m，岩性为灰色 - 深灰色碳质泥页岩与粉砂质泥岩互层，从测井显示看，该段具有高伽马、高密度及相对高 Th/U 值的特征，伽马平均值为 192.31API，密度平均值可达 2.57g/cm³，Th/U 均小于 2，其平均值为 1.38，自然伽马和电阻率曲线上齿化似峰状，脆性矿物含量也在 50%~60%。

第⑤号小层属于龙马溪组，深度为 2377.5~2388m，厚度为 10.5m，岩性较为单一，主要为一套灰黑色含碳质粉砂质泥岩。从测井曲线看，变化较明显的是 Th/U 及密度值自下至上逐渐增大，局部 Th/U 值大于 2；密度由 2.51g/cm³ 增大至 2.63g/cm³，平均值为 2.58g/cm³；自然伽马相对低值，对应的电阻率为相对高值，其脆性矿物的含量在 50%~60%。

优质页岩从上到下，页岩 TOC 含量和含气性均逐渐增加，其中第①号、第②号、第③号小层有机质丰度为 4.01%，第④号、第⑤号小层为 3.03%。脆性矿物自上而下也呈现逐渐增加趋势，总量介于 33.9%~80.3%，平均为 56.53%，层理缝从上而下呈现越来越发育的趋势，到五峰组变为极发育。

整体焦石坝地区龙马溪组和五峰组页岩特征如表 6-30 所示。硅质含量较高，达到 30%~58%，脆性指数为 50%~65%，达到中等偏好，含气性平均为 4.6m³/t，局部位置达到 6.1m³/t，整体地层特性较好。

表 6-30　焦石坝某井地层特征描述表

项目名称	参数及指标
区块	焦石坝
层位	下志留统龙马溪

续表

项目名称		参数及指标
岩性		黑色粉砂质页岩及灰黑色碳质页岩
有机地化参数	TOC/%	1.625
	类型	I-Ⅱ
	R_o/%	1.85~2.23
岩石矿物组成	硅质 /%	30~58
	钙质 /%	11~14
	黏土矿物 /%	15~30
物性	孔隙度 /%	3.4
	渗透率 /mD	0.002~0.004
含气性	吸附气 /(m³/t)	2.5
	游离气 /(m³/t)	2.13
岩石力学参数	杨氏模量 /GPa	38
	泊松比	0.198
	水平应力差异	0.34
	脆性指数	0.5~0.65
气藏参数	页岩厚度 /m	80~100
	深度 /m	2150~2415
	压力系数	1.55

下面以四口穿越不同轨迹的水平井为例，说明页岩气压裂研究、设计、实施与评价的全过程。

A 井穿行层位主要为龙马溪⑤号小层，A 井水平段长为 1500m（B 靶点斜深为 4085m，垂深为 2396m，A 靶点斜深为 2585m，垂深为 2335m）。

B 井穿行层位主要为④号小层，小部分水平段穿行③~⑤号小层，B 井水平段长为 1003m（B 靶点斜深为 3772m，垂深为 2462m，A 靶点斜深为 2769m，垂深为 2408m）。

C 井穿行层位主要为①~③号小层，主要为③号小层，水平段长为 1500m（B 靶点斜深为 4314m，垂深为 2590m，A 靶点斜深为 2814m，垂深为 2557m）。

D 井穿行层位主要为①~③号小层，主要为①号小层，水平段长为 1500m（B 靶点斜深为 4122m，垂深为 2384m，A 靶点斜深为 2622m，垂深为 2378m）。

不同的穿行轨迹位置，由于地层不同的特征，需采取不同的压裂技术对策。

（1）①号层五峰组脆性指数达到 65%~70%，脆性强，层理极度发育，且方解石充填缝较多，该层的滤失非常大，低黏滑溜水体系造缝，易形成复杂裂缝，甚至是网络裂缝，但该层对砂比较为敏感，应多用粉陶降低滤失，主加砂阶段缓速提砂比，需注意压力变化情况，控制砂比。

（2）③号小层龙马溪组脆性指数达到60%～65%，脆性较强，从上到下层理从发育到极发育转变，该层滤失较大，滑溜水体系造缝，易形成复杂裂缝，对砂比较为敏感，应注意降低滤失，缓速提砂比。

（3）④号小层龙马溪组脆性指数为55%～58%，脆性中等偏好，层理中等发育，滤失相对适中，滑溜水+胶液混合压裂施工，需变排量施工，提高净压力，张开弱面缝，形成复杂裂缝，后期有必要提高砂比，增加砂量，使波及的③号层或者①号层的裂缝导流能力保持相对较高，有利于下部优质页岩气源源不断流入主裂缝和井筒中。

（4）⑤号小层龙马溪组脆性指数为54%，脆性中等，略高于底部页岩，高角度缝发育，滤失相对较大，有必要降低滤失，采用胶液+滑溜水+胶液混合压裂施工，迅速提高排量，将裂缝扩展至底部①～③号优势层内，提高砂量，有利于降低裂缝长期导流能力的下降幅度，也有利于下部优质页岩气源源不断流入主裂缝和井筒中。

（5）由于页岩气水平井水平段通常采用油基钻井液钻井，污染通常较为严重，各段应采用酸预处理措施，清洗孔眼，降低破裂压力。

2. 水平井分段压裂技术方案

1）压裂力学参数确定

针对某井龙马溪组开展了单轴力学试验，垂直层理方向泊松比为0.192～0.198，杨氏模量为2538GPa，如表6-31所示。

表 6-31　某井龙马溪组单轴岩石力学参数测定结果

序号	井深 /m	围压 /MPa	孔压 /MPa	抗压强度 /MPa	杨氏模量 /GPa	泊松比	备注
1	2380.66～2380.79	0	0	41.78	25153	0.192	4 条贯穿水平缝（垂直）
2	2406.95～2407.00	0	0	30.57	37963	0.198	2 条贯穿水平缝（垂直）

针对某井岩心进行了声发射地应力测试，2380.70m 位置最大主应力为63.50MPa，最小主应力为47.39MPa，如表6-32所示，水平地应力差异系数为34%。某井 FMI 测量计算双井径结果指示井旁现今最小水平主应力的方向为南 - 北向。

表 6-32　某井地应力大小

井号	层位	井深 /m	应力大小		
			上覆岩层压力	最大水平主应力	最小水平主应力
某井	龙马溪组	2380.70	58.62MPa\2.46MPa/100m	63.50MPa\2.67MPa/100m	47.39MPa\1.99MPa/100m

计算水平地应力差异系数＝（$\sigma_H - \sigma_h$）/σ_h×100%＝34%。

通过测试压裂和测井曲线校正，得到焦石坝储层内地应力剖面，储层下部最小水平主应力较小，上部较大，如图 6-22 所示，底板的最小水平主应力为 65MPa，是灰岩储层，较为致密，能有效限制缝高往下的延伸，①～③号小层水平主应力较低为 50MPa，④～⑨号小层为 52～54MPa。

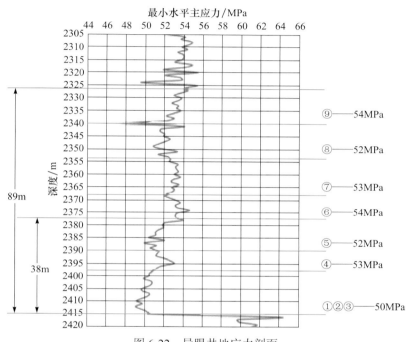

图 6-22　导眼井地应力剖面

2）段簇优化设计

（1）渗流场分析。

设计水平段长为 1500m，压裂段数分别取 18 段、20 段、22 段、25 段，每段射孔为 3 簇（图 6-23、图 6-24）。模拟结果表明产气量随压裂段数的增加而增大，压裂段数大于 22 段（66 簇），即簇间距小于 20m 时，累产气量递增减缓，在进行压裂段、簇优化设计时，段长为 1500m 的水平井，一般段数设置不超过 22 段（66 簇）。

（2）诱导应力场分析。

水平井分段压裂工艺主要以簇式射孔方式实现同时压开多条裂缝。水力裂缝的产生存在着先后顺序，初始裂缝产生后会对井筒周围的地应力造成影响，形成诱导应力场（贾长贵等，2012），后续压裂裂缝的起裂和延伸必然受到此诱导应力场的作用。

两向水平主应力差为 13MPa，当净压力达到 15MPa 时，诱导应力场作用距离为 10m，即 20m 外的两条裂缝无法干扰，界定裂缝间距为 20m，如图 6-25 所示。初步计算：裂缝间距为 20m，设计长为 1500m 的水平段，簇间距为 20m 时，3 簇段长为 60m，可分 25 段压裂。

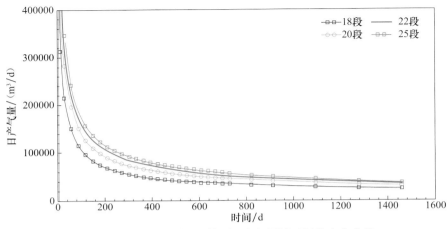

图 6-23　不同压裂裂缝段数下日产气量随时间的变化曲线

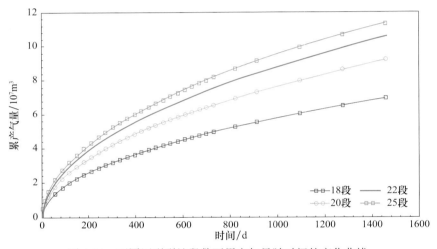

图 6-24　不同压裂裂缝段数下累产气量随时间的变化曲线

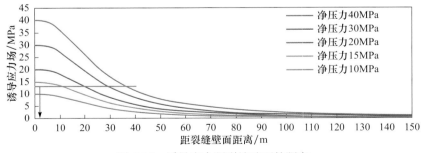

图 6-25　诱导应力距裂缝壁面的距离

（3）布缝设计。

实际水平井段所钻遇的地层非均质性较大，在进行压裂设计时，不能只单一考虑段数来进行段、簇的优化，要对压裂设计井的地质和工程各方面因素进行综合考虑，总体以水平段地层岩性特征、岩石矿物组成、油气显示、电性特征为基础，结合岩石力学参数、固井质量，对水平段进行划分，综合考虑各单因素压裂分段设计结果，重点参考层段物性、岩性、电性特征及固井质量四项因素进行综合压裂分段设计，具体射孔位置的设计原则是：高杨氏模量低泊松比；脆性指数高的位置；测井解释孔隙度较高；TOC 含量较高；录井气测显示好；固井质量优良；避开接箍位置；避开高密度段和漏失段。

射孔的孔数、密度、孔径等其他参数的确定需要计算不同有效射孔数量条件下孔眼摩阻，如图 6-26 所示，从图中可知，某一孔径条件下，不同孔数对应的孔眼摩阻，在 $10m^3/min$ 排量下，当有效射孔孔眼数量为 40 个时，总射孔摩阻为 7.5 MPa，多消耗设备功率为 1253kW，相当于 1 台 2000 型压裂车的使用功率，因此有必要根据实际情况进行射孔优化。

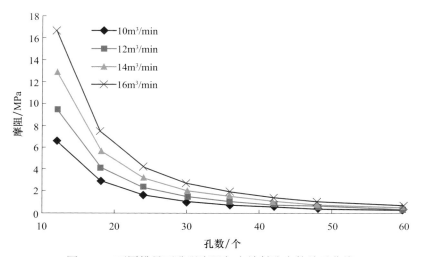

图 6-26　不同排量下孔眼摩阻与有效射孔个数关系曲线

考虑以上原则，先分大段后分小段，最后根据诱导应力场和数学模型模拟的簇间距原则进行合理的分段。依据岩性、电性、物性及力学参数等在井眼轨迹方向上存在一定差异的多项单因素参数，对 E 井龙马溪组（2558.00～4017.26m）水平段进行划分，划分为 22 段。

3）压裂液体系优选

根据国外经验（Handren and Palisch，2010）和目前国内页岩储层压裂改造现场试验进展情况，在滑溜水的选择上主要考虑依据脆性矿物指数等参数进行合理划分，关于脆性指数的计算通常采用矿物分析方法（Rickman et al.，2008）。

$$脆性指数\ BI = \frac{脆性矿物含量}{全岩矿物含量} \times 100\%$$

根据不同脆性指数，进行压裂液的选择，其标准如图 6-27 所示。

脆度	液体体系	裂缝几何形状	裂缝闭合宽度轮廓	支撑剂浓度	液量	支撑剂用量
70%	滑溜水			低	高	低
60%	滑溜水					
50%	混合					
40%	线性胶					
30%	泡沫					
20%	交联瓜胶			高	低	高
10%	交联瓜胶					

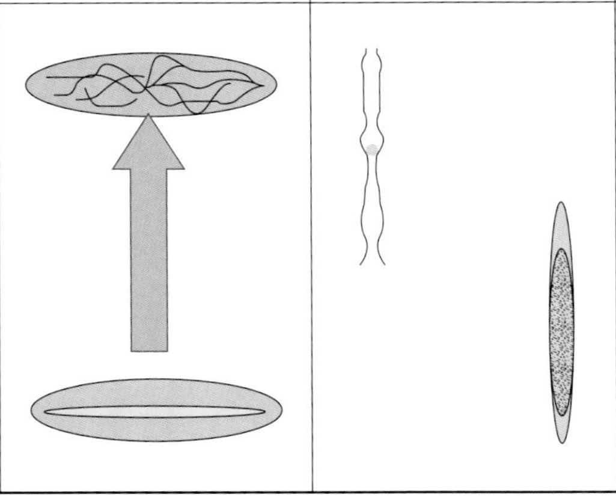

图 6-27　不同脆性页岩对应的压裂液选择标准

　　低黏液体体系，脆性越高在页岩内形成的破碎裂缝越粗糙，细小的裂缝越长，且流动的方向比较随机，两簇裂缝间易发生干扰连通，粗糙的裂缝壁面在裂缝闭合后也不能完全闭合，给页岩气提供了一个高导流的通道，因此脆性页岩需要大范围的低黏液体体系改造较好，滑溜水体系是在水内添加降阻剂，能显著地降低液体的摩阻，这有助于在限压施工条件下提高排量，排量越高，越能提高裂缝的复杂性。

　　当采用滑溜水体系形成复杂裂缝后，需要建立一条高导流能力的主缝，连通多个分支裂缝，因此，主裂缝需要高砂比，而滑溜水体系形成的缝宽有限，采用一定黏度的胶液施工，将有助于提高主裂缝导流能力。

　　在页岩气压裂中油基钻井液钻井污染严重，孔眼通常较不干净，且页岩破裂压力通常较高，试验证明，采用一定量的盐酸体系可有效降低破裂压力。

　　需要指出的是，滑溜水体系和胶液体系的优化，除了常规的降阻率、伤害率、助排、防膨和配伍等性能要求外，关于体系黏度的优化与控制至关重要。一般而言，如页岩的脆性相对较好，易于实现网络裂缝扩展，就应选用适当低的滑溜水黏度，但黏度太低，携砂能力就受限，因此需要在提高裂缝的复杂性程度与携砂能力之间进行平衡。同样，胶液的黏度越大，主缝的携砂及导流能力越大，但分支缝难以进入。最理想的情况是既有主裂缝的充分延伸和高浓度支撑剂支撑，又有分支缝的适当扩展和适度浓度支撑剂支撑。这就要求胶液的黏度控制，要在早期具有适当低的黏度，在末期具有适当高的黏度。这也是为什么一般使用两种黏度胶液的原因。

　　滑溜水体系的性能要求为：黏度为 $5\sim8\text{mPa}\cdot\text{s}$，摩阻是同等条件（相同排量、相同内径）清水摩阻的 35%，减阻率达 65%。

　　胶液体系的性能为：胶液水化性好，黏度为 $30\sim48\text{mPa}\cdot\text{s}$，基本无残渣，悬砂好，裂缝有效支撑好，返排效果好（低伤害、长悬砂、好水化、易返排）。

4）支撑剂优选

焦石坝北部地区的页岩埋深为 2400m，闭合压力为 50～52MPa，地层杨氏模量达 38GPa，杨氏模量为 0.198，地层偏硬，针对这类储层，首先根据"有效"闭合压力（闭合应力与井底流动压力的差值）进行支撑剂优选，如图 6-28 所示，优选了树脂覆膜砂和陶粒作为该地区的支撑剂。

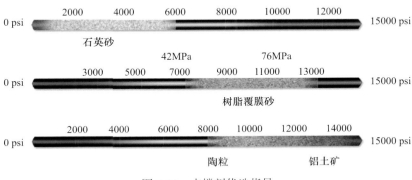

图 6-28　支撑剂优选指导

在 2.5kg/m² 铺砂浓度下，优选了 40/70 目三种类型的支撑剂，闭合压力为 50MPa 时，陶粒和覆膜砂的导流能力可达到 2μm²·cm 以上，如图 6-29 所示，低铺砂浓度条件下，闭合压力 40MPa 以上，覆膜砂相对导流能力较高，优选了覆膜砂作为主体支撑剂。

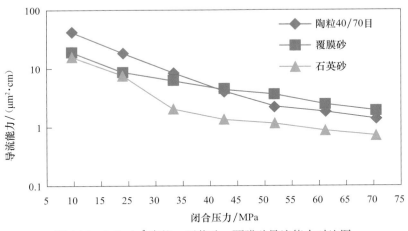

图 6-29　2.5kg/m² 陶粒、石英砂、覆膜砂导流能力对比图

在 2.5kg/m² 铺砂浓度条件下，闭合压力从 5MPa 增加到 70MPa，优选覆膜砂有两种粒径：40/70 目和 30/50 目覆膜砂，闭合压力为 50MPa 时，40/70 目导流能力达到 3μm²·cm，而 30/50 目覆膜砂导流能力可达到 15μm²·cm，如图 6-30 所示，30/50 目可作为封口支撑剂使用，提高近井裂缝导流能力。

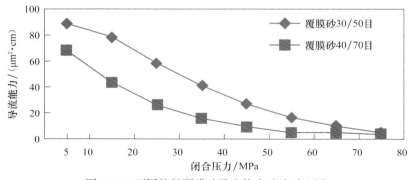

图 6-30　不同粒径覆膜砂导流能力试验对比图

5）施工参数设计

主压裂施工参数设计包括排量、前置液比例、段塞量、总液量及滑溜水与胶液比例的优化等。

第一，排量优化设计。

页岩气水平井实现体积压裂非常重要的一项参数是施工排量，在脆性页岩内施工，排量越高，净压力越高，形成的复杂裂缝几率越大，而且高排量可产生很强的水力冲击力，疏通天然裂缝系统，携砂能力强也是另一个重要的原因，由于一般采用低黏度压裂液，输砂剖面上的动态平衡高度较小，上边的液流速度快，因此，常规的尾追大粒径支撑剂的方法很难在近井筒处实现（图 6-31）。此时，必须采用变排量方法，降低沉砂高度，增大砂堤上的过流端面高度，才能使后续加入的大粒径支撑剂按预期那样堆积在近井筒处。

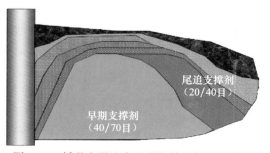

图 6-31　低黏度滑溜水压裂的输砂剖面示意图

但是排量设计过大，限压条件不一定与之匹配（井口、套管承受压力），提高级别会增加整体耐压级别，增加费用较多。为满足工艺要求，通常计算不同排量下的井口施工压力，如表 6-33 所示。

该井生产套管为 $\Phi139.7\text{mm} \times 10.54\text{mm}$ TP125T 管材，抗内压强度为 112MPa，井口承压限压为 95MPa。考虑套管材质、施工安全限压、压力安全窗口的影响，设计施工排量为 $12 \sim 15\text{m}^3/\text{min}$，预计施工压力为 $65 \sim 80\text{MPa}$，压力窗口为 $15 \sim 30\text{MPa}$，可控制砂比敏感导致压力突然上涨的形势。

表 6-33　施工压力预测表

延伸压力梯度/(MPa/m)	延伸压力/MPa	不同排量下的井口施工压力/MPa							
		8.0m³/min	9.0m³/min	10.0m³/min	11.0m³/min	12.0m³/min	13.0m³/min	14.0m³/min	15.0m³/min
0.021	51.723	46.83	50.17	53.79	57.77	62.05	66.65	71.55	76.76
0.022	54.186	49.29	52.64	56.26	60.23	64.52	69.11	74.01	79.23
0.023	56.649	51.75	55.10	58.72	62.70	66.98	71.57	76.48	81.69
0.024	59.112	54.22	57.56	61.18	65.16	69.44	74.04	78.94	84.15
0.025	61.575	56.68	60.03	63.64	67.62	71.91	76.50	81.40	86.62
0.026	64.038	59.14	62.49	66.11	70.09	74.37	78.96	83.86	89.08
0.027	66.501	61.61	64.95	68.57	72.55	76.83	81.43	86.33	91.54
0.028	68.964	64.07	67.41	71.03	75.01	79.30	83.89	88.79	94.00
0.029	71.427	66.53	69.88	73.50	77.48	81.76	86.35	91.25	96.47
沿程摩阻/MPa		11.12	13.74	16.61	19.72	23.06	26.64	30.44	34.46
孔眼摩阻/MPa		2.62	3.34	4.09	4.96	5.90	6.92	8.02	9.21
总摩阻/MPa		19.74	23.08	26.70	30.68	34.96	39.56	44.46	49.67

注：B 井储层中部垂深为 2463m，裂缝延伸压力梯度为 0.024～0.026MPa/m，酸液密度为 1.0045g/cm³；滑溜水、线性胶均按减阻率 65% 计算，孔眼摩阻按 5～8MPa 计算。

第二，砂液比优化设计。

砂液比的设计除了常规的追求与造缝宽度相匹配的支撑缝宽外，更重要的是增加裂缝内砂浆的流动摩阻，以提升主裂缝的净压力，从而实现裂缝的转向或张开天然裂缝的目的。对脆性页岩而言，层理缝发育的地层，易形成复杂裂缝系统，砂液比通常不需要过高，仅加入一定量的支撑剂即可支撑错位的裂缝系统，而在主裂缝中则加大砂比，满足裂缝导流能力从井筒远处向近处逐渐增大的原则，因此①～③号层基本砂液比控制在18% 以内。对中等脆性页岩而言，层理缝一般发育，不易形成复杂裂缝，则需要提高砂比，加大裂缝内支撑剂沉积，憋压提升净压力，张开弱面缝，使裂缝转向，④～⑤号层砂液比最终设计达到 20% 以上。

第三，规模优化设计。

总液量的优化，要从地质与工程两个方面综合权衡考虑。既要考虑地质的要求，又要具备现场可操作性。以 B 井为例，在不同层段不同簇数条件下，对不同压裂液规模进行模拟分析。

以两簇进行模拟，选取压裂液用量为 1200m³、1300m³、1400m³ 和 1600m³，支撑剂用量为 65m³、70m³、75m³、80m³，则不同压裂液用量对裂缝半长的影响如图 6-32 所示，支撑半长在 240～340m。

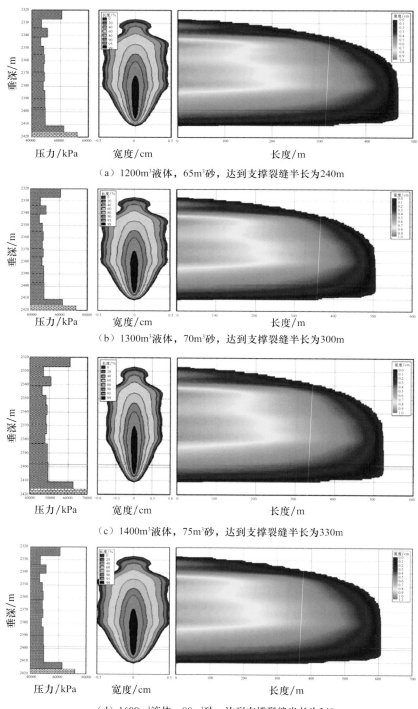

（a）1200m³液体，65m³砂，达到支撑裂缝半长为240m

（b）1300m³液体，70m³砂，达到支撑裂缝半长为300m

（c）1400m³液体，75m³砂，达到支撑裂缝半长为330m

（d）1600m³液体，80m³砂，达到支撑裂缝半长为340m

图 6-32　不同液量对应支撑半缝长（两簇）

以三簇进行模拟，选取压裂液用量为 1400m³、1500m³、1600m³ 和 1800m³，支撑剂用量为 70m³、75m³、80m³、90m³，则不同压裂液用量对裂缝半长的影响如图 6-33 所示，支撑半长在 240～300m。

根据要求，半长控制在 300m 以内为佳，因此液量规模按照两簇或者三簇模式设计为 1300～1800m³。而对滑溜水与胶液比例的优化，通常地层的脆性越强，滑溜水用量越多；塑性越强，层理缝越多，应力差异性越小，胶液用量越多。

至于规模与簇数的优化确定，最终还应以实际形成的"有效"裂缝改造体积及对应的压后产量为目标。

3. 分段压裂应用实例

1）实施概括

（1）A 井压裂。

880m 水平段长，压裂为 13 段 34 簇，13 段全部穿行于龙马溪组⑤号层。滑溜水压裂初期压力高，达到 90MPa，加砂较为困难，换用前置胶液 + 减阻水加砂，再配合粉陶打磨，压力降低，最终降为 55～60MPa，滑溜水阶段砂比逐渐可提高到 15%，胶液阶段可达到 21%。

各段压裂施工的主要特征描述如下：第 1 段压裂加砂顺畅，压力平稳为 45.7～54MPa，减阻水 + 胶液模式施工，减阻水阶段最高砂比为 16%，胶液阶段最高砂比为 23%；第 2 段采用和第 1 段相同的模式施工，加砂初期压力高，加砂困难，停工后换用前置胶液 + 减阻水加砂，压力降低，砂比逐渐提高到 15%；第 3～10 段压裂采用前置胶液 + 减阻水加砂，减阻水最高砂比为 14%～15%，胶液阶段为 21%，压力较高（56～84MPa）、单段压力波动幅度不大，整体平稳；第 11 段加砂压力高，对低砂比敏感，2% 的砂比进地层后压力快速涨到 90.3MPa，只泵注液体，压力为 82.7～90.3MPa，压力过高，不具备加砂条件；第 12～13 段加砂较为顺畅，压力 51～64MPa，减阻水阶段最高砂比为 16%，胶液阶段最高为 21%。

A 井 13 段压裂施工时，压裂液总量为 21765m³，加砂 874m³，综合砂液比为 4%。减阻水总量为 13295m³，胶液总量为 6639m³，酸液为 350m³，100 目粉陶为 64m³，40/70 目树脂覆膜砂为 680m³，30/50 目树脂覆膜砂为 129m³。

（2）B 井压裂。

水平段长为 1000m，压裂为 15 段 36 簇，15 段大部分穿行于龙马溪组④号层。滑溜水 + 胶液压裂施工，施工顺利，滑溜水阶段砂比可达到 16%，胶液阶段可达到 22%～24%。

各段压裂施工的主要特征描述如下：第 1～7 段加砂较为顺畅，减阻水阶段最高砂比为 14%～16%，胶液阶段最高砂比为 22%；压力平稳时为 50～58MPa；第 8 段加砂困难、压力高、波动大（压力为 68～80MPa，最高砂比为 5%）；第 9～13 段施工恢复正常，减阻水阶段最高砂比为 15%～16%，胶液阶段为 22%，压力较低（45～53MPa）、

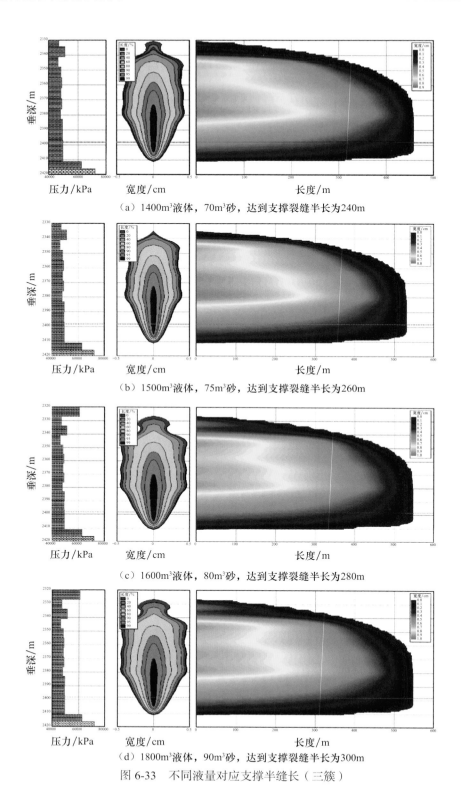

（a）1400m³液体，70m³砂，达到支撑裂缝半长为240m

（b）1500m³液体，75m³砂，达到支撑裂缝半长为260m

（c）1600m³液体，80m³砂，达到支撑裂缝半长为280m

（d）1800m³液体，90m³砂，达到支撑裂缝半长为300m

图6-33　不同液量对应支撑半缝长（三簇）

波动小，较第 1～7 段下降 5MPa 左右；第 14 段压力高，对低砂比敏感，3% 的砂比进地层后压力快速涨到 93MPa，只泵注液体，压力为 80～90MPa，压力过高，不具备加砂条件；第 15 段与第 9～13 段情况相似，压力为 45～50MPa，减阻水阶段最高砂比为 15%，胶液阶段最高为 22%；

B 井 15 段压裂施工时，压裂液总量为 21522m³，加砂为 984m³，综合砂液比为 4.6%。减阻水总量为 15568m³，胶液总量为 5757m³，酸液为 197m³，100 目粉陶为 74m³，40/70 目树脂覆膜砂为 781m³，30/50 目树脂覆膜砂为 130m³。

（3）C 井压裂。

水平段长为 1500m，压裂为 15 段 44 簇，15 段大部分穿行于龙马溪组③号层，小部分层段穿行于①号层和②号层，按照预处理酸 + 滑溜水 + 胶液模式施工，砂比敏感性明显增强。

各段压裂施工的主要特征描述如下：第 1～2 段压裂，加砂较顺畅，减阻水阶段最高砂比为 13%，胶液最高砂比为 19%；压力平稳为 55～65MPa；第 3～4 段压裂，加砂困难、压力波动大，第 3 段压力表现为前低后高（压力为 52～83MPa，最高砂比为 12%），第 4 段表现为前高后低（压力为 83～52MPa，最高砂比为 10%）；第 5～8 段压裂，施工正常，减阻水阶段最高砂比为 14%～16%，胶液阶段为 21%，压力较低（45～60MPa）、波动小，液量砂量达到设计要求；第 9 段压裂，前期施工正常，11% 的砂比进地层后压力逐渐爬升，对高砂比敏感，15% 的砂比进地层后快速涨到 93MPa；第 10～15 段压裂，根据前期施工情况调整施工泵序，减阻水阶段最高砂比为 11%～12%，胶液阶段为 13%，施工压力为 44～55MPa。

C 井 15 段压裂施工时，压裂液总量为 27349m³，加砂为 772m³，综合砂液比为 2.8%。减阻水总量为 20998m³，胶液总量为 6055m³，酸液为 286m³，100 目粉陶为 94.9m³，40/70 目树脂覆膜砂为 632.8m³，30/50 目树脂覆膜砂为 43.9m³。

（4）D 井压裂。

水平段长为 1500m，压裂为 21 段 61 簇，21 段大部分穿行于五峰组①号层，小部分层段穿行于③号层和②号层，按照预处理酸 + 滑溜水 + 胶液模式施工，砂比敏感性变得更强。

各段压裂施工的主要特征描述如下：第 1～2 段处于五峰组内，压力较高（58～73MPa），但比较稳定，受限于供水速度，减阻水最高砂比为 11%～12% 时，倒换胶液，胶液阶段最高砂比为 17%～18%；第 3～6 段处于龙马溪组，其中第 3～6 段压力较低（50～67MPa），加砂顺畅，减阻水最高砂比为 14%～16%，胶液最高砂比 18%～19%；第 7 段贴近凝灰岩层，施工压力高达 80～95MPa，砂比 2% 加砂，压力上涨快；第 9～13 段施工压力高达 60～80MPa，加砂困难，减阻水最高砂比为 8%，胶液最高砂比为 6%；第 14～16 段、第 19～21 段施工压力波动较大为 55～70MPa，对砂比提升较敏感；第 17 段、第 18 段压力稳定为 53～64MPa，加砂顺畅，减阻水最高砂比为 16%，胶液最高砂比为 18%。

D 井 21 段压裂施工时，压裂液总量为 38285m³，加砂为 960m³，综合砂液比为 2.5%。减阻水总量为 30369m³，胶液总量为 7916m³，酸液为 484m³，100 目粉陶为 199m³，40/70 目树脂覆膜砂为 628m³，30/50 目树脂覆膜砂为 99m³。

2）工艺技术水平评价

涪陵水平井段钻井轨迹基本控制在 38m 优质页岩中，由于地层存在一定的角度，轨迹较难把握，轨迹在 1 到 5 号层均有分布，总结多口井在五峰组和龙马溪组压裂施工中的反应有较大的不同，总体满足从上到下加砂敏感性越来越强的趋势，A 井和 B 井综合砂液比达到 4% 以上，C 井综合砂液比仅为 2.8%，而 D 井为 2.5%。将反应特征分为两类，一类是①～②号层五峰组，层理极发育，脆性较好；二类是龙马溪④～⑤号层，层理发育，脆性相对较低，③号层介于一类和二类之间，暂归为二类。总结两类层位具体施工特征有四个不同点。

（1）替酸过程：五峰组替酸时有明显破裂，反映其脆性很强，压力逐步降低，反映其滤失较大；龙马溪组替酸时压力基本不变，反映低排量没有明显破裂，显示其脆性相对较差，滤失相对较低，如图 6-34 所示。

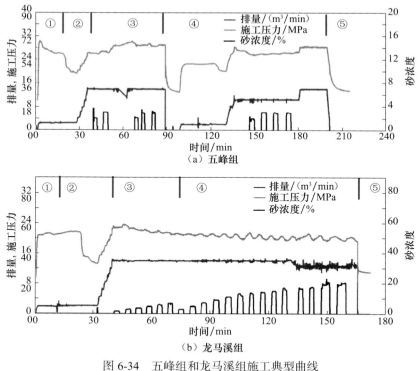

图 6-34　五峰组和龙马溪组施工典型曲线

①为替酸；②为提排量阶段；③和④为加砂阶段；⑤为停泵压降

（2）提排量阶段：五峰组压力上升较慢，滤失量大，龙马溪组压力上升较快，滤失相对较低。

（3）加砂过程：五峰组加入粉陶打磨作用不明显，支撑剂进入地层后，压力上升，反映粉陶对降滤失有一定作用，对低砂比敏感，反映缝宽较窄，裂缝延伸受限，加入胶液后，压力上升明显，反映黏度增加，缝内摩阻加大，脆性破裂缝宽一般较窄；龙马溪组粉陶打磨作用较为明显，易加砂，反映缝宽较大，微裂缝相对较少，主裂缝延伸正常，加入胶液，压力有正常上涨，反映井筒摩阻增加；地层脆性越强，层理越发育，对砂比越敏感。

（4）停泵压降阶段：五峰组停泵压力较高，压力下降较快，反映其滤失较大，显示脆性较好，层理极发育；龙马溪组停泵压力一般在 29 ～ 32MPa，压降较慢，滤失较小，层理发育程度低。

射孔位置为龙马溪组，通过多口井显示，单段三簇簇间距设置为 20m（段长为 70m），龙马溪组各段施工停泵压力正常，段间几乎无影响，结合施工曲线判断裂缝以向前延伸为主，横向扩展范围不超过设计段长。

射孔位置为五峰组，通过多口井五峰组施工反映，三簇簇间距设置为 20m（段长为 71m），停泵压力异常，且邻段施工砂比敏感性强，单段簇数由三簇降为两簇时（段长为 75m），加砂相对较好，结合施工曲线分析判断出裂缝延伸长度方向受限，裂缝横向扩展范围超过设计值。

射孔位置为龙马溪组时，通过测试压裂分析，显示龙马溪组施工停泵后存在一个分支裂缝闭合点，形成复杂裂缝，如图 6-35 所示。

射孔位置为五峰组时，通过测试压裂分析，显示五峰组施工停泵后存在多个分支裂缝闭合点，结合压裂曲线反映，横向扩展明显，形成了较大范围的网络裂缝。

四口井压裂特征基本反映了这几个层位的层位特征，靠下部的五峰组①号层和龙马溪③号层，滤失大，加砂砂比敏感，增加了粉陶用量，降低了砂比，顺利完成了施工。而上部龙马溪④号层，滤失中等，施工非常顺利，第⑤号层，采用胶液前置施工，施工也比较顺利。针对这不同的层位形成了相应的对策，且施工成功率在95%以上，在裂缝形态上 A 井、B 井、C 井、D 井均形成了复杂裂缝，甚至形成了网络裂缝，达到了设计的目标，因此整体工艺技术适应性较强。

3）裂缝几何尺寸反演

根据施工的反应特征，结合拟合结果，针对两类层，建立两套压裂模型，与常规压裂不同的是，页岩气压裂是体积压裂，引入"改造宽度"概念，是指页岩压裂中，层理、脆性及天然裂缝发育层位，压裂改造在其宽度方向上波及的长度。两套压裂模型分别是针对射孔位置在龙马溪组和五峰组建立的压裂模型。

（1）射孔位置在龙马溪组。

龙马溪组以复杂裂缝形成为主，层理开启较少，缝高和缝长延伸较为顺畅，拟合现场 1800m³ 减阻水 + 胶液（20%）模式，可使波及长度达到 290m，三簇改造宽度达到 67m，缝高可扩展 55m，如图 6-36 所示。

根据拟合模型进行优化设计，优化 1400m³、1600m³、1800m³、2000m³ 减阻水 + 胶液（20%）模式，分单段三簇和单段两簇模式，单段三簇结果：液量为 1400～2000m³，

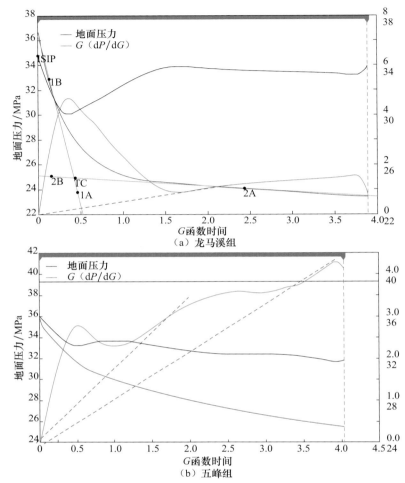

图 6-35　龙马溪组和五峰组测试压裂 G 函数

右侧坐标轴上面一组数据为停泵压力，下面一组数据为 $G(dP/dG)$

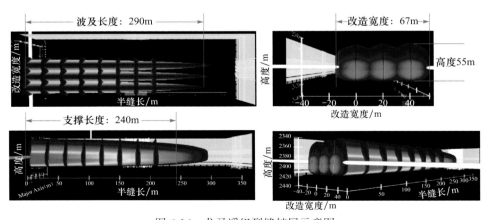

图 6-36　龙马溪组裂缝扩展示意图

波及缝长为240～310m，改造宽度为60～71m；单段两簇结果：液量为1400～2000m³，波及缝长为275～365m，改造宽度为45～60m；若水平井水平间距为600m，采用单段三簇和单段两簇模式均可，规模设计不同，三簇按照1800m³液量设计，两簇按照1400m³设计，如图6-37所示。

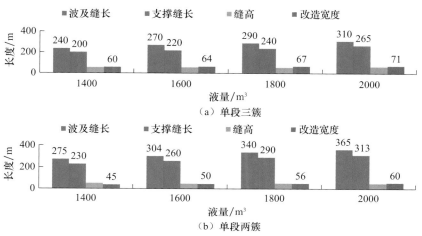

（a）单段三簇

（b）单段两簇

图6-37　射孔位置为龙马溪模拟结果

（2）射孔位置为五峰组压裂模型。

五峰组以网络裂缝形成为主，层理开启较多，缝高和缝长延伸受限，拟合现场1800m³减阻水＋胶液（20%）模式，波及长度达到240m，三簇改造宽度达到93m，缝高可扩展40m，如图6-38所示。

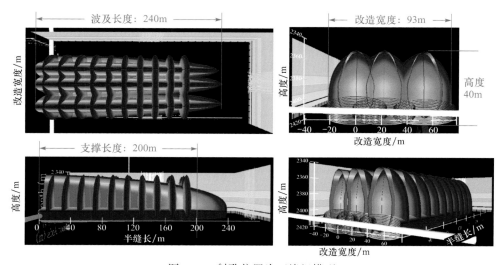

图6-38　射孔位置为五峰组模型

根据拟合模型进行优化设计，优化1400m³、1600m³、1800m³、2000m³减阻水＋胶液（20%）模式，分单段三簇和单段两簇模式，单段三簇结果：液量为 1400～2000m³，波及缝长为 220～255m，改造宽度为 81～96m；单段两簇结果：液量为 1400～2000m³，波及缝长为 250～320m，改造宽度为 70～78m，如图 6-39 所示；若水平井段间距为 600m，推荐单段两簇模式，1000m 水平段长可设计为 13 段。

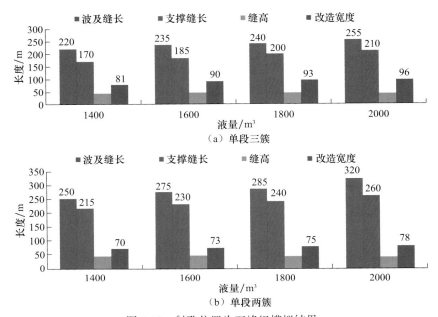

图 6-39　射孔位置为五峰组模拟结果

该模型经过大量数据分析、拟合和后评估分析得到的结果，与现场施工和效果评估有一定的吻合性。1500m 水平段长的井，钻井轨迹通常不会仅在某一个小层穿行，多数井在①号、②号、③号、④号、⑤号小层均有穿行，对水平井间距为 600m 时，若要获得最高的压裂改造体积，如果穿行比较稳定，根据改造宽度，理论计算的段数为 19～21 段，若轨迹有较大波动，则可调整在 19 段以下。

对于 600m 间距，压裂规模目前一般为 1400～2000m³，调整井间间距，则可根据缝长进行压裂规模优化。因此，水平井段轨迹在 38m 范围内时，可根据其处在龙马溪组和五峰组的具体位置，进行规模和段长的设计，规模、段长与布井井距存在一定的匹配关系，当其匹配时可以达到效益最大化。

4）压后效果分析

四口井压裂施工成功率在 95% 以上，有效率为 100%。页岩气井压裂前几乎无产量，压裂后，A 井无阻流量为 $15.33 \times 10^4 m^3/d$，生产曲线如图 6-40 所示；B 井无阻流量为 $21.18 \times 10^4 m^3/d$，生产曲线如图 6-41 所示；C 井无阻流量为 $81.92 \times 10^4 m^3/d$，生产曲线如图 6-42 所示；D 井无阻流量为 $155.83 \times 10^4 m^3/d$，生产曲线如图 6-43 所示。

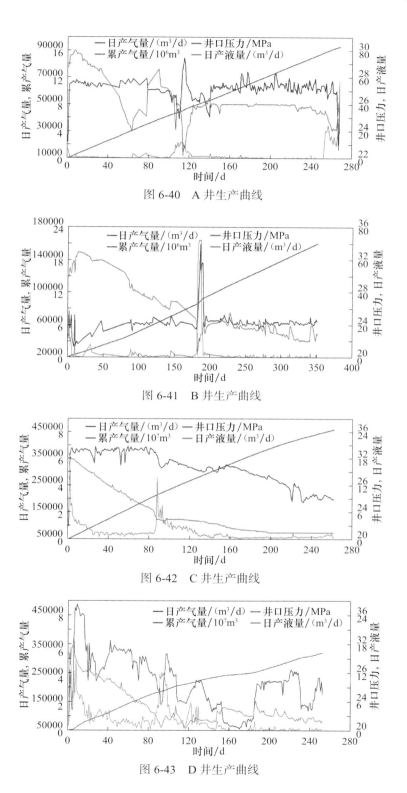

图 6-40　A 井生产曲线

图 6-41　B 井生产曲线

图 6-42　C 井生产曲线

图 6-43　D 井生产曲线

通过建立的模型，计算四口井改造体积，A 井压裂 13 段 34 簇，根据施工规模计算该井改造体积为 $2.51 \times 10^7 m^3$。B 井压裂 15 段 36 簇，计算该井改造体积为 $2.38 \times 10^7 m^3$。C 井压裂 15 段 44 簇，计算该井改造体积为 $2.91 \times 10^7 m^3$。D 井压裂 21 段 61 簇，根据计算该井改造体积为 $3.46 \times 10^7 m^3$。

至 2014 年年底，A 井控制生产累计产页岩气 $2790 \times 10^4 m^3$，压裂液返排率为 4.7%，当前井口压力为 22.6MPa；B 井控制生产累计产页岩气 $3074 \times 10^4 m^3$，压裂液返排率为 3.2%，当前井口压力为 21.1MPa；C 井敞喷生产累计产页岩气 $1.21 \times 10^8 m^3$，压裂液返排率为 2.2%，当前井口压力为 6.4MPa；D 井控制生产累计产页岩气 $7513 \times 10^4 m^3$，压裂液返排率为 1.4%，当前井口压力为 23.3MPa。

C 井、D 井不仅钻井轨迹所在的层位页岩品质相对于 A 井和 B 井的优质，而且压裂改造体积与其也有着较大的差距，因此 C 井、D 井相对于 A 井和 B 井压后无阻流量有着较大的差异。对 A 井而言，虽然压裂规模较大，获得改造体积较高，但其主体层位是 5 号层，其所处的页岩品质不及 B 井所在的④号层，而且也可能存在地域的差异，导致 B 井无阻流量高于 A 井。四口井生产一年多以后，返排液均低于 5%，而且层位越靠下的储层返排率越低，这在侧面也证明 C 井和 D 井形成裂缝的复杂性要相比 A 井和 B 井复杂，形成裂缝复杂性越强，压裂液在裂缝内越不易排出，越容易发生气锁现象，因此，C 井和 D 井相对页岩品质较好，易产生复杂裂缝甚至是网络裂缝，是钻井轨迹的有利层位。

6.3.2 在彭水地区的应用

1. 地区页岩储层特征

地层层系发育较全，基底为前震旦系板溪群浅变质岩，上覆盖层除局部缺失泥盆系、全区缺失石炭系、白垩系、新近系外，从震旦系至侏罗系其他沉积地层总厚度近万米。储层为志留统龙马溪组—上奥陶统五峰组厚层黑色页岩，厚度达 103m。通过对岩石组合、岩石灰分含量变化关系、化石种属与生态环境的关系、化石含量等条件综合分析认为，该套黑色页岩为深水陆棚相沉积，富有机质，有利于页岩气富集。下志留统龙马溪组—上奥陶统五峰组暗色富有机质含气页岩厚度大，有机质含量大于 1.0% 的厚度约为 94m。

岩石矿物组分分析结果表明，在 2140～2150m 段，岩石黏土矿物含量为 28.5%，石英含量为 44.5%，方解石含量为 5.18%。黏土、脆性矿物含量适中，有利于压裂改造。2135～2140m 井段，岩石黏土矿物组分相对较多，约为 31%；石英含量相对减少，平均约为 41%。

根据岩性、物性、地化、含气性等特征，龙马溪组和五峰组优质页岩厚度为 34m，划为优质页岩气层段，分五个小层，各小层具体参数如表 6-34 所示。彭水区块主要地质参数及压裂参数对比如表 6-35 所示。

表 6-34 五个小层的基本参数

小层	深度 /m	TOC/%	孔隙度 /%	石英 /%	黏土 /%	气测全烃 /%	含气量 /(m³/t)
⑤	2126~2136	1.48	1.84	36.31	33.08	2.86	1.3
④	2136~2142	2.69	3.1	40.03	25.96	5.82	2.24
③	2142~2154	3.44	2.99	46.61	25.74	10.9	2.3
②	2154~2156	3.98	2.73	63.8	20.3	4.18	2.14
①	2156~2160	3.22	2.81	51.33	33.68	4.55	1.7

表 6-35 彭水页岩基本参数

项目名称		参数及指标
区块		彭水
层位		下志留龙马溪组
岩性		灰黑色 - 黑色碳质页岩
有机地化参数	TOC/%	1.48~3.98
	类型	I
	R_o/%	2.3~2.6
岩石矿物组成	硅质 /%	36.31~63.8/44.5
	钙质 /%	2.3~14.6
	黏土矿物 /%	20.3~33.68/28.5
物性	孔隙度 /%	1.84~3.1
	渗透率 /10⁻⁵mD	9.15
含气性	吸附气 /(m³/t)	1.26
	游离气 /(m³/t)	2.65
岩石力学参数	杨氏模量 /GPa	32
	泊松比	0.26
	水平应力差异	0.12
	脆性指数	0.35~0.55
气藏参数	页岩厚度 /m	103
	深度 /m	1000~2500
	压力系数	常压

2. 分段压裂技术应用实例

以 H 井为例，说明彭水地区页岩气压裂设计、施工和评价的过程。

1) 地质力学特征

彭水地区 H 井，水平段在龙马溪组③号、④号、⑤号小层穿行，B 靶点斜深为 4140m，垂深为 3019m，A 靶点斜深为 3040m，垂深为 2866m，水平段长为 1100m，完钻地层龙马溪组，轨迹主要位于优质页岩段③号、④号、⑤号小层。完钻后下入 P110 套管（139.7mm×10.54mm），套管下深为 4185m。H 井处于向斜核部，埋深较大，裂缝不发育，钻进过程中发生一次漏失，漏失段为 3892～3905m，共计漏失油基泥浆 85.35m³。

龙马溪组压裂层段压裂地质参数：静态泊松比为 0.234～0.264；静态杨氏模量为 21.052～46.54GPa；应力差值大于 6MPa，目的层顶部隔层条件一般，应力差值相对较小，各向应力差异系数为 12%（试验值）；低孔隙度为 4.4%～4.9%，低渗透率为 91.5～139.8nD（测井）；水平段测井解释泥质含量变化极大，平均伽马值为 190～383API；脆性指数多数为 44.5%，与远景页岩气选择标准对比，脆性不强；地层压力为常压地层。

2）压裂技术关键分析及对策

从地质条件来看，龙马溪组泊松比较高，射孔簇位置泥质含量差异性极大，地层偏塑性，压裂后易形成单一缝。但地应力差异系数较小，石英含量适中，具备形成复杂缝的条件。彭水地区与美国的 Haynesville 页岩气藏性质较为相似（压裂后以双翼平面缝为主）；同时，彭水地区与焦石坝同属一套地层，页岩储层特性也较为相似（但从焦石坝前期压裂情况来看，裂缝较发育，压裂后单一缝和复杂缝均有）。

彭水地区页岩压裂物理模拟试验结果显示，真三轴压缩条件下水力压裂裂缝以沿天然层理面开裂为主，水力压裂可产生与层理面垂直的裂缝，与天然层理面开裂后形成的裂缝交汇，形成网状裂缝。以上分析认为该井改造层段是否易于形成体积缝网的不确定性较高。

与焦石坝地区相比，彭水地区除了压力系数低和 TOC 含量低外，其他的各项地质参数基本相同。考虑到常压页岩气藏的生产压差更小，对裂缝复杂性及"有效"裂缝改造体积的要求更高，具体技术对策如下：增加段数，采用簇式射孔方式，每段簇数设置为两簇，提高排量，则每簇的排量有所提高，所形成的净压力相对要高，采用黏度更低的减阻水，使形成的裂缝面更粗糙，增加单段规模，增加段间干扰，尽可能沟通更多地层体积和层理弱面缝，产生更多裂缝。为此，在 H 井上加密了段间距，增加了液量和砂量、排量等施工参数，寻找漏失层进行射孔，以利用天然裂缝充分提高裂缝的复杂性，并优化了滑溜水和胶液配方。

3）压裂优化设计

（1）段簇优化设计。

研究表明，当天然裂缝内净压力超过 13.18MPa 时可张开天然裂缝，根据诱导应力场计算结果（图 6-25）可知，裂缝可张开 13m 之内的弱面缝，因此确定簇间距为 26m。初步确定 H 井（压裂段长度为 1260m）为 24 段。

根据水平井钻探情况，综合考虑 H 井水平段岩性、电测特征、气测显示等情况，将该井水平井段进行了优选和分类，由好到差初步分为四类，具体情况如下（表 6-36）：类型一为高气测值（C_1 为 1.9%～5.32%）、相对低伽马值（179～317API）、低电阻（23～50Ω·m），主要位于 3760～4190m；类型二为中 - 高气测值（C_1 为 1.48%～4.95%）、高伽马值（215～460API）、中电阻率（34～72Ω·m），主要位于 3425～3760m；类型三为中 - 高气测值（C_1 为 0.6%～5.97%、1.03%～3.52%）、相对低伽马值（157～449API）、高电阻率（0.3～1998Ω·m、44～84），主要位于 2730～2790m、2870～3120m、3280～3425m；类型四为低气测值（C_1 为 0.7%～2.97%）、低伽马值（170～273API）、高电阻率（36～190Ω·m），主要位于 2790～ 2870m、3120～3280m。

表 6-36　H 井优质泥页岩段类型数据表

参数	类型一	类型二	类型三		类型四
深度 /m	3760～4190	3425～3760	3280～3425、2870～3120	2730～2790	2790～2870、3120～3280
厚度 /m	400	350	170	130	150
C_1/%	1.9～5.32	1.48～4.95	0.6～5.97	1.03～3.52	0.7～2.97
GR/API	179～317	215～460	157～449	191～449	170～273
RLLD/(Ω·m)	23～50	34～72	0.3～1998	44～84	36～190
漏失 /m³	32.43	未漏	未漏	未漏	未漏
总厚度 /m	400	350	300		150

在上述储层分类的基础上，在同一类型的泥页岩段内部根据等厚法将 H 井压裂井段分为 24 段进行施工，压裂段总长度为 1260m，单个段长基本为 50m，少部分段为 55m 和 65m。

射孔位置的确定应遵循以下原则：①应选择在 TOC 较高的位置射孔；②选择在天然裂缝发育的部位射孔，天然裂缝不仅储藏气体，同时是优良的产出通道；③选择在孔隙度、渗透率高的部位射孔；④选择在地应力差异较小的部位射孔；⑤选择气测显示较高的部位射孔；⑥选择固井质量好的部位射孔。

射孔方案初步设计如下：为减少孔眼摩阻，推荐采用较大孔径射孔，孔径不小于 12mm，每段两簇射孔，孔密度为 16 孔 /m，1.3m/ 簇，相位 60°，每段共 40 孔。射孔参数如表 6-37 所示。

表 6-37　彭水区块水平井射孔方案

射孔簇数	每簇长度 /m	每段射孔长度 /m	孔密度 /(孔 /m)	孔径 /mm	相位角 /(°)	枪型	枪身耐压 /MPa	说明
2	1.3	2.6	16	≥ 12	60	86	140	推荐采用

（2）压裂液体系优选。

首先，滑溜水体系。SRFR-1 低分子滑溜水体系：0.1% 高效减阻剂（乳剂）+0.1%

复合增效剂 +0.01% 杀菌剂。该配方体系黏度为 4～6mPa·s，与焦石坝地区相比，降低了黏度，更容易增加裂缝形成的粗糙度。

其次，胶液体系。SRLG-2 胶液体系：0.35% 低分子稠化剂 +0.3% 流变助剂 +0.1% 复合增效剂 +0.05% 黏度调节剂 +0.02% 消泡剂。

最后，预处理酸液体系。预处理酸配方：15%HCl+2.0% 缓蚀剂 +1.5% 助排剂 +2.0% 黏土稳定剂 +1.5% 铁离子稳定剂。

（3）支撑剂的优选。

页岩储层压裂通常选择 100 目支撑剂在前置液阶段做段塞，封堵天然裂缝，减低滤失，为了增加裂缝导流能力，降低砂堵风险，中后期携砂液选择 40/70 目支撑剂（更大粒径的如 30/50 目，在加砂条件允许时，也可采用），阶梯加砂。

参考彭水第一口井的压裂，H 井有效闭合应力为 31～54MPa，开采初期，有效闭合应力较低，到开采后期时，有效闭合应力较高，考虑到第一口井施工实践及支撑剂耐压性、价格等因素，H 井采用陶粒 / 覆膜砂。

（4）施工参数优化。

H 井压裂施工排量为 12m³/min，在限压为 92MPa 下，液体减阻率至少大于 65%。

选取压裂液用量为 1600m³、1700m³、1800m³、1900m³ 和 2000m³，支撑剂用量为 90m³，考虑到压裂裂缝对页岩气藏泄气面积的有效控制，优选压裂液用量为 1800m³，此时裂缝半长为 500m 左右。

4）方案实施与效果评估

首先，实施概括：H 井实际施工中下桥塞遇阻共舍弃三段半，最后在斜井段处增加一段，因此实际共压裂 22 段 46 簇，平均簇间距为 24.7m。总压裂液量为 46542m³，平均单段液量为 2115m³，总砂量为 2108m³，单段砂量为 52～126m³，平均单段砂量为 95.8m³，其中 12 段加砂量超过 100m³，第 16 段加砂达到 126m³，H 井平均砂比为 10.54%，综合砂液比为 4.54%。施工排量为 10～14m³/min，施工压力为 50～88MPa。

其次，压后效果分析：H 井于初产最高为 3.2×10⁴m³/d，无阻流量为 12.1×10⁴m³/d，如图 6-44 所示。

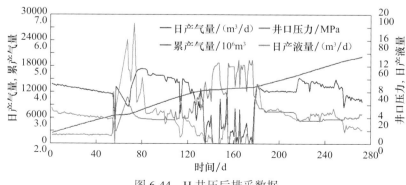

图 6-44　H 井压后排采数据

　　H井单一缝占比为45%，返排率达到52%，远高于焦石坝地区，整体复杂程度相对较低。这可能是整体脆性中等、层理发育一般、较难形成复杂裂缝的原因。同时，该地区为常压，地层能力不足，导致产量较低。

参 考 文 献

艾军，张金成，臧艳彬，等. 2014. 涪陵页岩气田钻井关键技术. 石油钻探技术，42（5）：9-15.

卜晓冰，蒋廷学，贾长贵，等. 2014. 考虑页岩裂缝长期导流能力的压裂水平井产量预测. 石油钻探技术，42（5）：37-41.

陈勉，庞飞，金衍. 2000. 大尺寸真三轴水力压裂模拟与分析. 岩石力学与工程学报，19（S1）：868-872.

陈勉，金衍，张广清. 2008. 石油工程岩石力学. 北京：科学出版社.

陈平，马天寿，夏宏泉. 2014. 含多组弱面的页岩水平井坍塌失稳预测模型. 天然气工业，34（12）：87-93.

陈祖庆. 2014. 海相页岩 TOC 地震定量预测技术及其应用——以四川盆地焦石坝地区为例. 天然气工业，4（6）：24-29.

程冰洁，徐天吉，李曙光. 2012. 频变 AVO 含气性识别技术研究与应用. 地球物理学报，55（2）：608-613.

邓金根，王金凤，罗健生，等. 2002. 泥页岩吸水扩散系数测量新方法. 岩土力学，（S1）：40-42.

丁文龙，许长春，久凯，等. 2011. 泥页岩裂缝研究进展. 地球科学进展，26（2）：135-143.

董文轩，张永军，谢慧萍，等. 2004. 微震监测技术在濮城油田的研究与应用. 断块油气田，11（6）：55-56.

董宁，许杰，孙赞东，等. 2013. 泥页岩脆性地球物理预测技术. 石油地球物理勘探，48（S1）：69-74.

范翔宇，吴昊，殷晟，等. 2014. 考虑井壁稳定及增产效果的页岩气水平井段方位优化方法. 天然气工业，34（12）：94-99.

高春玉，徐进，李忠洪，等. 2011. 雪峰山隧道砂板岩各向异性力学特性的试验研究. 岩土力学，32（5）：1360-1364.

郭大立，纪禄军，赵金洲，等. 2001. 煤层压裂裂缝三维延伸模拟及产量预测研究. 应用数学和力学，22（4）：337-344.

郭旭升，李宇平，刘若冰，等. 2014. 四川盆地焦石坝地区龙马溪组页岩微观孔隙结构特征及其控制因素. 天然气工业，34（6）：9-16.

郭振华，周兆华，张满郎，等. 2011. 基于 PNN 的多地震属性砂体含气性预测方法及应用. 工程地球物理学报，8（5）：594-599.

胡劲松，郑克龙. 2005. 简化常数变易法求解二阶欧拉方程. 大学数学，21（2）：116-119.

黄荣樽. 1984. 地层破裂压力预测模式的探讨. 华东石油学院学报，4：335-346.

黄荣樽，陈勉，邓金根，等. 1995. 泥页岩井壁稳定力学与化学的耦合研究. 钻井液与完井液，12（3）：15-21，25.

黄书岭，徐劲松，丁秀丽，等. 2010. 考虑结构面特性的层状岩体复合材料模型与应用研究. 岩石力学与工程学报，29（4）：743-756.

贾长贵，李双明，王海涛，等．2012．页岩储层网络压裂技术研究与试验．中国工程科学，14（6）：106-112.

蒋廷学．2013．页岩油气水平井压裂裂缝复杂性指数研究及应用展望．石油钻探技术，41（2）：7-12.

蒋廷学，贾长贵，王海涛，等．2011．页岩气网络压裂设计方法研究．石油钻探技术，39（3）：36-40.

蒋廷学，卞晓冰，袁凯，等．2014．页岩气水平井分段压裂优化设计新方法．石油钻探技术，42（2）：1-6.

靳钟铭，蒋廷学，贾长贵，等．2011．页岩气网络压裂设计方法研究．石油钻探技术，39（3）：36-40.

雷又层，向兴金．2007．泥页岩分类简述．钻井液与完井液，24（2）：63-66.

李海亮，高建虎，赵万金，等．2010．叠前地震属性技术在低渗透气藏勘探中的应用．天然气地球科学，21（6）：1036-1040.

李庆辉，陈勉，Wang F P．2012．工程因素对页岩气产量的影响——以北美 Haynesville 页岩气藏为例．天然气工业，（4）：54-59.

李世愚，和泰名，尹祥础．2010．岩石断裂力学导论．合肥：中国科学技术大学出版社．

刘建中，王春耘，刘继民，等．2004．用微地震法监测油田生产动态．石油勘探与开发，（4）：71-74.

刘伟，陶谦，丁士东．2012．页岩气水平井固井技术难点分析与对策．石油钻采工艺，34（3）：40-43.

柳贡慧，庞飞，陈治喜．2000．水力压裂模拟试验中的相似准则．石油大学学报（自然科学版），24（5）：45-48

路保平．2013．中国石化页岩气工程技术进步及展望．石油钻探技术，41（5）：1-8.

马中高，张金强，蔡月晖，等．2012．大牛地气田二叠系下石盒子组致密砂岩储层含气性识别因子研究．石油物探，51（4）：414-419.

聂海宽，何发岐，包书景．2011．中国页岩气地质特殊性及其勘探对策．天然气工业，31（11）：111-116.

牛新明．2014．涪陵页岩气田钻井技术难点及对策．石油钻探技术，42（4）：1-6.

沈明荣．1999．岩体力学．上海：同济大学出版社．

沈守文，沈明道，梁大川，等．1998．泥页岩的 X- 射线衍射定向指数与理化性能及井壁稳定的关系．沉积学报，（2）：117-122.

石秉忠，夏柏如，林永学，等．2012．硬脆性页岩水化裂缝发展的 CT 成像与机理．石油学报，33（1）：137-142.

石万忠，何生，陈红汉．2006．多地震属性联合反演在地层压力预测中的应用．石油物探，45（6）：580-585.

宋维琪，陈泽东，毛中华．2008．水力压裂裂缝微地震监测技术．东营：中国石油大学出版社．

孙武亮，孙开峰．2007．地震地层压力预测综述．勘探地球物理进展，30（6）：428-432.

唐梅荣，张矿生，樊凤玲．2009．地面测斜仪在长庆油田裂缝测试中的应用．石油钻采工艺，31（3）：107-110.

王晶，杨懋新，刘金平．2011．基于 PNN 神经网络的地震属性反演技术．科学技术与工程，11（27）：6539-6543.

王显光，要雄，林永学．2013．页岩水平井用高性能油基钻井液研究与应用．石油钻探技术，41（2）：17-22.

王中华. 2011. 国内外油基钻井液研究与应用进展断块油气田, 18（4）：533-537.

谢靖. 1989. 地球物理正反演问题近代数学方法. 长春：吉林科学出版社.

徐同台. 1996. 井壁不稳定地层的分类及泥浆技术对策. 钻井液与完井液, 13（4）：42-45.

闫铁, 李玮, 毕雪亮. 2009. 清水压裂裂缝闭合形态的力学分析. 岩石力学与工程学报, 28（S2）：3471-3476.

姚飞, 陈勉, 吴晓东, 等. 2008. 天然裂缝性地层水力裂缝延伸物理模拟研究. 石油钻采工艺, 30（3）：83-86.

雍世和, 孙建孟. 1995. 最优化测井解释. 东营：中国石油大学出版社.

曾义金. 2014. 页岩气开发的地质与工程一体化技术. 石油钻探技术, 42（1）：1-6.

张广清, 陈勉. 2006. 水平井水压致裂裂缝非平面扩展模型研究. 工程力学, 23（4）：160-165.

张金成, 孙连忠, 王甲昌, 等. 2014. "井工厂"技术在我国非常规油气开发中的应用. 石油钻探技术, 42（1）：20-25.

张金川, 金之钧, 袁明生. 2004. 页岩气成藏机理和分布. 天然气工业, 24（7）：15-18.

张景和, 孙宗颀. 2001. 地应力、裂缝测试技术在石油勘探开发中的应用. 北京：石油工业出版社.

张娜玲. 2010. 基于微地震监测的油井压裂裂缝成像算法研究. 吉林大学硕士学位论文.

张卫华, 何生, 郭全仕. 2005. 地震资料预测压力方法和展望. 地球物理学进展, 20（3）：814-817.

张旭, 蒋廷学, 贾长贵, 等. 2013. 页岩气储层水力压裂物理模拟试验研究. 石油钻探技术, 41（2）：70-74.

赵文瑞. 1984. 泥质粉砂岩各向异性强度特征. 岩土工程学报, 1：32-36.

赵杏媛, 张有瑜. 1990. 粘土矿物与粘土矿物分析. 北京：海洋出版社.

周德华, 焦方正. 2012. 页岩气"甜点"评价与预测. 石油试验地质, 34（2）：109-114.

周健, 陈勉, 金衍, 等. 2007. 裂缝性储层水力裂缝扩展机理试验研究. 石油学报, 28（5）：109-113.

周健, 陈勉, 金衍, 等. 2008. 压裂中天然裂缝剪切破坏机制研究. 岩石力学与工程学报, 27（S1）：2637-2641.

周健, 张保平, 李克智, 等. 2015. 基于地面测斜仪的"井工厂"压裂裂缝监测技术. 石油钻探技术, 43（3）：71-75.

周贤海. 2013. 涪陵焦石坝区块页岩气水平井钻井完井技术. 石油钻探技术, 41（5）：26-30.

宗兆云, 印兴耀, 张峰, 等. 2012. 杨氏模量和泊松比反射系数近似方程及叠前地震反演. 地球物理学报, 55（11）：3786-3794.

邹才能, 陶士振, 侯连华, 等. 2011. 非常规油气地质. 北京：地质出版社.

Akbarnejad-Nesheli B, Valkó P P, Lee W J. 2012. Relating fracture network characteristics to shale gas reserve estimation. Paper SPE 154841 Presented at the SPE Americas Unconventional Resources Conference, Pittsburgh, Pennsylvania USA.

Altindag R. 2003. The correlation of specific energy with rock brittleness concept on rock cutting. Journal of the South African Institute of Mining and Metallurgy, 103（3）：163-171.

Amadei B. 1996. Importance of anisotropy when estimating and measuring in situ stresses in rock. International Journal of Rock Mechanics and Mining Sciences and Geomechanics Abstracts, 33 (3): 293-325.

Amaefule J O, Altunbay M. 1993. Enhanced reservoir description: using core and log data to identify hydraulic (flow) units and predict permeability in uncored intervals/well. SPE26436//Presented at the 68th Annual SPE Conference and Exhibition, Houston: 205-220.

Andreev G E. 1995. Brittle Failure of Rock Materials: Test Results and Constitutive Models. Rotterdam: A. A. Balkema Press.

Arps J J. 1945. Analysis of decline curves. Transactions of the AIME, 12: 228-247.

Biot M A. 1956. Theory of propagation of elastic waves in a fluid-saturated porous solid. I. Low-frequency range. The Journal of the Acoustical Society of America, 28 (168): 1345-1350.

Bishop A W. 1967. Progressive failure with special reference to the mechanism causing it. Proceedings of the Geotechnical Conference.

Bol G M, Wong S W, Davidson C J. 1994. Borehole stability in shales. SPE24975.

Castangna J P, Sun S J, Siegfried R W. 2003. Instantaneous spectral analysis: detection of low-frequency shadows associated with hydrocarbon. The Leading Edge, 22 (3): 120-127.

Chapman M, Liu E, Li X Y. 2005. The influence of abnormally high reservoir attenuation on the AVO signature. The Leading Edge, 24 (11): 1120-1125.

Chen G Z, Chenevert M E, Mukul M, et al. 2003. A study of wellbore stability in shales including poroelastic, chemical, and thermal effects. Journal of Petroleum Science and Engineering, 38 (3-4): 167-176.

Chen J J, Zhang G Z, Yin X Y, et al. 2014. The construction of shale rock physics effective model and prediction of rock brittleness. 84th SEG Annual Meeting.

Chen X, Tan C P, Detournay C. 2002. The impact of mud infiltration on wellbore stability in fractured rock masses. SPE/ISRM Rock Mechanics Conference. Society of Petroleum Engineers.

Cheng Y R G. 2010. Impacts of the number of perforation clusters and cluster spacing on production performance of horizontal shale gas wells. SPE138843.

Chen Z D. 1997. Inverse asymptotic soution method for finite deformation elasto-plasticity. Applied Mathematics and Mechanice (English Edition), 18 (11): 1029-1036.

Chenevert M E, Amanullah M. 1997. Shale preservation and testing techniques for borehole stability studies. Drilling Conference. Society of Petroleum Engineers.

Chenevert M E, Pernot V. 1998. Control of shale swelling pressures using inhibitive water-base muds. SPE 49263.

Chenevert M E. 1970. Shale alteration by water adsorption. Journal of Petroleum Technology, 22(9): 1141-1148.

Cinco-Ley H, Meng H Z. 1988. Pressure transient analysis of wells with finite conductivity vertical fractures in double porosity reservoirs. Paper SPE 18172 Presented at the SPE Annual Technical Conference and Exhibition, 2-5 October, Houston, Texas.

Cipolla C L, Wright C A. 2000. State-of-the-art in hydraulic fracture diagnostic. SPE Asia Pacific Oil and Gas Conference and Exhibition. Brisbane.

Civan F, Rais C, Sondergeld H C. 2010. Shale-gas permeability and diffusivity inferred by improved formulation of relevant retention and transport mechanisms. Transport in Porous Media, 86 (3): 925-944.

Cleary M P. 1977. Fundamental solutions for a fluid-saturated porous solid. International Journal of Solids and Structures, 13 (9): 785-806.

Copur H, Bilgin N, Tuncdemir H, et al. 2003. A set of indices based on indentation test for assessment of rock cutting performance and rock properties. Journal of the South African Institute of Mining and Metallurgy, 103 (9): 589-600.

Crabtree N J, Etris E L, Eng J, et al. 2000. Geologically consistently seismic Processing velocities improve time to depth conversion. Expanded Abstracts for the CSEG National Convention.

Davis P M. 1983. Surface deformation associated with a dipping hydrofracture. Journal of Geophysical Research, 88 (B7): 5826-5834.

Detournay E, Defourny P. 1992. A phenomenological model for the drilling action of drag bits. International Journal of Rock Mechanics and Mining Science, 29 (1): 13-23.

Duong A N. 2011. Rate-decline analysis for fracture-dominated shale reservoirs. SPE Reservoir Evaluation & Engineering: 377-387.

Eaton B A . 1972. Graphical method predicts geopressure worldwide. World Oil, 182 (6): 51-56.

Ebanks W J. 1987. Flow unit concept-integrated approach to reservoir description for engineering projects. AAPG Annual Meeting, AAPG Bulletin, 71 (5): 551-552.

Elbert-Phillips D, Han D H , Zobak M D. 1989. Empirical relationships among seismic velocity, effective pressure, porosity, and clay content in sandstone. Geophysics, 54 (1): 82-89.

Evans B, Fredrich J, Wong T F. 1990. The Brittle-Ductile Transition in Rocks: Recent Experiment and Theoretical Progress. Washington: American Goephysical. Union.

Fillippone W R. 1982. Estimation of formation parameters and the prediction of overpressure from seismic data. Expanded Abstracts of 52th SEG Annual Meeting.

Fuentes-Cruz G, Gildin E, Valkó P P. 2013. Analyzing production data from hydraulically fractured wells: the concept of induced permeability field. Paper SPE 163843 Presented at the SPE Hydraulic Fracturing Technology Conference, 4-6 February, The Woodlands, TX, USA.

Gassmann F. 1951. Elastic waves through a packing of spheres. Geophysics, 16 (4): 673-685.

Gidley J L,Holditch S A, Nierode D E, et al. 1989. Recent advances in hydraulic fracturing. SPE Monograph.

Goodway B, Perez M, Varsek J, et al. 2010. Seismic petrophysics and isotropic-anisotropic AVO methods for unconventional gas exploration. The Leading Edge, 29 (12): 1500-1580.

Gray D. 2002. Elastic inversion for Lamé parameters. 72nd Ann. Internat. Mtg: Soc. of Expl. Geophys., 213-216.

Green A E, Sneddon I N. 1950. The distribution of stress in the neighborhood of a flat elliptical crack in an elastic solid. Mathematical Proceedings of the Cambridge Philosophical Society, 46: 159-163.

Grieser B, Bray J. 2007. Identification of production potential in unconventional reservoirs. SPE106623.

Gringarten A C, Ramey H J. 1973. The Use of Source and Green's Functions in Solving Unsteady-Flow Problems in Reservoirs. SPE Journal, 13: 287-296.

Hajiabdolmajid V, Kaiser P. 2003. Brittleness of rock and stability assessment in hard rock tunneling. Tunnelling and Underground Space Technology, 18 (1): 35-48.

Hale A H, Mody F K. 1993. Experimental investigation of the influence of chemical potential on wellbore stability. SPE 23885.

Han D H, Nur A, Morgan D. 1986. Effect of porosity and clay content on wave velocities in sandstone. Geophysice, 51(11): 2093-2107.

Handren P, Palisch T. 2010. Successful hybrid slickwater fracture design evolution: an East Texas Cotton Valley Taylor case history. SPE 110451.

Helstrup O A, Chen Z X, Rahman S S. 2004. Time-dependent wellbore instability and ballooning in naturally fractured formation. Journal of Petroleum Science and Engineering, 43 (1~2): 113-128.

Hoek E. 1990. Estimating Mohr-Coulomb friction and cohesion values from the Hoek-Brown failure criterion. International Journal of Rock Mechanics and Mining Sciences & Geomechanics Abstracts, 27 (3): 227-229.

Hoek E, Brown E T. 1997. Practical estimates of rock mass strength. International Journal of Rock Mechanics and Mining Sciences, 34 (8): 1165-1186.

Hoek E, Carranza-Torres C, Corkum B. 2002. Hoek-Brown failure criterion-2002 edition. Proceedings of NARMS-Tac, 1: 267-273.

Honda H, Sanada Y. 1956. Hardness of coal. Fuel, 35: 451.

Hucka V, Das B. 1974. Brittleness determination of rocks by different methods. International Journal of Rock Mechanics and Mining Science & Geomechanics Abstracts, 11: 389-392, 394.

Jaeger J C, Cook N G W, Zimmerman R. 2009. Fundamentals of rock mechanics. John Wiley & Sons: 281-314.

Javadpour F. 2009. Nanopores and apparent permeability of gas flow in mudrocks (shales and siltstone). Journal of Canadian Petroleum Technology, 48 (8): 16-21.

Jeffrey R G. 1998. Propped fractured geometry of three hydraulic fractures in Sydney basin coal seams. SPE 50061.

Kirkpatrick S, Gelatt C D, Vecchi M P. 1983. Optimization by simulated annealing. Science, 220(4598): 671-680.

Kurashige M. 1989. A thermoelastic theory of fluid-filled porous materials. International Journal of Solids and Structures, 25 (9): 1039-1052.

Lawn B R, Marshall D B. 1979. Hardness, toughness and brittleness: an indentation analysis. Journal of American Ceramic Society, 62 (7~8): 347-350.

Matsunaga I, Kobayashi H, Sasaki S, et al. 1993. Studying hydraulic fracturing mechanism by laboratory experiments with acoustic emission monitoring. International Journal of Rock Mechanics and Mining Sciences & Geomechanics Abstracts, 30 (7): 909-912.

Mindlin R D. 1936. Force at a point in the interior of a semi-infinite solid. Physics, 7: 195-202.

Okada Y. 1992. Internal deformation due to shear and tensile faults in a half-space. Bulletin of the Seismological Society of America, 82(2): 1018-1040.

Osisanya S O, Chenevert M E. 1996. Physico chemical modelling of wellbore stability in shale formations. Journal of Canadian Petroleum Technology, 35 (2): 53-63.

Palmer I, Mansoori I. 1996. How permeability depends on stress and pore pressure in coalbeds: a new model. Paper SPE 36737 Presented at the SPE Annual Technical Conference and Exhibition, Denver, Colorado.

Passey Q R, Creaney S, Kulla J B, et al. 1990. A practical model for organic richness from porosity and resistivity logs. AAPG Bulletin, 74: 1777-1794.

Patrizia C, Martera M D, Buia M, et al. 2004. What seismic velocity field for pore pressure prediction? Expanded Abstracts of 74th SEG Annual Meeting.

Perez R, Marfurt K. 2013. Brittleness estimation from seimic measurements in unconventional reservoirs:

application to the Barnett Shale. 83rd SEG Annual Meeting.

Protodyakonov M M. 1963. Mechanical properties and drill-ability of rocks. Proceedings of the 5th Symposium on Rock Mechanics.

Quinn J B, Quinn G D. 1997. Indentation brittleness of ceramics: a fresh approach. Journal of Materials Science, 32 (16): 4331-4346.

Rickman R, Mullen M, Petre E, et al. 2008. A practical use of shale Petrophysics for stimulation design optimization: all shale plays are not clones of the Barnet shale. SPE 115258.

Russell B H, Gray D, Hampson D P. 2011. Linearized AVO and poroelasticity. Geophysics, 76 (3): 19-29.

Saroglou H, Tsiambaos. 2008. A modified Hoek-Brown failure criterion for anisotropic intact rock. International Journal of Rock Mechanics and Mining Sciences, 45 (2): 223-234.

Sharma R K, Satinder C. 2012. New attribute for determination of lithology and brittleness. 82nd SEG Annual Meeting.

Shuey R T. 1985. A simplification of the Zoeppritz equations. Geophysics, 50 (4): 609-614.

Singh R, Rai C, Sondergeld C. 2006. Pressure dependence of elastic wave velocities in sandstones. Expanded Abstracts of 76th SEG Annual Meeting.

Song B, Economides M J, Ehlig-Economides C A. 2011. Design of multiple transverse fracture horizontal wells in shale gas reservoirs. SPE Paper 140555, Presented at the SPE Hydraulic Fracturing Technology Conference, The Woodlands, Texas.

Song B, Ehlig-Economides C A. 2011. Rate-normalized pressure analysis for determination of shale gas well performance. SPE Paper 144031, Presented at the SPE North American Unconventional Gas Conference and Exhibition, The Woodlands, Texas, USA.

Stehfest H. 1970. Numerical inversion of laplace transforms. Communications of the ACM January, 13 (1): 47-49.

Steketee J A. 1958. On Volterra's dislocations in a semi-infinite elastic medium. Canadian Journal of Physics, 36: 192-205.

Sun R J. 1969. Theoretical size of hydraulically induced horizontal fractures and corresponding surface uplift in an idealized medium. Journal of Geophysical Research, 74 (25): 5995-6011.

Tan C P, Rahman S S. 1996. Wellbore stability analysis and guidelines for efficient shale instability management. SPE 47795.

Trezaghi K. 1943. Theoretical Soil Mechanics. New York: John Wiley and Sons.

Thiercelin M J, Plumb R A. 1994. A core-based prediction of lithologic contrasts in east texas formations. SPE Formation Evaluation, (4): 251-258.

Valkó P P. 2009. Assigning value to stimulation in the Barnett Shale: a simultaneous analysis of 7000 plus production hystories and well completion records. Paper SPE 119369 Presented at the SPE Hydraulic Fracturing Technology Conference, The Woodlands, Texas.

van Oort E, Hale A H, Mody F K, et al. 1996. Transport in shales and the design of improved water-based shale drilling fluids. SPE drilling & completion, 11 (3): 137-146.

Wang. 2008. Production fairway: speed rails in gas shale. 7th Annual Gas Shale Summit, Dallad, Texas, USA.

Warpinski N R. 2000. Analytic crack solutions for tilt fields around hydraulic fractures. Journal of Geophysical Research, 105 (B10): 23463-23478.

Wells A A. 1963. Application of fracture mechanics at and beyond general yielding. British Welding Journal, 10(11): 563-570.

Wright C A, Davis E J, Golich G M, et al. 1998a. Downhole tiltmeter fracture mapping: finally measuring hydraulic fracture dimensions. SPE 46194 was Prepared for Presentation at the 1998 SPE Western Regional Conference Held in Bakersfield, California, USA.

Wright C A, Davis E J, Minner W A, et al. 1998b. Surface tiltmeter fracture mapping reaches new depths-10000 feet, and beyond. SPE 39919 Was Prepared for Presentation at the 1998 SPE Rocky Mountain Regional Conference Held in Denver, Colorado, USA.

Yagiz S. 2006. An investigation on the relationship between rock strength and brittleness. Proceedings of the 59th Geological Congress of Turkey.

Yew C H, Chenevert M E. 1990. Wellbore stress distribution produced by moisture adsorption. SPE19538.

Zhao H, Givens N B, Curtis B. 2007. Thermal maturity of the Barnett Shale Determined from well-log analysis. AAPG Bulletin, 91 (4): 535-549.